Zwischen Tradition und Moderne

Veronika Zimmer · Margit Stein

Zwischen Tradition und Moderne

Eine Studie zu Studierenden der (Islamischen) Theologie und Religionspädagogik in Deutschland

Veronika Zimmer
IU Internationale Hochschule
Münster, Deutschland

Margit Stein
Universität Vechta
Vechta, Niedersachsen, Deutschland

ISBN 978-3-658-44803-5 ISBN 978-3-658-44804-2 (eBook)
https://doi.org/10.1007/978-3-658-44804-2

Die Deutsche Nationalbibliothek verzeichnet diese Publikation in der Deutschen Nationalbibliografie; detaillierte bibliografische Daten sind im Internet über https://portal.dnb.de abrufbar.

© Springer Fachmedien Wiesbaden GmbH, ein Teil von Springer Nature 2024

Das Werk einschließlich aller seiner Teile ist urheberrechtlich geschützt. Jede Verwertung, die nicht ausdrücklich vom Urheberrechtsgesetz zugelassen ist, bedarf der vorherigen Zustimmung des Verlags. Das gilt insbesondere für Vervielfältigungen, Bearbeitungen, Übersetzungen, Mikroverfilmungen und die Einspeicherung und Verarbeitung in elektronischen Systemen.
Die Wiedergabe von allgemein beschreibenden Bezeichnungen, Marken, Unternehmensnamen etc. in diesem Werk bedeutet nicht, dass diese frei durch jede Person benutzt werden dürfen. Die Berechtigung zur Benutzung unterliegt, auch ohne gesonderten Hinweis hierzu, den Regeln des Markenrechts. Die Rechte des/der jeweiligen Zeicheninhaber*in sind zu beachten.
Der Verlag, die Autor*innen und die Herausgeber*innen gehen davon aus, dass die Angaben und Informationen in diesem Werk zum Zeitpunkt der Veröffentlichung vollständig und korrekt sind. Weder der Verlag noch die Autor*innen oder die Herausgeber*innen übernehmen, ausdrücklich oder implizit, Gewähr für den Inhalt des Werkes, etwaige Fehler oder Äußerungen. Der Verlag bleibt im Hinblick auf geografische Zuordnungen und Gebietsbezeichnungen in veröffentlichten Karten und Institutionsadressen neutral.

Planung/Lektorat: Cori Antonia Mackrodt
Springer VS ist ein Imprint der eingetragenen Gesellschaft Springer Fachmedien Wiesbaden GmbH und ist ein Teil von Springer Nature.
Die Anschrift der Gesellschaft ist: Abraham-Lincoln-Str. 46, 65189 Wiesbaden, Germany

Wenn Sie dieses Produkt entsorgen, geben Sie das Papier bitte zum Recycling.

Inhaltsverzeichnis

1 **Einleitung: Religionspädagogische Herausforderungen des muslimischen Lebens in Deutschland** 1
  1.1 Demographischer und geschichtlicher Überblick über das muslimische Leben in Deutschland 4
      1.1.1 Migration nach Deutschland 4
      1.1.2 Religiöse Pluralisierung in Deutschland 7
  1.2 Gesellschaftspolitische Herausforderungen des (inter)religiösen Zusammenlebens in Deutschland 12
      1.2.1 Interreligiöse und intrareligiös-innerislamische Konflikte 12
      1.2.2 Islamfeindlichkeit und Antimuslimischer Rassismus 16
      1.2.3 Abgrenzungen und Radikalisierungen 29
  1.3 Religions- und bildungspolitische Herausforderungen muslimischen Lebens in Deutschland 35

2 **Theoretischer Hintergrund zur Ausbildung muslimischer Religionslehrkräfte im Hochschulkontext in Deutschland** 45
  2.1 Historische Entwicklung sowie gesellschaftspolitische und rechtliche Rahmenbedingungen des islamischen Religionsunterrichts 47
  2.2 Herausforderungen der Kooperation mit muslimischen Verbänden im Rahmen des islamischen Religionsunterrichts 56

3	Empirischer Forschungsstand zum islamischen Religionsunterricht	63
	3.1 Modellversuche zum islamischen Religionsunterricht	65
	3.2 Studien zur Schülerschaft im islamischen Religionsunterricht	69
	3.3 Studien zu den Curricula, Lehrbüchern und Materialien des islamischen Religionsunterrichts	72
	3.4 Studien zu den Studiengängen für Islamische Theologie	76
	3.4.1 Studien auf Basis von Dokumentenanalysen	77
	3.4.2 Befragungen von Dozierenden der Zentren und Institute für Islamische Theologie zum Studium dort	79
	3.5 Studien zu bereits im Beruf stehenden Lehrkräften des islamischen Religionsunterrichtes	85
	3.6 Studien zu den Studierenden der Islamischen Theologie bzw. Religionspädagogik	93
	3.7 Exkurs: Studien zu den Studierenden der Katholischen und Evangelischen Theologie bzw. Religionspädagogik	97
4	**Forschungsdesiderat und Fragestellungen der vorliegenden Studie**	**111**
5	**Forschungsdesign**	**115**
	5.1 Stichprobe	116
	5.1.1 Stichprobendesign und Stichprobenakquise	116
	5.1.2 Standortbeschreibung der Stichprobe: das Institut für Islamische Theologie (Universität Osnabrück) und der Fachbereich Katholische Theologie (Universität Vechta)	117
	5.1.3 Stichprobenbeschreibung in demographischer Hinsicht	122
	5.2 Erhebungsinstrumente	125
	5.3 Auswertungsmethode	128
	5.3.1 Erarbeitung relevanter Vergleichsdimensionen: Reflexivität und Religiosität	132
	5.3.2 Gruppierung der Fälle und Analyse empirischer Regelmäßigkeiten in Bezug auf Reflexivität und Religiosität	135

    5.3.3 Analyse inhaltlicher Sinnzusammenhänge der
           Typen 139
    5.3.4 Charakterisierung der gebildeten Typen 142

6   **Empirische Vorstellungen der angehenden islamischen
    Religionslehrkräfte** 145
    6.1 Migrationsgeschichte, Sprachlichkeit und Selbstverortung 145
    6.2 Erziehungserfahrungen 155
    6.3 Studienwahl 163
    6.4 Gendereinstellungen 170
    6.5 Politische Einstellungen 175
    6.6 Aufgaben der Religionslehrkraft 181

7   **Empirische Vorstellungen der angehenden islamischen
    Theologinnen und Theologen** 187
    7.1 Migrationsgeschichte, Sprachlichkeit und Selbstverortung 187
    7.2 Erziehungserfahrungen 195
    7.3 Studienwahl 199
    7.4 Gendereinstellungen 204
    7.5 Politische Einstellungen 207
    7.6 Aufgaben islamischer Theolog:innen 211

8   **Empirische Vorstellungen der angehenden katholischen
    Religionslehrkräfte** 215
    8.1 Migrationsgeschichte, Sprachlichkeit und Selbstverortung 215
    8.2 Erziehungserfahrungen 218
    8.3 Studienwahl 224
    8.4 Gendereinstellungen 227
    8.5 Politische Einstellungen 229
    8.6 Aufgaben der Religionslehrkraft 233

9   **Typenbeschreibung unter Berücksichtigung unterschiedlicher
    Aspekte und Zuordnung einzelner Interviewtengruppen** 241
    9.1 Wissensvermittler:innen/Repräsentant:innen 242
    9.2 Wertevermittler:innen/Brückenbauer:innen 246
    9.3 Reflektierer:innen/Universalist:innen 249
    9.4 Gegenüberstellung der erarbeiteten Typen 253

	9.4.1	Eigene Religiosität sowie Religiosität der Eltern	253
	9.4.2	Gendereinstellungen	256
	9.4.3	Politische Einstellungen	257
9.5	Zuordnung unterschiedlicher Studierendengruppen zu den vorgestellten Typen		259

10 Fazit und Handlungsempfehlungen für das theologische Studium 271

Literatur 281

1 Einleitung: Religionspädagogische Herausforderungen des muslimischen Lebens in Deutschland

Deutschland ist, bedingt u. a. durch weltweite Migrations- und Fluchtbewegungen, ein multiethnisch und multireligiös geprägtes Land. Zunehmend mehr Menschen verlagern dauerhaft oder temporär ihren privaten oder beruflichen Wirkungs- und Aufenthaltsort in ein anderes Land oder auf einen anderen Kontinent (Petschel 2022; Statistisches Bundesamt 2022). Zudem steigt gemäß den Schätzungen des UN-Hochkommissariats für Geflüchtete (UNHCR 2022) die Anzahl an Menschen, die infolge von (Bürger)Kriegen, Umweltkatastrophen, wirtschaftlichen Unsicherheiten und Notlagen aus ihrer Heimat fliehen. Gemäß dem ‚Global Trend Report' des UNHCR (2022) waren 2022 weltweit 89,3 Mio. Menschen auf der Flucht – so viele wie nie zuvor. Unser Zeitalter wird somit häufig als „Zeitalter der Migration" (Mecheril et al. 2016, S. 9) bezeichnet bzw. unsere Gesellschaft als Migrationsgesellschaft, was „eine allgemeine Perspektive [impliziert], mit der die gegenwärtige und historische Vielfalt des Wanderungsgeschehens und die wechselseitig konstitutive Dynamik von Grenzformationen und Zugehörigkeitsordnungen in den Blick" genommen werden (Mecheril et al. 2016, S. 15).

Diese Migrationsbewegungen, die nicht an nationalstaatlichen Grenzen halt machen und sich auch über die Grenzen der Kontinente hinweg erstrecken, bedingen eine zunehmende gesellschaftliche Heterogenität in Bezug auf Ethnizität, Religionszugehörigkeit, Kultur und Weltanschauung. Diese wachsende Heterogenität spiegelt sich in vielfältigen, sich stets weiter diversifizierenden gesellschaftlichen Strukturen und Institutionen sowie unterschiedlichsten religiösen, kulturellen und weltanschaulichen Deutungs- und Handlungsmustern wider (Petschel 2022; Sachverständigenrat deutscher Stiftungen für Integration

© Springer Fachmedien Wiesbaden GmbH, ein Teil von Springer Nature 2024
V. Zimmer and M. Stein, *Zwischen Tradition und Moderne*,
https://doi.org/10.1007/978-3-658-44804-2_1

und Migration 2016; Statistisches Bundesamt 2022). Die wachsende gesellschaftliche Heterogenität geht auch mit vielfältigen neuen Anforderungen bzw. Herausforderungen für die Institutionen und Instanzen der Erziehung, Bildung und Sozialisation einher. Mit diesen Herausforderungen sind in besonderem Maße die Schulen konfrontiert, die sich vor dem Hintergrund einer wachsenden Heterogenität und Differenz im Spannungsfeld bzw. im Spagat des Aushandlungsprozesses von Zugehörigkeit, Integration und Inklusion verorten müssen. Hierbei zeigen sich mehrere Entwicklungen, die Auswirkungen auf die Zielsetzungen schulischer Erziehung und Bildung sowie auf die inhaltliche, aber auch didaktisch-methodische Ausrichtung von Schule haben: Zum einen muss die junge Generation im Sinne einer Ausbildung von Interkultureller Kompetenz bzw. holistischer gesprochen von Diversitätsakzeptanz (Pietzonka 2019; Pietzonka und Kolb 2021) auf die wachsende gesellschaftliche Heterogenität vorbereitet werden, um handlungsmächtig zu bleiben und verbindende, geteilte, kohäsive Strukturen und Kulturen auszubilden. Schüler:innen zu diversitätssensiblen, diversitätsakzeptierenden und diversitätskompetenten Menschen zu erziehen, gilt als wesentlicher Bestandteil und als Ziel schulischer Sozialisation, Erziehung und Bildung (Pietzonka 2016a, b). Zum anderen spiegeln auch neue schulische Inhaltsbereiche und Schulfächer diese Vielfältigkeit wider. Schule muss sich der religiösen und kulturellen Heterogenität von Gesellschaft öffnen und auch inter- und transkulturelle Lern- und Lehrinhalte jenseits des bisherigen klassischen, oftmals einseitig ausgerichteten, Lehrplans in die einzelnen Fächer und in überfachlicher Hinsicht aufnehmen. Zudem entstehen neue Unterrichtsfächer, wie etwa das neu eingeführte Schulfach des islamischen Religionsunterrichts, welches auf die steigende Zahl muslimisch geprägter Kinder und Jugendlicher antwortet und z. B. im Jahr 2020 bereits von schätzungsweise 60.000 Kindern und Jugendlichen muslimischen Glaubens besucht wurde (Mediendienst Integration 2020).

Angesichts dieser gesellschaftlichen und schulischen Entwicklungen – vor allem in Zusammenhang mit der Einführung des islamischen Religionsunterrichts – entstanden in den letzten Jahren an deutschen Universitäten Zentren und Institute zur Ausbildung der für diesen neuen Studiengang benötigten Lehrkräfte, die dort gemeinsam mit islamischen Theologinnen und Theologen ohne Lehramtsoption ausgebildet werden (Wissenschaftliche Dienste des Deutschen Bundestags 2021). Es ist der politische Wunsch, die angehenden islamischen Religionslehrkräfte anders als die im Rahmen des sogenannten muttersprachlichen Ergänzungsunterrichts nach Deutschland geholten Lehrkräfte umfassend in Deutschland selbst auszubilden, gerade auch, weil mit dem islamischen Religionsunterricht eine Vielzahl gesellschaftspolitischer Agenden verknüpft sind, die sich vom Wunsch nach einer höheren Wertschätzung und damit besseren Sichtbarkeit und Integration junger Muslim:innen in die Gesellschaft bis hin zum Wunsch oder auch zu der Annahme erstrecken, der islamische Religionsunterricht könne religiösen Fundamentalismen und Radikalisierungen vorbeugen oder diesen bei schon bestehenden Tendenzen entgegenwirken (Uçar und Sarıkaya 2009; Uslucan 2011a, b, 2012; Uçar 2012; Ulfat 2017; Ströbele 2021; Stein und Zimmer 2022; Stein et al. 2021). Badawia et al. (2023, S. 10) sprechen davon, dass der „Islamunterricht zu einem sensiblen Interaktionsfeld geworden ist, in dem teilweise disparate Erwartungen und Ansprüche aufeinandertreffen." Ob die mit diesem Unterricht eng verknüpften Erwartungen an die angestrebten positiven und wünschenswerten Auswirkungen und Effekte des islamischen Religionsunterrichts überhaupt einlösbar sind, ist bisher allerdings wenig erforscht und kann – wenn überhaupt – erst wissenschaftlich eindeutig beantwortet werden, wenn der islamische Religionsunterricht über einen längeren Zeitraum angeboten wurde und die junge muslimische Generation dauerhaft sozialisatorisch beeinflusst hat. Ebenso wird auch diskutiert, ob dies alles überhaupt Aufgaben des islamischen Religionsunterrichts sein können (Badawia et al. 2023; Körs 2023a; Stein et al. 2021; Stein und Zimmer 2023a, b, c; Uslucan, 2011a, b; Uçar und Sarıkaya 2009; Uçar, 2012; Ulfat, 2017).

Die vorliegende qualitative Untersuchung befasst sich mit folgenden leitenden Fragen:

- Welche Personen entscheiden sich für den Schritt, islamische:r Religionslehrerin oder -lehrer zu werden?
- Welche Sozialisation und Erziehung erfuhren sie in ihren Herkunftsfamilien, insbesondere im Hinblick auf ihre Berufswahl?
- Wie interpretieren sie ihre Rolle als Pädagog:innen für den Religionsunterricht?
- Welche Rolle spielt ihrer Meinung nach der islamische Religionsunterricht in einer säkulär bzw. christlich geprägten Welt?
- Welche Einstellungen haben die angehenden islamischen Religionslehrkräfte in Bezug auf religiöse und politisch-gesellschaftliche Fragen?
- Unterscheiden sich die angehenden islamischen Religionslehrkräfte hierbei von Studierenden der Islamischen Theologie ohne Lehramtsoption?
- Unterscheiden sie sich von Studierenden mit dem Berufsziel der katholischen Religionslehrkraft?

Die qualitative Studie wurde am größten Standort der Islamischen Theologie in Deutschland, an der Universität Osnabrück, umgesetzt. Am dortigen Institut für Islamische Theologie wurden insgesamt 34 Studierende mit dem Berufsziel des Lehramts im islamischen Religionsunterricht befragt sowie zum Vergleich 19 Studierende der Islamischen Theologie ohne Lehramtsoption. Zudem wurden Interviews mit 30 Studierenden mit dem Berufsziel des Lehramts in der Katholischen Theologie der Partneruniversität Vechta durchgeführt. Die Ergebnisse dieser Studie werden in der vorliegenden Publikation vorgestellt. Insgesamt wurden also 83 vertiefende Einzelinterviews durchgeführt und ausgewertet. Einige erste Ergebnisse in Bezug auf die Betrachtung der 34 Studierenden der Islamischen Theologie mit Lehramtsoption wurden bereits in Zeitschriftenbeiträgen aufgegriffen, etwa in Bezug auf ihre Haltung zum islamischen Religionsunterricht (Stein et al. 2017), der Religiosität (Zimmer et al. 2017), den Erziehungserfahrungen (Zimmer et al. 2019), den Gender- (Ceylan et al. 2019) und politischen Einstellungen (Zimmer et al. 2019).

1.1 Demographischer und geschichtlicher Überblick über das muslimische Leben in Deutschland

1.1.1 Migration nach Deutschland

„Bewegungen von Menschen über Grenzen hat es zu allen historischen Zeiten und fast überall gegeben. Migration ist eine universelle menschliche Handlungsform […und] war hierbei immer ein bedeutender Motor gesellschaftlicher Veränderung und Modernisierung" (Mecheril et al. 2016, S. 9). Die weltweit zu beobachtende *wachsende ethnische und religiöse Heterogenität* zeigt sich auch in Deutschland. Neue Migrationsbewegungen treffen hier, entgegen populistischen Behauptungen, auf eine immer schon ethnisch und kulturell heterogene Gesellschaft, die durch die gegenwärtigen Globalisierungs- und Migrationsprozesse eine nun aber akzelerierte und fortschreitende ethnische und religiöse Diversifizierung erfährt. Zusätzlich wird dieser Trend durch demografische Entwicklungen wie die Alterung der europäischen Gesellschaften bei gleichzeitigem Nachrücken und Nachwachsen einer stark migrantisch geprägten jungen Generation verstärkt. Infolgedessen nimmt der Anteil an Menschen mit einem sogenannten Migrationshintergrund in Deutschland stetig zu. Der Begriff dient zur Beschreibung von Menschen, die selbst oder deren Eltern bzw. Großeltern im Ausland geboren wurden und die nach 1949 in das Gebiet der heutigen Bundesrepublik Deutschland einwanderten bzw. von

„Menschen, die entweder selbst nicht mit deutscher Staatsbürgerschaft geboren wurden [1. Einwanderergeneration] oder aber mindestens einen Elternteil haben, der nicht mit deutscher Staatsbürgerschaft geboren wurde [2. Einwanderergeneration]" (Petschel 2022, S. 23).

Insgesamt verfügen laut dem Datenreport des Statistischen Bundesamts mittlerweile 28,0 % aller in Deutschland lebenden Menschen – insgesamt etwa 22,31 Mio. – über einen sogenannten Migrationshintergrund gemäß der obigen Definition (Petschel 2022, S. 31; Statistisches Bundesamt 2022, S. 38). Dieser Anteil würde noch einmal anwachsen, wenn man auch Migrant:innen der sogenannten dritten Einwanderergeneration betrachten würde, die und deren Eltern selbst schon in Deutschland geboren wurden bzw. schon von Geburt an die deutsche Staatsbürgerschaft hatten, jedoch über mindestens ein zugewandertes Großelternteil ohne deutsche Staatsbürgerschaft verfügen.

Der *Begriff des Migrationshintergrundes* wurde von Boos-Nünning (2019, S. 21) erstmals für den 10. Kinder- und Jugendbericht 1998 des Bundesministeriums für Familie, Senioren, Frauen und Jugend (BMFSFJ) aus dem englischen Begriff „migration background" abgeleitet. Ungeachtet zahlreicher Kritik an diesem Begriff des Migrationshintergrundes, hat er sich dennoch gesellschaftspolitisch wie wissenschaftlich etabliert. Problematisiert an dem Begriff wird vor allem die Unterscheidung zwischen einheimisch-deutschen Menschen – also Personen ohne Migrationshintergrund – und Personen mit Migrationshintergrund. Diese rein dichotome Kategorisierung birgt das Risiko, gemäß der Social Identity Theory nach Tajfel (1981) „Semantiken der Fremd- und Eigentypisierung" (Imhof 1994, S. 408) im Sinne eines „othering" (Mecheril 2019) zu fördern, insbesondere dann, wenn die Kategorien auch noch normativ im Sinne einer Höherwertigkeit aufgeladen werden. Des Weiteren wird problematisiert, dass durch diese Zweiteilung sowohl die Menschen ohne Migrationshintergrund als auch die Menschen mit Migrationshintergrund jeweils fälschlicherweise als vermeintlich homogene Gruppe angesehen werden hinsichtlich soziokultureller und sozioökonomischer Herkunft, habituellen und ritualisierten Lebensgewohnheiten, Aussehen, Weltanschauungen oder der Religion (Boos-Nünning 2019, S. 21). Diese Abgrenzung in unterschiedliche Gruppen geht gemäß der Social Identity Theory zwangsläufig mit den Tendenzen der Homogenisierung in den Gruppenbetrachtungen einher. Dennoch hat sich der Begriff des Migrationshintergrundes eingebürgert, auch um als diagnostisches Instrument etwaige strukturelle Benachteiligungen der Menschen mit Migrationshintergrund etwa im Schulsystem oder auf dem Wohn- und Arbeitsmarkt aufzudecken.

Die Gesellschaft in Deutschland zeigt sich nicht nur insgesamt in ethnischer und religiös-kultureller Hinsicht heterogen, sondern weist auch eine zunehmende und oftmals unbeachtete *Diversität innerhalb der Migrant:innengruppe* auf. Dies liegt anders als aufgrund des fälschlicherweise vereinheitlichenden und nivellierenden Begriffs des Migrationshintergrundes angenommen, an unterschiedlichen ethnisch-religiös-kulturellen Zugehörigkeiten, familiären Zuwanderungsgeschichten und sozialisatorischen Bedingungen im Herkunfts- wie im Aufnahmeland.

Diese Heterogenität wird bereits bei einem Blick in die (jüngere) *Geschichte der Einwanderung nach Deutschland* seit den 1950er Jahren deutlich. Boos-Nünning (2019) zeigt in ihrem Beitrag zum Umgang mit Einwanderung in Deutschland verschiedene Einwanderungslinien auf, die diese Diversität interethnischen Lebens innerhalb der Gruppe der Migrantinnen und Migranten in Deutschland fördern. So wanderten im Zuge der Arbeitskräftemigration in der Zeit des sogenannten Wirtschaftswunders zunächst von 1955 bis zum Anwerbestopp 1973 insgesamt vier Millionen Menschen u. a. aus Italien, der Türkei, Spanien, dem früheren Jugoslawien und Marokko nach Deutschland ein. Diese stellten im Jahr 1973 rund 2,6 Mio. Arbeiter:innen, was fast zwölf Prozent der Erwerbstätigen ausmachte (Boos-Nünning 2019, S. 23). Auch heute machen diese sogenannten Arbeitsmigrant:innen zusammen mit nachgezogenen Ehepartner:innen und ihren Nachkommen einen großen Teil der Migrant:innen in Deutschland aus, nämlich laut aktuellem Auszug aus dem Datenreport des Statistischen Bundesamts „6,8 Mio. Menschen" (Petschel 2022, S. 31). Ab den 1980er Jahren wanderten Aussiedler:innen mit deutschen Wurzeln zunächst primär aus Rumänien, Polen oder Tschechien, später zunehmend auch aus den Nachfolgestaaten der UdSSR wie Russland oder Kasachstan nach Deutschland ein, insgesamt „4,6 Mio. (Spät-)Aussiedlerinnen und (Spät-)Aussiedler" (Petschel 2022, S. 32). Hinzu kommen jüdische Kontingentflüchtlinge primär aus Mittel- und Osteuropa. Das Gesetz zur Personenfreizügigkeit innerhalb der Europäischen Union führte zudem zum Zuzug vieler EU-Bürger:innen nach Deutschland, primär aus ost- und süd(ost)europäischen EU-Mitgliedsstaaten wie Bulgarien, Rumänien, Polen, dem Baltikum oder Spanien. Insgesamt wandern in Bezug auf die EU-Bürger:innen in erster Linie Personen der sogenannten „neuen" EU-Mitgliedstaaten, die erst ab 2004 der EU beitraten, nach Deutschland ein. „Europa [...] ist weiterhin die wichtigste Herkunftsregion der Zuwanderinnen und Zuwanderer in Deutschland. Rund 67 % der insgesamt 13,7 Mio. Menschen dieser Personengruppe stammen aus einem europäischen Staat" (Petschel 2022, S. 32).

Seit dem sprunghaften Anstieg der Fluchtmigration ab 2015 stehen Geflüchtete im Zentrum der gesellschaftlichen und wissenschaftlichen Aufmerksamkeit in Bezug auf die Migration nach Deutschland, insbesondere Geflüchtete aus den arabischen und asiatischen (Bürger)Kriegsregionen wie etwa Syrien, dem Irak oder Afghanistan. „Allerdings ist die humanitäre Zuwanderung nach Deutschland nicht neu: Bereits in den 1990er-Jahren gab es, bedingt durch die kriegerischen Auseinandersetzungen auf dem Balkan, einen starken Zuzug von Schutzsuchenden" (Petschel 2022, S. 32). Die höchsten Zuzüge von Geflüchteten und damit die meisten Asylanträge lagen zur Zeit der Balkankriege 1992 bei 438.200 sowie 2015 bei 476.600 und 2016 bei 745.500 (Petschel 2022, S. 32). Insbesondere die Arbeitsmigration aus der Türkei, Jugoslawien und Marokko sowie die Fluchtbewegungen infolge der Bürgerkriege im arabischen Raum verstärken die religiöse Diversität in der deutschen Gesellschaft.

1.1.2 Religiöse Pluralisierung in Deutschland

Deutschland wird multireligiöser, zum einen bedingt durch Prozesse der Säkularisierung – insbesondere durch die Wiedervereinigung und damit einer zunehmenden Anzahl konfessionsloser Menschen – aber zum anderen auch durch Migrations- und Fluchtbewegungen und die damit zusammenhängende Einwanderung insbesondere von Muslim:innen sowie Personen anderer christlicher Konfessionen. Durch weltweite Globalisierungsprozesse der letzten Jahrzehnte erfolgte insbesondere „seit den siebziger Jahren ein *Schub der religiösen Pluralisierung, der hauptsächlich aus der Immigration muslimischer und christlich-orthodoxer Zuwanderer entstanden ist*" (Pickel 2013b, S. 83), wodurch heute immer mehr Menschen in Deutschland unterschiedlichen Glaubensgemeinschaften angehören: „Die Vielfalt von Religionen und religiösen Orientierungen ist eines der konstitutiven Elemente migrationsbedingt pluraler Gesellschaften" (Karakaşoğlu und Klinkhammer 2016, S. 298). Insbesondere der

> „Islam hat sich in Deutschland von einem durch die Mehrheitsgesellschaft kaum wahrgenommenen Randphänomen […] hin zu einem vielfach diskutierten Thema und einem festen, wenn auch umstrittenen Bestandteil der deutschen Gesellschaft entwickelt, wie beispielsweise die Einführung des islamischen Religionsunterrichts zeigt." (Diekmann 2017, S. 6)

Obwohl immer noch etwa die Hälfte der in Deutschland lebenden Bevölkerung einer christlichen Kirche angehört, steigt der Anteil an Menschen mit islamischer Religionszugehörigkeit und derjenigen ohne Bekenntnis. Angaben zur Anzahl der Menschen muslimischen Glaubens sind aufgrund der fehlenden Zugehörigkeit zu mit dem christlichen Bereich vergleichbaren verbindlichen Strukturen im islamischen Bereich statistisch schwer zu treffen; während also die Anzahl der Katholik:innen und Protestant:innen nach Kirchenmitgliedschaften ermittelt wird und die Zahl der Konfessionslosen über diejenigen, die keiner Religionsgemeinschaft angehören, sind Mitglieder anderer Religionsgemeinschaften, wie etwa Muslim:innen, statistisch schwerer zu erfassen. Insgesamt zeigt sich seit dem zweiten Weltkrieg eine große religiöse Verschiebung: 1950 gehörten in der BRD und der DDR zusammen 58,9 % der Menschen der evangelischen und 36,7 % der katholischen Kirche an (Pollack und Müller 2013, S. 34; Boos-Nünning 2014). Laut Angaben des Statistischen Bundesamts lebten siebzig Jahre später, 2020, in Deutschland 23,3 Mio. Katholik:innen, 20,7 Mio. Protestant:innen und 4,6 Mio. Muslim:innen, darunter 2,64 Mio. Sunnit:innen, ungefähr 500.000 Alevit:innen und 255.500 Schiit:innen (Statistisches Bundesamt 2020). Abgesehen von Konvertit:innen sind diejenigen, die den Islam praktizieren, vorwiegend Menschen mit Migrationshintergrund der ersten und zweiten Einwandererergeneration sowie teilweise auch Nachfahren der dritten Generation. Die Eingewanderten bzw. deren Eltern und Großeltern kommen bzw. kamen primär als (Nachfahren der) sogenannten Arbeitsmigrant:innen beispielsweise aus der Türkei, Marokko, Albanien oder Bosnien-Herzegowina, aber auch als Geflüchtete aus Syrien, dem Irak, dem Iran und aus Afghanistan. Die Autor:innen der Studie „Muslimisches Leben in Deutschland 2020", erstellt im Auftrag der Deutschen Islam Konferenz, (Pfündel et al. 2021) schätzen den Anteil muslimischer Menschen in Deutschland höher ein als das Statistische Bundesamt, insbesondere aufgrund eines Anstiegs um etwa eine Million Menschen innerhalb der letzten fünf Jahre bedingt durch die Fluchtmigration. Gemäß diesen Schätzungen lebten in Deutschland im Jahr 2019 zwischen 5,3 Mio. und 5,6 Mio. Menschen muslimischen Glaubens (einschließlich alevitischer Religionsangehöriger), was etwa 6,6 % der in Deutschland lebenden Bevölkerung entspricht (Pfündel et al. 2021, S. 37).

Im vorliegenden Kontext ist eine signifikante Zunahme der Menschen muslimischen Glaubens in Deutschland infolge zweier auch miteinander korrelierender Entwicklungen zu verzeichnen:

Erstens steigt der Anteil an Musliminnen und Muslimen resultierend aus der Intensivierung von Fluchtbewegungen, insbesondere aus primär muslimisch geprägten Ländern wie Syrien, Irak, Iran und Afghanistan. Zweitens ist eine Steigerung aufgrund der überwiegend jungen Demographie Menschen muslimischen Glaubens wie auch der Migrant:innen insgesamt in Deutschland zu verzeichnen, da insbesondere junge Menschen zu Beginn ihrer Erwerbstätigkeit nach Deutschland zuwandern. Der Anteil an Menschen muslimischen Glaubens in Deutschland

1.1 Demographischer und geschichtlicher Überblick über das ...

wuchs zunächst infolge der sogenannten Gastarbeitermigration und des darauffolgenden Familiennachzugs aus überwiegend muslimisch geprägten Herkunftsländern wie der Türkei, Albanien, Bosnien-Herzegowina oder auch Marokko. Der Prozentsatz der muslimischen Bevölkerung ist aufgrund von Fluchtbewegungen insbesondere in den letzten Jahren stark angestiegen – anfangs seit den 1990er Jahren etwa durch muslimische Geflüchtete aus Bosnien-Herzegowina und dem Kosovo – und hat sich vor allem infolge der Fluchtmigration aufgrund der Bürgerkriege im arabischen und asiatischen Raum seit 2015 weiter erhöht. Dies resultiert hauptsächlich aus der verstärkten Einreise von Personen insbesondere aus den mehrheitlich muslimisch geprägten Ländern wie Syrien und dem Irak, aber auch Afghanistan. Gemäß aktuellen Approximationen des Statistischen Bundesamtes (2022) leben etwa 10,55 Mio. Ausländer:innen in Deutschland, was etwa 13,6 % der Gesamtbevölkerung entspricht. Wiederum etwa 16 % der ausländischen Bevölkerung können als Menschen mit Fluchthintergrund klassifiziert werden (Stichtag: 31.12.2021). Etwa zwei Drittel der Geflüchteten sind sowohl nach Schätzungen des Statistischen Bundesamtes (2020) (67,3 %) als auch der Bertelsmann Stiftung (2016) (63,3 %) islamischen Glaubens. Präzise Informationen hinsichtlich der religiösen Zugehörigkeit von Geflüchteten sind lediglich approximativ möglich, da beispielsweise die Erfassung der religiösen Zugehörigkeiten von Flüchtlingen nicht stattfindet. Darüber hinaus migrieren auch Anhänger:innen der christlichen oder jesidischen Glaubensrichtung sowie weiterer Religionsgemeinschaften aus primär muslimisch geprägten Herkunftsländern, wie dem Irak oder Syrien; somit ist also auch kein automatischer Rückschluss auf die Religionszugehörigkeit aufgrund des Herkunftslandes möglich. Dennoch stellen unabhängig von der Zunahme an Geflüchteten türkeistämmige Menschen innerhalb der muslimischen Bevölkerung Deutschlands den größten Anteil, der etwa 45 % ausmacht (Pfündel et al. 2021); dieser Anteil ist jedoch innerhalb eines Zeitraums von fünf Jahren zwischen 2015 und 2020 massiv von 53 % gesunken, sodass türkeistämmige Personen nicht mehr die Mehrheit der Muslim:innen in Deutschland stellen. Neben diesen Muslim:innen türkischer oder kurdischer Herkunft, die vornehmlich als Migrant:innen der zweiten Generation von den sogenannten Gastarbeiter:innen abstammen, lässt sich infolge der Fluchtmigration eine zunehmende Migration von Muslim:innen mit arabischem oder nordafrikanischem Hintergrund ausmachen. So sind beispielsweise 27 % der Muslim:innen in Deutschland syrischer oder marokkanischer Abstammung, 19 % der Muslim:innen stammen aus südosteuropäischen Ländern, etwa aus Bosnien, dem Kosovo oder Albanien, 9 % aus dem nahen Osten, beispielsweise aus Afghanistan und dem Iran oder aus afrikanischen Ländern, wie etwa dem Senegal oder dem Sudan; somit diversifiziert sich die Gruppe der Muslim:innen in Deutschland weiter ethnisch, kulturell und religiös.

Zweitens wird neben dem Zuzug von Muslim:innen nach Deutschland auch die *demographische Entwicklung* dazu führen, dass der Anteil von Muslim:innen in der Bevölkerung ansteigt. Insbesondere junge Menschen mit muslimischem Hintergrund, die sich im sogenannten bildungsrelevanten Alter befinden und ein gesetzlich verankertes Recht auf Religionsunterricht haben, tragen zu diesem Trend bei. Ein großer Teil der migrantischen Bevölkerung befindet sich in der Phase der Jugend oder Postadoleszenz, was durch den Datenreport des Statistischen Bundesamts (Petschel 2022) belegt wird. Durchschnittlich sind Menschen mit Migrationshintergrund 35,6 Jahre alt im Vergleich zu 47,3 Jahren der Bevölkerung ohne Migrationshintergrund. Dies spiegelt sich auch in einer modifizierten Altersverteilung wider: so sind bei den migrantisch geprägten Menschen etwa ein Fünftel (20,8 %) unter 15 Jahre alt, während dies für die Menschen ohne Migrationshintergrund nur in einem Zehntel der Fälle (11,2 %) zutrifft (Petschel 2022, S. 31). Der Altersdurchschnitt sinkt noch einmal bei den bereits hier geborenen Menschen mit Migrationshintergrund:

„Bei Personen ohne eigene Migrationserfahrung – also den in Deutschland Geborenen – waren 47 % unter 15 Jahre alt und bildeten hier die größte Altersgruppe. Hierbei handelt es sich um die zweite und zu einem kleineren Teil auch dritte Zuwanderungsgeneration, also die in Deutschland geborenen Kinder von Zugewanderten." (Petschel 2022, S. 34)

Tab. 1.1 illustriert den jeweiligen prozentualen Anteil der Bevölkerung mit und ohne Migrationshintergrund an den jeweiligen Altersgruppen in Deutschland mit einem besonderen Fokus auf die sogenannten bildungsrelevanten Jahrgänge der unter 25-Jährigen (Tab. 1.1).

Eine ähnliche Altersverteilung wie bei den Migrant:innen und den Muslim:innen findet sich bei einer spezifischen Betrachtung von Geflüchteten: 96 % von ihnen sind unter 65 Jahre alt, wobei etwa zwei Drittel (67 %) unter 35 Jahre alt sind. Für die vorliegende Publikation sind besonders diejenigen relevant, die noch zur Vollzeitbeschulung an allgemeinbildenden Schulen verpflichtet sind (unter 16 Jahren) und somit auch einen Religionsunterricht besuchen könnten: dies trifft auf 25 % der Geflüchteten zu (Bundesagentur für Arbeit, Statistik & Arbeitsmarktberichterstattung 2020). Diese demographische Situation von Migrant:innen insgesamt bildet sich auch in der Gruppe der Muslim:innen ab. Auch die Studie von Haug et al. (2009) „Muslimisches Leben in Deutschland 2020", die im Auftrag der Deutschen Islamkonferenz durchgeführt wurde,

Tab. 1.1 Prozentualer Anteil der Menschen mit und ohne Migrationshintergrund in Deutschland. (Nach Statistisches Bundesamt 2022, S. 39)

Altersgruppe	Ohne Migrationshintergrund	Mit Migrationshintergrund
0–4 Jahre	59,6 %	40,4 %
5–9 Jahre	60,0 %	40,0 %
10–14 Jahre	60,6 %	39,4 %
15–20 Jahre	64,2 %	35,8 %
Zum Vergleich: 85–95 Jahre	90,7 %	9,3 %
Insgesamt	72,8 %	27,2 %

belegt die junge Demographie muslimischer Menschen mit einem Altersdurchschnitt von etwa 32 Jahren im Vergleich zu 44 Jahren der Gesamtbevölkerung. Laut der Studie sind 21 % der muslimischen Religionsangehörigen Kinder oder Jugendliche unter 15 Jahren. Weitere 24 % befinden sich im Alter zwischen 15 und 24 Jahren (Pfündel et al. 2021, S. 50) und damit in einem Alter, in welchem sie schulische Erziehung und Bildung und somit auch Religionsunterricht erhalten. Die folgende Tabelle stellt die Altersstruktur der Muslim:innen der Gesamtbevölkerung gegenüber (Tab. 1.2).

Ähnlich wie bei der Gruppe der Migrantinnen und Migranten ist auch eine *hohe Heterogenität des muslimischen Lebens in Deutschland* festzustellen, welche die Heterogenität in den Herkunftsländern oft übertrifft. Die meisten in Deutschland lebenden Muslim:innen sind sunnitisch (74 %). Sehr viele Musliminnen und Muslime haben als Antwortkategorie auf die innerislamische Zuordnung die Kategorie „weiß nicht" gewählt (11 %). „Der weltweit vergleichsweise wenig verbreiteten alevitischen Glaubensrichtung gehören 8 % der muslimischen Religionsangehörigen in Deutschland an. Ihr Anteil ist doppelt so hoch wie der der schiitischen Glaubensangehörigen (4 %). Andere Glaubensrichtungen sind

Tab. 1.2 Altersverteilung in Deutschland insgesamt und in der muslimischen Bevölkerungsgruppe. (Nach Pfündel et al. 2021, S. 49)

Altersgruppe	Bevölkerung insgesamt	Muslimische Bevölkerung
0–4 Jahre	4,6 %	5,4 %
5–14 Jahre	9,0 %	15,5 %
15–20 Jahre	10,3 %	21,9 %
Zum Vergleich: >65 Jahre	20,9 %	4,8 %

in Deutschland kaum verbreitet" (Pfündel et al. 2021, S. 46). Es gibt jenseits der konfessionellen Unterschiede zudem eine Vielzahl an weiteren Unterschieden, z. B. in Bezug auf die ethnische Herkunft, hinsichtlich kultureller Überformungen und Ausprägungen des alltäglichen religiösen Lebens und der Zugehörigkeit zu einer der islamischen Rechtsschulen. Ein solches breites und vielfältiges Bild muslimischen Lebens wie in Deutschland findet man in keinem islamisch geprägten Land. Zu den Chancen hierbei zählt, dass prinzipiell ein Austausch innerhalb der religiösen bzw. innerislamischen Gruppe möglich wird und dass neue Perspektiven für die innerislamische Zusammenarbeit und Verständigung, aber auch allgemein neue innovative Impulse und Synthesen für die Islamische Theologie entstehen können. Daraus erwachsen andererseits jedoch auch vielfältige theologisch konnotierte Kontroversen und Konflikte, die ethnisch, national und kulturell überformt sein können und nachfolgend diskutiert werden.

1.2 Gesellschaftspolitische Herausforderungen des (inter)religiösen Zusammenlebens in Deutschland

1.2.1 Interreligiöse und intrareligiös-innerislamische Konflikte

Eine zunächst zu nennende gesellschaftspolitische Herausforderung des intrareligiösen Zusammenlebens von Muslim:innen unterschiedlichster religiöser Prägung stellen also *interreligiöse Konflikte,* aber auch *innerislamische Konflikte* dar, die in die deutsche Gesellschaft übertragen werden. Diese inter- und intrareligiösen Konflikte entstammen zumeist den Herkunftskontexten bzw. formierten sich in den Herkunftsländern, werden aber mit der Migration nach Deutschland transferiert und prägen auch hier den Alltag den Menschen muslimischen Glaubens. Diese Konflikte können religiös bzw. auch ethnisch geprägt sein, wie z. B. der Nahostkonflikt und entsprechende antisemitische Einstellungen, aber auch Konflikte zwischen Sunnit:innen und Schiit:innen bei Geflüchteten aus Syrien und dem Irak aufgrund der Bürgerkriege und der Unterstützung des Assad-Regimes durch den Iran bzw. Einmischungen des Iran in innerirakische Angelegenheiten. Es gibt aber auch innerislamische Konflikte innerhalb der Gruppe der türkeistämmigen Menschen in Deutschland, etwa aufgrund der langjährigen Ausgrenzungen und Diskriminierungen von Alevit:innen in der Türkei und aufgrund des Konflikts zwischen verschiedenen ethnischen Gruppen, etwa zwischen Kurd:innen und Türk:innen. Diese Konflikte werden in Deutschland reproduziert. Kontraproduktive islamische Organisationen, die in Deutschland vereinsrechtlich verwurzelt

1.2 Gesellschaftspolitische Herausforderungen des (inter)religiösen ...

sind, aber oft noch Interessen in den Herkunftsländern verfolgen, tragen ebenfalls dazu bei. Zusätzlich sind Muslim:innen, wie auch andere Glaubensgemeinschaften, mit säkularen Kritiker:innen – auch, aber nicht nur aus der eigenen Community – konfrontiert, die die Religion aus der öffentlichen Sphäre verdrängen wollen und etwa insgesamt Religionsunterricht und somit auch die Einführung des islamischen Religionsunterrichts ablehnen. So waren etwa oftmals die Lehrkräfte, welche den sogenannten muttersprachlichen Ergänzungsunterricht anboten und aus der Türkei stammten, stark laizistisch geprägt; so berichten Muslim:innen, die diesen Unterricht besuchten, von negativen Erfahrungen infolge der areligiösen bzw. anti-religiösen Haltung der Lehrkräfte (Ceylan 2008a, 2013).

Der Einfluss politischer weltweiter Ereignisse und Konflikte auf interreligiöse und intrareligiöse Konflikte und Haltungen der hier lebenden Muslim:innen konkretisiert sich häufig am Nahostkonflikt und entsprechend israelkritischer oder auch *antisemitischer Haltungen* bzw. *negativer Haltungen gegenüber dem Judentum* und die Ablehnung des Staates Israel. So äußerte etwa in einer repräsentativen Befragung Türkeistämmiger durch das Exzellenzclusters ‚Religion und Gesellschaft' der Universität Münster (Pollack et al. 2016) ein Anteil von über 20 % negative Haltungen gegenüber dem Judentum – so hoch wie sonst gegenüber keiner anderen Religion – und ein hoher Anteil von etwa einem Drittel verweigerte hier die Aussage (Pollack et al. 2016). Eine repräsentative quantitative Umfrage der Konrad Adenauer Stiftung (Hirndorf 2023) mit 5511 zufällig ausgewählten Personen und mindestens 500 muslimischen Befragten sowie eine qualitative Befragung mit 90 ausgewählten Personen erbrachten erhöhte Zustimmungswerte zu antisemitischen Aussagen der muslimischen Befragten. Die repräsentative Erhebung der Konrad-Adenauer-Stiftung (Hirndorf 2023) wie auch die Erhebung des Sachverständigenrates deutscher Stiftungen für Integration und Migration (SVR) GmbH (Friedrichs und Storz 2022) konnten dies sowohl für den klassischen als auch den sekundären und gewaltbereiten wie den israelbezogenen Antisemitismus belegen. Der klassische Antisemitismus zeichnet dabei Jüd:innen als charakterlich negativ und belegt sie mit Attributen wie hinterhältig oder geldgierig einerseits und als übermächtig andererseits (Items „Juden sind hinterhältig." und „Reiche Juden sind die eigentlichen Herrscher der Welt.") (Hirndorf 2023, S. 4), während der sekundäre bzw. gewaltbereite Antisemitismus tendenziell holocaustleugnend wirkt durch eine Täter-Opfer-Umkehr, die Jüd:innen eine Mitschuld an Verfolgungen zuspricht (Item: „Juden müssen sich nicht wundern, wenn sie einen drauf bekommen.") (Hirndorf 2023, S. 5) und der israelbezogene Antisemitismus diesem Staat das Existenzrecht abspricht (Item: „Israel sollte als Staat nicht mehr existieren.") (Hirndorf 2023, S. 7). Während ähnliche Befragungen zur antisemitischen Haltung der Bevölkerung höhere

Zustimmungswerte von etwa einem Fünftel der Bevölkerung mit manifesten antisemitischen Überzeugungen erreichten (Küpper und Zick 2020; Decker et al. 2023), lehnt in der Befragung nach Hirndorf (2023) eine Majorität von etwa 95 % auch bedingt durch die sehr strikten Aussagen, welche den extremistischen Kern des Antisemitismus vermessen, antisemitische Aussagen ab. Auch die Werte in der Kategorie „teils/teils" lagen durchgängig bei unter 10 %. „[Jedoch] können die geringen Zustimmungswerte in der Gesamtbevölkerung über größere Unterschiede in einzelnen Bevölkerungsteilen hinwegtäuschen" (Hirndorf 2023, S. 8). Neben Unterschieden in den Zustimmungswerten je nach Bildungshintergrund und Zuwanderungsgeschichte – so zeigten Personen mit niedrigem formalem Bildungsabschluss und mit Zuwanderungsgeschichte höhere Zustimmungswerte zu antisemitischen Aussagen – bestehen auch Unterschiede nach Religion (Hirndorf 2023; Jikeli 2015; Friedrichs und Storz 2022). So stimmten muslimische Befragte im Schnitt viermal so häufig harten antisemitischen Aussagen zu als der Bevölkerungsdurchschnitt. Die Unterschiede sind laut dem Sachverständigenrat deutscher Stiftungen für Integration und Migration (SVR) GmbH (Friedrichs und Storz 2022) insbesondere beim klassischen Antisemitismus besonders virulent. Die Zustimmungswerte zu antisemitischen Aussagen durch Muslim:innen sind auch erhöht, wenn der Migrationshintergrund berücksichtigt wird (Tab. 1.3).

Zu ähnlichen Abweichungen in den antisemitischen Einstellungen gelangten auch die Expertisen des Sachverständigenrates deutscher Stiftungen für Integration und Migration (SVR) GmbH (Friedrichs und Storz 2022) in seiner Sonderauswertung zu antiislamischen und antisemitischen Einstellungen unterschiedlicher Bevölkerungsgruppen (Tab. 1.4).

„Tiefergehende Analysen bei ähnlichen Ergebnissen zu antisemitischen Einstellungen konnten zeigen, dass antisemitische Einstellungen abhängig vom

Tab. 1.3 Zustimmungswerte zu antisemitischen Einstellungen („stimme voll und ganz zu" und „stimme eher zu") in Abhängigkeit der Religionszugehörigkeit. (Nach Hirndorf 2023, S. 9)

Items	Bevölkerungs-durchschnitt	Muslimische Befragte
"Juden sind hinterhältig"	4 %	12 %
„Reiche Juden sind die eigentlichen Herrscher der Welt"	6 %	26 %
„Juden müssen sich nicht wundern, wenn sie einen drauf bekommen"	2 %	7 %
„Israel sollte als Staat nicht mehr existieren"	4 %	16 %

Tab. 1.4 Antisemitische Einstellung unterschiedlicher Bevölkerungsgruppen (Antworten „eher" oder „voll und ganz"). (Nach Sachverständigenrat deutscher Stiftungen für Integration und Migration (SVR) 2022; Friedrichs und Storz 2022, S. 31 ff.)

	Einheimisch-Deutsche	Türkei-stämmige
„Juden haben auf der Welt zu viel Einfluss"	11,3 %	52,2 %
„Durch ihr Verhalten sind die Juden an ihren Verfolgungen nicht ganz unschuldig"	9,2 %	26,6 %
„Viele Juden versuchen aus der Vergangenheit der Hitler-Zeit heute ihren Vorteil zu ziehen und Deutschland dafür zahlen zu lassen."	28,8 %	47,1 %
„Mich beschämt, dass Deutsche so viele Verbrechen an den Juden begangen haben."	84,4 %	61,1 %
„Bei der Politik, die Israel macht, kann ich gut verstehen, dass man etwas gegen Juden hat."	25,3 %	53,7 %

Herkunftskontext (z. B. Prägung durch den Nahostkonflikt), dem Mehrheitsglauben im Herkunftsland und dem Grad der Religiosität sind" (Hirndorf 2023, S. 9). Zudem stand Antisemitismus in Zusammenhang mit dem Bildungshintergrund und dem Alter. Die Studie von (Kart und Zimmer 2023a) untersucht antisemitische Einstellungen junger Menschen zwischen 16 und 27 Jahren. Die Analyseergebnisse weisen auf eine signifikante Beziehung zwischen der Religionszugehörigkeit der Befragten und ihrer Zustimmung zu antisemitischen Aussagen hin. Junge Angehörige des christlichen Glaubens neigen weniger dazu, antisemitischen Äußerungen zuzustimmen, während Personen mit muslimischem Glaubenshintergrund häufiger zustimmen. Die Korrelationen zwischen diesen Variablen wurden im Rahmen der Studie als statistisch bedeutsam ermittelt und überwiegend als mittlerer Einfluss nach Cohen (1992) eingestuft. Dies findet Bestätigung in der Studie von Baier et al. (2021). Hier zeigt sich bei einem Vergleich von Jugendbefragungen in der Schweiz und in Niedersachsen, dass muslimische Jugendliche in beiden Ländern signifikant häufiger antisemitischen Einstellungen zustimmen als christliche Jugendliche. Die Gründe dafür könnten ein niedrigeres Bildungsniveau und eine stärkere Akzeptanz von Männlichkeitsnormen sein. Jedoch lässt sich aus den Ergebnissen nicht schlussfolgern, dass die Religionszugehörigkeit zum Islam als solche Auslöser für die höhere Zustimmung zu antisemitischen Aussagen ist. Vielmehr zeigt die Untersuchung von (Schneider et al. 2021), dass eine dogmatisch-fundamentalistische Auslegung der eigenen Religion der stärkste Treiber für antisemitische Ressentiments ist und sich ein Gefühl von Benachteiligung antisemitisch auswirken kann. Positiver Kontakt mit

Angehörigen anderer Religionen hingegen wirkt antisemitischen Einstellungen entgegen.

Die geschilderten interreligiösen und intrareligiösen Konflikte manifestieren sich auch im Schulalltag, wo alle Kinder und Jugendlichen eines Jahrgangs gemeinsam beschult werden. Dies birgt zum einen das Potenzial der Verständigung, da Vorurteile und Stereotypen nachweislich durch Begegnungen abgebaut werden. So reduzierten sich etwa die Zustimmungswerte zu antisemitischen wie auch antimuslimischen Aussagen teilweise fast um die Hälfte, wenn Personen befragt wurden, die mit der jeweiligen anderen Gruppe gelegentlich bis häufig Kontakt hatten im Vergleich zur Gruppe, die keine interreligiösen Kontakte pflegte (Friedrichs und Storz 2022, S. 27). Andererseits bergen diese Kontakte in der Schule aber auch Anlass für interreligiöse und intrareligiöse Konflikte und Radikalisierungen. In einer Befragung von Lehrkräften aller Kölner Schulen sowie einer zweiten Befragung repräsentativ bezogen auf das Gebiet der Bundesrepublik insgesamt, äußerten etwa 30 % bis 40 % Erfahrungen mit interreligiösen Konflikten und Radikalisierungen im religiösen Bereich gemacht zu haben. Geschildert wurden etwa die oben thematisierten Konflikte zwischen unterschiedlichen islamischen Gruppen, aber auch Anfeindungen gegen Jesid:innen und Alevit:innen sowie religiös begründeter Antisemitismus (Lautz et al. 2022; Bösing 2023a).

Der Abbau der Vorurteile gegenüber den Muslim:innen kann z. B. durch vermehrte Kontakte gefördert werden. In der quasiexperimentellen Panel-Studie aus Deutschland gehen Janzen et al. (2023) der Frage nach, ob Moscheeführungen Vorurteile von Nicht-Muslim:innen gegenüber dem Islam und Muslim:innen reduzieren. Die Autor:innen resümieren:

> „(a) Die meisten, aber nicht alle Moscheebesuche vermindern die islamfeindlichen Vorurteile kurzfristig deutlich. Die Wirkung lässt nach einigen Monaten nach. (b) Nach dem Besuch hatte das Bild von Muslim:innen einen konkreteren religiösen Inhalt, während negative und bedrohliche Assoziationen wie die Unterdrückung von Frauen, allgemeine Bedrohung oder der so genannte Islamische Staat abgenommen haben" (Janzen et al. 2023, S. 2).

1.2.2 Islamfeindlichkeit und Antimuslimischer Rassismus

Die zweite zu nennende gesellschaftliche Herausforderung des interreligiösen Zusammenlebens stellen auf der einen Seite stereotypisierende und *vorurteilsbehaftete Einstellungen gegenüber dem Islam bzw. Musliminnen und Muslimen* seitens der Mehrheitsgesellschaft in Deutschland sowie gegenüber Migrantinnen und Migranten und Geflüchteten insgesamt dar, insbesondere wenn sie als muslimisch gelesen werden. Auf der anderen Seite stehen die Ressentiments von Muslim:innen gegenüber der Mehrheitsgesellschaft auf der anderen Seite. Ungeachtet der Tatsache, dass sich die islamischen Glaubensgemeinschaften in der Bundesrepublik Deutschland bereits seit Dekaden, spätestens seit dem Zuzug muslimischer Gastarbeiter:innen, etabliert zu haben scheinen und der Prozentsatz an Menschen mit muslimischer Religionszugehörigkeit kontinuierlich ansteigt, wird dieser Religion bzw. Angehörigen dieser Religionsgemeinschaften teilweise mit ausgeprägter Skepsis bzw. manifesten und latenten Ängsten und negativen Einstellungen begegnet. Hierfür wurden im wissenschaftlichen Diskurs die Begriffe der Islamophobie, etwa bei Allen und Nielsen (2002; vgl. auch Allen 2010), oder der Islamfeindlichkeit geprägt, etwa bei Bühl (2010). Teilweise werden eher die Begriffe der Muslimfeindlichkeit (u. a. Bielefeldt 2012), des Antimuslimismus (u. a. Pfahl-Traughber 2012) oder des antimuslimischen Rassismus (u. a. Bühl 2010) genannt, bei welchen anders als bei der Islamophobie oder der Islamfeindlichkeit eher die Menschen im Mittelpunkt stehen, die als muslimisch gelesen werden. Dieser Fokus weg vom Konstrukt der Religion hin zu Menschen, die als Träger einer bestimmten Religion oder Kultur gesehen werden, dient der Charakterisierung einer „Diskriminierungsideologie gegen eine bestimmte Menschengruppe in Gestalt der Muslime [, um] deren Abwertung und Benachteiligung aufgrund dieser Identität und Zugehörigkeit [...] unabhängig von einer Einschätzung oder Kritik des Islams" (Pfahl-Traughber 2012, S. 21) zu erfassen (vgl. für eine genauere semantische Differenzierung von Phänomenen wie Islamfeindlichkeit, Islamophobie, Muslimfeindlichkeit, Antimuslimismus und antimuslimischer Rassismus und für die Genese der Begrifflichkeiten und ihrer Verwendung auch Diekmann 2017).

Der Bericht des Bundesinnenministeriums zur Muslimfeindlichkeit von 2023 (Unabhängiger Expertenkreis Muslimfeindlichkeit 2023, S. 7) definiert:

„Muslimfeindlichkeit (auch: Antimuslimischer Rassismus) bezeichnet die Zuschreibung pauschaler, weitestgehend unveränderbarer, rückständiger und bedrohlicher Eigenschaften gegenüber Muslim*innen und als muslimisch wahrgenommenen Menschen. Dadurch wird bewusst oder unbewusst eine ‚Fremdheit' oder sogar Feindlichkeit konstruiert. Dies führt zu vielschichtigen gesellschaftlichen Ausgrenzungs- und Diskriminierungsprozessen, die sich diskursiv, individuell, institutionell oder strukturell vollziehen und bis hin zu Gewaltanwendung reichen können."

Die Konstrukte der Islamfeindlichkeit und der Muslimfeindlichkeit lassen sich auch empirisch faktoriell gut statistisch separieren. In einer repräsentativen Studie an Erwachsenen zwischen 18 und 80 Jahren für die Stadt Bielefeld ließen die Islamfeindlichkeit, operationalisiert etwa über Items, die pauschalisierend den Islam als einheitliche monolithische Religion ansehen, die unfähig zur Reform seien und inhärent frauenunterdrückende und terroristische Strukturen trügen, und die Muslimfeindlichkeit sehr gut statistisch trennen, die wiederum über Aussagen operationalisiert wird, ob Muslim:innen zu Deutschland gehören bzw. im Freundeskreis oder als Bürgermeister:in akzeptiert würden (Diekmann 2017).

Die Begrifflichkeiten stehen jedoch insgesamt in der Kritik. Insbesondere der Begriff der Islamophobie wird in hohem Maße kritisch gesehen, da er vorurteilsbehaftete Einstellungen pathologisiert und mit dem Angststörungsbild der Phobie vermengt sowie weitere Facetten neben der Angst außer Acht lässt, wie etwa „damit verbundene Abwertungen und Zurückweisungen" (Kaddor et al. 2018, S. 4) oder die damit verbundenen Zielsetzungen, wie dem Wunsch durch Abwertungen von Fremdgruppen „eigene (ideologische) Interessen zu verfolgen [..., was] Gewalt und Agitation gegen Menschen, Symbole und Objekte" einschließen kann (Schneiders 2012, S. 10), sodass eine „fehlende Trennschärfe des „Islamophobie"-Konzepts" (Pfahl-Traughber 2012, S. 11) beklagt wird. Deswegen präferieren etwa Imhoff und Recker Imhoff und Recker (2012) für vorurteilsbehaftete Einstellungen gegenüber dem Islam bzw. gegenüber als Musliminnen und Muslime gelesenen Menschen und deren vermeintlichen religiösen Überzeugungen den Begriff des „Islamprejudice" (übersetzt als Islamvorurteil). Islamprejudice wird von den beiden Autor:innen dabei dezidiert abgegrenzt von säkularer Kritik an radikalisierten Entwicklungen des politischen Islam oder an nicht mit den Menschenrechten und der Demokratie kompatiblen Ausprägungen islamischer Überzeugungen. Imhoff und Recker (2012) konstruierten hierzu eine Skala, welche auf empirischer Grundlage eine Unterscheidung ermöglicht zwischen „vorurteilsbehafteten Sichtweisen auf den Islam (Islamprejudice) und einer säkular motivierten Kritik am Islam" (Imhoff und Recker 2012, S. 813, Übersetzung Margit Stein). Zur Erfassung von Islamprejudice im Rahmen einer von ihnen neu konzipierten Skala stützen sich Imhoff und Recker (2012) auf Kriterien, welche die Commission on British Muslims and Islamophobia (1997) als indikative Kennzeichen für Islamophobie bzw. eine verengte und vorurteilsbehaftete Sichtweise auf den Islam beschrieb, während säkulare Kritik am Islam auf insgesamt folgende Charakteristika fußt.

"Islamprejudice. [...] Islam as an unprogressive monolithic bloc (items 1–3), Islam as separate and other (items 4–5), Islam as inferior (items 6–8), Islam as violent (items

1.2 Gesellschaftspolitische Herausforderungen des (inter)religiösen ...

9–10), Islam as mere political ideology (items 11–12), unscreened rejection of any criticism made by Islam (items 13–14), justification of discriminatory practices towards Muslims (items 15–17), and acceptance of anti-Muslim hostility (items 18–19). [...]" (Commission on British Muslims and Islamophobia, 1997, S. 814; Hervorhebung im Original)

"Secular Critique of Islam. Four criteria were developed to reflect laicist positions towards Islam regarding the relation of religion and state (rejection of religious authority over political sphere; items 20–21), gender relations (rejection of gender division; items 22–23), the adherence to universalist values (rejection of cultural relativism; 24–25), and criticism of Islamic fundamentalism (items 26–30)." (Commission on British Muslims and Islamophobia, 1997, S. 816; Hervorhebung im Original)

Unabhängig von den Bemühungen um die semantische Trennung von Phänomenen wie Islamfeindlichkeit, Muslimfeindlichkeit oder Rassismus gegen Muslim:innen oder Migrant:innen insgesamt, werden in der öffentlichen Wahrnehmung von Menschen der Migrationsstatus, die Staatsangehörigkeit, die Religionszugehörigkeit, ethnische oder nationale Herkunft, kulturelle Besonderheiten und Haltungen und Einstellungen von Zugewanderten oft unzulässig vermengt und synonym gebraucht. Pickel (2019b) illustriert in seinen Analysen der ‚Allgemeine Bevölkerungsumfrage der Sozialwissenschaften' (ALLBUS) des GESIS, der ‚Leipziger Autoritarismus-Studie' der Universität Leipzig und des ‚Religionsmonitors' der Bertelsmann Stiftung die oftmals fälschlich vorgenommene Gleichsetzung von Asylbewerber:innen, Geflüchteten, Migrant:innen und Muslim:innen durch die Befragte, in deren Wahrnehmung Menschen mit Migrationshintergrund bzw. Geflüchtete zumeist Muslim:innen sind.

Diese unstatthafte Gleichsetzung sowie insbesondere die Angst vor „dem Islam" bzw. „den Muslimen" wird auch populistisch von rechten Strömungen und Gruppierungen aufgegriffen und befeuert. So vermengt beispielsweise die Identitäre Bewegung ebenfalls ethnische Herkunft, Religion und Nationalität (Steenkamp 2019, S. 491) und beschreibt Geflüchtete „ausschließlich [als] männliche Muslime oder „Afrikaner" (ohne jede Differenzierung), jung, gewalttätig, arm und damit [als] eine Gefahrenquelle für die öffentliche Sicherheit, die sozialen Sicherungssysteme und das Bildungssystem.". Die Identitäre Bewegung warnt sogar vor der „Möglichkeit eines ‚ethnischen Krieges' auf europäischem Boden zwischen ‚einheimischen Europäern' und ‚allogenen' afrikanischen Maghrebinern beziehungsweise Muslimen" (Camus 2017, S. 236). Auch hier findet wieder die unstatthafte Gleichsetzung einer ethnischen (‚afrikanisch' bzw. ‚maghrebinisch') mit einer religiösen Bevölkerungsgruppe (‚muslimisch') statt. Grundkonzept dieser Annahmen sind die Vorstellungen des Ethnopluralismus, „der die Individuen einer Gesellschaft als normativ zugehörigen Teil eines homogen verstandenen

Volkes sowie einer ebenso homogen wie statisch verstandenen Kultur definiert" (Möbus 2023, S. 12).

Fünf deutschlandweit repräsentative Panelstudien, welche u. a. Items bzw. Skalen zur Muslimfeindlichkeit nutzen, sind die „Allgemeine Bevölkerungsumfrage der Sozialwissenschaften" (ALLBUS), die „Mitte-Studien" der Friedrich-Ebert-Stiftung, die von der Universität Bielefeld verantwortete Studienreihe „Gruppenbezogene Menschenfeindlichkeit", die „Leipziger Autoritarismus-Studien" der Universität Leipzig, unterstützt von der Heinrich-Böll-Stiftung und der Otto Brenner Stiftung, und der „Religionsmonitor" der Bertelsmann Stiftung (Bundesministerium des Innern und für Heimat 2022, S. 46). Nach diesen Studien ist Muslimfeindlichkeit kein Randphänomen, da mindestens ein Drittel der Befragten Vorbehalte und Ablehnungen gegenüber dem Islam oder Muslim:innen äußern. So liegt etwa die Zustimmung zu der Aussage „Durch die vielen Muslime fühle ich mich manchmal wie ein Fremder im eigenen Land" in der „Mitte-Studie", der „Gruppenbezogenen Menschenfeindlichkeitsstudie" und der „Leipziger Mitte-Studien" in den letzten Jahren stets über 30 % (Bundesministerium des Innern und für Heimat 2022, S. 48). Auch die Frage „Wie sehr vertrauen Sie Muslimen?" wurde von über 40 % der Befragten im Religionsmonitor abschlägig beantwortet (Pickel 2019b; Pickel und Yendell 2016). Zeitliche Schwankungen der Zustimmung zu muslimfeindlichen Aussagen korrelieren dabei oftmals auf Anschlagsereignisse etwa in Madrid oder Berlin oder sind mit der Debatte im Zusammenhang mit dem Anstieg der Fluchtmigration ab 2015 konfundiert.

Eine oftmals pauschalisierende Ablehnung des Islam als Religion lässt sich für das Erwachsenenalter beispielsweise im Rahmen der repräsentativen Befragung des Religionsmonitors der Bertelsmann-Stiftung abbilden, der auch nach der Wertschätzung unterschiedlicher religiöser Überzeugungen und Deutungsmuster fragt; hierbei zeigt sich, dass es „in der öffentlichen Wahrnehmung und Darstellung ‚gute' und ‚schlechte' Religionen" gebe, wobei „der Islam [...] in dieser Ordnungspolitik derzeit, anders als der Buddhismus oder Hinduismus, ganz auf der negativen Seite" steht (Karakaşoğlu und Klinkhammer 2016, S. 296). Auch bei der Einschätzung danach, ob eine bestimmte Religion eine Bedrohung oder eine Bereicherung darstelle, wird „der Islam [als...] einzige Glaubensgemeinschaft [...] häufiger als Bedrohung, denn als Bereicherung für die Gesellschaft wahrgenommen [...]. Das (meist heimische) Christentum, der Buddhismus und der Hinduismus erfahren dagegen überwiegend eine positive Einschätzung" (Pickel 2019b, S. 72 f.; siehe auch Pickel und Yendell 2016). Insgesamt konstatiert der Sachverständigenrat deutscher Stiftungen für Integration und Migration (2016, S. 91):

1.2 Gesellschaftspolitische Herausforderungen des (inter)religiösen ...

„Die Einstellung der Bevölkerung zur wachsenden religiösen Vielfalt ist ambivalent. […So] steht die Mehrheit der Bevölkerung der zunehmenden religiösen Vielfalt zwar aufgeschlossen gegenüber und versteht sie als kulturelle Bereicherung (Westdeutschland: 61 %; Ostdeutschland: 57 %), sieht sie jedoch gleichzeitig als Ursache für Konflikte (Westdeutschland: 65 %; Ostdeutschland: 59 %)."

Es wird angenommen, dass der Islam nicht nur wegen seines als bedrohlich wahrgenommenen Potenzials tendenziell abgelehnt wird, sondern auch wegen seiner Religiosität bzw. der stärkeren und höheren auch in der Öffentlichkeit zur Schau getragenen Religiosität seiner Anhänger:innen in Abgrenzung zu einem Europa, das Religion aufgrund säkularer Tendenzen bzw. der Privatisierung des Religiösen weniger ostentativ zeigt. „Anders gesprochen: Der Islam als neue, glaubensstarke und wachsende Religion irritiert das säkulare Europa" (Sachverständigenrat deutscher Stiftungen für Integration und Migration 2016, S. 91).

Diese negativen Einstellungen gegenüber dem Islam bzw. gegenüber Muslim:innen haben sich insbesondere seit den Anschlägen vom 11. September 2001 (vgl. hierzu die europaweite Studie von Allen und Nielsen 2002) und dann nochmals seit dem Jahr 2015 bzw. 2016 manifestiert, vor allem infolge der Kölner Silvesternacht, in welcher massive sexuelle Gruppenübergriffe durch primär junge Männer aus Maghrebstaaten erfolgten. Beide Ereignisse verschärften den negativen Blick auf den Islam bzw. insbesondere auf als muslimisch gelesene junge Männer (Dietrich und Frindte 2017, S. 89 ff.). Dies lässt sich exemplarisch unter anderem aufgrund von Daten im Integrationsbarometer belegen, welches in regelmäßigen Intervallen seit dem Jahr 2015 erhoben wird. Bereits in der ersten Erhebung im Jahr 2015 wurden Fragen zum Islam bzw. zum islamischen Religionsunterricht integriert; bei den Befragten wird demographisch nach Migrationshintergrund, Herkunftsland bzw. -region und Religionszugehörigkeit sowie subjektiver Religiosität unterschieden (dichotomisiert über ‚religiös' versus ‚nicht religiös'). Insgesamt stimmten der Aussage „Der Islam gehört zu Deutschland" lediglich 15,7 % der Befragten ohne Migrationshintergrund vollumfänglich und 31,2 % partiell zu, wohingegen diese Prozentsätze bei den immigrierten türkischstämmigen Teilnehmerinnen und Teilnehmern 44,4 % (‚stimme voll und ganz zu') respektive 27,0 % (‚stimme eher zu') betrugen (Sachverständigenrat deutscher Stiftungen für Integration und Migration 2016, S. 41) (Tab. 1.5 und 1.6).

Die offene Gesellschaft mit ihrer inhärenten Diversität generiert Unsicherheit insbesondere innerhalb eines Bevölkerungssegments, welches ein Defizit an politischer und ökonomischer Partizipation für sich selbst oder die Eigengruppe befürchtet, was etwa bereits die 10-Jahresstudie ‚Deutsche Zustände' schon für den Beginn der 2000er Jahre herausarbeitete (Heitmeyer 2002–2011). Auch wenn

Tab. 1.5 Antworten zum Islam als Teil Deutschlands im Integrationsbarometer nach Herkunftsgruppen der Befragten. (Nach Sachverständigenrat deutscher Stiftungen für Integration und Migration 2016, S. 41)

„Der Islam ist ein Teil Deutschlands."

	Trifft voll und ganz zu	Trifft eher zu	Trifft eher nicht zu	Trifft gar nicht zu
Ohne Migrationshintergrund	15,7 %	31,2 %	33,4 %	19,7 %
Türkeistämmige	44,4 %	27,0 %	17,4 %	11,2 %
Spät-/Aussiedler:innen	12,4 %	32,2 %	34,7 %	20,7 %

Tab. 1.6 Antiislamische und antimuslimische Einstellungen Befragter ohne Migrationshintergrund in Deutschland (Antworten „eher" oder „voll und ganz"). (Nach Friedrichs und Storz 2022, S. 9 ff.)

	Zustimmungswerte
„Die Ausübung des islamischen Glaubens in Deutschland sollte eingeschränkt werden"	29,0 %
„Islamische Gemeinschaften sollten vom Staat beobachtet werden"	44,3 %
„Der Islam passt in die deutsche Gesellschaft"	52,4 %
„Die in Deutschland lebenden Muslime integrieren sich gut in die deutsche Gesellschaft"	55,9 %
„Ich habe den Eindruck, dass unter den in Deutschland lebenden Muslimen viele religiöse Fanatiker sind"	38,4 %
„Für mich wäre es in Ordnung, einen muslimischen Vorgesetzten zu haben	82,0 %
„Für mich wäre es in Ordnung, wenn es in meiner Gemeinde einen muslimischen Bürgermeister gäbe"	71,8 %

im von der Bertelsmann Stiftung umgesetzten Religionsmonitor die Mehrheit der Bevölkerung beispielsweise der zunehmenden religiösen Vielfalt aufgeschlossen gegenübersteht und diese als kulturelle Bereicherung ansieht (Westdeutschland: 61 %; Ostdeutschland: 57 %), äußern dennoch im ebenfalls von der Bertelsmann Stiftung aufgelegten ‚Radar gesellschaftlicher Zusammenhalt' etwa 75 % der Befragten die Angst, dass die Gesellschaft zunehmend auseinanderdrifte und eine gesamtgesellschaftliche Kohäsion verloren gehe (Arant et al. 2017). Der Anteil an Personen, die Vielfalt als bereichernd erleben, steigt jedoch trotz der

1.2 Gesellschaftspolitische Herausforderungen des (inter)religiösen …

geäußerten Ängste von Jahr zu Jahr, da sie „zunehmend als gesellschaftliche Normalität anerkannt [wird]. Das belegt etwa der jüngste ‚Radar gesellschaftlicher Zusammenhalt', der eine Zunahme der Akzeptanz von Diversität in den Jahren 2017 bis 2020 feststellt" (El-Menouar und Unzicker 2021, S. 19). Insbesondere auch Jugendliche stehen der Vielfalt positiver gegenüber, wobei auch im Jugendalter islamfeindliche Narrative vorfindbar sind, wie etwa die pauschalisierende Verknüpfung des Islams mit Schlagwörtern der Gewalt, der Geschlechterungerechtigkeit, der Unzivilisiertheit und der mangelnden Veränderungsbereitschaft, wobei hier Jugendliche oftmals „abwertende und homogenisierende Aussagen […] und gesellschaftlich vermittelte Stereotype aufnehmen" (Kaddor et al. 2018, S. 10).

In der Studie von Kart und Zimmer (2023b) werden antimuslimische Einstellungen junger Menschen zwischen 16 und 27 Jahren untersucht, dabei wurden 1625 junge Menschen deutschlandweit befragt. Die ersten Ergebnisse zeigen, dass islamfeindliche und antimuslimische Einstellungen auch unter jungen Menschen vertreten sind. Unter den Befragten, die dem Christentum angehören, äußerten 16,2 % eine latente und 19,7 % eine manifeste Zustimmung zur Aussage „Ich fühle mich durch den Islam bedroht". In Bezug auf das Gefühl, sich durch den Islam wie eine Fremde oder ein Fremder im eigenen Land zu fühlen, lag die latente Zustimmung bei 18,8 %, die manifeste bei 28,3 %. Die Aussage „Ich fühle mich durch Musliminnen und Muslime bedroht" fand unter Christ:innen 16,3 % latente und 15,1 % manifeste Zustimmung. Muslimische Befragte äußerten zu 4,8 % latente und zu 0,6 % manifeste Zustimmung zur ersten Aussage, ihre Zahlen zur zweiten Aussage lagen bei 10,3 % (latent) und 9,7 % (manifest). Es gaben 0 % bis 6,7 % (latent) und 3 % (manifest) Zustimmung zur dritten Aussage. Unter den konfessionslosen Befragten zeigten 17,2 % eine latente und 19,1 % eine manifeste Zustimmung zur Aussage „Ich fühle mich durch den Islam bedroht". Bei der Betrachtung der Aussage „Durch den Islam fühle ich mich manchmal wie eine Fremde/ein Fremder im eigenen Land" lag die latente Zustimmung bei 15,5 % und die manifeste Zustimmung bei beachtlichen 28,6 %. Hinsichtlich des Gefühls, sich von Musliminnen und Muslimen bedroht zu fühlen, zeigten die konfessionslosen Teilnehmer:innen 14,3 % latente und 16,4 % manifeste Zustimmung. Ein noch stärkeres Gefühl des Fremdseins im eigenen Land durch den Islam wurde von 16,2 % der Befragten latent und von 32,1 % manifest zum Ausdruck gebracht (Kart und Zimmer 2023b).

Auf der anderen Seite intensivieren unzweifelhaft reale Gefährdungen infolge islamistischer Attacken, wie etwa am Berliner Breitscheidplatz, und Übergriffe sowie Vorfälle durch primär muslimisch geprägte neuzugewanderte junge Migranten, wie in der Kölner Silvesternacht, diese Befürchtungen und führten zu einer

Umkehrung beispielsweise des ursprünglich ausgesprochen positiven und offenen Klimas der Willkommenskultur gegenüber Geflüchteten (Dietrich und Frindte 2017).

Die zugrunde liegenden *Dynamiken der Abwertung der Fremdgruppe* der Muslim:innen oder aber der Religion des Islam lässt sich auf Basis von Prozessen des Otherings (Mecheril 2019), anhand der Sozialen Identitätstheorie nach Tajfel (1981) und der Bedrohungstheorie nach Stephan und Stephan (1996) nachzeichnen bzw. erklären sowie auf Basis der Postkolonialen Theorie (Ulfat 2021) dekonstruieren. Diese Theorien bieten jedoch nicht nur auf die Ursachen bezogene Erklärungsansätze, sondern auch zielorientierte Lösungspotenziale zur Prävention von gegenwärtig aufgebauten Vorurteilen und Stereotypen.

Auf der Grundlage *fehlerhafter Homogenisierungen* der Fremdgruppen der Muslim:innen werden diese als homogenes Ganzes betrachtet, nicht nur neutral beschrieben, sondern normativ aufgeladen und beispielsweise abgewertet im Sinne von Ingroup-Outgroup-Prozessen. Die Konstruktion sozialer Differenz zwischen der Eigen- und Fremdgruppe erfolgt dabei im Sinne eines „Otherings" (Mecheril 2019), beispielsweise speziell im Sinne eines auf die „andere" Religion des Islam bezogenen „religiösen Otherings" (Lingen-Ali und Mecheril 2016, S. 18). Mecheril et al. (2016, S. 18) etwa betont, dass der Aufbau der eigenen ethnischen Identifikation von der Konstruktion und auch Abwertung anderer Gruppen profitiert, da „die Imagination eines natio-ethno-kulturell kodierten ›Wir‹ konstitutiv auf das ›Andere‹ angewiesen ist und sich damit nicht aus sich selbst, aus einem essentiellen Begründungszusammenhang heraus stiften lässt", sodass sich paradoxerweise gerade bei stark ethnozentristisch eingestellten Personengruppen „Zugehörigkeitsordnungen […] von Migrationsphänomenen […] nähren" (Mecheril et al. 2016, S. 18).

Dieses ‚Wir', also die sogenannte Eigengruppe (engl. In-group) kennzeichnet dabei gemäß der *Sozialen Identitätstheorie* nach Tajfel (1981) diejenige Gruppe, zu welcher man sich zugehörig fühlt und mit deren vermeintlich homogenen, die Gruppe konstituierenden Werten, Einstellungen, Haltungen und Verhaltensweisen man sich identifiziert. Durch das daraus resultierende konstruierte Wir-Gefühl der Zugehörigkeit grenzt sich die Gruppe automatisch von der Fremdgruppe ab. Das ‚Andere', also die sogenannte Fremdgruppe (engl. Out-group) repräsentiert hingegen jene Gruppe von Personen, die nicht zur Eigengruppe gehören (Ross und Fischer 2008). Die Individualität wird durch die subjektiv zugeschriebenen religiös oder kulturell begründeten Eigenschaften einer Gruppe ersetzt und eine Einzelperson entsprechend der zugeschriebenen Gruppenzugehörigkeit nicht nur deskriptiv beschrieben, sondern oftmals auch normativ bewertet. Besonders eklatant zeigen sich diese homogenisierenden Zuschreibungen häufig in Bezug auf die

1.2 Gesellschaftspolitische Herausforderungen des (inter)religiösen ...

Gruppe der Musliminnen und Muslime, deren Vielfältigkeit oftmals ausgeblendet wird. „Andere Kategorien, wie Klasse, Geschlecht, Sexualität, Kultur, Ethnie oder ökonomische Verhältnisse werden bei der Konstruktion der „anderen Religion" erst gar nicht in Betracht gezogen, weil ihre Irrelevanz angesichts der epistemischen Wucht des Konstrukts selbstevident erscheint" (Ulfat 2021, S. 24). Studien an muslimischen Jugendlichen belegen jedoch gerade für diese Gruppe eine sehr hohe Heterogenität der Religionsausübung. Gennerich (2009, 2010, 2011, 2016) erfasst den adoleszenten Glauben katholischer, protestantischer, muslimischer und konfessionsloser Jugendlicher. In seinen Studien belegt er nicht nur bei den jungen Musliminnen und Muslimen „eine deutlich positivere Einstellung gegenüber Religiosität" (Gennerich 2016, S. 204; vgl. Zimmer und Stein 2019), sondern stellt auch fest, dass „muslimische Jugendliche im Vergleich zu ihren evangelischen, katholischen und konfessionslosen Altersgenossen eine deutlich höhere Einstellungsheterogenität aufweisen" (Gennerich 2016, S. 208), etwa zwischen hochreligiösen und stark laizistisch geprägten jungen Muslim:innen, was sich auch in den repräsentativen Jugendstudien wie der Shell Jugendstudie oder der Sinus-Milieustudie abbildet, die jedoch die Frage nach der Religiosität nur als ein Thema unter vielen beleuchten. Somit wird hier das Argument der Einheitlichkeit des Glaubens von Muslim:innen ad absurdum geführt, sodass Kamçılı-Yıldız (2021) eine stärkere Beachtung dieser stark religiösen, aber auch sozialen und ethnischen Heterogenität der Gruppe der muslimischen Schüler:innen des islamischen Religionsunterrichts im Rahmen der Religionsdidaktik fordert, was bisher erst mangelhaft eingelöst sei (für einen Überblick über Studien zum Glauben und zur religiösen Praxis muslimischer Jugendlicher siehe den Beitrag von Kenar et al. (2020).

Hamburger (2009) macht auch bei gut gemeinten mit der Zielsetzung der Verständigung aufgelegten Programmen der interkulturellen und interreligiösen Verständigung diese fehlgeleiteten Zuschreibungen fest, was als vermeintlich christliche und was als muslimische Glaubenspraxis und -kultur gelesen wird. Hierzu gehören etwa Aktionen, bei denen vermeintlich die Glaubenspraxis oder kulturelle Besonderheiten zu homogenisierend präsentiert werden so im Sinne von „so fasten Musliminnen und Muslime im Ramadan", „mit diesen Bräuchen feiern Christ:innen Ostern", „das essen Türk:innen am Zuckerfest" oder „so feiern Deutsche/Kurd:innen/Türk:innen das neue Jahr". Hier bestehe die Gefahr, dass „interkulturelle Arbeit unter der Hand einen gegenläufigen Prozess der Fehlkommunikation beförder[e], bei dem stereotype Zuschreibungen verfestigt werden. Im Verlauf eines solchen Prozesses werden deutsche Kinder ‚christlicher' und türkische Kinder ‚muslimischer', als sie es je waren" (Hamburger 2009, S. 64).

Soziale Kategorisierungen – egal ob diese ethnisch, kulturell oder religiös konstruiert werden – ermöglichen psychologisch gesehen eine Vereinfachung der komplexen Umwelt und bieten so eine gesellschaftliche Orientierungshilfe, die das Verhalten und die Einstellungen anderer Menschen stärker vorhersagbar machen soll und somit subjektive Sicherheiten vermeintlich erhöhen hilft. Diese subjektiven Attributionen, welche lediglich auf der Grundlage von Gruppenzugehörigkeiten vorgenommen werden, erweisen sich jedoch als reduktionistisch und unzulänglich. Divergenzen zwischen einzelnen Individuen einer sozialen Einheit sowie – wie dargelegt – auf Basis anderer Kategorien wie sozioökonomischem Hintergrund, Bildungsbiographien oder Geschlecht bleiben unberücksichtigt und ausgespart (Aronson et al. 2014). Infolgedessen wird eine Person nicht länger als einzigartige Entität oder Mitglied unterschiedlicher sozialer Gruppen wahrgenommen, sondern lediglich als Element einer einzigen kollektiven Entität – hier einer bestimmten Religion –, welchem bestimmte Eigenschaften zugesprochen werden, z. B. bestimmte kulturelle und religiöse Überzeugungen, eine bestimmte Herkunftsnationalität o.ä., und das unter Umständen auch eine wertbasierte Differenzierung beinhaltet. Eine Religion oder eine Gruppe von Menschen mit einer bestimmten religiösen Zugehörigkeit wird als homogener, vermeintlich „monolithischer Block" separiert von anderen dargestellt (Imhoff und Recker 2012, S. 814). Diese Entwicklung wird überformt durch die Darstellung des Bildes eines kulturell „barbarischen und unberechenbaren Orients", das einem „zivilisierten und kalkulierbaren Okzident[.]" gegenüberstehe (Ulfat 2021, S. 23). Salvatore (2021) stellt heraus, dass die Soziologie von ihren Anfängen an als Disziplin, welche gesellschaftliche Prozesse der Modernisierung beschreibt, häufig einen Gegensatz aufspanne: „Western modernity often being defined in contrast with non-Western civilizations" (Salvatore 2021, S. 43). Hierbei werde vor allem der Orient gemäß der postkolonialen Theorie als Synonym für den Islam genutzt, was ein kulturelles bzw. religiöses Othering befeuere. Es greifen ebenso unterschiedliche Faktoren der strukturellen Gewalt, die angesetzt werden als „eine Art von Macht, die über jene ausgeübt wird, über die [vermeintlich] ‚etwas gewusst wird'" (Hall 1994, S. 154). Zur Auflösung dieser Otheringprozesse auch in der wissenschaftlichen Betrachtung führt Salvatore (2021, S. 43) die Idee der Transkulturalität ein: „The emerging idea of transculturality replaces the paradigm of pure comparison between world religions and civilizations."

Die Fremdgruppe der sogenannten kulturellen Oriental:innen bzw. religiösen Muslim:innen wird nach der auf Othering basierenden Betrachtungsweise oftmals nicht lediglich religiös als Gegenpol zur Eigengruppe der christlich-abendländischen Europäer:innen konstruiert und abgewertet (Soziale Identitätstheorie gemäß Tajfel 1981), während die Eigengruppe aufgewertet wird, sondern

1.2 Gesellschaftspolitische Herausforderungen des (inter)religiösen ...

partiell gemäß der Bedrohungstheorie (Stephan und Stephan 1996) zudem als gefährlich für die Eigengruppe erachtet. Hierbei wird differenziert zwischen den sogenannten ‚realistischen Bedrohungen' (engl. realistic threats), welche die Existenz „der In-Group hinsichtlich des physischen, materiellen und politischen Zustands" bedrohen, und den ‚symbolischen Bedrohungen' (engl. symbolic threats), welche „auf der Ebene der Werte, Normen, Überzeugungen und Weltsichten" Gefährdungen darstellen (Pickel 2019a, S. 63). Als Exempel für sogenannte realistische Bedrohungen werden beispielsweise die Furcht vor islamistisch begründeten Terroranschlägen durch muslimische Geflüchtete oder vor sexuellen Übergriffen durch geflüchtete muslimisch geprägte Männer angeführt. Symbolische Bedrohungen werden vermeintlich identifiziert, wo etwa von rechtspopulistischen Parteien und Bewegungen wie Pegida von einer Islamisierung des christlichen Abendlandes gesprochen wird oder die Identitäre Bewegung vom Heimatverlust als „entsetzliche[n] Preis, den die Völker Europas für das Experiment des Großen Austauschs zahlen müssen" spricht (Identitäre Bewegung 2019, online). Demnach, wie in der Einleitung des Beitrags dargelegt, wird eine Religion als überlegen gegenüber einer anderen betrachtet, und folglich werden die Mitglieder der betreffenden Gruppe als bedrohlicher oder wertvoller eingeschätzt (Mummendey et al. 2009).

Angesichts dieser Prozesse fordert Ulfat (2021) in ihrem Beitrag „Religiöse Bildung in einer globalisierten Welt in postkolonialer Perspektive", dass sich „die Islamische Religionspädagogik [...] in kritischer Weise mit hegemonialen Ausprägungen von Diskursen in Bezug auf Religion in der Welt und Prozesse des Otherings auseinandersetzen, sie verstehen und bildungstheoretisch verarbeiten" müsse (Ulfat 2021, S. 22), insbesondere auch, um auf Basis eines symmetrischen Dialogs Radikalisierungen auf beiden Seiten vorzubeugen.

Unter anderem aufgrund bestehender Vorbehalte gegenüber der Religion des Islam und/oder der Gruppe der Muslim:innen fühlen sich diese entsprechend stärker als andere Gruppen diskriminiert. In quantitativer Hinsicht liegen zum Bereich des Diskriminierungserlebens speziell von Muslim:innen oder aber zumeist muslimischen türkeistämmigen Personen etwa Studien vor, von der Agentur der Europäischen Union für Grundrechte „Erhebung zu Minderheiten und Diskriminierung" (EU-MIDIS I und II; (Agentur der Europäischen Union für Grundrechte 2009, 2018) mit mehr als 10.500 Stichprobenteilnehmenden aus 15 EU-Staaten, des ‚Sachverständigenrates deutscher Stiftungen für Integration und Migration' (Sachverständigenrat deutscher Stiftungen für Integration und Migration 2016), des Exzellenzclusters ‚Religion und Gesellschaft' der Universität Münster (Pollack et al. 2016) und im Jugendbereich von Stein und Zimmer an 1090 jungen

Erwachsenen zwischen 18 und 25 Jahren (C. J. Kolb et al. 2024). In der EU-MIDIS II berichten etwa 17 % der befragten Muslim:innen in den letzten fünf Jahren Diskriminierung aufgrund der religiösen Zugehörigkeit wahrgenommen zu haben, etwa bei der Wohnungssuche oder im Rahmen der Arbeitstätigkeit (Agentur der Europäischen Union für Grundrechte 2018, S. 14). Besonders hoch fällt die Diskriminierung aus bei Personen, die aufgrund ihres Erscheinungsbildes als „eindeutig" muslimisch gelesen werden, etwa bei Frauen mit Kopftuch, die sich zu etwa einem Drittel durch Diskriminierung belästigt fühlten (Agentur der Europäischen Union für Grundrechte 2018, S. 17). Noch höher sind die Zahlen derjenigen, die sich in der Befragung von Pollack et al. (2016, S. 6) als diskriminiert erlebten. Allerdings wurde hier nicht nach persönlich erlebten Diskriminierungserfahrungen gefragt, sondern danach, ob man sich „als Türkeistämmiger […] als Bürger 2. Klasse" fühle (51 %), ob man als „Teil der deutschen Gesellschaft" anerkannt sei (54 %) oder sich als „Angehörige:r einer Bevölkerungsgruppe bezeichne[.], die in Deutschland diskriminiert wird" (24 %). Allgemein sinkt der Anteil derjenigen, die sich nicht vollständig anerkannt fühlen von türkeistämmiger Einwanderergeneration zu Einwanderergeneration, sodass die beiden ersten Aussagen nur mehr von etwa einem Drittel der Befragten der zweiten und dritten Einwanderergeneration bekräftigt werden.

Auch im Integrationsbarometer, welches nicht nur Stichprobenteilnehmende mit Migrationshintergrund, sondern auch ohne Migrationshintergrund befragte, konstatieren circa drei Viertel der Befragten – sowohl Personen ohne (59,1 %) als auch mit türkischstämmigem Migrationshintergrund (68,7 %) – einen zumindest partiellen Ausschluss von Muslim:innen aus der Gesellschaft in Deutschland (Sachverständigenrat deutscher Stiftungen für Integration und Migration 2016, S. 41) (Tab. 1.7).

Tab. 1.7 Antworten zum Ausschluss von Muslim:innen im Integrationsbarometer nach Herkunftsgruppen der Befragten. (Nach Sachverständigenrat deutscher Stiftungen für Integration und Migration 2016, S. 41)

„Insgesamt werden viele Muslime aus der Gesellschaft in Deutschland ausgeschlossen."				
	Trifft voll und ganz zu	Trifft eher zu	Trifft eher nicht zu	Trifft gar nicht zu
Ohne Migrationshintergrund	10,3 %	48,8 %	36,2 %	4,8 %
Türkeistämmige	26,0 %	42,7 %	23,4 %	7,9 %
Spät-/Aussiedler:innen	11,6 %	35,7 %	36,6 %	16,0 %

Erste Ergebnisse einer Studie von Stein und Zimmer (Kolb et al. 2023) zu den selbsterlebten Diskriminierungserfahrungen junger Erwachsener (n = 1090; Alter: 18–25 Jahre) belegen, dass etwa ein Viertel der jungen Menschen mit eigener Zuwanderungserfahrung (Migrationshintergrund der ersten Generation) und Zuwanderungserfahrungen der Eltern (Migrationshintergrund der zweiten Generation) eine Benachteiligung aufgrund religiöser Überzeugungen (r = .240***; schwache Effektstärke) erleben. Ähnliche Ergebnisse zeigen sich bei der genaueren Betrachtung der Religionszugehörigkeit: So geben die muslimischen Befragten signifikant häufiger an, wegen der eigenen Herkunft, des Aussehens bzw. Gelesenwerdens als muslimisch, des sozioökonomischen Status sowie wegen der religiösen Überzeugung diskriminiert zu werden, wobei die Effektstärker eher schwach ausgeprägt sind. Die Linien der Diskriminierung zeichnen sich im Sinne der Intersektionalität durch hohe Interaktionseffekte aus, etwa zwischen Migrationshintergrund, Religionszugehörigkeit und Geschlecht: So fühlen sich etwa aufgrund der Herkunft nur bei einer Betrachtung der Befragten mit Migrationshintergrund (n = 301, davon 167 Christ:innen mit Migrationshintergrund und 134 Muslim:innen mit Migrationshintergrund) am meisten männliche Muslime mit Migrationshintergrund (21,1 %) benachteiligt, vor weiblichen migrantischen Musliminnen (10,7 %), migrantisch geprägten männlichen Christen (3,1 %) und migrantischen Christinnen weiblichen Geschlechts (1,0 %) (Antwort: ‚meistens'). Diese Ergebnisse sind auch statistisch signifikant; so unterscheiden sich etwa die Mittelwerte von männlichen Muslimen und Christen mit Migrationshintergrund, wonach männliche Muslime mit Migrationshintergrund häufiger Benachteiligungen aufgrund der Herkunft erleben (M = 3,32, SD = 1298, n = 57) als männliche Christen mit Migrationshintergrund (M = 2,05, SD = 1119, n = 64), t(119) = −5776, p = ,000; Effektstärke nach Cohen (1992) r = ,30; mittlerer Effekt). Ähnliche Ergebnisse wie für die Herkunftsbenachteiligung werden auch für die gefühlten Diskriminierungen aufgrund der Religion evident. Speziell in Bezug auf die Diskriminierung wegen der Religion erlebten sich junge Christ:innen in Deutschland nur zu 1,4 % diskriminiert, während bei den Muslim:innen 41,8 % angaben, Diskriminierung erlebt zu haben (andere Religionen wie Hinduismus, Judentum: 15,6 %) (Kolb et al. 2023).

1.2.3 Abgrenzungen und Radikalisierungen

Durch diese Homogenisierung und Fremdzuschreibung bestimmter Attribute werden muslimisch gelesene Personen oftmals erst trotz ihrer sehr großen (religiösen) Heterogenität

„mit Hilfe der „sozialen Deutungs- und Identifikationspraxis Religion" als Muslim/-innen hergestellt bzw. „muslimisiert" oder muslimischer gemacht als sie sind. Das kann auch dazu führen, dass sie sich selbst „muslimisieren" […]. Die „Muslimisierung" muslimischer Migrantinnen und Migranten hat religiös und ethnisch aufgeladene Zuschreibungen zur Folge und fungiert als symbolische Differenzlinie zwischen „Wir" und „Ihr"." (Ulfat 2021, S. 23f.); (vgl. zu diesem Diskurs der (Eigen)muslimisierung auch Lingen-Ali 2012, 2015; Lingen-Ali und Mecheril 2016).

Diese Annahmen zur Muslimisierung, aber auch Eigenmuslimisierung lassen sich auch durch empirische Befunde etwa im Rahmen der Repräsentativbefragung von Pollack et al. (2016) nachzeichnen. Während sich zum einen manifestiert, dass die tatsächliche ritualisiert gelebte Glaubenspraxis unter Muslim:innen von Einwanderergeneration zu Einwanderergeneration nachlässt (mindestens wöchentlicher Moscheebesuch: erste Generation: 32 %; zweite bzw. dritte Generation: 23 %; mehrmals tägliches Gebet: erste Generation: 55 %; zweite bzw. dritte Generation: 35 %) (Pollack et al. 2016, S. 11), steigt andererseits bei Muslim:innen in Deutschland das Selbstbekenntnis, man sei eine „tief", „sehr" bzw. „eher" religiöse Person (Selbsteingeschätzte Religiosität: erste Generation: 62 %; zweite bzw. dritte Generation: 72 %) (Pollack et al. 2016, S. 11). Kamçılı-Yıldız (2021, S. 226) nutzt in diesem Zusammenhang den „Begriff ‚Belonging without commitment' von Winfried Gebhardt, […da sich] diese muslimischen Jugendlichen von tradierten Mustern der Frömmigkeit distanzieren, ohne ihre Zugehörigkeit zur Gemeinschaft der Muslime aufgeben zu wollen." Auch dieses „Belonging without commitment" (Gebhardt 2016, S. 299) führt zum einen zu einer stärkeren „Muslimisierung" (Ulfat 2021, S. 24), da sich muslimische Jugendliche infolgedessen teilweise „stärker mit dem Islam identifizieren, als ihre fehlende Religionspraxis verorten würde" (Kamçılı-Yıldız 2021, S. 24). „Diese Prozesse des Rückzugs unter möglicherweise desintegrativ wirkender Belebung herkunftsbezogener Charakteristika oder Handlungsweisen im Alltag werden [auch] als ‚Re-Ethnisierung' beschrieben" (Unabhängiger Expertenkreis Muslimfeindlichkeit 2023, S. 107).

Insgesamt fühlen sich trotz Phänomene der ‚Re-Ethnisierung' bzw. der ‚Muslimisierung' und vielfältiger Vorurteile gegenüber der Gruppe der Muslim:innen etwa über 90 % der Türkeistämmigen in Deutschland (sehr) wohl und erleben die Gesellschaft ihnen gegenüber als genauso gerecht wie es der Bevölkerungsdurchschnitt sieht (zum Vergleich: ostdeutsche Befragte erleben die Gesellschaft ihnen gegenüber als weniger gerecht als Türkeistämmige) (Pollack et al. 2016). Die Befragten benennen die Integration in die Gesellschaft als wichtig und nennen als Aufgaben für die eigene Person und ethnische Gruppe für eine erfolgreiche Integration (Reihung nach der Wichtigkeit): das Erlernen bzw. Beherrschen der deutschen Sprache (90 %), die Einhaltung der in Deutschland geltenden

1.2 Gesellschaftspolitische Herausforderungen des (inter)religiösen ...

Gesetze (82 %) und Kontaktpflege mit Deutschen ohne Migrationshintergrund (76 %) (Pollack et al. 2016, S. 5). Die Bereiche der Anpassung an die deutsche Kultur, deren gängige Kleidung und auch das Annehmen der deutschen Staatsangehörigkeit werden dagegen nur von einer Minderheit von etwa 30 % bis 40 % als essenziell erachtet. Entsprechend den als von ihnen wichtig erachteten Aspekten sind die meisten der türkeistämmigen Personen nach Eigenaussage gut integriert und verfügen nach Selbsteinschätzung über gute bzw. sehr gute Deutschkenntnisse und über vielfältige Kontakte zu Personen deutscher Herkunft ohne Migrationshintergrund und christlicher Religion. Der Anteil der gut Integrierten steigt jeweils von der ersten zur zweiten und dritten Generation an (Pollack et al. 2016).

Dennoch zeigen sich trotz der positiven Aspekte einige bedenkliche Entwicklungen, insbesondere in Bezug auf die mangelnde Identifizierung mit Deutschland im Zuge der Re-Ethnisierung, aber auch in Bezug auf Ressentiments gegenüber der Mehrheitsgesellschaft sowie fundamentalistische und teilweise radikalisierte religiöse Einstellungen bei einem Teil der Muslim:innen, bei denen die Muslimisierung oder Eigenmuslimisierung in eine bedenkliche Richtung geht.

Ein Teil der jungen Muslim:innen identifiziert sich wenig mit Deutschland. Insgesamt formiert sich der Prozess der Identitätsbildung in Auseinandersetzung mit Wertekonzepten und Lebensentwürfen aller am Sozialisationsprozess Beteiligter. Junge Menschen mit Migrationshintergrund bzw. -erfahrung bilden „ihre Sichtweisen und Lebensentwürfe in Auseinandersetzung mit unterschiedlichen Deutungsmustern und Erfahrungen in den Herkunfts- und Ankunftsgesellschaften der Migration" (Fürstenau und Niedrig 2007, S. 248). Nach Hall (1994, 1999a, b) und seinem Konzept der hybriden Identitäten werden hierbei Elemente beider gesellschaftlichen Einstellungssets, nämlich sowohl der Herkunftsgesellschaft (der Eltern und Großeltern) als auch der Ankunftsgesellschaft in die eigene Identität übernommen, wobei es hierbei zu Transformationen kommt. Dabei werden die Werte beider Gesellschaften nicht additiv nebeneinandergesetzt. Vielmehr kommt es zu einer sogenannten „Zweiheimischkeit" (Badawia 2006, S. 181; vgl. auch Badawia 2005), da die „Werte in der jetzigen Elterngeneration einem Wandel [unterliegen, ohne dass dies zur] Anpassung an die Vorstellungen der einheimisch deutschen Familien" (Boos-Nünning 2011, S. 5) führen würde. Vielmehr schafft dies spezifische Werthaltungen und eigene Identitätskonstruktionen. In einer quantitativen Befragung der Autorinnen (n = 1090, davon 68 % Christ:innen, 13 % Muslim:innen und 15 % Konfessionslose; insgesamt 35 % Migrationshintergrund; Altersrange 18–25 Jahre) wurde u. a. die Selbstverortung in religiöser und nationaler Hinsicht (Aussagen: ‚Ich fühle mich als Deutsche:r' und ‚Ich fühle mich als Angehörige:r eines anderen Landes.') in Abhängigkeit des Migrationsstatus, der Religionszugehörigkeit, der selbsteingeschätzten Stärke der Religiosität und interreligiöser Kontakte und Freundschaften erfasst. Insgesamt identifizierten sich junge Muslim:innen nur zu 13,3 % mit Deutschland und zu 66,2 % mit einem anderen Land (Antworten ‚trifft eher zu' und ‚trifft voll und ganz zu'; im Vergleich Christ:innen: 81,9 % mit Deutschland und 12,9 % mit einem anderen Land). Diese hohe Unterschiedlichkeit bleibt auch bestehen, wenn nur Personen mit Migrationshintergrund und unterschiedlicher religiöser Zugehörigkeit verglichen werden (Muslim:innen mit Migrationshintergrund: 13,5 % mit Deutschland und 67,2 % mit einem anderen Land; Christ:innen mit Migrationshintergrund: 64,6 % mit Deutschland und 32,5 % mit einem anderen Land), „so dass die Religionszugehörigkeit und die Religiosität jeweils einen eigenständigen Beitrag zur Erklärung der nationalen Selbstverortung leisten" (Zimmer und Stein 2021, S. 280). Die Autorinnen resümieren (Zimmer und Stein 2021, S. 297 f.):

„Offensichtlich wird eine Identifikation mit Deutschland […] von den befragten Muslim*innen gleichgesetzt mit einer Identifikation mit dem ethnisch einheitlich gezeichneten Bild eines Einheimisch-Deutschen ohne Migrationshintergrund, der in einer der christlichen Kirchen beheimatet ist und sich an der sogenannten deutschen Leitkultur orientiert. […]. Offenbar gelingt es nicht, auch religiös verorteten Menschen muslimischen Glaubens eine deutsche und gleichzeitig muslimische Identität in Deutschland anzubieten bzw. es wird ihnen durch die Mehrheitsgesellschaft teilweise eine gleichzeitig muslimische und deutsche Identität abgesprochen. Allgemein müsste neben einer Auffaltung einer Differenz zwischen einer Aufnahmekultur und einer Herkunftskultur ein dritter Weg im Sinne einer Melange unterschiedlichster kultureller Deutungs- und Handlungsmuster, die gleichberechtigt in einer Gesellschaft oder einem Land miteinander und auch ineinandergreifend existieren, als Identifikationsfolie angeboten werden. Hierzu gehört auch die Anerkennung verschiedener religiöser Deutungsmuster, die etwa im Zuge von Globalisierungs- oder Migrationsprozessen zunehmen, wie etwa die Religion des Islam, solange diese auf der Grundlage der Menschenrechte und -würde vertretbar ist. Einen ersten Schritt der Anerkennung bzw. damit auch der besseren Identifikationsmöglichkeit für Muslim*innen mit Deutschland stellt der Aufbau der Möglichkeit des islamischen Religionsunterrichts bzw. – etwa in Hamburg oder Brandenburg – die Einbeziehung des Islam in den lebenskundlichen oder religionskundlichen Unterricht dar."

Auch bewegen sich Muslim:innen weniger in interreligiösen Freundschaften und Partnerschaften. Insgesamt manifestiert sich in Freundschaften das Konzept der Gleichartigkeit, also Homologie, das nicht nur in Bezug auf das Alter und Geschlecht, sondern auch bezüglich des ethnisch-kulturell-religiösen Hintergrundes wirksam wird (Hartup 1993; Worresch 2011), womit monoreligiöse Freundschaften wahrscheinlicher als interreligiöse Freundschaften sind. Dies ließ sich etwa für junge Muslim:innen bzw. Türkeistämmige in den Studien

1.2 Gesellschaftspolitische Herausforderungen des (inter)religiösen ...

‚FRIENT – Freundschaftsbeziehungen in interethnischen Netzwerken' von Reinders (2004a, b, 2010; Reinders et al. 2006), in der Studie ‚Viele Welten leben' von Boos-Nünning und Karakaşoğlu (2006), in einer Studie des Bundesamts für Migration und Flüchtlinge BAMF (Haug 2010) und in der Bridges-Studie von Stein und Zimmer (2019) zeigen. Sowohl in der Studie ‚Viele Welten leben', wo 950 Mädchen und junge Frauen mit griechischem, italienischem, jugoslawischem und türkischem Migrationshintergrund und aus Aussiedlerfamilien zu ihren Freundschaften und Partnerschaftsvorstellungen befragt wurden, als auch in der Bridges-Studie waren es vor allem die meist muslimischen türkeistämmigen Jugendlichen und junge Erwachsene, die zu einem hohen Prozentsatz ihre besten Freund:innen und auch Partner:innen aus der gleichen Religionsgruppe oder ethnischen Gruppe wählten. Laut der BAMF-Studie entschieden sich 14 % der Personen mit türkischem Hintergrund ausschließlich für monoethnische Freundschaften und Bekanntschaften; zu 72 % entstammen die drei besten Freund:innen der gleichen Religion bzw. Ethnie (Haug 2010).

Bei den jüngeren Personen der Bridges-Studie weichen sich diese Zahlen etwas auf; dennoch pflegen 30,5 % der jungen Muslim:innen – gefragt nach den drei besten Freund:innen – ausschließlich monoreligiöse Freundschaften (Stein und Zimmer 2019). Dies ist insofern bedenklich, als durch interreligiöse wie interethnische Freundschaften Vorurteile gegenüber Personen mit anderem religiösem oder ethnischem Hintergrund gemindert bzw. in ihrem Auftreten verhindert werden könnten (vgl. Allport 1954; Zimmer und Stein 2022a, b).

Bei allen geschilderten Problematiken zeigt sich das sogenannte ‚Henne-Ei-Problem': Ausgrenzungserfahrungen mit der Gesellschaft führen zum Gefühl nicht dazugehörig zu sein, zu einer stärkeren Re-Ethnisierung und Muslimisierung hinsichtlich der Identitätskonstruktion und zu einem stärkeren Bezug zu der eigenen ethnischen Gruppe in Freundschaften und Partnerschaften. Diese Entwicklungen führen aber andererseits dazu, dass vonseiten der Mehrheitsgesellschaft Muslim:innen als kein integraler Bestandteil der Gesellschaft wahrgenommen werden, da diese sich vermeintlich aus dieser herausziehen. Als besonders besorgniserregend wird hierbei bei einigen wenigen Personen das Abgleiten in fundamentalistische oder gar radikalisierte oder extremistische Überzeugungen und Handlungen angesehen.

Die repräsentative Befragung Türkeistämmiger durch das Exzellenzcluster ‚Religion und Gesellschaft' der Universität Münster (Pollack et al. 2016) belegt eine hohe Zustimmung zu Aussagen, die als Hinweis auf fundamentalistische Einstellungen oder als Rechtfertigung von Gewaltanwendung sowie als eine zumindest stark traditionelle Auslegung des Islam angesehen werden und „schwerlich als kompatibel mit den Grundprinzipien moderner „westlicher"

Tab. 1.8 Antworten zu Aussagen im Themenbereich Fundamentalismus und (Zustimmung ‚stimme stark zu' und ‚stimme eher zu' nach Pollack et al. 2016, S. 14 ff.)

Fundamentalismus	
„Die Befolgung der Gebote meiner Religion ist für mich wichtiger als die Gesetze des Staates, in dem ich lebe."	47 %
„Muslime sollten die Rückkehr zu einer Gesellschaftsordnung wie zu Zeiten des Propheten Mohammeds anstreben."	32 %
„Es gibt nur eine wahre Religion."	50 %
„Nur der Islam ist in der Lage, die Probleme unserer Zeit zu lösen."	36 %
Zustimmung zu allen vier Items, d. h. geschlossenes fundamentalistisches Weltbild	13 %
Gewaltbereitschaft zur Verteidigung des Islam	
„Die Bedrohung des Islam durch die westliche Welt rechtfertigt, dass Muslime sich mit Gewalt verteidigen."	20 %
„Gewalt ist gerechtfertigt, wenn es um die Verbreitung und Durchsetzung des Islam geht."	7 %
Traditionale Frömmigkeit	
„Muslime sollten es vermeiden, dem anderen Geschlecht die Hand zu schütteln."	23 %
„Muslimische Frauen sollten Kopftuch tragen."	33 %

Gesellschaften wie der deutschen bezeichnet werden können" (Pollack et al. 2016, S. 14) (Tab. 1.8).

Insgesamt zeichnet sich eine liberalere Haltung hinsichtlich Fundamentalismus, Gewaltbefürwortung und traditionelle Überzeugungen bei der zweiten und dritten Generation im Vergleich zur ersten Generation ab, mit Ausnahme der Aussagen zur Unterstützung der gewalttätigen Verbreitung des Islam. Diese Aussage wird jeweils bezogen auf alle Einwanderergenerationen nur zu einem sehr kleinen Prozentsatz zustimmend zur Kenntnis genommen. Auch wenn nur ein kleiner Prozentsatz Gewalt als Mittel zur Verbreitung des Islam befürwortet, stimmt der mit 20 % doch sehr hohe Anteil der Befragten bedenklich, die Gewalt dann als gerechtfertigt sehen, wenn der Islam bedroht ist. Dabei ist nicht genau festzumachen, was alles als Bedrohung des Islam gewertet wird; eine vermeintliche Bedrohung des Islam wird auch gerade oft von radikalen Gruppen betont, etwa eine Bedrohung arabischer Muslim:innen in Israel oder „durch den Westen". Beispielsweise strebt die vom Verfassungsschutz als dem Spektrum des radikalen

Islam zugeordnete Hizb ut-Tahrir (HuT) nach Aussage des Verfassungsschutzberichts „die ‚Befreiung' aller Muslime von ‚Unterdrückung' und ihre Vereinigung in einem weltweiten Kalifat [an]. Aus Sicht der HuT haben ‚unterdrückte' Muslime das Recht auf ‚Selbstverteidigung' mit allen Mitteln" (Bundesministerium des Innern und für Heimat 2022, S. 221). Mit diesem Narrativ einer kollektiven Diskriminierung oder gar Verfolgung von Personen muslimischen Glaubens werden insbesondere junge Menschen für eine radikale Ausprägung des Islam gewonnen. Diese Bewegungen formieren sich in stets wachsendem Maße auch in den Sozialen Medien – wie etwa die radikal-islamischen Gruppierungen „Generation Islam" (GI) und „Realität Islam" (RI) – und scharen vor allem junge Follower um sich, sodass Hild (2022) in Anlehnung an die rechtsextreme Identitäre Bewegung von einer muslimischen Identitären Bewegung spricht. Muslimische Personen, die sich in den gewaltbereiten Extremismus hinein radikalisieren, stellen jedoch nur die Spitze des Eisbergs da (für diesbezüglich weiterführende Ausführungen siehe auch von den Autorinnen Zimmer et al. 2022, 2023).

1.3 Religions- und bildungspolitische Herausforderungen muslimischen Lebens in Deutschland

Angesichts dieser vielfältigen Herausforderungen wird oftmals eine mangelnde Kohäsion der Gesellschaft bzw. eine mangelhafte Integration(spolitik) beklagt, wie dies etwa im ‚Kohäsionsradar gesellschaftlicher Zusammenhalt' der Bertelsmann Stiftung abgebildet wird (Schiefer et al. 2012). Insbesondere bestanden lange keine Bemühungen, sich um eine Integration und gleichberechtigte Teilhabe von Menschen muslimischen Glaubens in Deutschland zu bemühen. Ein zentraler Fauxpas der deutschen Islampolitik besteht darin, dass bereits in den 1970er Jahren eine Intervention im islamisch-religiösen Bereich hätte erfolgen müssen, um eine langfristig angelegte Integrationspolitik zu initiieren und frühzeitige Integrationsmaßnahmen bereitzustellen. Es wurde dagegen bis zum Beginn der Deutschen Islam Konferenz im Jahre 2006 mit dieser Aufgabe gewartet. Dies ist vornehmlich auf zwei Fehlannahmen zurückzuführen: Erstens war man lange – und dies war insgesamt ein Versagen der Migrations- und Integrationspolitik – davon ausgegangen, dass insbesondere Arbeitsmigrant:innen nach einem zeitlich begrenzten Aufenthalt in Deutschland wieder in ihre ursprünglichen Herkunftsländer zurückkehren würden. Diese Fehlannahme bildet sich etwa in Angeboten wie dem muttersprachlichen Ergänzungsunterricht ab, der neben anderen Aufgaben u. a. wieder fit für den Neuanfang in der alten Heimat machen sollte. Zweitens hatte man die große Rolle der Religion für die Ausbildung einer eigenständigen Identität vieler Migrant:innen im Zuge der Migrationsprozesse in Richtung Deutschland unterschätzt. Yölek-Cantay (2010) spricht in ihrer Monographie davon, dass eine gelingende „islamische Bildung im säkularen Staat […] Basis erfolgreicher Integration" sei. Dies mag mit der Annahme in Verbindung stehen, dass Politik und Öffentlichkeit von einem Assimilationsprozess als Automatismus ausgingen. Auch in Bezug auf den Islam war man von der fälschlichen Annahme irreversibler Säkularisierungsprozesse ausgegangen, durch welche auch die christliche Religion – insbesondere in ihrer organisierten Form als Kirche – zunehmend an Bedeutung verlöre:

> „Ein stillschweigender Konsens über den Prozess einer unumkehrbaren Säkularisierung veranlasste die meisten Akteure in Wissenschaft und Politik, Religion von der Liste der konfliktiven bzw. politisierten Themen zu streichen. Weit verbreitet war die Annahme, dass die Zukunft in der „Spät-" oder „Postmoderne" durch ein eher unauffälliges „Verdunsten" religiöser Bedeutungsgehalte in der Gesellschaft geprägt sei. Wenn schon Religion sich erhalte, dann würde dies vorwiegend in Gebieten der Welt der Fall sein, die eben noch nicht so weit modernisiert und damit säkularisiert seien wie Westeuropa" (Liedhegener und Pickel 2016, S. 4).

Indes hat sich der vermeintlich irreversible Prozess der Säkularisierung nicht bestätigt, da religiöse Überzeugungen nicht nur in existenziellen Fragestellungen Relevanz besitzen, sondern scheinbar ebenso im Kontext politischer Orientierungen, wie etwa der Familienpolitik (vgl. Liedhegener und Pickel 2016, S. 4 f.). Jedoch führten u. a. auch der steigende Organisationsgrad des Islam sowie eine hohe Religiosität als identitätsstiftendes Element gerade auch von jungen Menschen dazu, dass der Staat seit der Deutschen Islam Konferenz verstärkt um die Integration der Muslim:innen und ihrer Organisationen bemüht war. Tatsächlich erfolgte dies viel zu spät, da bis dato islamische Organisationen und Strömungen das Vakuum in der religiösen Betreuung ausfüllten.

Gleichzeitig wurden Identitätskonzepte angeboten, die für die Reproduktion von religiös-politischen Konfliktlinien in Deutschland maßgeblich verantwortlich sind. Diese Problematik gilt für Migrantenorganisationen insgesamt, die sich teilweise einer politischen Mission verpflichtet haben. Diverse theoretische Ansätze und empirische Untersuchungen verdeutlichen, dass Migrantenorganisationen vielfältige ökonomische, soziale und kulturelle Funktionen übernehmen. Sie fördern eine Binnenintegration, die wiederum die sukzessive Integration in die Gesamtgesellschaft forcieren kann. Sie bieten sich an als emotionale Zufluchtsorte, in denen Akzeptanz und Unterstützung erfahren werden. Daher haben in

Deutschland die meisten muslimischen Migrantenorganisationen vielfältige Funktionen erfüllt, auch wenn die offizielle Organisationslinie eher politisch dominiert war (vgl. Ceylan 2006, S. 69 ff.). So haben beispielsweise zahlreiche kurdische Vereine, die der Terrororganisation PKK nahestanden, nicht nur ihre Aktivitäten auf das Werben und Agieren für die Gründung eines unabhängigen kurdischen Staates beschränkt, sondern zugleich weitere vielfältige Aufgaben wie Hilfe bei Behördengängen oder andere soziale Aktivitäten angeboten. Viele Jugendliche sind mit diesen Strukturen – oft bereits auch in der Kindheit – in Verbindung getreten.

Die Frage nach der Positionierung des Staates in Bezug auf die Ausübung der Religion kehrt jedoch in verstärktem Maße zurück. Es wäre verkürzt, die gegenwärtige Gesellschaft als nur im Prozess der religiösen Säkularisierung befindlich zu beschreiben; vielmehr muss von einer gesellschaftlichen religiösen Diversifikation und Pluralisierung gesprochen werden. In der Kongresspublikation der Deutschen Gesellschaft für Erziehungswissenschaften (DGfE) von 2020 postulieren Stošić und Rensch (2020 S. 147), dass die „These, dass Religion im Zuge von Säkularisierungsprozessen in modernen Gesellschaften künftig eine nur noch marginale Rolle spielen würde […] mittlerweile als überholt" gewertet werden muss. Während oftmals weiterhin von einer Säkularisierung, Privatisierung und Individualisierung religiöser Lebensvollzüge ausgegangen wird, findet man jedoch andererseits „seit einigen Jahren vermehrt einen weltweiten Aufschwung des Religiösen […]. Prominente Begriffe, die diese Entwicklung erfassen sollen, sind z. B. Desäkularisierung, Respiritualisierung, Deprivatisierung und Rückkehr der Religionen" (Lingen-Ali und Mecheril 2016, S. 18). Religion wird wieder zu einer sozialen Deutungspraxis (Lingen-Ali und Mecheril 2016).

Die weltanschaulich plurale Perspektive löse auch mit Hinblick auf gesellschaftliche Institutionen wie die Schule eine vormals als neutral gedeutete Perspektive ab. Die geforderte plurale Perspektive auf gesellschaftliche und schulische Wirklichkeit wird etwa fassbar im gesellschaftlichen Umgang wie auch in der wissenschaftlichen Befassung mit islamisch geprägten Menschen in diesen Kontexten. So zeige sich etwa in den Erziehungswissenschaften eine „Revitalisierung religionsbezogener Diskurse" (Stošić und Rensch 2020, S. 147). Stošić und Rensch (2020) führen hierzu beispielhaft für eine solche forschungsbezogene Revitalisierung im Schulkontext die Debatte zum Kreuz im Klassenzimmer und zum Tragen des Kopftuchs durch muslimische Lehrkräfte ebenso wie den islamischen Religionsunterricht an.

Die zunehmende Anzahl junger Muslim:innen in der Bundesrepublik Deutschland generiert nicht lediglich integrations- und bildungspolitische Fragestellungen, sondern zieht ebenso religionsdidaktische Implikationen nach sich und beeinflusst auch den im Grundgesetz verbindlich festgeschriebenen Religionsunterricht. Einerseits muss die Vermittlung von Wissen über den Islam im Religionsunterricht anderer Glaubensrichtungen ausgebaut werden, andererseits entwickelt sich eine eigenständige religiöse Bildung muslimischer Schüler:innen. Dies erfordert adäquate Ausbildungsstrukturen an Hochschuleinrichtungen sowie rechtliche Bestimmungen und beinhaltet die Evaluierung bisher in der Religionsdidaktik eingesetzter Konzepte bezüglich ihrer Anwendbarkeit in pluralistischen und interkulturellen Zusammenhängen.

Trotz des Neutralitätsgebotes des Staates im religiösen Kontext nimmt dieser bei der Institutionalisierung von Religion eine bedeutende und kontrovers diskutierte Rolle ein. Im Gegensatz zu anderen Ländern, wie beispielsweise Frankreich, existiert in Deutschland ein im Grundgesetz kodifiziertes Recht auf Religionsunterricht gemäß Artikel 7. In der Bundesrepublik stellt der Religionsunterricht das einzige verfassungsrechtlich festgeschriebene Schulfach dar und wird in einer Balance sowie Kooperation staatlicher Bildungseinrichtungen mit den Religionsgemeinschaften erteilt. Des Weiteren ergeben sich vielschichtige Konfliktfelder angesichts der durchaus divergierenden gesellschaftspolitischen Erwartungen an den Religionsunterricht. Insgesamt fungiert dieser als Plattform, um mit jungen Menschen in den Dialog zu treten „zwischen dem Sakralraum Kirche und [der] pluralisierte[n] Lebenswelt" (Feige et al. 2001, S. 443).

Der staatlich verantwortete Religionsunterricht verfolgt das Ziel, nicht ausschließlich Wissen im Bereich der Religion und religiösen Traditionen zu vermitteln, sondern zudem Lebens- und Wertorientierung bereitzustellen. Während der christliche Religionsunterricht seit Gründung der Bundesrepublik im Jahre 1949 fest in den Schulen etabliert ist, wurde der islamische Religionsunterricht erst im vergangenen Jahrzehnt eingeführt, u. a. auch als eine der Forderungen der Deutschen Islam Konferenz (Ströbele 2021; Stein et al. 2021).

Abseits des verfassungsrechtlichen Anspruchs muslimischer Kinder und Jugendlicher auf Religionsunterricht sind mit der Etablierung des islamischen Religionsunterrichts neben den zuvor thematisierten Erwartungen an Religionsunterricht generell auch vielfältige „integrationspolitische[.] Agenden" speziell mit dem islamischen Religionsunterricht verknüpft (Ströbele 2021; vgl. auch Stein et al. 2021; Körs et al. 2023; Stein und Zimmer 2022, 2023a, c; Stein et al. 2023). Badawia et al. (2023) sprechen davon, dass sich der „Islamunterricht im Eingliederungsdilemma von Willkommens- und Misstrauenskultur" bewege. Die an ihn geknüpften Erwartungen schließen auch die – wie sich etwa in der Evaluationsstudie zum Modellversuch in Nordrhein-Westfalen zeigt (Uslucan 2011b) – durchaus berechtigte Hoffnung ein, durch diesen Unterricht gesellschaftskohäsiv und integrativ zu wirken. Hierzu gehört, dass die Schüler:innen befähigt werden über

1.3 Religions- und bildungspolitische Herausforderungen ...

ihre Religion zu sprechen und entsprechende narrative und religiöse Kompetenzen der Reflexion und Gestaltung zu erwerben, die sie befähigen „die Realität und ihre eigene Lebenswirklichkeit religiös [zu] deuten und [zu] reflektieren" (Işik 2015, S. 13; vgl. auch Ulfat 2017, 2020). Diese Erwartungen sind teilweise aber auch sehr ambitioniert formuliert und schließen den Wunsch nach einem demokratischen und aufgeklärten „deutschen Reformislams oder sogar die Unterstützung der Ausbreitung eines aufgeklärten Religionsverständnisses in der ganzen islamischen Welt" ein (Akdemir et al. 2023, S. 142). Es wird der Wunsch nach einer sich gleichzeitig als muslimisch und europäisch verstehenden Community formuliert (Twardella 2012; Ceylan und Jacobs 2018): "Such a European Islam is understood as reform-oriented, emphasizing a symbolic interpretation of the Quran, egalitarian relationships with non-Muslims, homosexuals and between genders, and critical reflections on the potential for violence in certain Islamic interpretations" (Şenel & Demmrich 2024, S. 6). Dies alles könne etwa laut Sejdini et al. (2017) nicht von den eher entlang ethnischer Linien aus dem Ausland heraus organisierten Moscheegemeinden geleistet werden (für eine Gegenüberstellung von schulischem Islamunterricht und Moscheekatechese siehe auch Mendl 2011; Ceylan 2021; Bösing et al. 2023). Seit der „Islamisierung der Integrationsdebatte", welche in erster Linie einen erhöhten Integrationsbedarf in Bezug auf Migrant:innen muslimischen Glaubens festmacht, hat sich Religion in jüngster Vergangenheit zu einem bedeutsamen Faktor im Bemühen um die Integration muslimischer Kinder und Jugendlicher – auch mit Fluchthintergrund – in die deutsche Gesellschaft und insbesondere in das deutsche Bildungssystem entwickelt, wenngleich Schweitzer et al. (2018) festhalten, dass insbesondere die religiöse Erziehung und Bildung muslimischer Kinder in den säkularen Gesellschaften Europas nach wie vor ein Forschungsdesiderat darstelle.

Trotz gewisser Limitationen konnten im Kontext der Förderung der Integration und Inklusion muslimischer Kinder und Jugendlicher in der Bundesrepublik Deutschland seit den 2000er Jahren bedeutsame integrationspolitische Fortschritte erzielt werden. Im Jahre 2006 konstituierte sich erstmalig die Deutsche Islamkonferenz und entwarf diverse Handlungsfelder der Integration, deren Bearbeitung gemäß Kiefer und Malik (2008, S. 99) in der „Herausbildung eines moderaten und hier beheimateten – nationalen – Islam" resultieren sollte, welcher souverän und autonom neben anderen religiösen Bekenntnissen in der säkularen Gesellschaft agiert. Daraus resultierend werden hierbei insbesondere im islamischen Kontext besondere „Anforderungen an den Religionsunterricht im säkularen Staat" gestellt, die aus „islamisch-religionspädagogische[r] Perspektive" bearbeitet werden müssen (Badawia 2012, S. 205).

Vor der Implementierung des islamischen Religionsunterrichts an deutschen Bildungseinrichtungen unter staatlicher oder zumindest partiell staatlicher Verantwortung, lag die religiöse Erziehung, Bildung und Unterweisung der muslimischen jungen Generation ausschließlich in der Hand der Eltern oder in stärker institutionalisierter Form den Moscheen. Im Jahr 2010 partizipierten demnach 19,8 % der muslimischen Schülerinnen und Schüler in Deutschland insgesamt an einem außerschulischen Koranunterricht, während 14,9 % in der Vergangenheit daran teilgenommen hatten (Ministerium für Arbeit, Integration und Soziales 2010, S. 90).

Gemäß einer Untersuchung aus dem Jahr 2009 betrug der Anteil muslimischer Schülerinnen und Schüler in Deutschland bereits 580.000 und ist vermutlich infolge der Fluchtmigration sowie demographischer Prozesse weiterhin signifikant angestiegen, wie oben dargelegt. Ungefähr 300.000 Schülerinnen und Schüler dieser Gruppe sind an Schulen in Nordrhein-Westfalen eingeschrieben. Von den etwa 580.000 nehmen nach Informationen der Bundesländer lediglich 60.000 Schülerinnen und Schüler muslimischen Glaubens an 900 Schulen am islamischen Religionsunterricht teil. In Nordrhein-Westfalen wird laut Angaben aus dem Jahr 2019 an 265 Schulen 20.260 Schülerinnen und Schülern das bekenntnisgebundene Fach angeboten. Innerhalb von zwei Jahren sind demnach lediglich 35 Schulen hinzugekommen. Die Anzahl der Teilnehmerinnen und Teilnehmer am islamischen Religionsunterricht ist im gleichen Zeitraum um gerade mal 5.000 gestiegen. Berücksichtigt man die steigende Zahl muslimischer Schüler:innen, unter anderem bedingt durch den Zuzug von Flüchtlingen, so lässt sich unschwer erkennen, dass die Entwicklung nur äußerst schleppend voranschreitet (Mediendienst Integration 2020).

In Übereinstimmung mit den Untersuchungen des Mediendienst Integration profitierten 2020 lediglich etwa 60.000 Schülerinnen und Schüler von einem Islamischen Religionsunterricht. Dies entspricht gerade einmal 10 % aller muslimischen Schülerinnen und Schüler im Bildungssystem (vgl. Mediendienst Integration 2020). Berücksichtigt man, dass bereits seit der Familienzusammenführung in den 1970er Jahren Bedarf an islamischen Religionsunterricht bestand, so stellt der gegenwärtige Status quo ein bedauerliches Zeugnis dar. Trotz einer bereits initiierten interreligiösen Öffnung des Bildungssystems existiert in Deutschland bislang kein flächendeckender, staatlich verantworteter islamischer Religionsunterricht. Insbesondere für Kinder aus Familien mit einem stark konservativen Religionsverständnis und Assimilationsängsten in deutsche Institutionen (Uslucan 2011b, S. 30 f.) könnte ein islamischer Religionsunterricht einen „Safe Space" darstellen, in dem sie unbeschwert agieren und reflektieren könnten.

1.3 Religions- und bildungspolitische Herausforderungen ...

Die Mehrheit der Befragten der Integrationsbarometer 2014 sowie 2016 befürwortet einen konfessionellen Religionsunterricht an staatlichen Schulen – jeweils sogar mit steigender Tendenz. So votierten etwa die Befragten ohne Migrationshintergrund jeweils zu 55,1 % (Sachverständigenrat deutscher Stiftungen für Integration und Migration 2014, S. 34) bzw. zu 65,0 % (Sachverständigenrat deutscher Stiftungen für Integration und Migration 2016, S. 42) für einen islamischen Religionsunterricht an staatlichen Schulen. Während allerdings diejenigen mit türkeistämmigem Hintergrund sowohl einen christlichen als auch einen islamischen Religionsunterricht gleichermaßen befürworten bzw. ablehnen, waren in den anderen befragten Gruppen „die Zustimmungsraten [...] nicht deckungsgleich; vor allem bei den Herkunftsgruppen mit einem geringen Anteil von Muslimen („ohne Migrationshintergrund", „EU ≤ 2000", „Aussiedler", „EU >2000") klafft zwischen der allgemeinen Zustimmung zu Religionsunterricht und der Zustimmung zu islamischem Religionsunterricht eine Lücke" (Sachverständigenrat deutscher Stiftungen für Integration und Migration 2016, S. 43). Dies impliziert, dass der islamische Religionsunterricht insgesamt nicht in gleichem Maße wie der christliche Religionsunterricht befürwortet wird.

Diese statistischen Ergebnisse einer prinzipiellen Befürwortung eines Religionsunterrichts sowie auch geringerer Zustimmungsraten zum islamischen im Vergleich zum christlichen Religionsunterricht finden sich ebenfalls in weiteren Befragungen wieder, wie etwa in den Studien ‚Deutschland postmigrantisch' bzw. ‚Hamburg postmigrantisch' (Foroutan et al. 2014a, b, 2015). So fordern etwa in der Studie ‚Deutschland postmigrantisch' 68,5 % der Befragten, dass islamischer Religionsunterricht dort angeboten werden sollte, „wo auch immer eine große Anzahl von Muslimen lebt und die Schule besuchen" (Foroutan et al. 2014a, S. 35; vgl. Foroutan et al. 2015), wenn auch hier die Zustimmungsraten bei den islamischen Angeboten geringer sind als bei den christlichen.

Anders als in den Integrationsbarometern (Sachverständigenrat deutscher Stiftungen für Integration und Migration 2016) und der Studie ‚Deutschland postmigrantisch' bzw. ‚Hamburg postmigrantisch' (Foroutan et al. 2014a, b, 2015) befürwortet nur eine Minderheit der Befragten in den Allgemeinen Bevölkerungsumfragen der Sozialwissenschaften (ALLBUS), die auch eine Frage zur Befürwortung von islamischem und christlichem Religionsunterricht sowie der Option gar keinen Religionsunterricht an staatlichen Schulen anzubieten enthält, einen islamischen Religionsunterricht an Schulen (Baumann und Schulz 2018). Hierbei plädierten die meisten Befragten (41,1 %) im ALLBUS von 2016 gegen einen Religionsunterricht in staatlichen Schulen insgesamt, während etwa ein

Drittel (36,3 %) auch einen islamischen Religionsunterricht und etwa ein Fünftel (22,7 %) nur einen christlichen Religionsunterricht an staatlichen Schulen gutheißen würde (Baumann und Schulz 2018, S. 440).

Die Studie ‚Muslimisches Leben in Nordrhein-Westfalen' des Ministeriums für Arbeit, Integration und Soziales des Landes Nordrhein-Westfalen legt nochmals detaillierter als das Integrationsbarometer und ‚Deutschland postmigrantisch' spezifisch den Fokus auf das muslimische Leben im bevölkerungsreichsten Bundesland Deutschlands und nimmt bei den Zustimmungsraten bei den Muslim:innen auch Binnendifferenzierungen hinsichtlich Glaubensrichtung, Alter oder Geschlecht vor. Auch hier sprachen sich mit einer Zustimmungsrate von 83,3 % bei den über 16-Jährigen Muslim:innen keineswegs alle Musliminnen und Muslime für einen islamischen Religionsunterricht aus. Ferner differieren die Zustimmungsraten in Abhängigkeit von der konfessionellen Strömung innerhalb des Islam:

> „Besonders hoch ist der Anteil der Befürworter unter Sunniten (88,1 Prozent), etwas niedriger unter den Schiiten (79,2 Prozent) und den Angehörigen einer sonstigen islamischen Glaubensrichtungen [sic!] (75,9 Prozent). Aleviten befürworten nur zu 61,2 Prozent den islamischen Religionsunterricht als Schulfach. Aleviten wurden zusätzlich gefragt, ob sie für die Einführung eines getrennten alevitischen Religionsunterrichts in öffentlichen Schulen sind. 70,8 Prozent der Aleviten bejahen diese Frage. […] Die Muslime in Nordrhein-Westfalen sind insgesamt betrachtet anteilig stärker an der Einführung an islamischen Religionsunterricht interessiert als die Muslime in Deutschland insgesamt (dort 75,9 Prozent)." (Ministerium für Arbeit, Integration und Soziales 2010, S. 90)

Die diesen Ablehnungen ursächlich zugrunde liegenden Einstellungen und Haltungen bei einigen Musliminnen und Muslime sind bisher nicht erfasst. Diese Gruppe von Personen dürfte sich aus sowohl atheistischen oder auch streng laizistisch orientierten Personen speisen, welche Religionsunterricht als staatliche Einmischung insgesamt ablehnen, bis hin zu Gläubigen, die Religionsunterricht in staatlicher Verantwortung ablehnen und diesen weiterhin wie bisher eher als Koranunterricht oder religiöse Unterweisung in Verantwortung von Moscheen ansiedeln würden.

Auch bei den Einstellungsstudien zur Haltung der Bevölkerung insgesamt zum islamischen Religionsunterricht können die dort erhobenen Zustimmungs- bzw. Ablehnungswerte nur als vorsichtige erste Hinweise auf seine Verankerung im schulischen System herangezogen werden. Keine Studie stellt bisher die Zustimmung zum islamischen Religionsunterricht wie zum Religionsunterricht insgesamt dezidiert in den Mittelpunkt des Forschungsinteresses bzw.

erhebt die Akzeptanz in Bezug auf unterschiedliche Modelle oder Ausgestaltungen des Unterrichts, etwa im Sinne einer rein staatlichen Islamkunde ohne Beteiligung muslimischer Gruppierungen im Vergleich zu einem bekenntnisorientierten Unterricht in Zusammenarbeit mit muslimischen Vereinen bis hin zu einem Religionsunterricht für alle religiösen Bekenntnisse, etwa nach dem Hamburger Modell. So schlussfolgert auch Foroutan in der Studie ‚Hamburg postmigrantisch', dass eine Ablehnung des islamischen Religionsunterrichts nicht bedeutet – weil diese Frage oft als Lackmustest für die Akzeptanz des Islams insgesamt betrachtet wird –, dass „dem Islam die strukturelle Anerkennung verweiger[t]" werden soll, da es möglich ist, dass sich diese Personen etwa eher „zugunsten des bestehenden Modells [in Hamburg existiert ein Religionsunterricht für alle Bekenntnisse; Anmerkung der Verfasserinnen] gegen einen ausschließlich islamischen, von dem gemeinsamen Religionsunterricht abgegrenzten Unterricht aussprechen" (Foroutan et al. 2014b, S. 34). Zudem wird moniert, dass die Items je nach Studie unterschiedlich gestaltet sind und sich die Befragten sowohl in zeitlicher als auch räumlicher Hinsicht nicht vergleichen ließen, da einige der Befragungen etwa noch vor und einige nach der Fluchtbewegung 2015 erfolgten und auch unterschiedliche Erfahrungen mit den Modellen des Unterrichts in unterschiedlichen Bundesländern vorliegen, etwa in Hamburg mit dem Unterricht für alle Religionen. Somit schlussfolgern Körs et al. (2023, 376 f.), dass zukünftige diesbezügliche Untersuchungen zur Einstellung zum islamischen Religionsunterricht diesen „zum eigentlichen Gegenstand machen und diese [Einstellungen] entsprechend differenziert mit einem Set an Fragestellungen erheben, analysieren, beschreibbar machen und zudem erklärende und kontextuelle Faktoren einbeziehen" müssten (Körs et al. 2023, S. 376 f.).

2 Theoretischer Hintergrund zur Ausbildung muslimischer Religionslehrkräfte im Hochschulkontext in Deutschland

Die Islamische Theologie stellt im Vergleich zu den Islamwissenschaften in Deutschland eine verhältnismäßig junge akademische Disziplin dar. Gemäß den Empfehlungen des Wissenschaftsrats (2010) wurden zunächst im Jahr 2012 durch das Bundesministerium für Bildung und Forschung (BMBF) an fünf Standorten (Osnabrück, Münster, Tübingen, Frankfurt am Main mit Gießen und Erlangen-Nürnberg) islamisch-theologische Studiengänge mit einer Lehramtsoption implementiert (Wissenschaftsrat 2010; Wissenschaftliche Dienste des Deutschen Bundestags 2021; Engelhardt 2017). Im Vorfeld wurden an den Universitäten Münster, Frankfurt am Main und Osnabrück Professuren etabliert, die eine theologische und religionspädagogische Ausrichtung verfolgten. Erst jedoch mit der Gründung der entsprechenden Zentren und Institute für Islamische Theologie (ZITs und IITs) konsolidierte sich allmählich eine kleine wissenschaftliche Gemeinschaft. Zielsetzung war es, an diesen Zentren und Instituten neben dem wissenschaftlichen Nachwuchs auch islamische Theolog:innen u. a. für Moscheegemeinden und sonstige gesellschaftliche Belange, Lehrkräfte für den sich im Aufbau befindenden islamischen Religionsunterricht sowie Sozialarbeiterinnen und Sozialarbeiter für die (islamische) Wohlfahrtsarbeit auszubilden. Die Ausbildung stellt sich somit nach Brandner et al. (2022, S. 173) als „transdisziplinäre Grenzarbeit zwischen hochschulgebundener, schulischer und außerschulischer Bildung" dar. Entsprechende Forschungsprojekte sollten darüber hinaus die wissenschaftliche Fundierung der Didaktik und Lehre sowie die Erstellung von Lehrmaterialien für den islamischen Religionsunterricht einerseits und die akademische Ausbildung hierfür an den Universitäten andererseits vorantreiben und die wissenschaftliche Auseinandersetzung mit fachspezifischen und fachdidaktischen Fragestellungen gewährleisten (Wissenschaftliche Dienste des Deutschen

Bundestags 2021; Wissenschaftsrat 2010). Inzwischen wurden durch das BMBF weitere Standorte für Islamische Theologie in Berlin und Paderborn eingerichtet. Durch andere Finanzierungsmodelle – etwa der Länder – entstanden an der Universität Hamburg und den baden-württembergischen Pädagogischen Hochschulen in Karlsruhe, Freiburg, Weingarten und Ludwigsburg weitere Institute, Zentren und Fachbereiche für Islamische Theologie (Wissenschaftliche Dienste des Deutschen Bundestags 2021). Eine Besonderheit stellt dabei die Tatsache dar, dass diese Zentren und Institute für Islamische Theologie anders als andere fachspezifischen Institute, wie etwa für Katholische Theologie, zumeist häufig durch den Bund und nicht die entsprechenden Länder finanziert sind.

Mit der Akademisierung der islamisch-theologischen Ausbildung hat Deutschland – im Vergleich zu anderen westlichen Gesellschaften mit ebenfalls größeren muslimischen Minderheiten – einen bedeutenden und historischen Schritt vollzogen. Dadurch werden erstens direkt im Land auf akademischem Niveau Religionslehrkräfte für den islamischen Religionsunterricht in Deutschland sowie Theologinnen und Theologen für die Gemeinde- und Moscheearbeit ausgebildet. Zweitens ist in den letzten zehn Jahren zudem eine größer werdende muslimische Wissenschaftsgemeinschaft bzw. eine Forschungslandschaft zu den Themenfeldern des Islam, des muslimischen Lebens in Deutschland und des islamischen Religionsunterrichts entstanden. Während bisher auch schon Forschung zu Menschen muslimischen Glaubens und der Haltung der Mehrheitsgesellschaft zum Islam bzw. den Muslim:innen bestand, hat „sich die Forschung zum islamischen Religionsunterricht in einem relativ kurzen Zeitraum von etwa zehn Jahren seit dessen Einführung zu einem thematisch breiten, sowohl kontextuell als auch unmittelbar gegenstandsbezogenen und inhaltlich vielfältig ausgerichteten Forschungsfeld entwickelt" (Körs et al. 2023, S. 374). Des Weiteren wurden etwa u. a. an der Universität Osnabrück im Rahmen des IIT sowie an der Universität Münster am dortigen ZIT Studiengänge zur Ausbildung im Bereich der muslimischen Sozialarbeit (Osnabrück: „Sozialarbeit in der Migrationsgesellschaft"; Münster: „Islam in der Sozialarbeit") eingeführt und etabliert.

2.1 Historische Entwicklung sowie gesellschaftspolitische und rechtliche Rahmenbedingungen des islamischen Religionsunterrichts

Insgesamt würden von den Angeboten eines islamischen Religionsunterrichts gemäß Schätzungen mindestens eine halbe Million Kinder profitieren können. Die Angaben zu der Anzahl an Kindern und Jugendlichen schwankt hierbei noch stärker als die in Bezug auf die geschätzte Anzahl an Muslim:innen in Deutschland insgesamt. Die Angaben bewegen sich hierbei zwischen 580.000 (Ulfat et al. 2020) und 800.000 muslimischen Kindern und Jugendlichen (Schröter 2015). Zudem ist ungewiss, wie viele der jungen Musliminnen und Muslime dieses Angebot wahrnehmen würden und wie viele – aus unterschiedlichsten Gründen – etwa in anderen Angeboten wie dem Ethikunterricht verbleiben würden.

Im Zuge der geschichtlichen Entstehung eines eigenständigen islamischen Religionsunterrichts wurden anfänglich – vor der Einführung einer grundständigen akademischen Ausbildung von islamischen Religionslehrkräften – in Deutschland muslimische Lehrkräfte über Weiter- bzw. Fortbildungsprogramme zu Lehrkräften für den islamischen Religionsunterrichts qualifiziert. Die grundlegende akademische Ausbildung dieser Lehrkräfte für das neu eingeführte Fach setzte jedoch erst mit der Gründung der islamisch-theologischen Institute und Zentren ein, die auf den Beschluss der Deutschen Islam Konferenz unter der Leitung des Bundesinnenministeriums im Jahr 2008 und auf Empfehlungen des Wissenschaftsrats von 2010 folgten (Wissenschaftliche Dienste des Deutschen Bundestags 2021).

Bis in die 1990er Jahre hinein wurde der schulische Bereich bei den Angeboten religiöser Bildung für muslimische Kinder und Jugendliche gänzlich vernachlässigt, obgleich seit den 1970er Jahren bereits im Rahmen des muttersprachlichen Ergänzungsunterrichts Islamkunde angeboten wurde (Ceylan 2009, 2014). Integrationspolitisch wurde dieser Unterricht begrüßt, da er die Rückkehrfähigkeit sicherstellen sollte. Unterstützung kam ebenfalls von der Wissenschaft, da dieser Unterricht dem Geist der damaligen Ausländerpädagogik entsprach. Weder wurden die Lehrkräfte-Typologien – also ihre Qualifikation, ihre politischen und religiösen Einstellungen usw. – noch der Unterrichtsinhalt und die Didaktik wissenschaftlich abgestützt oder evaluativ begleitet und untersucht. Erste oftmals sehr fallbasierte empirische Studien weisen darauf hin, dass die politische Orientierung der Lehrkräfte den Inhalt des Unterrichts massiv beeinflusste (Ceylan 2009, 2014). Typenbildungen haben etwa u. a. den kommunistischen, den nationalistischen oder den religiösen Typus ergeben. So berichten Muslim:innen, die in ihrer Kindheit und Jugend diesen Unterricht besuchten, vor allem von negativen Erfahrungen infolge der areligiösen bzw. anti-religiösen Haltung der Lehrkräfte. Dieses pädagogische Trauma bewirkte demzufolge eine gewisse Zurückhaltung gegenüber dem Vorhaben des islamischen Religionsunterrichts sowie gegenüber religiösen Akteur:innen (Ceylan 2009, 2014). Teilweise wurde auch diskutiert bzw. der Versuch unternommen, die religiöse Unterweisung oder islamkundlichen Unterricht flächendeckend in den muttersprachlichen Ergänzungsunterricht zu integrieren. Mit Ahrens (2012, S. 18) kann jedoch geschlussfolgert werden, dass der Weg „einer islamischen Unterweisung innerhalb des muttersprachlichen Ergänzungsunterrichts [...] keine dauerhafte Lösung dar[stellt], weil solch ein Unterricht kein ordentliches Lehrfach sei und nicht in deutscher Sprache erteilt werde." Zusätzlich zu diesem Unterricht wurden muslimischen Schülerinnen und Schülern an der Schule lange Zeit keine zusätzlichen Angebote in Bezug auf den Islam offeriert.

Die Relevanz des Islam bzw. der Religion insgesamt wurde in der Integrations- und Bildungspolitik über einen langen Zeitraum hinweg gänzlich übersehen, sodass Muslim:innen von den 1960er bis in die späten 1990er Jahre hinein lediglich im familiären Umfeld und im Katechese-Unterricht der Moscheen, der an Wochenenden stattfand, mit dem Islam in Berührung kamen bzw. religiöse Angebote erhielten. Vor diesem Hintergrund blieb der zweiten und dritten Generation die Möglichkeit einer wissenschaftlich abgestützten bzw. reflexiv-intellektuellen Auseinandersetzung mit den in Familie und Gemeinde vermittelten Inhalten verwehrt. Obschon es bereits in Bundesländern wie Nordrhein-Westfalen Ende der 1970er Jahre erste Ansätze gab, Religionsunterricht für muslimische Kinder und Jugendliche einzuführen, waren bis Ende der 1990er Jahre kaum nennenswerte Fortschritte erkennbar. Kiefer (2017) beschreibt die Diskussionen um die Einführung eines islamischen Religionsunterrichts als einen Prozess, der eine gewisse Alleinstellung bei den Bildungsinnovationen genießt, da es kein anderes bildungspolitisch kontrovers diskutiertes Thema gab, das „in der Geschichte der Bundesrepublik Deutschland [...] in dieser Länge, Ausführlichkeit und Kontroversität diskutiert worden wäre" (Kiefer 2017, S. 84). Insbesondere die Aushandlung des Einflusses der islamischen Verbände und Gruppierungen, welche grundgesetzlich verankert den Religionsunterricht als „gemeinsame Angelegenheit *(res mixta)* von Staat und Religionsgemeinschaften" (Körs et al. 2023, S. 369) erteilen, blieb und bleibt kontrovers und hoch umstritten (zur Diskussion um die Mitwirkung von islamischen Ansprechpartner:innen bzw. Verbänden in

2.1 Historische Entwicklung sowie gesellschaftspolitische und rechtliche ...

den einzelnen Bundesländern siehe Darwisch 2014; Wall 2011). Insgesamt gelten in Bezug auf den Religionsunterricht folgende gesetzliche Vorgaben (Ballasch 2007, 127f.; zitiert nach Elshahawy 2021, S. 35):

> „1. Die Erteilung des Religionsunterrichts ist staatliche Aufgabe und Angelegenheit, sein Gegenstand hingegen sind die Glaubensinhalte der jeweiligen Religionsgemeinschaft.
>
> 2. Der Staat bedarf eines für die Religionsgemeinschaft autorisierten und funktionsfähigen Ansprechpartners, um den Religionsunterricht umzusetzen.
>
> 3. Lehrkräfte, die den Religionsunterricht erteilen, müssen in ihrer wissenschaftlichen und pädagogischen Ausbildung eine vergleichbare Befähigung nachweisen wie die Lehrkräfte, die eine Lehrbefähigung für ein anderes ordentliches Unterrichtsfach besitzen.
>
> 4. Die Schulbehörde erlässt die Lehrpläne (Kerncurriculum) für den Religionsunterricht und genehmigt Lehrbücher im Einvernehmen mit der Religionsgemeinschaft.
>
> 5. Da der Religionsunterricht ordentliches Unterrichtsfach ist, benotet wird und so Einfluss auf die Versetzung hat, von der Schulbehörde wirksam kontrolliert werden können muss und von Schülerinnen und Schülern unterschiedlicher Herkunftssprache besucht wird, muss die Unterrichtssprache Deutsch sein."

Immer wieder wurden Vorstöße in Bezug auf einen islamischen Religionsunterricht unternommen bzw. dieser zumindest als Idee aufgegriffen und diskutiert (vgl. für einen Überblick über die Historie der Einführung des islamischen Religionsunterrichts Kiefer und Malik 2008; Kiefer 2011a, b; Ahrens 2012; Darwisch 2014). Auch die beiden christlichen Kirchen als Akteur:innen im Bereich des christlichen Religionsunterrichts nahmen zum islamischen Religionsunterricht Stellung. So publizierte die evangelische Kirche in Deutschland z. B. zwei Stellungnahmen hierzu, nämlich ‚Zur Erziehung und Bildung muslimischer Kinder und Jugendlicher' (Rat der Evangelischen Kirche in Deutschland 1987) und ‚Religionsunterricht für muslimische Schülerinnen und Schüler' (Kirchenamt der Evangelischen Kirche in Deutschland 1999). Darin erkennt die evangelische Kirche zwar das grundgesetzliche Recht auf einen eigenen Religionsunterricht für Musliminnen und Muslime an, erörtert aber auch kritisch mögliche Spannungsfelder seiner Einführung und im Zusammenleben der Religionen insgesamt in Bezug auf unterschiedliche (religiöse) Werte, Normen und Traditionen und thematisiert gesellschaftspolitische Problematiken in Bezug auf die muslimischen Verbände und deren Haltungen. Jedoch dürften muslimische Schülerinnen und Schüler in der Schule in Bezug auf den Islam nicht in einem „religionslosen Niemandsland" (Kirchenamt der Evangelischen Kirche in Deutschland 1999, S. 2) verbleiben, welches sie für radikale Gruppierungen und fundamentalistische oder islamistische Angebote anfällig mache.

„Schließlich, so verdeutlicht es die Denkschrift „Zusammenleben mit Muslimen in Deutschland" aus dem Jahr 2000, sei die Schule ein wichtiger Lernort nicht nur christlicher, sondern auch islamischer Identitätsbildung und sowohl für Christen als auch Muslime ein bedeutsames Einübungsfeld interkulturellen aber vor allem auch interreligiösen Zusammenlebens. Dabei müsse der konfessionelle Religionsunterricht aber mehr sein als bloße Religionskunde, denn den Kindern und Jugendlichen müsse die Chance gegeben werden, sich frei und selbstständig religiös orientieren zu können." (Ahrens 2012, S. 18)

Auch hier wird durch die evangelische Kirche das Anliegen thematisiert, durch den Unterricht nicht nur religiös bildend, sondern auch integrativ und präventiv gegen Radikalisierung zu wirken. Dieses wird ebenfalls von der katholischen Kirche aufgegriffen. In der Stellungnahme des Sekretariats der Deutschen Bischofskonferenz ‚Islamischer Religionsunterricht' (Langendörfer 1999) bekräftigt die Deutsche Bischofkonferenz den grundgesetzlichen Anspruch auf einen islamischen Religionsunterricht, da aktuell ohne diesen Religionsunterricht „den ca. 700.000 muslimischen Kindern und Jugendlichen die Möglichkeit einer religiösen Unterrichtung in der Schule vorenthalten wird. [...] In diesem Sinne steht die katholische Kirche positiv zum Recht der Muslime auf einen schulischen Religionsunterricht" (Sekretariat der Deutschen Bischofskonferenz 1999, o. S.). Jedoch werden auch von dieser die bis heute bestehenden rechtlichen und gesellschaftspolitischen Problematiken in Bezug auf den Vertretungsanspruch der in Deutschland lebenden Muslim:innen durch muslimische Organisationen und Verbände thematisiert. Zudem werden in der Stellungnahme der Deutschen Bischofskonferenz insgesamt nicht mit dem Grundgesetz vereinbare Einstellungen und Haltungen zumindest einiger dieser Organisationen als problematisch benannt. Explizit wird etwa die Haltung zu anderen Religionen, die Religions- und Glaubens- sowie Gewissensfreiheit genannt, bei der zu prüfen sei, ob die Inhalte, die dezidiert in die Curricula des islamischen Religionsunterrichts einfließen sollen, jeweils mit dem Grundgesetz kompatibel seien.

Obwohl etwa die Kultusministerkonferenz schon 1984 die Einführung eines islamischen Religionsunterrichts forderte (Sekretariat der Ständigen Konferenz der Kultusminister der Länder in der Bundesrepublik Deutschland 1984), dauerte es auf politischer Ebene bis zu der paradigmatischen Veränderung in der Integrationspolitik ab 2000, die sich u. a. und insbesondere durch die Einführung eines neuen Staatsbürgerschaftsrechts manifestierte, um die Einführung eines islamischen Religionsunterrichts voranzutreiben. In verschiedenen Bundesländern

2.1 Historische Entwicklung sowie gesellschaftspolitische und rechtliche ... 51

wurden ab diesem Zeitpunkt Pilotprojekte zum islamischen Religionsunterricht ins Leben gerufen. Dies bot der zweiten und dritten Generation muslimischer Studierender nicht nur neue berufliche Perspektiven, sondern auch die Möglichkeit, sich intellektuell auf akademischem Niveau mit dem Islam auseinanderzusetzen.

Von Beginn der Einführung an kristallisierten sich vielfältige (religions)rechtliche und gesellschaftspolitische Herausforderungen heraus (vgl. Hanifzadeh 2010; Tillmanns 2013; Ungern-Sternberg 2016; Fülling 2020), welche bereits den Einführungsprozess des islamischen Religionsunterrichts begleiteten und erschwerten, etwa Diskussionen auf religionsrechtlicher Ebene in Bezug auf den Spagat zwischen dem staatlichen Neutralitätsgebot (Artikel 137 Grundgesetz) und dem gleichzeitigen grundgesetzlichen Auftrag Religionsunterricht in staatlichen Schulen in Übereinstimmung mit den Religionsgemeinschaften anzubieten (Artikel 7 Grundgesetz) (Ungern-Sternberg 2016; Fülling 2020). Der Staat überträgt bei der Umsetzung des grundgesetzlichen Anspruchs teilweise die Aufgaben in Zusammenhang mit dem Religionsunterricht auf religiöse Gemeinschaften, bei gleichzeitigem Ansinnen, den (islamischen) Religionsunterricht staatlicherseits zu reglementieren. „Da der bekenntnisneutrale Staat gemäß verfassungsrechtlicher Vorgaben nicht die Inhalte eines theologischen Studienganges bereitstellen kann" (Chbib 2021, S. 306), es jedoch „im Islam kein institutionelles Pendant zu den Kirchen gibt, behilft man sich häufig mit Beiräten, deren Mitglieder die Vielfalt des islamischen Lebens in Deutschland möglichst umfassend repräsentieren sollen" (Fülling 2020, S. 64). Daraus wird die zentrale Kernfrage abgeleitet, die innerhalb wie außerhalb der muslimischen Gemeinschaft stark polarisiert, wer per definitionem als Religionsgemeinschaft die nötigen Grundsätze vorgeben und in Übereinstimmung mit diesen den Religionsunterricht erteilen kann.

Muslimische Dachorganisationen sowie staatliche Akteurinnen und Akteure engagierten sich aus divergierenden und oft konträr zueinanderstehenden Motiven und Zielsetzungen heraus bereits seit den 1970er Jahren für die Implementierung eines islamischen Religionsunterrichts. Jene unterschiedlichen Motive und Zielvorstellungen konturieren das Spannungsfeld der staatlichen Religionspolitik zwischen Neutralität und Einmischung, in welchem der Religionsunterricht generell verankert ist und das insbesondere im Kontext des islamischen Religionsunterrichts besonders kontrovers debattiert wird (Ungern-Sternberg 2016). Auch wenn insgesamt nur jeweils eine Minderheit von Personen den Religionsunterricht bei Bevölkerungsumfragen, etwa deutschlandweit (Sachverständigenrat deutscher Stiftungen für Integration und Migration 2016, S. 43) oder in Bezug auf das bevölkerungsreichste Bundesland Nordrhein-Westfalen mit der größten muslimischen Community (Ministerium für Arbeit, Integration und Soziales 2010, S. 90), komplett ablehnt, so ist diese Skepsis und Ablehnung in Bezug auf den islamischen Religionsunterricht höher ausgeprägt und illustriert die unterschiedlichen Zustimmungswerte der Bevölkerung zum christlichen und zum islamischen Religionsunterricht. Dieses kontroverse Spannungsfeld der Religionspolitik tangiert inhaltlich unter anderem die Domänen der Sozialpolitik, der Schul- und Kultuspolitik sowie der Sicherheits- und Integrationspolitik und ist strukturell sowohl auf der Bundesebene als auch auf der Landes- und Kommunalebene verortet (Fülling 2020) und bewegt sich somit „in Deutschland im Spannungsfeld von Religion, Bildung, Politik und Gesellschaft" (Körs et al. 2023, S. 367). Demnach wird an den islamischen Religionsunterricht nicht nur der politisch-gesellschaftliche Anspruch herangetragen, religiöse Bildung zu vermitteln (schulpolitischer Anspruch), sondern auch gesellschaftliche Integration zu fördern (sozial- und integrationspolitischer Anspruch) sowie präventiv gegen Radikalisierungstendenzen zu wirken (sicherheitspolitischer Anspruch). Konkret werden etwa in Bezug auf den schulpolitischen Anspruch nicht nur die Intention artikuliert, religiöse Bildung zu bieten, sondern auch eine Integration anzustoßen durch die Mehrsprachigkeit bzw. auch die Vermittlung religiöser Inhalte in deutscher Sprache (Kassem 2021). Integrationspolitisch wirkt – so die Hoffnungen – der islamische Religionsunterricht zudem in erster Linie über die Stärkung einer allgemeinen Pluralitäts- und Diversitätsakzeptanz mit einem besonderen Fokus auf die Vermittlung eines interreligiösen Verständnisses und Toleranz, insbesondere in Bezug auf die christlich-islamische Verständigung (vgl. hierzu die Überlegungen und Studien von Aslan 2014; Ünalan 2016; Yağdı 2018a, b; Kaupp und Sejdini 2020; Kamçılı-Yıldız 2020; Kolb 2021; Kraml et al. 2020; Mauritz et al. 2020; Reis et al. 2020). Im Zusammenhang mit dem sicherheitspolitischen Anspruch, der eng mit dem Anspruch auf Integration verbunden ist und von diesem nicht gelöst gesehen werden kann, sind die Menschenrechtserziehung (Essabah 2018) und Friedenserziehung (Kaddor 2007; Pille 2009; Lenhart 2016; Elshahawy 2021), die im islamischen Religionsunterricht geleistet werden sollen, aber auch die Prävention von islamistischer Radikalisierung bzw. die Förderung von Gewaltfreiheit (Kaddor 2007; Pille 2009; Lenhart 2016; Elfeshawi 2019; Badawia und Topalović 2020; Elshahawy 2021; Stein et al. 2021, 2023; Stein und Zimmer 2022, 2023a, c) zu nennen.

> „Die Einführung des IRU gilt somit als ein wirkungsmächtiges Instrument religionspolitischer [sowie schul-, integrations- und sicherheitspolitischer] Steuerung und die Diskurse über ihn sind damit auch Orte der Aushandlungen der Bedeutung und Rolle „des Islams" wie auch von Religion in einer zunehmend pluralen Gesellschaft." (Körs 2023a, S. 2; vgl. auch Körs 2017)

Speer (2017) spricht etwa in seinem Beitrag ‚Deutsche Religionspolitik im Kontext des Islam' von einer „Re-Formation von Religionspolitik als Integrationspolitik" (Speer 2017, S. 115), da die Religionspolitik in Bezug auf den Islam, zu der etwa auch die Einführung des islamischen Religionsunterrichts gehöre, stark auf das integrative und sicherheitsbezogene Momentum bezogen sei, weniger auf das der Gleichbehandlung und des Empowerments von Menschen muslimischen Glaubens, auch wenn bisher die „Daten der empirischen Forschung [keinen Aufschluss darüber geben,] ob und welche Effekte die religionspolitischen Maßnahmen jedoch tatsächlich haben" (Speer 2017, S. 132).

Während etliche Autor:innen durch die Einführung des islamischen Religionsunterrichts das gesellschaftspolitische Interesse an Integration sowohl pädagogisch als auch verfassungsrechtlich verwirklicht sehen (bspw. Aden, 2017: Beitrag ‚Islamischer Religionsunterricht stärkt die Integration. Pädagogische und verfassungsrechtliche Argumente gegen die Einführung eines neutralen Ethikfachs für alle'), warnen andere davor, dass diese anvisierte integrative und präventiv-aufklärerische Wirkung des islamischen Religionsunterrichts bei weitem überschätzt werde und dieser durch eine weitere Separierung von Kindern und Jugendlichen unterschiedlicher religiöser Zugehörigkeiten diesem Anspruch sogar konträr entgegenwirken könne. So plädieren einige Autor:innen für einen gemeinsamen religionskundlichen Unterricht für alle Schüler:innen, etwa im Rahmen eines gemeinsamen Ethik-, Sozialkunde- oder Staatsbürgerkundeunterrichts (bspw. Rux 2015: Beitrag ‚Islamischer Religionsunterricht oder Ethik für alle? Segregierende Konfessionalisierung oder integrierende Lern- und Lebenserfahrung in öffentlichen Schulen?').

Seit Beginn der 2000er Jahre verfolgen verschiedene Bundesländer angesichts der rechtlichen wie auch gesellschaftspolitischen Herausforderungen unterschiedliche Ansätze in der Einführung des islamischen Religionsunterrichts (vgl. Liebl 2014; Euchner 2018; Ballnus 2019; Naurath 2019; Stein et al. 2021; Wissenschaftliche Dienste des Deutschen Bundestags 2021). Dabei scheinen die rechtlichen Voraussetzungen für die Etablierung des islamischen Religionsunterrichts gemäß Artikel 7 Abs. (3) des Grundgesetzes (GG) auf den ersten Blick als unstrittig (Ungern-Sternberg 2016):

> „Der Religionsunterricht ist in den öffentlichen Schulen mit Ausnahme der bekenntnisfreien Schulen ordentliches Lehrfach. Unbeschadet des staatlichen Aufsichtsrechtes wird der Religionsunterricht in Übereinstimmung mit den Grundsätzen der Religionsgemeinschaften erteilt. Kein Lehrer darf gegen seinen Willen verpflichtet werden, Religionsunterricht zu erteilen." (GG Art. 7, Abs. 3)

Mit dem katholischen und evangelischen Religionsunterricht lassen sich zudem langjährige Erfahrungen im Zusammenspiel staatlicher wie kirchlicher Interessen und Kooperationen in Zusammenhang mit der Umsetzung von Religionsunterricht in staatlichen Schulen nutzen. Das Gebot zur Gleichberechtigung eröffnet die Möglichkeit, bewährte Strukturen zu adaptieren. Gleichwohl treten in der praktischen Umsetzung der verfassungsrechtlichen Vorgaben Komplikationen auf, die auf unterschiedlichen Vorstellungen und Erwartungen beruhen, erstens die des Staates in Bezug auf die oben thematisierten gesellschaftspolitischen Aufgaben des islamischen Religionsunterrichts, zweitens die der religiösen Akteur:innen, wie etwa der Verbände in Bezug auf die Zielsetzungen des islamischen Religionsunterrichts, drittens der akademisch geprägten Wissenschaft und ihrem Anspruch auf akademische Freiheit auch in der (islamischen) Theologie, insbesondere an staatlichen Universitäten sowie nicht zuletzt die der direkt am Unterricht beteiligten Personen wie etwa der Schüler:innen und ihrer Eltern, sodass Darwisch (2014) von einem Mehrebenensystem spricht (Körs et al. 2022; Twardella 2023). In diesem Spannungsfeld müssen sich angehende Lehrkräfte für den islamischen Religionsunterricht positionieren: „Religious teachers attempt to position themselves in a tension between religiously orthodox concepts advocated by Islamic associations (Wagner 2019) and integration policy demands advocated by societal decision-makers and universities (Aysel 2023)" (Şenel & Demmrich 2024, S. 3).

Als im Jahr 1949 das Grundgesetz formuliert wurde, hatten dessen geistige Urheberinnen und Urheber im Hinblick auf die Religionsfreiheit primär die historisch gewachsenen Konfessionen des Christentums und Judentums im Blick; der christliche Religionsunterricht entstand dezidiert zu einer Zeit, wo über 90 % der Bevölkerung in einer der christlichen Kirchen gebunden waren (Körs et al. 2023). Dass nach einem Jahrzehnt die Migration aus islamisch geprägten Ländern nach Deutschland einsetzen und die Zahl der zugewanderten Personen im Laufe der Jahre auf annähernd sechs Millionen und somit auch die Nachfrage nach einem islamischen Religionsunterricht ansteigen würde, war damals nicht abzusehen. Dennoch ändert dies nichts an der Tatsache, dass die in Artikel 4 Grundgesetz garantierte Religionsfreiheit sowie die in Artikel 7 in Bezug auf den Religionsunterricht geregelte Kooperation zur Zusammenarbeit von Staat und Religionsgemeinschaften auch den Islam bzw. die Muslim:innen einschließt. Obwohl oft von Kritiker:innen der strukturellen Integration des Islam die christlich-abendländische Kultur Deutschlands als Argument aufgeführt wird, ist das Grundgesetz in diesem Punkt sehr eindeutig: Artikel 137 Absatz 1 fixiert die Trennung von Staat und Kirche und verhindert die Bevorzugung einer Religionsgemeinschaft gegenüber einer anderen. Das Verhältnis von Staat und Religion

2.1 Historische Entwicklung sowie gesellschaftspolitische und rechtliche ...

wird im Grundgesetz also prominent geregelt, da Artikel 7 den Religionsunterricht als einziges Schulfach grundgesetzlich kodifiziert sowie gleichzeitig in Artikel 137 die Staatsneutralität festschreibt, indem etwa kodifiziert wird, dass es keine Staatskirche geben darf. Der Staat ist hierbei einer weltanschaulichen Neutralität verpflichtet, die auch ein Identifikationsverbot mit einer bestimmten Religion einschließt (Fülling 2020). Die staatliche Neutralität umfasst auch das im Beutelsbacher Konsens für die Schule formulierte Überwältigungs- und Indoktrinationsverbot von Schülerinnen und Schülern, welche von Lehrkräften nicht weltanschaulich in eine bestimmte Richtung gedrängt werden sollen, sondern sich mit weltanschaulichen Fragestellungen, etwa im Religionsunterricht, basierend auf dem Kontroversitätsgebot, auf der Grundlage wissenschaftlicher Erkenntnisse und selbstreflexiv auseinandersetzen sollen (Möbus 2021).

Als logische Konsequenz aus dem grundgesetzlichen Rahmen ergibt sich das Identifikationsverbot und das Gleichbehandlungsgebot, infolgedessen der Staat weder eine Positionierung für eine Religionsgemeinschaft aufgrund einer Identifikation noch eine Benachteiligung von Religionsgemeinschaften vornehmen darf (Oebbecke 2010). Es handelt sich hierbei um essenzielle Elemente der Verfassung, welche im europäischen Recht sowie in der Europäischen Menschenrechtskonvention eine äquivalente Bedeutung besitzen und für den Umgang mit Religionen innerhalb der EU verbindlichen Charakter aufweisen (Oebbecke 2010). Aus diesen rechtlichen Rahmenbedingungen resultieren Rechte und Pflichten des Staates. Demgemäß ist der Staat, welcher die Aufsicht über das Schulwesen innehat, zur ordnungsgemäßen Durchführung des Fachs verpflichtet, sowie dazu Lehrmaterialien und Lehrpersonal bereitzustellen. Hinsichtlich der inhaltlichen Gestaltung der Materialien und der Lehrkräfteausbildung ist er allerdings auf die Mitwirkung der Religionsgemeinschaften angewiesen. Konkret sollte die Implementierung im Unterschied zu anderen Fächern so erfolgen, dass der Religionsunterricht in konfessioneller Positivität und Gebundenheit erteilt wird, was eine gewisse Lockerung der Trennung von Staat und Religion zugunsten der Religionsgemeinschaften impliziert (Oebbecke 2010). Infolgedessen findet weder eine strikte Trennung von Staat und Kirche statt, noch usurpiert der Staat die Kirche und bedient sich ihrer gleichsam als Staatskirche. Die intendierte Beziehung kann als Kooperation betrachtet werden, im Rahmen derer der Staat der Religion in vorgesehenen oder geeigneten Bereichen einen Rahmen innerhalb seines Zuständigkeitsbereichs eröffnet, in dem sie unter der Aufsicht des Staates oder des Bundeslandes an den ihr zustehenden Möglichkeiten partizipieren kann.

Gleichwohl treten in der praktischen Umsetzung der verfassungsrechtlichen Vorgaben Komplikationen auf, die auf unterschiedlichen Erwartungen und Vorstellungen beruhen. Hierzu gehören erstens die Vorstellungen des Staates in Bezug auf die oben genannten gesellschaftspolitischen Aufgaben des islamischen Religionsunterrichts, zweitens die der religiösen Akteur:innen wie etwa der Verbände in Bezug auf die Zielsetzung des Unterrichts sowie drittens die der akademischen Wissenschaft und ihrem Anspruch auf akademische Freiheit auch in der (islamischen) Theologie, insbesondere an staatlichen Universitäten (Körs et al. 2022; Twardella 2023).

2.2 Herausforderungen der Kooperation mit muslimischen Verbänden im Rahmen des islamischen Religionsunterrichts

Die Phase der Etablierung des islamischen Religionsunterrichts gestaltet sich konkret im Spannungsfeld zwischen der religionsrechtlichen Frage der Vertretung bzw. Repräsentation von Muslim:innen durch muslimische Organisationen und politischen sowie gesellschaftlichen Interessen und Sensibilitäten, die als Nährboden für Diskussionen dienen und den islamischen Religionsunterricht häufig zum Gegenstand medialer Berichterstattung machen. Insbesondere sind hier der Aspekt der Anerkennung muslimischer Organisationen und die Einmischung des Auslands (vor allem der Türkei in Verbindung mit dem größten muslimischen Verband DİTİB) als besonders präsente Themen hervorzuheben (Stein et al. 2021, 2023).

Obwohl die religionsrechtlichen Voraussetzungen und Praxisbeispiele günstige Bedingungen für die Einführung des islamischen Religionsunterrichts schufen, stellte die Frage, welche muslimischen Organisationen als Religionsgemeinschaft dieses Recht auf Kooperation beanspruchen kann, eine sehr große Herausforderung dar. Diese resultierte aus der Tatsache, dass das Grundgesetz während seiner Entstehung in Bezug auf die Strukturen der christlichen Kirchen konzipiert und umgesetzt wurde. Eine äquivalente Übertragung auf die muslimischen Organisationen, die trotz vergleichbarer religiöser Aufgaben weitaus divergierendere und heterogenere Strukturen aufweisen, war nicht realisierbar. Das Urteil des Bundesverwaltungsgerichts vom 23. Februar 2005, nach dem auch ein mehrstufiger Verband (Dachverbandsorganisation) eine Religionsgemeinschaft sein kann, war noch zu unzureichend, um die muslimischen Verbände in dieser Funktion in den islamischen Religionsunterricht einzubeziehen. Das Fehlen einer anerkannten muslimischen Religionsgemeinschaft, wie sie auf christlicher Seite in Form der

2.2 Herausforderungen der Kooperation mit muslimischen Verbänden ...

Kirche existiert, sollte gemäß den Empfehlungen des Wissenschaftsrats von 2010 durch die Konstituierung von Beiräten kompensiert werden. Der Wissenschaftsrat empfiehlt, dass trotz der Tatsache, dass die „bestehenden mitgliedschaftlichen Organisationen, in denen sich Muslime in Deutschland zusammengeschlossen haben, sich derzeit eher an der staatlichen Herkunft, Ethnie oder politischen Ausrichtung orientieren […] diese Verbände durch Vertreter und Vertreterinnen in den Beiräten repräsentiert sein [sollten... Dies könne] am besten über eine Mitwirkung des Koordinationsrats der Muslime (KRM) sichergestellt werden" (Wissenschaftsrat 2010, S. 80).

Die Studie der ‚Akademie für Islam in Wissenschaft und Gesellschaft' (AIWG) fasst die Kriterien für die Anerkennung als Religionsgemeinschaft in Anlehnung an einen Beitrag von Reichmuth und Kiefer wie folgt zusammen:

- „Zusammenschluss natürlicher, gegebenenfalls auch juristischer Personen zu einer Vereinigung, um ein Mindestmaß an organisatorischer Struktur zu gewährleisten. Dazu zählt auch eine eindeutige Mitgliedschaftsregelung.
- Verfestigung, das heißt ein auch auf absehbare Zukunft anzunehmender dauerhafter Bestand der Organisation.
- Gemeinsames religiöses Bekenntnis, das die Mitglieder eint und das die Religionsgemeinschaft auch gegenüber staatlichen Stellen vertreten kann.
- Umfassende Verwirklichung derjenigen Aufgaben, die für die Ausübung des religiösen Bekenntnisses zentral sind.
- Rechtstreue beziehungsweise Achtung der freiheitlich-demokratischen Grundordnung.
- Unabhängigkeit von ausländischen Staaten. Hier hat der deutsche Staat die Pflicht, den Religionsunterricht nicht nur vor dem eigenen Zugriff zu bewahren, sondern auch vor der Einflussnahme ausländischer Staaten" (Ulfat et al. 2020, S. 11; vgl. auch Reichmuth et al. 2006, S. 7).

Die Umsetzung des islamischen Religionsunterrichts und die Kooperation mit den jeweiligen Verbänden variieren aufgrund der Kultushoheit in den verschiedenen Bundesländern erheblich (Wall 2011). Hierbei spielen in den unterschiedlichen Bundesländern zum einen die Beziehungen des Staats oder der Landesregierungen zu den Kirchen oder aber auch islamischen Gemeinschaften eine große Rolle, wie etwa Wall (2011), Euchner (2018), Hackner (2019) oder Triadafilopoulos und Rahmann (2016) oder Väth (2010), basierend auf Studien u. a. auf Basis von Dokumentenanalysen etwa der Lehrpläne und Curricula und Experteninterviews, aufzeigen: Tendenziell lässt sich festhalten, dass es „in Ländern mit einer losen Staat-Islam Beziehung eher kein Angebot an IRU gibt" (Hackner

2019, S. 30). So sind etwa in Hessen, Niedersachsen und Nordrhein-Westfalen die Beziehungen und Verträge der Regierungen mit islamischen Organisationen eng und es wird auch – in Hessen mittlerweile ausgesetzt – islamischer Religionsunterricht angeboten. Zum anderen spielt auch eine Rolle, welche Dominanz unterschiedliche Parteien, etwa die christdemokratischen, sozialdemokratischen, linken oder liberalen Parteien in den jeweiligen Ländern einnehmen. Insgesamt wurde islamischer Religionsunterricht umso eher eingeführt, je stärker die Vormachtstellung der Christdemokraten war. Dies trifft sowohl bei einem Vergleich von 13 europäischen Ländern und der Betrachtung der dort dominierenden Parteien zu (Ciornei et al. 2021) als auch bei einem Vergleich der Bundesländer innerhalb Deutschlands (Hackner 2019), was auch damit begründet werden kann, dass etwa linke Parteien häufig insgesamt gegen einen Religionsunterricht gleich welcher konfessionellen oder religiösen Prägung argumentieren. So wurde in Nordrhein-Westfalen ein Gesetzesentwurf für islamischen Religionsunterricht mit Zustimmung der Sozialdemokraten, der Grünen und der Christdemokraten eingebracht, während sich die Linke und die Liberalen im Landtag enthielten (Liebl 2014). Gleichzeitig belegte eine Analyse der Lehrpläne und Curricula für den islamischen Religionsunterricht in den Bundesländern Baden-Württemberg, Bayern, Niedersachsen und Nordrhein-Westfalen (Väth 2010), dass die Bundesländer je nach Parteidominanz auch unterschiedlich starke „Anpassungsforderungen" an die jungen Muslim:innen im islamischen Religionsunterricht stellen. So nimmt der Bereich der Integration bzw. die Rolle demokratischer Werte und des Grundgesetzes und wie diese mit dem Islam vereinbar sind, in den bayrischen Curricula eine weitaus dominantere Rolle ein als in den anderen Bundesländern. Der dort rein staatlich verantwortete Islamunterricht „und der Lehrplan [ist] viel stärker aus der Sicht der „Mehrheitsgesellschaft" formuliert (Uslucan 2023, S. 59).

Die ungeklärte Frage der Anerkennung muslimischer Organisationen als Religionsgemeinschaften (Darwisch 2014; Ungern-Sternberg 2016), die je nach Bundesland auch teilweise unterschiedlich beantwortet wird, führte dabei in den Bundesländern, die ein Angebot im Sinne eines islamischen Religionsunterrichts für Muslim:innen anbieten, zu zwei verschiedenen Unterrichtsmodellen: dem islamkundlichen Unterricht und dem bekenntnisorientierten islamischen Religionsunterricht. Im Falle des islamkundlichen Unterrichts liegt die alleinige Verantwortung beim Staat bzw. dem jeweiligen Bundesland, welches Inhalte und Curricula bestimmt. Obwohl dieser Unterricht neutral über die Religion informiert und nicht auf religiöse Erziehung abzielt, ist es in der Praxis aufgrund der religiösen Sprache schwierig, die Neutralität zu wahren und den Unterricht sowohl für Schüler:innen als auch Eltern von einem bekenntnisgebundenen

2.2 Herausforderungen der Kooperation mit muslimischen Verbänden …

Unterricht zu unterscheiden. Derzeit wird der islamkundliche Unterricht in den Bundesländern *Bayern* und *Schleswig-Holstein* angeboten (Naurath 2019).

Das Modell des bekenntnisgebundenen islamischen Religionsunterrichts ohne anerkannte islamische Religionsgemeinschaften, jedoch mit islamischen Organisationen, die „in übergreifenden Kommissionen, Beiräten oder über lokale Vertreter_innen eingebunden sind" (Ulfat et al. 2020, S. 12), sollte als sogenanntes Übergangsmodell dienen, bis der Status der islamischen Organisationen geklärt ist. Dieses sogenannte Übergangsmodell existiert in Bundesländern wie *Baden-Württemberg, Nordrhein-Westfalen, Rheinland-Pfalz* und dem *Saarland*. In diesen Bundesländern werden die Inhalte wie für jedes reguläre Fach vom zuständigen Ministerium in Form eines Curriculums festgehalten (Ulfat et al. 2020, S. 13; Kiefer et al. 2008; Kiefer 2009; Naurath 2019; Ballnus 2019). Die Entwicklung von „Curricula, Lehrinhalten und Zielen" sollte idealerweise von „Religionspädagog_innen an den in diesen Bundesländern eingerichteten universitären Zentren für Islamische Theologie und Religionspädagogik" durchgeführt werden (Ulfat et al. 2020, S. 13). In Baden-Württemberg arbeitet das Land beispielsweise seit 2019 mit der Stiftung Sunnitischer Schulrat zusammen, die aus dem Landesverband der Islamischen Kulturzentren Baden-Württemberg e. V. und der Islamischen Gemeinschaft der Bosniaken in Deutschland e. V. besteht. Der Beirat für den islamischen Religionsunterricht in Nordrhein-Westfalen setzt sich aus verschiedenen Mitgliedern zusammen, darunter Vertreter:innen von muslimischen Organisationen, Theolog:innen und Pädagog:innen.

In *Niedersachsen* existiert ein bekenntnisgebundener islamischer Religionsunterricht, bei dem mit DİTİB (Diyanet İşleri Türk İslam Birliği) Nord und Schura Niedersachsen zwei Dachverbände den Großteil der Beiratsmitglieder stellen (Ballasch 2005; Reichmuth et al. 2006; Mediendienst Integration 2020, S. 3). Der IRU-Beirat für Niedersachsen besteht aus Mitgliedern, die von der Schura Niedersachsen und DİTİB Landesverband Niedersachsen und Bremen e. V. bestimmt wurden. Es handelt sich bei den Mitgliedern um „universitär ausgebildete und teilweise promovierte oder sich in Promotion befindende PädagogInnen, ReligionspädagogInnen, Juristen, LehrerInnen und TheologInnen, die auch Praxiserfahrung mitbringen" (IRU Beirat für Niedersachsen 2024). Niedersachsen war als Vorreiter eines der ersten Bundesländer, welches islamischen Religionsunterricht einführte, der 2021 an 59 öffentlichen Schulen erteilt wurde (Akdemir et al. 2023).

Die kontrovers geführte Auseinandersetzung rund um die beteiligten Verbände bei der Erteilung des islamischen Religionsunterrichts lässt sich exemplarisch am Fall von *Hessen* verdeutlichen. Bis zum Jahr 2020 wurde hier der islamische Religionsunterricht in Zusammenarbeit mit DİTİB-Hessen durchgeführt. Jedoch geriet DİTİB aufgrund seiner engen Verbindungen zur türkischen Religionsbehörde Diyanet immer stärker in die Kritik. Dies führte dazu, dass das Kultusministerium in Hessen den bekenntnisorientierten Unterricht in Kooperation mit islamischen Verbänden aussetzte und stattdessen einen Islamkundeunterricht unter ausschließlicher staatlicher Verantwortung einführte (Fülling 2020).

In *Berlin* wird der islamische Religionsunterricht an Schulen, die sich hierfür entscheiden, in alleiniger Verantwortung eines islamischen Landesverbands (Islamische Föderation in Berlin e. V.) als freiwilliger Zusatzunterricht erteilt (Mohr 2009; Mediendienst Integration 2020). „Der Religionsunterricht ist in Berlin also anders als in anderen Bundesländern keine res mixta, keine gemeinsame Sache von Staat und Religionsgemeinschaft. Die Religionsgemeinschaft, in diesem Fall die Islamische Föderation in Berlin e. V. (IFB), […] stellt Lehrkräfte ein und besorgt ihre Qualifizierung" (Mohr 2009, S. 144). Hierbei werden Quereinsteiger:innen eingestellt mit den Voraussetzungen des abgeschlossenen Studiums – nicht nur der Islamischen Theologie – und guter Deutschkenntnisse.

Aktuell nehmen fast 60.000 Schüler:innen am islamischen Religionsunterricht teil (Mediendienst Integration 2020). Zusätzlichen alevitischen Religionsunterricht gibt es in acht Bundesländern: Baden-Württemberg, Bayern, Berlin, Hessen, Niedersachsen, Nordrhein-Westfalen, Rheinland-Pfalz und im Saarland. Manche Alevit:innen zählen sich zu den Muslim:innen, andere zu einer eigenständigen nichtmuslimischen Religionsgemeinschaft. Akademische Ausbildungen zu alevitischen Religionslehrkräften sind z. B. an den Pädagogischen Hochschulen in Heidelberg und in Weingarten möglich.

In Tab. 2.1 wird die aktuelle Situation zu den Angeboten des islamischen Religionsunterrichtes nach Bundesländern zusammengefasst. Bemerkenswert an der Einführung des islamischen Religionsunterrichts ist, dass, obwohl seine Einführung sogar grundgesetzlich verankert ist, oftmals seit Jahren die Modellversuche weitergeführt werden, ohne den Unterricht fest zu etablieren, sodass Naurath (2019, S. 15) von einer Situation „zwischen Modellversuch und Ungewissheit" spricht.

Tab. 2.1 Umsetzung des islamischen Religionsunterrichts in den Bundesländern. (Nach Mediendienst Integration 2020; Stein et al. 2021)

Bundesland	Art des Unterrichtes
Baden-Württemberg	Modellprojekte zum islamischen Religionsunterricht mit muslimischen Partner:innen als befristete Übergangsmodelle unter Beteiligung muslimischer Verbände oder lokaler Moscheegemeinden Alevitischer Religionsunterricht
Bayern	Islamkundlicher Unterricht in rein staatlicher Verantwortung ohne Einbezug der muslimischen Verbände Alevitischer Religionsunterricht
Berlin	Bekenntnisorientierter Unterricht durch islamische Verbände in alleiniger Verantwortung des islamischen Landesverbands ‚Islamische Föderation in Berlin e. V.' als freiwilliger Zusatzunterricht Alevitischer Religionsunterricht
Bremen	Konfessionsübergreifender Religionsunterricht für alle
Hamburg	Konfessionsübergreifender Religionsunterricht für alle
Hessen	Bekenntnisorientierter Unterricht durch islamische Verbände in Kooperation mit der DİTİB Hessen (ab dem Schuljahr 2020/21 ausgesetzt) und der Ahmadiyya Gemeinde Fach „Islamunterricht" im Sinne eines islamkundlichen Unterrichts in staatlicher Verantwortung ab der siebten Klasse als Modellprojekt Alevitischer Religionsunterricht
Niedersachsen	Bekenntnisorientierter Unterricht durch islamische Verbände in Kooperation mit der DİTİB Nord und der Schura Niedersachsen Alevitischer Religionsunterricht
Nordrhein-Westfalen	Modellprojekte zum islamischen Religionsunterricht mit muslimischen Partner:innen als befristete Übergangsmodelle Alevitischer Religionsunterricht
Rheinland-Pfalz	Modellprojekte zum islamischen Religionsunterricht mit muslimischen Partner:innen als befristete Übergangsmodelle Alevitischer Religionsunterricht
Saarland	Modellprojekte zum islamischen Religionsunterricht mit muslimischen Partner:innen als befristete Übergangsmodelle Alevitischer Religionsunterricht

(Fortsetzung)

Tab. 2.1 (Fortsetzung)

Bundesland	Art des Unterrichtes
Schleswig-Holstein	Islamkundlicher Unterricht in staatlicher Verantwortung ohne Beteiligung muslimischer Religionsgemeinschaften
In den fünf östlichen Bundesländern gibt es kein Angebot für muslimische Schüler:innen.	

Empirischer Forschungsstand zum islamischen Religionsunterricht 3

Insgesamt ist das Forschungsfeld zum islamischen Religionsunterricht wie auch zu den daran beteiligten Religionslehrkräften und ihren Ausbilder:innen an den Zentren und Instituten für Islamische Theologie erst rudimentär ausgeprägt, wobei sich eine rasante Entwicklung der Forschung zu diesem Bereich insbesondere seit den 2020er Jahren abzeichnet. Ursprünglich war die Forschung primär von der Eruierung der „rechtlichen Grundlagen und Möglichkeiten für die Einführung eines solchen Faches in politik- und rechtswissenschaftlichen Analysen" geprägt (Körs 2023b, S. 3; Akdemir et al. 2023, S. 145). Aktuell entfaltet sich nun eine stärker sozial-, erziehungs- und religionswissenschaftliche Forschung.

> „Nach dem Beginn von Modellversuchen rückte die Frage nach dem *Ob* gegenüber Diskussionen um die Umsetzung in den Hintergrund. Die Frage nach dem *Wie* [...] wurde in der bisher erschienenen wissenschaftlichen Literatur aus zwei Blickwinkeln bearbeitet. Zum einen entstanden erste konzeptionelle Arbeiten [...] und zum anderen empirische Beiträge" (Akdemir et al. 2023, S. 145 Hervorhebungen im Original).

Ein Review zum Forschungsstand bieten auch Körs et al. (2023). Insgesamt konzentrieren sich die Forschungen zum islamischen Religionsunterricht – neben den allgemeinen Forschungen, welche im Rahmen der Einstellungsforschung auch die Haltung der Bevölkerung, der Kirchen oder auch der politischen Parteien zum islamischen Religionsunterricht erfassen – primär auf folgende Bereiche:
Studien zu den Modellprojekten im Rahmen des islamischen Religionsunterrichts, etwa in Baden-Württemberg, Bayern, Hamburg, Niedersachsen oder Nordrhein-Westfalen und Erhebungen u. a. hinsichtlich der Frage, wie dieser vonseiten der Schülerinnen und Schüler, aber auch der Eltern, der Lehrkräfte

und Vertreter:innen aus den Verbänden aufgenommen wird. Zudem wird versucht, durch die Befragungen insbesondere der Lehrkräfte und Schüler:innen abzuschätzen, welche Effekte dieser Modellversuchsunterricht auf die Integration junger Muslim:innen hat, etwa in Bezug auf Zugehörigkeitsgefühle, Radikalisierungsprävention oder Wissen und Verständnis über andere Religionen wie Christentum oder Judentum. Zu bereits eingeführten Religionsunterrichtsmodellen existiert bisher kaum Forschung bzw. kaum Befragungen von Kindern und Eltern, was u. a. der Tatsache geschuldet ist, dass in einigen Bundesländern nach wie vor der islamische Religionsunterricht als Versuchsmodell weitergeführt wird ohne tatsächliche, auf Dauer angelegte Implementierung.

Studien zu den Lehrplänen, Curricula und Materialien für den islamischen Religionsunterricht, etwa zur Kompetenzorientierung der Curricula bzw. der Frage, welche Kompetenzen bei den Schüler:innen durch den islamischen Religionsunterricht aufgebaut werden (sollen). Hinzu kommen Analysen, wie die Adressierung unterschiedlicher Themen wie Frieden, gesellschaftliche und religiöse Diversität und Pluralisierung und insbesondere auch das Kennenlernen anderer Religionen in den Curricula und Materialien angesprochen wird. Zu diesem Forschungsbereich gehört auch die Schulbuchforschung zu Büchern und Materialien, welche im Unterricht eingesetzt werden und die Frage danach, wie diese Materialien relevante Themen wie andere Religionen darstellen und didaktisch aufbereiten.

Studien zu den Studiengängen für Islamische Theologie, in welchen die angehenden Lehrkräfte ausgebildet werden. Hier wurden methodisch zum einen Dokumentenanalysen von Modul- und Studienbeschreibungen zu Studienaufbau und -inhalt umgesetzt, etwa zur Frage, wie interreligiöse Aspekte oder gesellschaftspolitische Fragen wie Pluralisierung und islamistische Radikalisierung thematisiert werden, aber auch allgemein, welche Kompetenzen in den Studiengängen auf Bachelor- und Masterniveau aufgebaut werden (sollen). Methodisch wurden zum anderen zudem Befragungen von Dozierenden an den Zentren und Instituten für Islamische Theologie durchgeführt, um deren Blick auf das Studium der Islamischen Theologie und den islamischen Religionsunterricht zu eruieren.

Studien zu bereits im Beruf stehenden islamischen Religionslehrkräften, wobei hier nicht ausschließlich die bereits akademisch in Deutschland grundständig an Universitäten ausgebildeten Lehrkräfte betrachtet werden, sondern auch Lehrkräfte, die über Qualifizierungskurse weitergebildet worden sind. Erfasst werden die fachwissenschaftlichen wie auch fachdidaktischen Kompetenzen, aber auch Einstellungsdimensionen und Beliefs.

Studien zu (angehenden) muslimischen Religionslehrkräften bzw. Studierenden der Islamischen Theologie; hier dominieren zum einen Erhebungen, die sich deskriptiv der Frage widmen, wer die neu eingeschriebenen Studierenden an den Zentren und Instituten für Islamische Theologie in sozialstatistischer Hinsicht sind, etwa in Bezug auf soziokulturelle oder sozioökonomische Dimensionen bzw. auch in Hinblick auf ihre Studienmotivation; zum anderen existieren vereinzelt Studien zu bestimmten Einstellungsdimensionen oder Studienfachinhalten.

3.1 Modellversuche zum islamischen Religionsunterricht

In den ersten Jahren der Einführung und Umsetzung von Modellversuchen zur Erprobung des islamischen Religionsunterrichts dominierten eher konzeptionell verortete Analysen und Vergleiche zwischen den Ansätzen in unterschiedlichen Bundesländern. Hierzu liegt etwa von Kiefer (2009) ein Vergleich der Schulversuche in Nordrhein-Westfalen und Baden-Württemberg vor, von Reichmuth et al. (2006) und Ballnus (2019) vergleichende Analysen der Modelle in Nordrhein-Westfalen und Niedersachsen sowie von Naurath (2019) eine vergleichende Darstellung der Umsetzungsmodelle im Süden Deutschlands in Bayern und Baden-Württemberg. Schrittweise erst wurden die konzeptionell ausgerichteten Darstellungen und Vergleiche der unterschiedlichen Modelle in den einzelnen Bundesländern durch empirische Studien und Evaluationen zu den Modellversuchen komplettiert. Empirische Studien im Rahmen des islamischen Religionsunterrichts liegen gegenwärtig vor aus den Bundesländern Baden-Württemberg (Schröter 2015, 2017), Bayern (Holzberger 2014), Hamburg (Wolff 2018; Bauer und Wolff 2023), Hessen (Aysel 2020, 2023), Niedersachsen (Uslucan 2007, 2010, 2011a, b) und Nordrhein-Westfalen (Çelik 2017; Uslucan und Yalçın 2018; Yalçın 2020; Uslucan 2023).

Diese empirischen Evaluationsstudien, die jeweils auf ein Bundesland begrenzt sind, weisen somit zum einen Differenzen in Bezug auf die regionale Reichweite bzw. auch das konkrete Modell der Umsetzung des islamischen Religionsunterrichts auf – etwa ob ein bekenntnisorientierter (Baden-Württemberg, Hessen, Nordrhein-Westfalen; Niedersachsen), ein rein islamkundlicher (Bayern) oder aber ein gemeinsamer Religionsunterricht für alle (Hamburg) realisiert wird. Unterschiede bestehen aber auch in Hinblick auf die methodische Umsetzung der Evaluation sowie in Bezug auf die konkreten Fragestellungen und Forschungsinteressen und somit auch die inhaltliche spätere auf die Ergebnisse bezogene Aussagekraft der Studie.

In Hinblick auf die *Stichproben* ist allen Studien gemeinsam, dass zumeist in Bezug auf die Zielpersonen der Befragungen Eltern und Schüler:innen sowie teilweise Lehrkräfte und Schulleitungen (etwa bei Aysel 2020; Çelik 2017) im Fokus standen. In der breiter angelegten Dissertation von Çelik (2017) wurde zudem die Perspektive der islamischen Verbände sowie von Moscheevertreter:innen miteinbezogen. Bei der Evaluierung in Hamburg wurden zusätzlich Expert:innen um eine Bewertung und Einschätzung der vier unterschiedlichen Modelle und Herangehensweisen an den Religionsunterricht für alle in Hamburg gebeten (Wolff 2018; Bauer und Wolff 2023).

Methodisch bestehen Unterschiede zwischen den Studien. Einige der Evaluierungen konzentrieren sich nicht nur auf diejenigen Personen bzw. Schulen, die am islamischen Religionsunterricht partizipieren, sondern nehmen Vergleiche vor, etwa zu Schulen, die keinen islamischen Religionsunterricht bzw. Islamkunde anbieten (etwa bei Holzberger 2014), um die Kompetenz- und Wissensentwicklungen der Schüler:innen etwa zu (anderen) religiösen Gruppen zu kontrastieren. Zudem erfolgt in Bezug auf das Bundesland Nordrhein-Westfalen ein Vergleich mit der außerschulischen Moscheekatechese (Çelik 2017). Auch in der in diesem Bundesland angesiedelten Befragung von Uslucan und Yalçın (2018; vgl. auch Yalçın 2020) wurden die Schüler:innen um einen bewertenden Vergleich des islamischen Religionsunterrichts und der Moscheekatechese gebeten, die zumeist von diesen bevorzugt wird, trotz häufig geäußerter Befürchtung einiger Expert:innen nach weniger gut abgestützten Inhalten und einer nicht immer kindgerechten Didaktik der dortigen Katechese. Bei der Evaluation in Hamburg (Wolff 2018) wurden die vier unterschiedlichen Modelle des Religionsunterrichts für alle in der Evaluierung bewertet und jeweils die Schüler:innen, die in einem der vier Modelle unterrichtet wurden, hinsichtlich ihrer Zufriedenheit mit dem Unterricht verglichen. Die Zufriedenheit war bei allen Modellen hoch. In den Evaluationen wird methodisch zum größten Teil mit einer einmaligen Erhebung gearbeitet. In Niedersachsen wurden längsschnittlich drei Erhebungswellen jeweils im Jahresabstand mit Schüler:innen sowie teilweise Eltern und Lehrkräften umgesetzt (erste Erhebungswelle: n = 214 Schüler:innen; zweite Erhebungswelle: n = 216 Schüler:innen; dritte Erhebungswelle: n = 235 Schüler:innen) (Uslucan 2007, 2011a, b); auch in Nordrhein-Westfalen (Uslucan 2023) und in Hamburg (Wolff 2018; Bauer und Wolff 2023) fanden Prozessevaluationen mit mehreren Erhebungszeitpunkten bei ein und derselben Stichprobe statt, um Effekte des islamischen Religionsunterrichts bzw. in Hamburg der vier unterschiedlichen Ausgestaltungen des überreligiösen Religionsunterrichts für alle Schüler:innen abschätzen zu können. Meist wird mit dem quantitativen Untersuchungsparadigma und Fragebogenerhebungen mit teilweise offenen

Antwortkategorien gearbeitet (Uslucan 2007; etwa bei Uslucan 2011a, b, 2023); teilweise werden aber auch – gerade wenn Expert:innen wie Lehrkräfte oder Personen von islamischen Verbänden befragt werden – qualitative Interviews geführt (etwa bei Çelik 2017; Uslucan und Yalçın 2018; Wolff 2018; Bauer und Wolff 2023; Aysel 2020, 2023).

Inhaltlich wurden in den Evaluationsstudien sowohl die Erwartungen oder die Zufriedenheit mit dem Religionsunterricht als auch teilweise seine Auswirkungen und Effekte erfasst, wenn mit einem Design mit mehreren Untersuchungszeitpunkten gearbeitet wurde (etwa in Niedersachsen bei Uslucan 2007, 2011a, b oder in Hamburg bei Wolff 2018; Bauer und Wolff 2023 oder in Hessen bei Aysel 2020, 2023). Der Unterricht wird in allen länderspezifischen Evaluationsstudien von allen befragten Schüler:innen, Eltern und Lehrkräften begrüßt und als wichtig erachtet (vgl. etwa in Baden-Württemberg bei Schröter 2015; in Hessen bei Aysel 2020, 2023; in Niedersachsen bei Uslucan 2007, 2011a, b), wobei hier nur die Aussagen der an ihm partizipierenden Personen betrachtet wurden, nicht die Haltungen derjenigen, die sich für einen Verbleib im Ethikunterricht oder die Teilnahme am christlichen Religionsunterricht entschieden. In der Evaluation in Nordrhein-Westfalen (Uslucan und Yalçın 2018; Yalçın 2020; Uslucan 2023) etwa wurde das Verhältnis zur Religionslehrkraft sowie die Gemeinschaft der am Religionsunterricht teilhabenden Schüler:innen als sehr positiv beschrieben, auch wenn angemerkt wurde, dass einige stören würden und es im Unterricht oft zu laut sei. Die Zufriedenheit der Schüler:innen mit den vermittelten Inhalten war sehr hoch, wenngleich beim Bereich des interreligiösen Lernens ein noch wesentlich höheres Interesse an weiteren Inhalten bestanden hätte. Etwa die Hälfte der Befragten der dritten Befragungswelle der Evaluation in Nordrhein-Westfalen stimmte zumindest etwas (etwa ein Viertel vollständig) der Aussage zu, dass andere Religionen für sie genauso wichtig seien wie der Islam; 88,3 % würden sich entsprechend mehr Kenntnisvermittlung über andere Religionen wünschen (Uslucan 2023, S. 69). Teilweise wurde auch vonseiten der Schüler:innen oder aber der Lehrkräfte der Begleitung sowohl in Hessen (Aysel 2020, 2023) als auch Niedersachsen (Uslucan 2007, 2011a, b) moniert, nicht genug über andere Religionen, vor allem das Christentum, zu lernen, sodass scheinbar der Anspruch an den islamischen Religionsunterricht, auch interreligiöses Wissen zu vermitteln, nicht vollständig eingelöst wird (Aysel 2023, S. 169):

> „[Was] fehlt, ist der interreligiöse Austausch. Ich glaube, wenn die Religionen sich so näherkommen würden oder mehr über Themen sich austauschen würden, dass einfach auch nicht dieses Anderssein, sondern auch die Gemeinsamkeiten gesehen werden. Dass das besser zur Integration führen könnte oder zum Vorurteile abbauen."

In eine ähnliche Richtung deuten auch empirische Ergebnisse von (Wissner 2023), wonach es vonseiten der Jugendlichen „nicht nur um den Erwerb von theoretischem Wissen über andere Glaubenshaltungen [geht], sondern um die inhaltliche Auseinandersetzung mit den Menschen [...]. Diesem Bedürfnis sollte religiöse Bildung gerecht werden, unabhängig davon, ob es um christlich-konfessionellen, konfessionell-kooperativen, islamischen Unterricht oder Ethikunterricht geht" (Wissner 2023, S. 136). Wissner (2023) betont ebenfalls, dass diese Erkenntnis dem Stereotyp widerspreche, dass sich muslimische Jugendliche für andere Religionen nicht interessierten und nur die eigene Religion als die einzig relevante erachten würden. Andererseits ist diese interreligiöse Weitung des islamischen Religionsunterrichts laut Wissner (2023) bedeutsam vor dem Hintergrund der erhöhten Antisemitismuswerte muslimischer Jugendlicher und manifester Vorurteile gegenüber der jüdischen Religion. Die Eltern wünschen sich gemäß den Evaluationsstudien teilweise mehr Wissenszuwachs und eine Vermittlung in türkischer Sprache sowie eher einen Aufbau von auf Unterweisung und Katechese bezogenen Fähigkeiten, wie etwa die Fähigkeit, Suren auswendig rezitieren und den Koran im Ursprungstext auf Arabisch lesen zu können. Dies wird jedoch vonseiten des Evaluationsteams her eher kritisch gesehen und geschlussfolgert, dass Eltern die Bedeutung der Vermittlung von reflexiven Fähigkeiten und Softskills wie Empathie und Perspektivenübernahme und die Bedeutsamkeit der Vermittlung von Inhalten in deutscher Sprache begreiflich gemacht werden müsse (Uslucan 2011a, b). Neben dem islamischen Religionsunterricht besuchte etwa die Hälfte der befragten Schüler:innen in Nordrhein-Westfalen noch einen Islamunterricht in der Moschee und etwa zwei Drittel gehen mindestes einmal die Woche in die Moschee (Uslucan 2023, S. 68). Jedoch „zeigte sich im Zeitverlauf, dass die religiöse Unterweisung der Schüler außerhalb des Schulkontextes (Elternhaus, Moschee etc.) tendenziell eher abnimmt" (Uslucan 2011b, S. 47), wenn islamischer Religionsunterricht besucht wird, womit sich die politische Erwartung deckt, dass der islamische Religionsunterricht zwar einerseits „nicht als Alternative zu einem Moscheebesuch gewertet werden" könne (Uslucan 2023, S. 68), jedoch andererseits doch als ein Gegengewicht zur Moscheekatechese oder zur religiösen Unterweisung in den Familien fungiert.

Allgemein spiegeln sich in den Aussagen insbesondere der befragten Lehrkräfte der Modellversuche die gesamtgesellschaftlich und politisch in Bezug auf den islamischen Religionsunterricht geäußerten Erwartungen und Hoffnungen auf die integrative und präventiv gegen Radikalisierung wirkenden Effekte wider etwa bei Uslucan und Yalçın (2018). Ob sich diese Hoffnungen auch aufgrund der empirischen Datenlage einlösen lassen, wurde auch im Rahmen der Evaluation der Modellversuche in Niedersachsen erfasst. So erhob

Uslucan, um den Anspruch auf gesellschaftliche Integration durch den islamischen Religionsunterricht bzw. die Befürchtungen auf eine größere Separierung der Religionsangehörigen zu erfassen, in allen drei im Jahresabstand erfolgten Befragungen an den Schüler:innen im Jahresabstand Tendenzen zur Integration, Assimilation, Separation und Marginalisierung. Hierbei stellt – sehr grob dargestellt – die Integration eine Betonung von kultureller Einbindung sowohl in die Mehrheitsgesellschaft als auch die Herkunftsgesellschaft dar, während die Assimilation eine völlige Aneignung der Kultur der Aufnahmegesellschaft impliziert bei Verleugnung der Herkunftskultur, während bei der Separation im Gegenzug eine starke Abgrenzung gegenüber der Mehrheitsgesellschaft stattfindet, wobei bei der Marginalisierung eine Abgrenzung sowohl von der Herkunftskultur als auch der Mehrheitsgesellschaft erfolgt (Uslucan 2011b, S. 34). Hier lässt sich aus den empirischen Befunden eher eine Stützung des vermuteten integrationsförderlichen Aspektes des islamischen Religionsunterrichts ableiten als die Befürchtung der Steigerung der Separation, wobei hier natürlich auch der Alterseffekt sowie sonstige Sozialisationseinflüsse auf die Schülerinnen und Schüler eine Rolle spielen könnten:

„Die Ergebnisse der drei Messungen im Zeitverlauf unterstreichen, dass die Orientierung in Richtung Integration am stärksten von der ersten zur zweiten Messung zugenommen hat [...Zudem] konnte [...] eine Abnahme bei den separationistischen Orientierungen beobachtet werden. [...] Insofern lassen sich diese Daten auch als ein [sic!] Hinweis für einen integrativen Effekt des islamischen Religionsunterrichts deuten. Insofern ist festzustellen, dass mit Blick auf diese Ergebnisse die Rede von der Gefahr einer „Islamisierung" sich als überzogen darstellt, wenngleich sich in der muslimischen Community unverkennbar auch Separationstendenzen zeigen und konzeptionell die Gefahren einer eng verstandenen Religiosität bedenklich sind." (Uslucan 2011b, S. 42)

3.2 Studien zur Schülerschaft im islamischen Religionsunterricht

Wie bereits vorgestellt, liegt von Çelik (2017) eine Untersuchung zu den Erwartungen von unterschiedlichen Akteur:innen an einen islamischen Religionsunterricht vor. Çelik (2017) bezieht im qualitativen Teil ihrer Studie die Perspektive der Schuler:innen aus dem islamischen Religionsunterricht mit ein und setzt ihren Fokus auf einen Vergleich zwischen der religiösen Unterweisung in den Moscheen und dem islamischen Religionsunterricht in der Schule sowie den Kompetenzen einer Religionslehrkraft. Die Befunde der Studie weisen auf signifikante Unterschiede zwischen der Vermittlung von religiösen Inhalten in Moscheen und Schulen hin. Im Kontext der Moschee wird eine intensivere Vermittlung von religiösen Kompetenzen und Spiritualität beobachtet. Hingegen scheint der schulische Unterricht Stärken in der Förderung von interkultureller und interreligiöser Kompetenz, Toleranz, Dialogfähigkeit sowie Identitätsbildung aufzuweisen. Bei der Schüler:innenperspektive zeigt sich, dass sich Schüler:innen im islamischen Religionsunterricht eine umfassendere Wissensvermittlung über Religion wünschen und sich mit ihren Alltagsproblemen noch stärker wahrgenommen fühlen wollen. Außerdem wurde eine unterschiedliche Wahrnehmung des Unterrichtskontextes festgestellt – in der Schule herrsche eine stärkere Disziplin, während die Moschee ein spirituelleres Umfeld schaffe. Abschließend empfiehlt Çelik (2017) anhand der Erkenntnisse der Studie eine verstärkte Kooperation zwischen öffentlichen Schulen und Moscheen, um die Potenziale beider Kontexte optimal für den islamischen Religionsunterricht zu nutzen. Dabei liegt das Hauptaugenmerk der Studie auf den Wahrnehmungen der Lehrpersonen, Vereinsrepräsentant:innen und Eltern, wohingegen die Perspektive der Schüler:innen hinsichtlich möglicher Auswirkungen des islamischen Religionsunterrichtes weniger berücksichtigt wurde.

Auch in der bereits erwähnten Untersuchung von Uslucan (2017, 2023) sowie von Uslucan und Yalçın (2018) wurden Schülerinnen und Schüler, welche am islamischen Religionsunterricht in Niedersachsen teilnahmen, in Bezug auf ihre Akkulturationsorientierung befragt. Die Studienergebnisse weisen auf eine gesteigerte Integrationshaltung der Schülerinnen und Schüler im Verlauf der Studie hin. Zugleich wurde ein Muster der Reduzierung separater und marginalisierter Tendenzen festgestellt, was auf eine Verstärkung der kulturellen Identität der muslimischen Schülerinnen und Schüler in Bezug auf die deutsche Kultur hindeutet. Des Weiteren zeigte die Befragung, dass die Schülerinnen und Schüler ein erhöhtes Interesse an Wissen über andere Religionen aufweisen und sich diesbezüglich kaum von nicht-muslimischen Schüler:innengruppen unterscheiden. Die Erhebung ergab zudem, dass die Mehrheit der Schüler:innen gemischte Freundschaften unterhält und dass Religionszugehörigkeit für die Mehrheit bei der Auswahl von Freund:innen keine Rolle spielt. Etwa die Hälfte der befragten Schüler:innen besucht neben dem schulischen Islamunterricht auch einen solchen in der Moschee. Uslucan und Yalçın (2018) kommen zu dem Schluss, dass der „Islamische Religionsunterricht" einen positiven Beitrag zur Integration leistet.

In der Dissertation von Güzel (2022) zu den Potenzialen des Islamunterrichts werden die religiösen Einstellungen und Haltungen muslimischer Schülerinnen und Schüler in Bezug auf den islamischen Religionsunterricht in der Schule

3.2 Studien zur Schülerschaft im islamischen Religionsunterricht

untersucht. Die Studie zeigt, wie sich muslimische Schülerinnen und Schüler religiös verorten, ihr Basiswissen und ihre Reflexionsfähigkeit einschätzen und inwieweit der islamische Religionsunterricht ihren lebensweltlichen Bedürfnissen gerecht wird. Die Studie untersucht auch die kulturell-religiöse Positionierung der Schülerinnen und Schüler, ihren Umgang mit Konfliktsituationen und Ausgrenzungserfahrungen und ihre Haltung zur Vielfalt bzw. ihre Diversitätsakzeptanz. Die Studie stellt eine Typologie von muslimischen Kindern und Jugendlichen auf, die auf deren Selbsteinschätzung in Bezug auf religiöse Bildung basiert und identifiziert hierbei drei verschiedene Typen von Schülerinnen und Schülern in Bezug auf ihre Herangehensweise an den Islam-Unterricht und ihre Haltung gegenüber religiösen Themen. Die „Offensiv Hinterfragenden" haben ein starkes religiöses Selbstbewusstsein, sind sehr interessiert und stellen Fragen zu ihrem Glauben. Sie zeigen auch eine aktive Haltung in Bezug auf interreligiösen Dialog und Friedensbildung. Der islamische Religionsunterricht stärkt ihr religiöses Wissen und ihre Positionierung in der Gesellschaft. Die „Zurückhaltend Hinterfragenden" stellen eine gemischte Gruppe dar, bestehend aus Schülerinnen und Schülern aus dem Ethikunterricht und dem islamischen Religionsunterricht. Diese Gruppe hat ein geringeres religiöses Selbstbewusstsein und stellt weniger Fragen zu ihrem Glauben und eventuellen Schwierigkeiten, einen Rahmen zu finden, um über religiöse Themen zu sprechen oder diese zu hinterfragen. Ihre Haltung ist eher passiv und zurückhaltend, und sie zeigen weniger Interesse an interreligiösem Dialog. Ihre religiöse Kompetenz könnte durch den islamischen Religionsunterricht gestärkt werden, um eine Standortbestimmung zu ermöglichen und die Pluralitätsfähigkeit zu stärken. Die „Bedingt Hinterfragenden" unterscheiden sich grundlegend von den anderen beiden Typen. Sie haben eine schwach ausgeprägte Reflexionsfähigkeit und stellen weniger Fragen zu religiösen Themen. Sie zeigen oft eine ignorierende oder schweigsame Reaktion in Konfliktsituationen oder bei negativer Darstellung des Islam. Ihr religiöses Selbstbewusstsein und ihre Haltung zu interreligiösem Dialog sind gering. Sie haben oft ein grundlegendes Misstrauen gegenüber Personen ohne islamische Zugehörigkeit, vertrauen aber blind Personen mit islamischer Religionszugehörigkeit. Sie sehen ihre muslimische Zugehörigkeit im Konflikt mit ihrer national-kulturellen Zugehörigkeit und halten eine muslimisch-deutsche Zugehörigkeit für befremdlich (Güzel 2022).

Allgemeine Untersuchungen zum Religionsverständnis und die Glaubensvorstellungen der muslimischen Jugendlichen werden im Rahmen des Forschungsprojektes JuGI – Jugend, Glaube, Islam: Glaubensvorstellungen von muslimischen Jugendlichen erforscht, in Anlehnung an die Glaubensgrundsätze (z. B. Glaube an Gott, Koran, Leben nach dem Tod). Dabei werden junge Menschen zwischen 15 und 25 Jahren in Baden-Württemberg quantitativ befragt. Das

Ziel der Studie ist es, Einblicke in die religiöse Welt muslimischer Jugendlicher zu ermöglichen. Die Resultate der Forschung sollen bedeutende Erkenntnisse hervorbringen, die sowohl für die gesellschaftliche Koexistenz als auch für die Fortentwicklung von Bildungsprogrammen relevant sind. Dabei sind diese Erkenntnisse besonders für die Gestaltung des islamischen Religionsunterrichtes von großer Bedeutung. Die Ergebnisse der Studie sind noch nicht veröffentlicht (Ulfat et al. 2023a).

3.3 Studien zu den Curricula, Lehrbüchern und Materialien des islamischen Religionsunterrichts

Die vielfältigen und oftmals widersprüchlichen Erwartungen an den islamischen Religionsunterricht bilden sich insbesondere in den Diskussionen darüber ab, welche konkreten Inhalte in die Curricula aufgenommen werden sollen und wie diese in den Lehrmaterialien und (Schul)büchern abgebildet werden, sodass Studien zu den Curricula, Lehrbüchern und Materialien des islamischen Religionsunterrichts besonders ergiebig sind.

Auch hier dominierten wie im Bereich der Modellversuche lange – bevor stärker empirisch gestützte Evaluationen oder Analysen der Curricula und Materialien vorgenommen wurden – eher theoretisch abgestützte Konzeptentwicklungen und religionsdidaktische Überlegungen zu den angestrebten Kompetenzen, Zielen, Inhalten und Methoden des Unterrichts im Sinne der Formulierung bzw. Bestimmung einer islamischen Religionspädagogik (beispielsweise von Graf und Gibowski 2007; Bartsch 2009; Mohr 2009; Sarıkaya 2010; Uçar 2011; Behr 2012; Wiedenroth-Gabler 2012; Abdel-Rahman 2014; Aslan 2014; Kisi 2014; Reimann 2014; Solgun-Kaps 2014; Işık 2012, 2015; Ourghi 2017; Ulfat 2017, 2020; Yavuzcan 2017; Bağraç 2018a, b; Topalović 2019; Sarıkaya et al. 2019; Ulfat und Ghandour 2020).

Kamçılı-Yıldız (2021) betont, dass – anders als bei allen anderen Schulfächern – von der Kultusministerkonferenz (KMK) bislang für das Fach islamischer Religionsunterricht keine verbindlichen bildungswissenschaftlichen Standards für die Lehrerbildung ausgearbeitet wurden. Dennoch werden diese von Autor:innen wie etwa Bağraç (2015, 2018a, b) und Abdel-Rahman (2021, 2022) formuliert.

In seiner Dissertationsschrift zur Entwicklung einer kompetenzorientierten Fachdidaktik (Bağraç 2018a) und in seinen Überlegungen zu den Zukunftsperspektiven des islamischen Religionsunterrichts (Bağraç 2018b) wendet sich Bağraç von eher konzeptionell-theoretischen Überlegungen zu den Inhalten

3.3 Studien zu den Curricula, Lehrbüchern und Materialien ...

des islamischen Religionsunterrichts ab (Inputorientierung) und einer kompetenzbasierten Outputorientierung zu. Demgemäß werden nicht mehr Inhalte festgeschrieben, die vermittelt werden sollen, sondern „konkrete Kompetenzen erwähnt, die Schüler erwerben sollen, um die in den Bildungsstandards festgelegten Bildungsziele zu erreichen" (Bağraç 2015, S. 68). Bağraç sieht nicht nur die fachlichen Kompetenzen als im Koran oder den Hadithen abgestützt, sondern sieht auch insbesondere einen besonderen Bezug zu überfachlichen Kompetenzen wie etwa die der Deutungs- und Gestaltungskompetenzen. Der islamische Religionsunterricht soll gemäß Bağraç (2015, S. 74) den „Mensch unter Wechselwirkung seiner vier Eigenschaften (Körperlichkeit, Emotionalität, Intellektualität, Spiritualität) [befähigen,] die Welt mit allen Sinnen wahr[zu]nehmen [...] und deuten [zu] können." Zu diesen globalen theoretisch-inhaltlich oder kompetenzbasierten Didaktiken für einen modernen islamischen Religionsunterricht kommen didaktische Überlegungen zu bestimmten Themen und Inhalten, zum Beispiel zum Bereich Radikalisierungsprävention und Dekonstruktion salafistischer Interpretationen des Islam im Rahmen des islamischen Religionsunterrichts u. a. von Kaddor (2007), Pille (2009), Lenhart (2016), Elfeshawi (2019), Badawia und Topalović (2020) und Elshahawy (2021).

Vergleichende Analysen zu den Curricula in den einzelnen Bundesländern liegen vor von Behr (2005), Väth (2010) und Abdel-Rahman (2021, 2022). Behr (2005) befasste sich als einer der ersten mit einer vergleichenden Analyse von Lehrplänen für die damaligen neukonzipierten Modellversuche zum islamischen Religionsunterricht im Rahmen seiner Dissertation ‚Curriculum Islamunterricht: Analyse von Lehrplanentwürfen für islamischen Religionsunterricht in der Grundschule; ein Beitrag zur Lehrplantheorie des Islamunterrichts im Kontext der praxeologischen Dimension islamisch-theologischen Denkens'. Väth (2010) untersucht die Lehrpläne der Bundesländer Baden-Württemberg, Bayern, Niedersachsen und Nordrhein-Westfalen hinsichtlich der Frage, wie sich die gesellschaftspolitischen Erwartungen an den islamischen Religionsunterricht in diesem abbilden. So wurde zumindest in 2010 in allen Lehrplänen und Curricula als wesentliche Zieldimensionen und als wesentlicher Inhalt formuliert, dass junge Muslim:innen in Deutschland durch den islamischen Religionsunterricht bei einer stabilen und demokratieaffinen religiösen Identitätsentwicklung unterstützt werden sollen und dass die Rolle religiöser Minderheiten in der Gesellschaft gestärkt werden müsse. Aber auch wenn alle Bundesländer mehr oder minder stark den Blick der Mehrheitsgesellschaft in der Formulierung der Lehrpläne einnehmen, betonen einige, wie etwa Bayern in seiner rein staatlich verantworteten Islamkunde, stärker das positive Verhältnis, das der Islam zum Grundgesetz einnehmen solle und verpflichten junge Muslim:innen stärker auf die Verfassungstreue mit ihren entsprechenden demokratischen und menschenrechtlichen Grundsätzen (Väth 2010). Auch in der frühen Analyse von Väth wird also deutlich, was später Körs et al. (2023, S. 388) für die Forschung zum islamischen Religionsunterricht schlussfolgern, nämlich dass primär ein „dominanzgesellschaftliche[r] Blick" eingenommen wird, wobei natürlich ein solcher Blick mit den Forderungen nach Demokratiekompatibilität angesichts vielfältiger Problemlagen wie Radikalisierung und Antisemitismus durchaus berechtigt ist.

In ihrer Dissertation befasst sich Abdel-Rahman (2021, 2022) mit den unterschiedlichen Kompetenzen, die in Curricula ausgewählter Bundesländer in den Curricula adressiert werden, nämlich die

„Wahrnehmungs- und Darstellungsfähigkeit – religiös bedeutsame Phänomene wahrnehmen und beschreiben;

Deutungsfähigkeit – religiös bedeutsame Sprache und Zeugnisse verstehen und deuten;

Urteilsfähigkeit – in religiösen und ethischen Fragen begründet urteilen;

Dialogfähigkeit – am religiösen Dialog argumentierend teilnehmen;

Gestaltungsfähigkeit – religiös bedeutsame Ausdrucks- und Gestaltungsformen verwenden." (Abdel-Rahman 2021, S. 118, 2022).

Unter alle diese Kompetenzen fallen unterschiedliche Anforderungsbereiche, wie etwa der Anforderungsbereich I (bspw. Reproduktion von Sachwissen und Anwendung gelernter und vertrauter Methoden), der Anforderungsbereich II (Reorganisation und Transfer durch selbständiges Bearbeiten, Einordnen und Erklären bekannter Sachverhalte sowie das Anwenden bekannter Methoden auf andere Fragestellungen) und der Anforderungsbereich III (eigene Urteilsbildung bzw. Problemlösung durch reflektierten Umgang mit neuartigen Anforderungen und Situationen (Abdel-Rahman 2021, 2022). Die Autorin moniert, dass zumeist „höhere Kompetenzen" wie etwa Dialog- und Urteilsfähigkeit oder aber die Gestaltungskompetenzen in den Curricula weniger stark berücksichtigt werden als andere Kompetenzen wie die Wahrnehmungs- und Darstellungsfähigkeit. Entsprechend werden auch Kompetenzen aus dem Anforderungsbereich I stärker betont als Kompetenzen aus den Anforderungsbereichen II und III, obwohl in den Zielformulierungen zumeist das Zusammenleben in einer multireligiösen Gesellschaft mit entsprechend hohen Anforderungen an die Urteils-, Dialog- und Gestaltungskompetenzen als hauptsächliches Bildungsziel des islamischen Religionsunterrichts anvisiert wird. Entsprechend müssten im Unterricht mehr anspruchsvolle Aufgaben bearbeitet werden, die über die Wissensreproduktion

3.3 Studien zu den Curricula, Lehrbüchern und Materialien ...

und Anwendung vertrauter Methoden (Anforderungsbereich I) hinausgehen und auch den Transfer (Anforderungsbereich II) oder die eigene Urteilsbildung bzw. problemlösendes Denken (Anforderungsbereich III) ansprechen.

Zu diesem Forschungsbereich gehört auch die Schulbuchforschung zu (Schul)Büchern, Lehrwerken und Materialien, welche im Unterricht eingesetzt werden und die Frage danach, wie diese relevante Themen inhaltlich darstellen und didaktisch aufbereiten. Hier ist führend insbesondere das Georg-Eckert-Institut für Schulbuchforschung in Braunschweig, das sich im Rahmen des Projekts ‚Islamischer Religionsunterricht: Aushandlung, Vermittlung und Aneignung eines neuen Fachs (IRU AVA)' mit den Curricula, Schulbüchern und deren Einsatz bzw. der Darstellung der Inhalte im Unterricht befasst.

„Drei Forschungsfragen leiten die Gesamtstudie:

1. Welche Inhalte *sollen* – nach Meinung der zentralen Akteur*innen – im Islamischen Religionsunterricht vermittelt werden?

2. Welche Inhalte *werden* im konkreten Unterrichtsgeschehen vermittelt, wie werden sie angeeignet, und warum werden sie – aus Sicht der Akteur*innen – so ausgehandelt?

3. Welche *Islaminterpretationen* werden in Curricula und Lehrplänen, aber auch in der Unterrichtspraxis artikuliert?" (Akdemir et al. 2023, S. 144; Hervorhebungen im Original)

Ein inhaltliches Beispiel, das hierbei verhandelt und erfasst wird, ist der Bereich der Darstellung des inner- und interreligiösen Dialogs im islamischen Religionsunterricht (Spielhaus 2018; Akdemir et al. 2023). Die Lehrkräfte messen diesem Bereich nach Eigenaussage eine hohe Bedeutsamkeit bei und er ist auch in allen Curricula der Lehrpläne für den islamischen Religionsunterricht verpflichtend abgebildet (siehe auch Kamçılı-Yıldız 2020). Entsprechend finden sich zu diesem Bereich auch Kapitel und Passagen in gängigen Schulbüchern, wie etwa im Schulbuch Saphir für die Klassen 5/6. Hier werden die Gemeinsamkeiten, aber auch Unterschiedlichkeiten zwischen den Religionen beispielhaft anhand der Rolle des Gebetes im Text für die Schüler:innen und bildgestützt verhandelt. Während die Abbildungen unterschiedliche Gebetshaltungen thematisieren und hier ritualisierte Unterschiedlichkeiten illustriert werden, werden im zugehörigen Text die übergreifenden Gemeinsamkeiten anschaulich darüber festgemacht, dass das Gebet in allen Religionen ähnliche Ziele und Intentionen verfolge; Beobachtungen im konkreten Unterrichtsgeschehen zu diesem Bereich runden die Explorierung des Umgangs mit bestimmten Inhalten im Unterricht ab (Spielhaus 2018; Akdemir et al. 2023).

Ähnlich wie in Bezug auf die Curricula werden auch Schulbücher und schulische Bildungsmaterialien vergleichend analysiert in Bezug auf die inhärenten, oftmals nicht explizierten Zielsetzungen der Vermittlung an die Schüler:innen (vgl. Spenlen und Kröhnert-Othman 2012; Wagner 2018). Das Schulbuch wird hier zur Arena, „in der zahlreiche Akteure untereinander aushandeln, was der Islam ist" (Schiffauer 1998, S. 419). So schlussfolgert etwa Kiefer (2012) in seiner Analyse im Rahmen des Sammelbandes von Spenlen und Kröhnert-Othman (2012), dass einige Schulbücher eher noch dem Paradigma der Glaubensunterweisung und einer Katechese verpflichtet seien, wie etwa ‚Ein Blick in den Islam', während andere wie etwa die ‚Saphir-Reihe' stärker auf eine neutrale Wissens- und Kompetenzvermittlung setzten.

3.4 Studien zu den Studiengängen für Islamische Theologie

Zunehmend mehr Studien fokussieren auf die Ausbildung der angehenden islamischen Religionslehrkräfte an den Zentren und Instituten für Islamische Theologie in Deutschland und rücken die vermittelten Inhalte, angestrebten Kompetenzentwicklungen und didaktischen Maxime in den Mittelpunkt des wissenschaftlichen Interesses. Dies erfolgt zum einen mithilfe von Dokumentenanalysen, die eine genauere Bewertung der Module und Modul- bzw. Studienstrukturen hinsichtlich der dort vermittelten Inhalte (Input-Orientierung) bzw. dort adressierter Kompetenzebenen (Output-Orientierung) ermöglichen. Zum anderen werden für eine genauere Einschätzung der Inhalte, Ziele und Berufsorientierungen im Studium und der dort vermittelten Kompetenzen auch die dort tätigen Dozierenden zu den angebotenen Lehrinhalten, angestrebten Kompetenzebenen und didaktischen Zugängen oder aber die Studierenden befragt, wie sie ihr Studium erleben.

Dokumentenanalyse und Befragungen zu den Studiengängen der Islamischen Theologie orientieren sich dabei in inhaltlicher Hinsicht neben einer prinzipiellen Betrachtung der anvisierten Kompetenzen und didaktischen Ansätze primär an zwei Bereichen, die eng mit den gesellschaftspolitischen Erwartungen an den islamischen Religionsunterricht verbunden sind. Erstens wird die Vorbereitung der angehenden Lehrkräfte insbesondere auf pluralisierte religiöse Gesellschaften sowie im Speziellen die interreligiöse aber auch innerislamische Verständigung, Erziehung und Bildung der Schüler:innen fokussiert. Zweitens steht in den Studien auch das Forschungsinteresse im Raum, wie die angehenden Lehrkräfte und islamischen Theolog:innen im Studium auf die Prävention bzw. den Umgang mit Radikalisierung vorbereitet werden, was nicht nur durch entsprechende inhaltliche

Module erreicht werden soll, sondern auch durch einen kompetenzorientierten und reflexiv angelegten islamischen Religionsunterricht. „Dem islamischen Religionsunterricht kann im Zuge dessen eine noch bedeutsamere Rolle zukommen, indem dieser im Sinne einer Extremismusprävention ideologische Konzepte theologisch dekonstruiert" (Elfeshawi 2019, S. 107).

3.4.1 Studien auf Basis von Dokumentenanalysen

Stein und Zimmer (2022, 2023c) untersuchten inhaltsanalytisch in Dokumentenanalysen an allen 13 Standorten der universitären Ausbildung im Bereich der Islamischen Theologie mit Lehramtsoption, welche Inhalte in den Modulbeschreibungen bzw. in den Studienstrukturen dargestellt sind und welche Kompetenzen bei den Studierenden während des Studiums aufgebaut werden sollen. Die Grundfrage richtete sich darauf, welche Kompetenzen in fachlicher, methodischer und persönlicher Hinsicht in der Modulstruktur (Modulhandbücher, -beschreibungen, Studien- und Prüfungsordnungen) an den einzelnen Zentren und Instituten sowie Fachbereichen bzw. Departments oder Abteilungen für Islamische Theologie bzw. Islamisch-religiöse Studien in Deutschland abgebildet werden. Erfasst werden hierbei die Vermittlung fachlicher Kompetenzen (Wissensvermittlung, Förderung kognitiver Fähigkeiten) (El-Mafaalani et al. 2016, S. 6), Reflexions- oder Methodenkompetenzen, die eine souveräne und eigenständige Befassung mit religiösen Inhalten ermöglichen (Kiefer 2021, S. 5) und soziale Kompetenzen, die sich in sozialen Fertigkeiten und Bindungen, welche „eine Orientierung in der Gesellschaft und die Entwicklung von Lebensperspektiven erleichtern" ausdrücken (El-Mafaalani et al. 2016, S. 6). Kompetenzen werden im Rahmen der Analyse nach der klassischen Definition von Weinert (2001, S. 27 f.) als „kognitive Fähigkeiten und Fertigkeiten zur Lösung bestimmter Probleme sowie die damit verbundenen motivationalen, volitionalen und sozialen Bereitschaften" verstanden. Kompetenzen sind also jene Fähigkeiten, die bei Schülerinnen und Schülern insgesamt sowie im Speziellen bei jungen Muslim:innen von entscheidender Bedeutung sind, um in der interdependenten, heterogenen Welt innerhalb und zwischen verschiedenen Gruppen zu agieren. Bereits Badawia und Topalović (2020, S. 249) hatten einen islamischen Religionsunterricht gefordert, der „durch den Aufbau von Qualifikationen, Wissensstrukturen, Einstellungen und Werthaltungen junge Menschen [...] befähig[t...], ihr Leben selbstbestimmt mit Hilfe religiöser Kompetenzen zu gestalten". In diversen Modellen werden Kompetenzen dabei üblicherweise als Trias aus Sach-, Sozial- und Personalkompetenzen dargestellt. Eine genauere Aufschlüsselung der Kompetenzen – speziell auch für den islamischen Religionsunterricht – nimmt Abdel-Rahman (2021) vor, die Wahrnehmungs-, Darstellungs-, Deutungs-, Urteils-, Dialog- und Gestaltungskompetenzen herausarbeitet auf Basis einer Analyse der Curricula für den islamischen Religionsunterricht ausgewählter Bundesländer. Hierauf stützen sich Stein und Zimmer (2022, 2023c), die in den Analysen nicht nur die Wahrnehmungs- und Darstellungskompetenz herausarbeiten, sondern auch Deutungs-, Urteils-, Dialog- und Gestaltungskompetenzen sowie die Art und Weise, wie sie in den jeweiligen Modulstrukturen adressiert werden. Hierzu wurden jeweils methodisch die Modulhandbücher, -beschreibungen, Studien- und Prüfungsordnungen aller Zentren und Institute sowie Fachbereiche bzw. Departments oder Abteilungen für Islamische Theologie bzw. Islamisch-religiöse Studien in Deutschland, die ein Studium mit Lehramtsoption islamischer Religionsunterricht auf Bachelor- und/oder Masterniveau anbieten, hinsichtlich der abgebildeten Inhalte und anvisierten Kompetenzen analysiert. Bei der Gegenüberstellung der Module in Bachelor- und Masterstudiengängen, die zum Lehramt führen, zeigte sich, dass Mastermodule im Vergleich zu den Modulen der Bachelorstudiengänge der Islamischen Theologie stärker auf Deutungs-, Urteils- und Gestaltungskompetenzen abzielen (Stein und Zimmer 2022, 2023b), während die Bachelorstudiengänge häufiger noch auf der Ebene der Wahrnehmungs- und Darstellungskompetenz verbleiben.

Bezogen auf konkrete Inhaltsdimensionen analysieren Kamçılı-Yıldız (2020) sowie Stein und Zimmer (2022, 2023c), wie Interreligiosität sowie die Prävention von Radikalisierung in den Modulen aufgegriffen werden. Die Befassung mit den Bereichen des kohäsiven Zusammenlebens von Personen unterschiedlicher religiöser Bekenntnisse in der globalisierten Gesellschaft ist eine zentrale Dimension des Studiums und Pflichtbestandteil der Studiengänge an allen Standorten für Islamische Theologie mit Lehramtsoption. Kamçılı-Yıldız (2020) zeigt in ihrer Expertise auf Basis einer Dokumentenanalyse der Module der Studiengänge für Islamische Theologie auf, dass zahlreiche Module der Darstellung anderer Religionen sowie der Vermittlung interreligiöser und -kultureller Kompetenzen im Studium der Islamischen Theologie, Religion bzw. Religionspädagogik oder Religionslehre gewidmet sind. Dies fördere eine interreligiöse Öffnung und könne die religiöse Diversitätsakzeptanz heben. Dass der Aspekt der Vorbereitung der angehenden Lehrkräfte und Theolog:innen hierauf von hoher Wichtigkeit ist, zeigen auch Befragungen von muslimischen Schülerinnen und Schülern, welche in diesem Bereich sehr großes Interesse haben, jedoch oftmals konstatierten, über andere Religionen im Unterricht zu wenig zu lernen (Uslucan 2023; Wissner 2023).

Des Weiteren analysierten Stein und Zimmer (2022, 2023b), hinsichtlich der vermittelten Inhalte und angestrebten Kompetenzen im Bereich des Umgangs mit

3.4 Studien zu den Studiengängen für Islamische Theologie

gesellschaftlichen Herausforderungen wie etwa Radikalisierungen, die Studiengangsmodule, die eine Berechtigung für das Lehramt im Bereich des islamischen Religionsunterrichts gewähren. Diese Dokumentenanalyse konzentrierte sich auf die Inhalte und Methoden in der Ausbildung zukünftiger Religionslehrkräfte an Universitäten im Bachelorstudium (Stein und Zimmer 2022) sowie im Masterbereich (Stein und Zimmer 2023b). Im Fokus stand die Frage, inwieweit diese Ausbildungen darauf abzielen, einen präventiv wirkenden Religionsunterricht zu gestalten, der ein reflektiertes Religionsverständnis fördert und einen aufgeklärten, menschenrechtskonformen Islam vermittelt. Stein und Zimmer (2022, 2023b) untersuchten im Rahmen des Projekts UWIT (‚Ursachen und Wirkungen des radikalen Islams aus Sicht islamischer Theolog:innen'; Finanzierung BMBF; 2020–2024), ob und wie islamistische Radikalisierung an Universitäten inhaltlich thematisiert wird und wie angehende Religionslehrkräfte sowie islamische Theologinnen und Theologen damit konfrontiert werden. Laut der Dokumentenanalyse bieten die meisten Studienstandorte in Deutschland ihren Studierenden keine spezifischen Module oder Veranstaltungen an, die sich ausschließlich dem Themenkomplex der islamistischen Radikalisierung widmen würden. Allerdings werden diese Inhalte in Modulen wie beispielsweise ‚Islam und Gesellschaft' (Standort Erlangen-Nürnberg) neben anderen Themen wie antimuslimischer Rassismus oder interreligiöser Verständigung behandelt. Darüber hinaus erfolgt eine vertiefende Reflexion der eigenen Religion in vielen Modulen, wie zum Beispiel am Standort Münster im ‚Aufbaumodul: intra- und interreligiöse Theologie', das laut Modulbeschreibung auf eine friedliche und tolerante Gesellschaft abzielt. Diese fachlichen, methodischen, sozialen und selbstreflexiven Kompetenzen per se sind jedoch bereits von grundlegender Bedeutung, um bei jungen Menschen ein kritisches Bewusstsein zu schaffen, das eine tiefgründige Auseinandersetzung mit dem Phänomen der islamistischen Radikalisierung erst (Stein und Zimmer 2023a, 2024). Darüber hinaus sind diese Kompetenzen notwendig, um später als Lehrkraft Schülerinnen und Schüler für einen kritischen Umgang mit Radikalisierungsansprachen zu sensibilisieren und präventive sowie interventionelle Maßnahmen gegen radikale Tendenzen zu ergreifen.

3.4.2 Befragungen von Dozierenden der Zentren und Institute für Islamische Theologie zum Studium dort

Die Befragungen von Dozierenden und Studierenden der Zentren und Institute für Islamische Theologie zum Studium der Islamischen Theologie, konzentrieren sich zum einen allgemein auf grundsätzliche Ziele, welche die Dozierenden verfolgen

(Aysel 2023), legen aber auch hier den Fokus auf bestimmte Themenbereiche, etwa, wie Reflexionskompetenzen aufgebaut werden, die später eine aufgeklärte Vermittlung des Islam ermöglichen und islamische Religionslehrkräfte befähigen, interreligiöse Begegnung und Dialogfähigkeit anzustoßen (vgl. etwa Mauritz et al. 2020; Reis et al. 2020) sowie radikale Tendenzen bei Schüler:innen zu präventieren oder nötigenfalls interventiv zu adressieren (Stein und Zimmer 2023a, 2024). Hierbei folge die Forschung „dem gesellschaftspolitischen Integrationsimpetus gegenüber dem" islamischen Religionsunterricht (Körs et al. 2023, S. 388), indem die Bereiche interreligiöse Verständigung und Radikalisierungsprävention in den Mittelpunkt rückten. „Doch wie werden die angehenden Lehrer*innen auf diese Aufgaben im Studium durch Lehrende an den Universitäten vorbereitet? Um dieser Frage nachzugehen, wurden Interviews mit Dozierenden an deutschen Universitäten geführt, die in der islamischen Lehrer*innenausbildung tätig sind." (Mauritz et al. 2020, S. 230), so im Rahmen der DFG-Studie ‚Islamische Theologie an deutschen Universitäten. Zudem liegen eine Studie zum islamisch-religiösen Expertentum in Deutschland' (Aysel 2023), eine der AIWG-Projektwerkstatt ‚Religiöse Diversität in Curricula der islamisch-theologischen Studien' (Mauritz et al. 2020; Kaupp und Sejdini 2020; Reis et al. 2020) und eine weitere des BMBF-Projekts ‚Ursachen und Wirkungen des radikalen Islam aus Sicht (angehender) islamischer Theolog:innen' von Stein und Zimmer (2023a, 2024) vor.

In der Studie ‚Islamische Theologie an deutschen Universitäten. Eine Studie zum islamisch-religiösen Expertentum in Deutschland' (Finanzierung DFG; 2018–2021) stand neben anderen Aspekten wie etwa der Zusammenarbeit der Standorte mit den Verbänden die Frage der Ausgestaltung und inhaltlichen Ausrichtung der Studiengänge aus Sicht der Dozierenden sowie aus der Perspektive der Studierenden im Fokus. Insgesamt wurden 29 qualitative Interviews geführt, davon 16 mit Professor:innen und wissenschaftlichen Mitarbeitenden der Zentren und Institute für Islamische Theologie in Münster, Osnabrück, Frankfurt, Tübingen und Erlangen-Nürnberg. Insgesamt ließ sich an den Standorten eine Ausrichtung auf gesamtgesellschaftliche Arbeitsfelder feststellen, etwa im Bereich der Arbeit mit Jugendlichen in Schulen und außerschulischen Jugendeinrichtungen, weniger im rein seelsorgerischen Bereich der Moscheen, was sich sowohl im Studienaufbau als auch an der Motivation der Studierenden zeigte. Die Befragung der Dozierenden belegte eine pluralistische Perspektive sowohl in Bezug auf den interreligiösen als auch den innerreligiös-innerislamischen Diskurs, etwa um die unterschiedlichen Richtungen und Rechtsschulen des Islam für die Studierenden präsent zu machen und dadurch Dogmatismus vorzubeugen oder diesen abzubauen. Insgesamt berichteten etliche Dozierende, dass „Studierende

3.4 Studien zu den Studiengängen für Islamische Theologie

mit traditioneller Prägung [...] Schwierigkeiten mit dieser Form der Offenheit [hätten, wobei ...] sich die anfänglichen Einstellungen und damit einhergehend auch eine gewisse starre Haltung der Studierenden im Laufe des Studiums, indem mehr und mehr eine kritische Reflexion eingeübt wird [, auflöse]" (Aysel 2023, 172 f.). Insgesamt wird auch beim Aufbau von Methodenkompetenzen eine starke Ausrichtung auf die Auslegung gelegt, etwa auf historisch-kritische, hermeneutische, reflexive und inhaltsanalytische Vorgehensweisen, um „festgefahrene Anschauungen und Vorurteile [...zu] dekonstruieren" (Aysel 2023, S. 174). Erst dies werde dann auch eine Umsetzung des religiösen Wissens und seine Anwendung auf konkrete praktische Lebensrealitäten und Problemstellungen etwa im islamischen Religionsunterricht gewährleisten können.

Für das Zusammenleben in der religiös pluralen und heterogenen Gesellschaft rückt die Frage in den Mittelpunkt, wie Religionslehrkräfte für den islamischen Religionsunterricht die junge muslimische Generation, die „mittendrin in einer kulturell und religiös pluralen Gesellschaft" lebt (Badawia und Topalović 2020, S. 249) in Schulen, die „bunte Mosaike kultureller und religiöser Pluralität geworden sind" (Yağdı 2018a, S. 70), auf ein kooperatives und gemeinschaftliches Zusammenleben vorbereiten können. Mit dieser Frage befassen sich zum einen aus eher theoretischer oder didaktisch-konzeptioneller Perspektive Aslan (2014), Ünalan (2016) und Yağdı (2018a, b) sowie auf der Ebene des Unterrichts Kolb (2021). Auf empirischer Basis geht die AIWG-Projektwerkstatt ‚Religiöse Diversität in Curricula der islamisch-theologischen Studien' (Kaupp und Sejdini 2020; Mauritz et al. 2020; Reis et al. 2020) der Frage nach, wie angehende Lehrkräfte an den Zentren und Instituten für Islamische Theologie auf diese Aufgabe der Förderung von Interkulturalität und den Umgang mit religiöser Diversität vorbereitet werden. Zieldimension ist ein interreligiöser Habitus der (angehenden) islamischen Religionslehrkräfte, der „als Voraussetzung dafür angesehen [wird], dass ReligionslehrerInnen ihre SchülerInnen auf die gesellschaftliche Realität und die damit verbundene kulturelle und religiöse Vielfalt vorbereiten [können]" (Yağdı 2018b, S. 62). Hierzu liegt die Dokumentenanalyse von Kamçılı-Yıldız (2020) vor, die komplettiert wird durch eine Befragung von Dozierenden an sechs universitären Standorten zu ihren Mindsets in Bezug auf Interreligiosität (Mauritz et al. 2020). Als Bindeglied zwischen der Dokumentenanalyse von Kamçılı-Yıldız (2020) und der Interviewstudie von Mauritz et al. (2020) kann die Studie von Reis et al. (2020) gewertet werden, welche videographisch analysiert, wie an den Universitäten in der realen Lehre die Curriculavorgaben nach Interreligiosität umgesetzt werden, d. h. u. a., welche Schwerpunktsetzungen und welche Vertiefungen durch die Dozierenden erfolgen. Kaupp und Sejdini (2020) schließlich arbeiten empirisch fünf Lehrtypen von Dozierenden in Bezug auf Interreligiosität heraus.

Insgesamt ist die Befassung mit anderen Religionen verpflichtender curricularer Bestandteil im Rahmen des islamischen Religionsunterrichts. Ähnlich wie in den Dokumentenanalysen zum Umgang mit gesellschaftlichen Herausforderungen wie Radikalisierung, werden jedoch auch in Bezug auf die Förderung der Interreligiosität und das Kennenlernen anderer Weltreligionen an den Hochschulstandorten für Islamische Theologie nur wenige dezidierte Lehrveranstaltungen hierzu angeboten (Mauritz et al. 2020). Die Inhalte werden zumeist im Rahmen anderer Module vermittelt; wie sehr hierbei der Fokus auf dieses Thema gelegt wird und welche didaktische Ausprägung der Umgang mit anderen Religionen nimmt, sei dabei laut Mauritz et al. (2020) von den Mindsets der Dozierenden, d. h. deren „zugrundeliegende[m] Vorverständnis" abhängig (Harant 2016, S. 39). Insgesamt wurden „elf Experteninterviews geführt [mit dem] Ziel [...], explizite und implizite Haltungen, Präkonzepte und Methoden der Lehrenden zu religiöser Pluralität auf Hochschulebene" zu erfassen (Mauritz et al. 2020, S. 231). Hierbei kristallisierten sich inhaltsanalytisch zwei Themenfelder sowie drei Typen von interreligiösen Mindsetüberzeugungen heraus. Typ 1 („Emotional involviert und bereit für eigene Veränderung") (Mauritz et al. 2020, S. 237) ist hoch emotional und intrinsisch motiviert für den interreligiösen Dialog und weniger daran interessiert, nur reines Wissen über die eigene und die anderen Religionen zu vermitteln; dieser Typus geht in einen wirklichen Dialog, der auch die Bereitschaft impliziert, ergebnisoffen eigene theologische Vorstellungen nötigenfalls zu modifizieren: „Personen, die dieses Mindset verinnerlicht haben, streben beispielsweise danach, die fremde Religion zu erleben [... und nehmen] auch in Lebensbereichen und -praxen der jeweiligen anderen Religion Anteil [...] – beispielsweise durch das gemeinsame Erleben von Gottesdiensten und religiösen Festen" (Mauritz et al. 2020, S. 237 f.). Der Typ 2 („Emotional neutral und gesellschaftlich konform") (Mauritz et al. 2020, S. 238) intendiert eher im Sinne einer Instruktion die Vermittlung von Ähnlichkeiten und Divergenzen zwischen den Religionen, begegnet dabei fremden Religionen jedoch respektvoll; dieser Typus setzt „keine emotionale Involviertheit und Bereitschaft zur eigenen Veränderung für den interreligiösen Dialog voraus" (Mauritz et al. 2020, S. 238). Im Gegensatz insbesondere zu Typ 1 arbeitet Typ 3 („Negativ emotional und abwehrend") (Mauritz et al. 2020, S. 239) mit „Vorurteilen gegenüber einer fremden Theologie, die allerdings auf veraltete theologische Konzepte zurückgreifen" (Mauritz et al. 2020, S. 240) und nimmt emotional eine stark abwehrende und abwertende Position ein, die „für einen ergebnisoffenen, erkenntnisbringenden Dialog ein großes Hindernis dar[stellt]" (Mauritz et al. 2020, S. 239).

3.4 Studien zu den Studiengängen für Islamische Theologie

Auf die Studie von Mauritz et al. (2020) bauen Reis et al. (2020) auf, welche videographisch je eine Sitzung aus zwei Lehrveranstaltungen von Dozierenden aus der Gruppe der von Mauritz et al. interviewten, filmten und auswerteten hinsichtlich der Frage, „inwiefern in der Lehre vorliegende Mindsets, praxistheoretische Zugänge und zusätzliche Faktoren einen Einfluss auf das Lehrverhalten nehmen und die Steuerung der Lehre bestimmen" (Reis et al. 2020, S. 267) in Bezug auf den Umgang mit und die Vermittlung von Interreligiosität. Die Dozierenden wie auch die Studierenden als spätere Lehrkräfte bewegen sich dabei in einem Spannungsfeld, welches von den an die interreligiösen Lehr- und Lerninhalte angelegten hauptsächlichen Ziele aufgespannt wird und sich zwischen den Zielpolen der „Instruktion/Wissensvermittlung", der eigenen religiösen „Positionierung" sowie dem Aspekt „Begegnung/Dialog" bewegt (Reis et al. 2020, S. 271). Die Mindsets der Dozierenden beeinflussten die konkrete Lehre hierbei weniger als etwa curriculare Vorgaben, soziale Erwünschtheit oder die interreligiösen Erwartungen der Studierenden.

Kaupp und Sejdini (2020, S. 291) schließlich kondensierten die Ergebnisse der AIWG-Projektwerkstatt ‚Religiöse Diversität in Curricula der islamisch-theologischen Studien' in fünf Lehrtypen der Interreligiosität.

- „Der instruktive Typ hat vor allem im Blick, welches „ausgewählte" Wissen vermittelt werden soll.
- Der konstruktive Typ stellt entdeckendes Lernen in den Mittelpunkt und hat das Ziel, dass die Studierenden die Inhalte entdecken.
- Der dialogische Typ sorgt für eine sichere Umgebung der Studierenden, damit Austausch und Diskussion möglich sind.
- Unter „Austausch und Begegnung" wird der Lehrtyp verstanden, der durch die Auseinandersetzung mit anderen Orten und Religionen studentisches Lernen anregt und die Studierenden dazu führt, Neues zu entdecken.
- Schließlich kennzeichnet den Lehrtyp der „Positionierung", dass eigene Stellungnahmen der Studierenden eingefordert werden." (Kaupp und Sejdini 2020, S. 291)

Neben der gesellschaftspolitischen und curricularen Erwartung, interreligiöses Wissen und Offenheit zu vermitteln, wird an den islamischen Religionsunterricht auch die Erwartung herangetragen, gegen Radikalisierung zu wirken (Uslucan 2011a, b, 2012; Ströbele 2021; Stein et al. 2021b; Stein und Zimmer 2022, 2023c, 2024). Insbesondere aufgrund des erstarkenden radikalen Islam in Europa, der sich durch Angriffe und Attentate in nahezu allen europäischen Ländern manifestiert, gewinnt auch in diesem Zusammenhang vor allem die Frage an Bedeutung, wie sich der islamische Religionsunterricht gezielt präventiv aufstellen kann und welche Kompetenzen den angehenden islamischen Religionslehrkräfte und Theolog:innen hierfür durch das Studium vermittelt werden müssen. Theoretische und didaktische Konzepte zur Förderung der Friedensfähigkeit und zur Prävention von Radikalisierung liegen u. a. von Kaddor (2007), Pille (2009), Lenhart (2016), Elfeshawi (2019), Badawia und Topalović (2020) und Elshahawy (2021) vor. In empirischer Hinsicht wurden in der Studie UWIT (,Ursachen und Wirkungen des radikalen Islams aus Sicht (angehender) islamischer Theolog:innen'; Finanzierung BMBF; 2020–2024) unter anderem 26 Dozierende an elf der 13 Standorte für Islamische Theologie in Deutschland diesbezüglich interviewt. Sie wurden gefragt, welche Faktoren sie für Radikalisierung als ursächlich wahrnähmen (Schramm et al. 2023), welche Rolle sie der Schule allgemein sowie dem islamischen Religionsunterricht im Besonderen bei der Radikalisierungsprävention beimessen würden (Stein et al. 2023; Stein und Zimmer 2024) und wie die Ausbildung der angehenden Religionslehrkräfte an ihren Zentren oder Instituten umgesetzt wird bzw. werden sollte, um möglichst einen offenen und der Pluralität und der Verständigung verpflichteten Islam zu vermitteln und präventiv und interventiv gegen mögliche Radikalisierungen bei jungen Menschen zu wirken (Stein und Zimmer 2023c). Grundsätzlich halten auch die Dozierenden das Arbeiten gegen Radikalität im Rahmen des Religionsunterrichts für essenziell. Sie betonen jedoch, dass die effektivste Form der Radikalisierungsprävention darin bestehe, Schülerinnen und Schüler durch eigenständige und intensive Auseinandersetzung mit ihrer Religion in den Bereichen der Reflexion zu fördern. Hierzu gehöre auch eine Medienkompetenz, die so zu verstehen sei, dass jeweils im Namen des Islam getätigte Aussagen von Personen in den sozialen Medien oder im Internet kritisch hinterfragt und kompetent reflektiert werden können. Die befragten Dozierenden verweisen darauf, dass dies nicht nur die Aufgabe des Religionsunterrichts sei, sondern auch der allgemeinen Schulbildung und der außerschulischen Jugendbildung (Stein und Zimmer 2023c). Zudem gaben diese Befragten auch Auskunft darüber, wie das Thema der Radikalisierung als Teil ihrer Lehre in den Studiengängen für die angehenden islamischen Religionslehrkräfte umgesetzt wird (Stein et al. 2023; Stein und Zimmer 2024). Im Rahmen der Studie UWIT werden dabei die Sichtweisen der Dozierenden mit denen der Studierenden an den Zentren und Instituten für Islamische Theologie kontrastiert bzw. um diese ergänzt, um deren Blick auf das Studium der Islamischen Theologien und den islamischen Religionsunterricht zu vertiefen. Die hierbei durchgeführten Interviews werden gegenwärtig vertiefend analysiert und sind noch nicht publiziert.

3.5 Studien zu bereits im Beruf stehenden Lehrkräften des islamischen Religionsunterrichtes

Auch in Bezug auf die Betrachtung der islamischen Religionslehrkräfte wurden zunächst konzeptionelle Überlegungen zur Idealvorstellung islamischer Religionslehrkräfte erstellt, etwa von Behr (2009). Die empirische Forschungslandschaft jedoch zu bereits im Beruf stehenden islamischen Religionslehrkräften bzw. auch dem Unterrichtsgeschehen selbst – außerhalb der Forschung zu den Modellversuchen – ist in Deutschland bisher noch sehr schmal. Umfänglichere Studien hierzu liegen aus Österreich vor, wo es seit über 40 Jahren – genauer seit 1982 – einen islamischen Religionsunterricht an staatlichen Schulen gibt. In Österreich untersuchten etwa Khorchide (2008) und Tuna (2019, 2020, 2022) bereits praktizierende islamische Religionslehrkräfte hinsichtlich ihres professionellen und religiösen Selbstverständnisses, ihrer Einstellungen, ihrer didaktischen Lehrkonzepte und -methoden und auch hinsichtlich der Frage nach den ihre professionellen und religiösen Beliefs beeinflussenden strukturellen und individuellen Faktoren, Prozessen und Dynamiken.

Die grundlegende quantitativ angelegte Studie von Khorchide (2008) in Österreich, welche die Einstellungen und Haltungen praktizierender islamischer Religionslehrkräfte untersuchte, prägt die deutsche Forschung zum islamischen Religionsunterricht in starkem und richtungsweisendem Maße. Die Ergebnisse dieser Studie zeigten unter anderem Abgrenzungstendenzen gegenüber anderen Religionen und der demokratischen Grundordnung bei einem Teil der befragten Lehrkräfte. Die Studie von Khorchide erfasste die grundlegenden Beliefs der Lehrkräfte zu Aufgaben und Zielen des islamischen Religionsunterrichts: Die Wichtigkeit der Vermittlung von Glaubensgrundsätzen, Ritualen und Gesetzen, die Bedeutung von Aufklärung und die Befähigung zur kritischen Reflexion der Tradition, die Rolle von Toleranz und Dialogfähigkeit, von allgemeinen Werten für eine menschliche Lebensgestaltung, von Prinzipien wie Demokratie und Menschenrechten sowie die Bedeutung der Vermittlung von Differenzen zwischen den Religionen. Ein weiterer Block enthält die religiösen sowie politischen Beliefs wie etwa die Einstellungen und Haltungen muslimischer Religionslehrkräfte insbesondere zu religiös begründeter gesellschaftlicher Abgrenzung, zum Rechtsstaat und zur politischen Partizipation, zu religiöser Radikalisierung, zum Islamismus und zu religiös motivierter Gewalt sowie zu Geschlechterrollen. Abschließend wird die Identifikation der muslimischen Religionslehrkräfte mit Österreich erhoben. Hierbei manifestierten sich bei einem Teil der Befragten Abgrenzungstendenzen gegenüber anderen Religionen und der demokratischen Grundordnung. So betrachteten es 44 % der Befragten als vorrangige Aufgabe des Unterrichts den muslimischen Schüler:innen Überlegenheitsgefühle gegenüber Christ:innen zu vermitteln; 43 % möchten Argumente gegen das Christentum weitergeben. Hinsichtlich des Verhältnisses zur Demokratie stimmen 28 % der Aussage zu, dass Europäer:in und Muslim:in sein im Widerspruch stehe; 22 % gaben an, die Demokratie und 15 % die österreichische Verfassung und 27 % die Allgemeine Erklärung der Menschenrechte abzulehnen.

Tuna (2019, 2020, 2022) befasste sich im Rahmen seiner qualitativ vertiefenden Promotionsstudie mit den Berufsbiographien von Religionslehrkräften in Österreich bzw. ihren Professionalisierungskonzepten sowie subjektiven Beliefs zum islamischen Religionsunterricht und der eigenen Rolle als Lehrkraft. Genauer geht er den Fragen nach, welche Relevanz unterschiedlichste individuelle sowie strukturell-gesellschaftliche Faktoren auf die Professionalisierung bzw. subjektiven Annahmen zur Professionalität einnehmen:

„Welches Professionalisierungsprofil zeigt sich […]? […]

Welche subjektiv-biografischen Konzepte (‚beliefs' und ‚views') kennzeichnen islamische ReligionslehrerInnen […]? […]

Was sind in den Augen der ReligionslehrerInnen die größten Herausforderungen […]? […]

In welchen Wissens- und Kompetenzbereichen halten islamische ReligionslehrerInnen eine Ergänzung ihrer Kompetenzen für notwendig?" (Tuna 2019, S. 25)

Insgesamt bestand seine Stichprobe aus zwölf Lehrkräften für den islamischen Religionsunterricht aus Tirol, Wien, der Steiermark und Salzburg, die anhand eines theoretischen Samplings zusammengestellt und vertiefend narrativ interviewt worden waren (Tuna 2019, 2020, 2022). Für die Analyse sind in besonderem Maße die religionsdidaktischen Prinzipien oder Grundausrichtungen von Interesse, die formuliert wurden (Tuna 2019, S. 208 ff.): Gegenstandsorientierung: Wunsch, den Gegenstand kind- bzw. adressatengerecht zu vermitteln, jedoch auch die „Überzeugung, dass zur Sozialisation im Geist des Glaubens das Auswendiglernen bestimmter Glaubensinhalte" gehöre (Tuna 2019, S. 209).

Subjektorientierung: Fokus auf die Lehrkraft als Lernbegleiter:in, die den Unterricht bedürfnisorientiert auf die Schüler:innen hin ausrichtet und gemeinsam mit diesen erarbeitet und nicht bloß Wissensbestände vermittelt.

Kontextorientierung: Orientierung auf die Lebenswelt der Schüler:innen und deren Bedürfnisse und Fragen; Fokus auf gesellschaftspolitische Herausforderungen, wie mangelnde Integration oder Radikalisierung.

3.5 Studien zu bereits im Beruf stehenden Lehrkräften ...

Diversitätsorientierung: Starke Diversifizierung des Unterrichts und Berücksichtigung unterschiedlichster Zugänge und Lebensorientierungen der Schüler:innen

„Insgesamt lassen sich aus den Interviews fünf mögliche Unterrichtskonzepte ermitteln, die sich wie folgt charakterisieren lassen: ‚implizit-spielerisch-erlebnisorientiert', ‚performatives Lernen durch Interaktion und Methodenvielfalt' ‚materiell-inhaltsorientiert und instruierend', ‚kompetenz- und anwendungsorientiert' und ‚Antworten geben und die innere Leere füllen'." (Tuna 2019, S. 212)

Entsprechend der unterschiedlichen religionsdidaktischen Orientierungen und Unterrichtskonzepte bewegen sich auch die Rollenkonzepte der islamischen Religionslehrkräfte zwischen einer selbst zugeschriebenen Rolle als Glaubensvorbildung bis hin zu einem Coach in Lebensfragen.

In Deutschland waren lange Zeit Untersuchungen über die Einstellungen von Religionslehrkräften, die vergleichbar und repräsentativ ähnlich groß angelegt sind wie jene in Österreich von Khorchide und Tuna, lediglich im Bereich der evangelischen und katholischen Religionslehre vorhanden. Zu diesem Themenkomplex existieren unter anderem zwei Studien von Feige. Im Jahr 2000 fand eine Befragung bezüglich religionspädagogischer Zielvorstellungen und des religiösen Selbstverständnisses unter evangelischen Religionslehrkräften in Niedersachsen statt. Die Untersuchung wurde von Feige und Tzscheetzsch (2005) für den Bereich der evangelischen und katholischen Religionslehrkräfte ausgeweitet, um die Dimensionen der unterrichtlichen Zielvorstellungen im Zusammenhang mit dem religiösen Selbstverständnis zu erfassen. Religionsunterricht wird von den Lehrkräften des christlichen Religionsunterrichts dabei primär als Ort der Ermöglichung religiöser Erfahrungen betrachtet (Feige und Tzscheetzsch 2005, S. 30). Die von den befragten Lehrkräften hauptsächlich genannten Ziele des Religionsunterrichts umfassen: „Eintreten für Frieden, Gerechtigkeit", „persönliche Orientierung an[...]bieten" und „Wertvorstellung [...] vermitteln" sowie „christliche Lebensbegleitung anbieten" und „Lebens- als Glaubensfragen erschließen" (Feige und Tzscheetzsch 2005, S. 26 f.).

Çelik (2017) wirft einen initialen Blick auf islamische Religionslehrkräfte in Deutschland. In ihrer Dissertation untersucht sie unter anderem die Einstellungen von bereits im Beruf stehenden muslimischen Religionslehrkräften hinsichtlich ihrer Berufswahl, der Zufriedenheit im Beruf und der Arbeitsplatzsituation, der empfundenen Belastungen, der Organisation und Theorie des Unterrichts sowie der in diesem vermittelten oder angestrebten und erreichbaren Fähigkeiten und Kompetenzen. Im Gegensatz zu Khorchide (2008) erfolgt jedoch keine Einbindung von religiösen und politischen Einstellungen.

Eine umfassende Studie zu den Kompetenzen islamischer Religionslehrkräfte in Nordrhein-Westfalen in fachwissenschaftlicher bzw. fachtheologischer, aber auch in fachdidaktischer Hinsicht sowie zu Überzeugungen bzw. Beliefs liegt von Kamçılı-Yıldız (2018, 2021, 2023) vor; pädagogisches Fachwissen wurde nicht erfasst. Mit einem Stichprobenumfang von 68 Lehrkräften konnten 26 % der zum Zeitpunkt der Studie beschäftigten Religionslehrkräften in Nordrhein-Westfalen erreicht werden. Die Erhebung fand auf Basis einer Fragebogenuntersuchung statt und erfasste in Anlehnung an das Kompetenzmodell von Shulman (1986) vier Kompetenzstufen, von der Stufe 1 (Alltagswissen), über Stufe 2 (Beherrschen des Schulstoffs) und Stufe 3 (vertieftes fachwissenschaftliches Verständnis) bis hin zu Stufe 4 (reines Universitätswissen), wobei davon ausgegangen wird, dass ein Wissen auf Stufe 3 oder 4 vorherrschen müsste, um kompetenzorientierten Unterricht bieten und „auf einer Metaebene vorhandene Kenntnisse aktivieren, erweitern, vertiefen, aber auch bei Bedarf revidieren" zu können (Kamçılı-Yıldız 2018, 2021, 2023, S. 37). Darauf basierend wurden für die Analyse der Ergebnisse die Anforderungsstufen „Kennen und Verstehen", „Analysieren und Anwenden", „Beurteilen, Reflektieren und Entscheiden" und „Gestalten und Kreieren" abgeleitet (Kamçılı-Yıldız 2023, S. 41), wobei die Lehrkräfte die höchsten Werte im Bereich des Analysierens und Anwendens erreichten und die geringsten im Bereich der Beurteilungs- und Reflexionskompetenz. Genau diese wären aber von hoher Bedeutung, um auch auf spontane und lebensweltbezogene Fragen der Schüler:innen gut und kompetent antworten zu können und sich abzugrenzen von der oftmals oberflächlichen Religionsvermittlung in Familien und Moscheen (Kamçılı-Yıldız 2023), sodass sich daraus Nachqualifizierungsbedarfe für die Lehrkräfte zumindest im Bundesland Nordrhein-Westfalen ergeben und auch Implikationen für die Ausbildung der angehenden Lehrkräfte an den neu gegründeten Zentren und Instituten für Islamische Theologie. Daraus werden entsprechende Anforderungen an eine Fort- und Weiterbildung für Lehrkräfte abgeleitet, gerade wenn die Ausbildung noch über die Zertifikatskurse erfolgte (Kamçılı-Yıldız 2021).

Auch in Bezug auf die Fachdidaktik zeichnet sich in der Dissertation von Kamçılı-Yıldız (2021) kritisch ab, dass eine große Anzahl an Lehrkräften einen Unterweisungscharakter durch den islamischen Religionsunterricht betonen und hierbei die Grenze zur Moscheekatechese aufweichen, indem es zu einer Verschränkung islamisch-theologischer Wissensvermittlung und einer Glaubensunterweisung und Katechese mit Belehrungscharakter komme (Kamçılı-Yıldız

2021). So stimmen etwa auch etwa drei Viertel der Befragten der Aussage zu, dass der islamische Religionsunterricht dazu dienen solle, islamische Gebote im Alltag einzuhalten. Dennoch erhalten in Bezug auf die Ziele des islamischen Religionsunterrichts die Vermittlung eines abgestützten islamisch-theologischen Wissens und die Schüler:innen zu einem kritischen Umgang mit der Religion befähigen, die höchsten Zustimmungswerte vor Items, die eher auf eine katechetische Einstellung hinweisen würden, wie etwa der Wunsch, die Schüler:innen zu guten Muslim:innen zu erziehen. Die Lehrkräfte betonen vielfach die große Bedeutung des islamischen Religionsunterrichts für die Befähigung zum interreligiösen Dialog. Die meisten Befragten wählten das Studienfach aus einer stark intrinsischen Motivation heraus.

Als Limitationen dieser Studie ist zu nennen, dass ein großer Prozentsatz der Befragten noch vor der Einführung eines regulären Studienganges mit dem Berufsziel der Ausbildung zur islamischen Religionslehrkraft über einen Zertifikatskurs als Religionslehrkraft qualifiziert wurden, da Nordrhein-Westfalen als eines der ersten Bundesländer bereits seit 2011 einen islamischen Religionsunterricht anbietet (Uslucan 2023). Inwiefern die Aussagen über deren Kompetenzen auf die grundständig ausgebildeten Lehrkräfte übertragen werden können, ist nicht gesichert, auch wenn sich die Kompetenzunterschiede zwischen beiden Gruppen in der Studie von Kamçılı-Yıldız (2021, 2023) nicht statistisch absichern ließen. Zudem nennt Kamcılı-Yıldız selbst als Limitation, dass die gewonnenen Erkenntnisse und gezogenen Schlussfolgerungen immer im Spiegel der angewandten Methodik zu betrachten seien und dass Fragebogenerfassungen nur begrenzt gültige Aussagen darüber treffen könnten, ob es den Lehrkräften gelinge, ihre Kompetenzen in der konkreten Unterrichtssituation zu realisieren, etwa wenn „die islamische Religionslehrkraft auf Fragen von Schüler:innen ad hoc antworten und plausible Erklärungen anbieten muss" (Kamçılı-Yıldız 2023, S. 46). Hier wären gerade die teilweise nicht so hoch ausgeprägten Reflexionskompetenzen von größter Wichtigkeit bzw. auch pädagogisches Fachwissen, welches in der Studie von Kamcılı-Yıldız nicht Berücksichtigung finden konnte. Um „die gewonnenen Erkenntnisse auf das Handeln der Lehrperson im Unterricht, auf die Gestaltung des realen Unterrichts" zu beziehen „erscheint es für die zukünftige Forschung sinnvoll, zur Weiterentwicklung des Kompetenzmodells Unterrichtssituationen zu videografieren" (Kamçılı-Yıldız 2023, S. 47–48).

Badawia et al. (2023) wenden sich in ihrer explorativen Studie zur Professionalität von Islamlehrkräften an staatlichen Schulen in einer Befragung explizit dieser relativ neuen Berufsgruppe zu; in die Stichprobe gingen 43 Lehrkräfte für den islamischen Religionsunterricht aus Deutschland (n = 36) und Österreich (n = 7) ein, die unterschiedliche Ausbildungen, Studiengänge und Weiterqualifizierungen durchlaufen haben. Methodisch wurde mit problemzentrierten Interviews an der Beantwortung folgender Forschungsfrage gearbeitet: „Wie verorten sich Islamlehrkräfte im Spannungsfeld von staatlichem und theologischem Bildungsauftrag?" (Badawia et al. 2023, S. 11). Fokussiert wurden folgende vier Bereiche (Badawia et al. 2023, S. 11):

> „1. Erfahrungen der Islamlehrkräfte angesichts unterschiedlicher Erwartungen im schulischen und außerschulischen Kontext;
>
> 2. das individuelle Verständnis von einer Lehrer:innenpersönlichkeit;
>
> 3. das Professionsverständnis im Kontext des Lehrer:innenberufs an einer staatlichen Schule;
>
> 4. das didaktische Lehr- und Lernverständnis."

Lehrkräfte werden dabei gemäß dem Expert:innenparadigma als Expert:innen für ihr jeweiliges Aufgabengebiet angesehen, ein Verständnis, das in der COACTIV-Studie, die auch der Studie von Kamçılı-Yıldız (2021, 2023) zugrunde lag, als Lehrkräftekompetenzmodell bezeichnet wurde. Angesichts der vielfältigen bereits in Kap. 1 dieser Publikation diskutierten auch divergierenden Erwartungen an den Unterricht, wird dieses neue Berufsbild nach Badawia et al. (2023) als ein sogenannter unmöglicher Beruf bezeichnet, was jedoch nach den Autor:innen oftmals für die Lehramtsberufe insgesamt gelte. Hintergrund ist, dass die an den Unterricht gestellten Erwartungen häufig auf die Lehrkraft projiziert werden, die diese einlösen müsse (Badawia et al. 2023, S. 9):

> „Die Zukunfts- und Erfolgsprognose verlagert sich entsprechend deutlich auf die Islamlehrkraft, der inzwischen (unabhängig von der juristischen Konstellation mit oder ohne Beteiligung einer muslimischen Religionsgemeinschaft) eindeutig mehr Verantwortung als Stabilisatorin und Erfolgsgarantin des Islamunterrichts zufällt."

Die Studie weist angesichts dieser Erwartungen und angesichts einer bisher „gesellschaftlich und institutionell im bildungswissenschaftlichen und soziologischen Sinne etablierten und gesellschaftlich anerkannten Profession" (Badawia et al. 2023, S. 11) noch auf eine hohe Professionalisierungsbedürftigkeit der Lehrkräfte hin, die insbesondere durch eine besonders hohe reflexive Selbstverortung als Lehrkraft erfolgen müsse.

Neben diesen eher größer angelegten Untersuchungen, die auf eine ganze Reihe von Dimensionen abzielen, werden ebenfalls empirisch orientierte Studien

3.5 Studien zu bereits im Beruf stehenden Lehrkräften ...

umgesetzt, die ein bestimmtes enger gefasstes Forschungsinteresse in den Mittelpunkt rücken, etwa von Mohr (2009) sowie Kellermann und Lorenz (2016) zur inhaltlich-didaktischen Gestaltung des durch die Islamische Föderation in Berlin e. V. an Grundschulen in Berlin verantworteten islamischen Religionsunterrichts, von Krainz (2014) und Twardella (2012) zur Vereinbarkeit der Ziele des Religionsunterrichts mit dem schulischen Ziel des Aufbaus demokratischer Reflexionskompetenzen, von Mešanović zu den interkulturellen und interreligiösen Kompetenzen islamischer Religionslehrkräfte sowie von Tuhčić und Topalović (2020) zur Digitalisierung des islamischen Religionsunterrichts durch seine Lehrkräfte.

Mohr (2009) rekonstruiert anhand von teilnehmenden Unterrichtsbeobachtungen und aus qualitativen Befragungen Berliner Islamlehrkräfte an Grundschulen, wie diese eingedenk der Notwendigkeit der didaktischen Reduzierung die Inhalte, die im Unterricht vermittelt werden sollen und damit im weitesten Sinne den Islam konstruieren, und auf welche Ziele hin sie den Unterricht ausrichten. Bei der inhaltlichen Reduktion orientieren sich die Lehrkräfte nach Eigenaussage an den Kernelementen der islamischen Lebensführung wie den fünf Säulen und nach Eigenaussage auch an den von den Eltern und Schüler:innen formulierten Interessen und Erwartungen; „Kriterium zur didaktischen Reduktion von Stoff für den islamischen Religionsunterricht [...] ist die Anerkennung durch eine angenommene muslimische Mehrheit" (Mohr 2009, S. 146), was insofern bedenklich ist, – wie in den Evaluationen der Modellversuche gezeigt -, da die Eltern vom islamischen Religionsunterricht nicht reflektierten Kompetenzaufbau, sondern häufig eine der Moscheekatechese vergleichbare Glaubensunterweisung erwarten. Zudem wird somit der Breite des Islam mit seinen unterschiedlichen Rechtsschulen nicht Rechnung getragen und auch nicht die Verquickung von kulturellen Traditionen und religiösen Grundsätzen thematisiert. Diese Haltungen seien laut Mohr (2009, S. 147) „vor dem Hintergrund neuerer Curricula, die sich von der Aufstellung bestimmter Wissensbestände hin zur Formulierung von Schülerkompetenzen bewegen, zu korrigieren." Gleichzeitig jedoch wird von den Lehrkräften ein hoher Wert auf die Mündigkeit der Schüler:innen gelegt, die nicht aus Pflicht, sondern aus eigenem Wunsch und Einsicht zum Glauben befähigt werden sollen.

Kellermann und Lorenz (2016) führten ebenso wie Mohr an einer Grundschule im Bundesland Berlin Unterrichtsbeobachtungen sowie Gruppendiskussionen mit Lehrkräften und Schüler:innen zu Praktiken der Anerkennung durch. Auch hier wurden vielfach durch die Lehrkräfte und Schüler:innen religiöse und kulturelle Praktiken oftmals vermengt, was zu Differenzziehungen und Otheringprozessen etwa von Personen anderer kultureller Prägung im muslimischen Spektrum führen kann.

Krainz (2014) untersuchte anhand einer qualitativen Interviewstudie religionsübergreifend mit neun katholischen und acht muslimischen Lehrkräften in Österreich (Wien und Niederösterreich) inwiefern sich die von den Religionen häufig als absolut gesetzten Ansätze und Zielvorstellungen und die daraus abgeleitete Unterrichtspraxis im Religionsunterricht mit dem Ziel der politischen Bildung auf eine kritische, individualisierte Reflexionskompetenz vereinbaren lassen. Häufig würde sich der Unterricht stark im Sinne einer Glaubensunterweisung oder Katechese „an den vorgeschriebenen Gesetzen der Religion, den Regeln, Normen und Riten" orientieren, was „individuelle Entscheidungen in Bezug auf die eigene Lebensführung" erschweren und damit im Konflikt zu demokratischen Grundfähigkeiten wie einer hohen Reflexivität stehen könnte (nach Tuna 2019, S. 31). Auch hier zeigt sich wie bei Kamçılı-Yıldız (2021) und Mohr (2009), dass die Lehrkräfte häufig die Vermittlung von Kompetenzen im religiösen Bereich mit einer Glaubensunterweisung vermengen und sich hier an den Bildungsauftrag der Moscheen anlehnen: „Je […] normativer sie [die Lehrkräfte] die jeweiligen Regeln ihrer Bezugsreligion auslegt, umso eher folgt sie didaktischen Prinzipien, die in Richtung Verkündigung und Unterweisung gehen und umso weniger ist sie geneigt, […] die jeweiligen Inhalte im Unterricht kritisch zu untersuchen, zu diskutieren und zu prüfen" (Krainz 2014, S. 252).

Twardella (2012) untersucht ebenfalls mit dem Paradigma der Beobachtung exemplarisch eine Unterrichtsstunde, um zu erfassen, welchen Herausforderungen und Spannungen Lehrkräfte und Schüler:innen im islamischen Religionsunterricht gegenüberstehen. Hinsichtlich der Haltung der Lehrkräfte wird deutlich, dass eine „Spannung zwischen theologischer Dogmatik (der Lehrkraft) und der pluralisierten Realität der Schüler:innen" besteht (Körs et al. 2023, S. 386).

Mesanovic (2022) erfasst im Rahmen ihrer Dissertation in qualitativen Interviews, was islamische Religionslehrkräfte unter interreligiösen Kompetenzen verstehen und welche Voraussetzungen für den Aufbau dieser Kompetenzen bestehen. Die Lehrkräfte betonen die gegenseitige Bereitschaft für positive Begegnung sowie eine grundlegende interpersonale Empathie als Basis für die Entwicklung interreligiöser Kompetenzen als essenziell für ein friedvolles Miteinander.

Tuhčić und Topalović (2020) befassen sich in ihrer Studie, die an der Schnittstelle zwischen Lehrkräftebefragung und der Betrachtung von Unterrichtsmedien angesiedelt ist, mit der Haltung zu digitalen Medien und ihrem Einsatz im Unterricht durch in Österreich an öffentlichen Schulen unterrichtende islamische Religionslehrkräfte. Hierzu wurden 158 von etwa insgesamt 600 islamischen

Religionslehrkräften in Österreich im Rahmen von Fortbildungsveranstaltungen quantitativ mithilfe eines Fragebogens befragt (Tuhčić und Topalović 2020, S. 206). Die Digitalisierung und die Nutzung digitaler Medien wird auch für den islamischen Religionsunterricht von einer großen Mehrheit begrüßt; „dass auch im IRU kritischer Umgang mit digitalen Medien (beispielsweise Internetnutzung etc.) reflektiert werden sollte, bejahen 87 %" (Tuhčić und Topalović 2020, S. 207). Auch wenn sich die meisten kompetent genug einschätzen, digitale Medien zu nutzen und einzusetzen, wünschen sich 90 % diesbezügliche Fortbildungen. Die Nutzung digitaler fällt gering aus, wofür etwa die knapp bemessene Zeit oder die schlechte Ausstattung der Schulen verantwortlich gemacht werden. Beim Einsatz von digitalen Medien im Unterricht dominiert die reine digital gestützte Präsentation von Material, etwa von Liedern, Geschichten, Lehrfilmen oder Erklärvideos sowie das Zeigen von Präsentationen, während nur etwa 40 % auch digitale eher interaktiv angelegte Lernprogramme nutzen.

Aktuell wird am Institut für islamisch-religionspädagogische Forschung (IIRF) der Eberhard Karls Universität Tübingen im Projekt ‚Qualität und Professionalität der Lehrkräfte des islamischen Religionsunterrichts' die Lehrkräfteprofessionalität von Lehrer:innen des Islamischen Religionsunterrichts untersucht (Ulfat et al. 2023b). Ulfat et al. (2023b) entwickeln und erproben ein Instrument zur Erfassung der Deutungskompetenz bei Lehrkräften für den islamischen Religionsunterricht.

3.6 Studien zu den Studierenden der Islamischen Theologie bzw. Religionspädagogik

Der Einfluss des islamischen Religionsunterrichts auf die soziale Entwicklung des Islam in Deutschland hängt neben weiteren Nebenfaktoren entscheidend von den Curricula und den neuen religiösen Autoritäten, den Lehrkräften dieses Fachs, ab. Die universitäre Ausbildung hat durch die wissenschaftliche Auseinandersetzung u. a. mit theologischen Inhalten und Positionen sowie der daraus resultierenden kritisch-reflektierten Durchleuchtung religiöser Einstellungen einen nicht unerheblichen Anteil an der persönlichen Entwicklung der Lehramtsanwärter. Studien, die sich mit der Sozialisation, den religiösen und weiteren relevanten Einstellungen der angehenden muslimischen Religionslehrkräfte befassen, verhelfen dazu, einen Ein- und Überblick hierüber zu gewinnen.

Bislang ist die Untersuchung der Rolle zukünftiger islamischer Religionspädagog:innen, nur unzureichend erfolgt. Diese fungieren jedoch als bedeutende Multiplikator:innen und prägen die islamische Sozialisation von Kindern und Jugendlichen; „mit ihrem didaktischen Denken transformieren oder übersetzen sie Islam in Schule und Unterricht" (Mohr 2009, S. 143). Bisherige Forschungen konzentrieren sich zumeist entweder auf muslimische Lehramtsstudierende gleich welcher Fächerkombination (vgl. Karakaşoğlu-Aydın 2000) oder auf Studierende der Islamischen Theologie insgesamt (Dreier und Wagner 2020) ohne spezifischen Fokus auf angehende Religionslehrkräfte respektive Studierende der Islamischen Theologie mit Lehramtsoption, untersuchen religiöse Verortungen von Studierenden insgesamt ohne Fokus auf Muslim:innen oder den Bereich des (Religions-)Lehramts (vgl. Stošić und Rensch 2020). Nur wenige Studien, wie etwa von Dreier und Wagner (2020) oder Şenel und Demmrich (under review) fokussieren auf Studierende des Lehramts mit dem Fach islamische Theologie bzw. insgesamt auf Studierende der Islamischen Theologie mit und ohne Lehramtsoption.

So untersucht Karakaşoğlu-Aydın (2000) allgemein die religiösen Konzepte und Einstellungen muslimischer Lehramtsstudierender. Sie entwickelt erstmals eine Typologie, die die religiöse Orientierung und die damit verbundenen pädagogischen Vorstellungen von Muslim:innen widerspiegelt. Basierend auf Glocks (1969) Ansatz der Dimensionen der Religiosität identifizierte Karakaşoğlu-Aydın (2000, S. 178 ff.) sechs Typen religiöser Orientierung: Atheistinnen, Spiritualistinnen, sunnitische und alevitische Laizistinnen sowie pragmatische und idealistische Ritualistinnen. Die Studie betont den intellektuellen Zugang der Befragten zu ihrer eigenen religiösen Orientierung und deren Abgrenzung vom traditionalistischen Religionsverständnis ihrer Eltern. Die sechs unterschiedlichen Typen lassen sich entlang des Säkularisierungskontinuums anordnen: von Atheistinnen, die an keine übernatürlichen Phänomene oder Gott glauben, bis hin zu pragmatischen und idealistischen Ritualistinnen, für die rituelle religiöse Praxis und religiöse Erfahrung bedeutende Faktoren darstellen (Karakaşoğlu-Aydın 2000).

Dreier und Wagner (2020) führten eine Untersuchung der Studienantriebe sowie der demographischen Struktur der Studierendenpopulation im Bereich der Islamischen Theologie in Deutschland durch. Hierzu wurden von ihnen mithilfe eines Fragebogens 185 Studienanfänger:innen im Fachbereich Islamische Theologie an den Zentren und Instituten für Islamische Theologie in Münster, Frankfurt und Tübingen befragt. Gegenstand der Befragung waren zum einen demographische Hintergrundvariablen der Studierenden, die zumeist Migrationshintergrund haben und oftmals aus im Vergleich zu anderen Studierenden entsprechenden Elternhäusern mit einem geringeren sozioökonomischen Status stammen. Des Weiteren wurden aber auch Einstellungsdimensionen erfasst, da nach der Motivation für die Aufnahme des Studiums der Islamischen Theologie gefragt wurde. Die Ergebnisse dieser Expertise verdeutlichen, dass bei der

Analyse der Studienmotivation eine Differenzierung zwischen berufsbezogenen, intellektuellen, religiösen und gesellschaftspolitischen Antrieben erforderlich ist: „Zwei Motive stechen hervor: religiöse Begründungen für die Studienfachwahl und der gesellschaftspolitische Anspruch, mit dem erworbenen Wissen in Religionsgemeinschaften und in die Gesellschaft hineinwirken zu können" (Dreier und Wagner 2020, S. 3). Absolvent:innen der Islamischen Theologie werden ihren Einsatzort eher im Bereich Migration und Integration finden als dass sie als islamische Geistliche in den Moscheegemeinden fungieren werden. Das gilt sowohl für ihre Motive bei der Studienwahl als auch für die Vorstellungen zur beruflichen Orientierung, aber auch für ihre Ausbildung. So richtet sich der gegenwärtige Fokus des Studiums neben dem Ausbau der klassischen Theologiefächer, auf die praktische Islamische Theologie mit Blick auf die Arbeitsfelder wie Seelsorge, Sozialarbeit, aber auch Journalismus. Als Tätigkeitsfelder kommen Schulen, seelsorgerische Tätigkeiten in diversen Einrichtungen wie Krankenhäusern und Gefängnissen, Medien und auch Forschung und Lehre infrage, wie auch Beratertätigkeiten in der Politik und Wirtschaft. Studierende fühlen sich für praxisorientierte Berufe, wie Imame oder Seelsorger nicht genügend ausgebildet. Das Berufsbild Imam gehört zu einem großen Teil nicht zu ihren Studienmotiven.

In einer im Rahmen des LOEWE-Programms des Landes Hessen durchgeführten Studie zur religiösen Positionierung von Studierenden aller religiösen Bekenntnisse wurden unter anderem auch die Einstellungen islamischer Studierender analysiert. So liegen erste Auswertungen bezüglich muslimischer Lehramtsstudentinnen vor, die sich für das Tragen eines islamischen Kopftuchs entschieden haben. Insbesondere stellen Stošić und Rensch (2020) heraus, wie sich diese muslimischen Studentinnen biografisch im Hinblick auf ihre selbst wahrgenommene Position verorten und wie sie vor dem Hintergrund der Selbstwahrnehmung mit den vorurteilsbezogenen Fremdzuschreibungen umgehen. Oftmals werden sie – dies zeigen Studien zu Lehrkräften mit Migrationshintergrund – als Brückenbauerinnen und -bauer zwischen den muslimischen Elternhäusern und den Schulen einerseits und zwischen den verschiedenen Gruppen der Schülerschaft bzw. Schulgemeinschaft andererseits wahrgenommen, sodass ihnen vielfältige positive Erwartungen entgegengebracht werden (Rotter 2012; Karakaşoğlu et al. 2013).

Die erste deutschlandweite quantitative Befragung („Prospective Islamic Theologians and Islamic Religious Teachers in Germany – Between Fundamentalism and Reform Orientation") von Studierenden an den Zentren und Instituten für Islamische Theologie wurde von Şenel und Demmrich (2024) umgesetzt, deren Stichprobe von 252 Studierenden etwa 11 % aller Studierender der Islamischen Theologie entspricht. Angesichts der Tatsache, dass die angehenden

Theolog:innen und islamischen Religionslehrkräfte wichtige Multiplikator:innen sein werden, fragt die Studie danach, ob diese eine reformorientierte oder eine repressiv-fundamentalistische Haltung einnehmen. Erfasst wurden die Studienmotivation von pragmatisch-sicherheitsorientiert bis hin zu kompetenzorientiert, die Identifikation mit zwölf islamischen Organisationen, die religiöse Segregation, erfasst über die religiöse Heterogenität des Freundeskreises, die Werteorientierung, etwa in Bezug auf die Gleichheit der Geschlechter und demokratische Überzeugungen in den Bereichen Rede- und Meinungsfreiheit, Pressefreiheit, freie, gleiche und unabhängige Wahlen, Religionsfreiheit und Minderheitenrechte. Darüber hinaus wurden die Konstruktion von Feindbildern, die subjektiv eingeschätzte Religiosität sowie fundamentalistische Überzeugungen im Bereich des politischen Islam und bezüglich der Dominanz des Islam über staatliche Gesetze, islamistische Geschlechterordnungen und die Akzeptanz religiös begründeter Gewalt untersucht. Zudem wurde eine neue Skala zu Reformorientierungen entwickelt, die als reliabel und valide gekennzeichnet ist. Diese enthält Items zum Bereich der Koranauslegung (u. a. "I would not read the Koran literally, but in a figurative sense."), zu einem europäisch verstandenen Islam ("Imams should only be trained here in Germany according to a European Islam."), zur Gleichberechtigung von Muslim:innen und Nicht-Muslim:innen ("Islam must be read in a way that non-Muslims should have the same rights as Muslims."), zur Gleichberechtigung der Geschlechter ("I would welcome female imams leading the prayer in front of men in the mosque as well."), zur religiös begründeten Homophobie ("I would stand up for the rights of homosexual Muslims.") und zur Rolle der Gewalt im Namen des Islam ("After terrorist attacks in the name of Islam, Muslims should take a critical look at the potential for violence within Islam.") (Şenel und Demmrich 2024). Es zeigen sich die signifikanten Korrelationen zwischen Reformorientierung einerseits und Fundamentalismus, Islamismus und Feindbildern (negative Korrelationen), Studienmotivation zur Vermittlung eines europäisch geprägten Islam und Geschlechtergleichheit (positive Korrelationen) andererseits.

Auch in Bezug auf die Befragung von Şenel und Demmrich (2024) stimmt wie auch in der Befragung von Khorchide (2008) bedenklich, dass sich sowohl antisemitische als auch antiwestliche Vorurteile und genderstereotype Ungleichstellungen von Frau und Mann zeigten, während die Demokratie insgesamt zumeist stark und einheitlich bejaht wird. Bachelor-Studierende gaben im Vergleich zu Master-Studierenden eine stärkere Studienmotivation zum Missionieren und höhere Islamismuswerte an. Etwa ein Viertel bis ein Drittel der Befragten sieht sehr genderstereotyp den Mann als Ernährer und die Mutter als für die Betreuung und Erziehung des Kleinkindes zuständig; über 60 % sehen die finanzielle Verantwortung für die Familie in den Händen des Mannes liegend und über 50 % vermeiden Händeschütteln mit dem anderen Geschlecht. Auch die Antwortmuster auf der Fundamentalismusskala stimmen bedenklich, da etwa jeweils ein Viertel einen politischen Islam präferiert, bei welchem die islamische Gesetzgebung über die staatlichen Gesetze zu stellen ist. Und immerhin noch 10 % befürworten auch Gewalt im Namen des Islam, wenn auch zumeist mit der Begründung der muslimischen Selbstverteidigung (Şenel und Demmrich, 2024).

3.7 Exkurs: Studien zu den Studierenden der Katholischen und Evangelischen Theologie bzw. Religionspädagogik

In Deutschland existieren verschiedene Untersuchungen zu Einstellungen von Religionslehrkräften für den Bereich der evangelischen bzw. katholischen Religionslehre. Die ersten empirischen Studien sind in den 1960er Jahren durchgeführt worden. Der Schwerpunkt lag hierbei auf der Situation in den Gemeinden, dem Theologiestudium für das Pfarramt und auf Schülerinnen und Schülern des Religionsunterrichts (Lohse 1967a, b; Wegenast 1968). Die Erforschung des Lehramtsstudiums der Theologie beginnt in den 1990er Jahren. Oft wird dabei die Gruppe der Theologiestudierenden in die Gruppe der Religionslehrkräfte inkludiert (Rothgangel 2014, 2015); aufgrund unterschiedlicher Aufgabenfelder und Ausbildungsschwerpunkte erscheint es jedoch wichtig, diese Gruppen getrennt voneinander zu erforschen. Somit weist die Erforschung der Studierenden der Katholischen und Evangelischen Theologie eine lange Tradition auf. Fuchs und Wiedemann (2022) stellen 50 empirische Befragungsprojekte in tabellarischer Form vor und stellen fest, dass „besonders häufig die Studienmotive bzw. Studienmotivation untersucht wurden. […] Einen weiteren Untersuchungsfokus bildeten die Glaubensvorstellungen bzw. die Religiosität von Theologiestudierenden" (Fuchs und Wiedemann 2022, S. 26). Riegel und Zimmermann (2022) fassen die Ergebnisse von 33 Studien zusammen. Es existieren vereinzelt beforschte Themen, wie die Ausprägung von Persönlichkeitsmerkmalen (Lukatis und Lukatis 1985), politische Einstellungen (Herbst 2023), die psychische Situation (Kirchmayr 1981) sowie häufiger beforschte Themen, wie Erwartungen an das Studium (Lück 2012), das Kirchenbild von Studierenden, oder Studien speziell in Bezug auf Studierende mit dem Berufsziel Pfarramt (Baden 2021) sowie zu den Erfahrungen und der Kritik am Studium (Fürst et al. 2001; Baden 2021). Die bisherigen qualitativen Studien bearbeiten Fragen zum Bild der Religionslehrkraft (Albrecht et al. 2008), zum konfessionell-kooperativen Religionsunterricht (Pemsel-Maier et al. 2011), zu den Einstellungen zur Religion und zum Religionsunterricht (Barz 2013) sowie zum Verhältnis fachwissenschaftlicher Theologie und individueller Religiosität (Nickel und Woernle 2020). Im Folgenden wird auf die einzelnen Untersuchungen eingegangen; einen detaillierten Einblick in die Thematik bieten Riegel und Zimmermann (2022) sowie Fuchs und Wiedemann (2022) an.

Heller (2009) untersucht mit seiner Panelstudie, „wie [sich] das Konstrukt Religiosität" (Heller 2009, S. 12) bei den Studierenden der Evangelischen und Katholischen Theologie (55 % Lehramts- und 45 % Pfarramtsstudium) erfassen und darstellen lässt. Dabei versteht Heller (2009) die Religiosität als „subjektive Annahme, Verarbeitung und Darstellung, aber auch subjektive Reproduktion der christlichen Religion" (Heller 2009, S. 23) und orientiert sich an den fünf Dimensionen von Glock (1969). Bei der fünften ideologischen Dimension wurde eine Skala bei Glaubensfragen eingesetzt (von orthodox bis liberal). Heller (2009) arbeitet fünf religiöse Typen heraus:

- Liberaler Typ: kaum Wissen über eigene Religion, rituell kaum aktiv (insbesondere unter den Lehramtsstudierenden und Frauen vorzufinden)
- Zwei „in Glaubensfragen unentschiedene" Typen: rituell sehr aktiv, Unterscheidung nach Wissen über die eigene Religion (überwiegend Studierende auf Pfarramt: hohes Wissen; überwiegend Studierende auf Lehramt: wenig Wissen)
- Zwei orthodoxe Typen: rituell sehr aktiv, Unterscheidung nach Wissen über die eigene Religion (überwiegend Studierende auf Pfarramt: hohes Wissen; überwiegend Studierende auf Lehramt: wenig Wissen).

Somit betont Heller (2009), dass die Unterschiede zwischen den Studierenden auf Pfarramt und auf Lehramt stark ausgeprägt sind. Studierende auf Pfarramt beten häufiger, verfügen über größeres Wissen und orientieren sich in ihrem Leben stärker an der Bibel als Studierende auf Lehramt.

Lück (2012) untersuchte bundesweit Motive, Erwartungen und Ziele von Studierenden der Evangelischen und Katholischen Theologie (n = 1603). Gemäß Lück (2012) geben die Teilnehmenden als Hauptmotivation für ihre Studienwahl an, den Schüler:innen den christlichen Glauben näherbringen zu wollen (85 %), ein Interesse an theologischen Fragestellungen zu haben (81 %) sowie ein Interesse an Theologie als Wissenschaft zu pflegen (72 %). Laut Lück (2012) geben 10 % der Befragten an, dass ihnen kein anderes Fach eingefallen sei, und 43 % verbinden ihre Wahl mit besseren Berufsaussichten. Lück (2012) zeigt, dass die Anpassung der Lehrinhalte an die Bedürfnisse von Kindern und Jugendlichen die

3.7 Exkurs: Studien zu den Studierenden der Katholischen und Evangelischen ... 99

höchste Zustimmung erfährt, gefolgt von Zielen im Bereich der Persönlichkeitsförderung und Identitätsbildung sowie der Förderung von Toleranz und Offenheit. Dabei äußern 84 % der Befragten den Wunsch nach einer verstärkten Berücksichtigung ökumenischer und interreligiöser Aspekte. Das Selbstverständnis der befragten Studierenden lässt sich nach Lück (2012) als weltoffen und religiös beschreiben. Die religiöse Erziehung sowie die Einschätzung der gelebten Religiosität liegen bei den Studierenden der Katholischen Theologie höher als bei den Studierenden der Evangelischen Theologie (Lück 2012, S. 176).

Die Studie „Studienmotive, Lernausgangslagen und Konfessionsbezug von Lehramtsstudierenden" von Fuchs und Wiedemann (2022) fokussiert auf angehende Lehrkräfte in Niedersachsen. Die Autor:innen untersuchen, welche Gründe die Studierenden dazu bewegen, das Lehramtsstudium aufzunehmen, welche Lernvoraussetzungen sie mitbringen und inwieweit ihr Konfessionsbezug ihre Einstellungen und Motivationen beeinflusst. Die Studie liefert Einblicke in die Vielfalt der Studienmotive und Lernvoraussetzungen angehender Lehrkräfte sowie in die Bedeutung des Konfessionsbezugs im Kontext der Lehrerausbildung. Zusätzlich wurde im Rahmen einer Metaanalyse bisheriger Studien ein Überblick der Studienmotive erstellt. Fuchs und Wiedemann (2022) bündeln in ihrer Veröffentlichung „Ergebnisse mehrerer, inhaltlich zusammenhängender empirischer Untersuchungen zu unterschiedlichen Messzeitpunkten" (Fuchs und Wiedemann 2022, S. 11) in Bezug auf Studierende in Niedersachsen. So wurde im Wintersemester 2015/16 ein Vortest durchgeführt, der verschiedene Parameter wie demografische Informationen, Studiendaten, individuelle Studienmotivation sowie Kirchenzugehörigkeit, Konfessionsverständnis und religiöse Selbsteinschätzung (als Lernausgangslage) erfasst. Die Auswertung dieser umfangreichen qualitativen und quantitativen Daten bestätigt das Potential und weckt die Erwartung auf eine vertiefte Erkenntnisgewinnung. Darauf aufbauend wurden im Wintersemester 2016/17 eine niedersachsenweite Befragung von Lehramtsstudierenden der Evangelischen Theologie (n = 346, davon studierten 35,5 % in Hannover, 26 % in Braunschweig, jeweils etwa 10 % in Lüneburg, Göttingen und Osnabrück, 5,5 % in Hildesheim und 2,3 % in Oldenburg), sowie im Wintersemester 2019/20 eine entsprechende Befragung von Lehramtsstudierenden der Katholischen Theologie (n = 187, davon studierten 35 % in Osnabrück, 32,6 % in Hildesheim, 23,5 % in Vechta und 8,6 % in Hannover) durchgeführt (Fuchs und Wiedemann 2022, S. 35). Zusätzlich erfolgte im Sommersemester 2020 eine Anschlussbefragung der Studierenden der Evangelischen Theologie (n = 125), die retrospektive Einschätzungen sowie erneute Erhebungen zu Konfessionsbezügen einschloss. Die Ergebnisse zur religiösen Selbsteinschätzung weisen darauf hin, dass die Studierenden der Katholischen Theologie ihre religiöse Sozialisation und Erziehung sowie ihre gelebte Religiosität höher einschätzen als die Studierenden der Evangelischen Theologie (Fuchs und Wiedemann 2022, S. 47). Beim Konfessionsverständnis hatten die Studierenden die Möglichkeit gehabt, den Satz „Evangelisch bedeutet für mich…" bzw. „Katholisch bedeutet für mich…" zu beenden. Fuchs und Wiedemann (2022) eruieren folgende Kategorien im offenen Kodieren (Tab. 3.1).

Beim Vergleich der beiden Gruppen stellen Fuchs und Wiedemann (2022) fest, dass 28 % der Studierenden der Evangelischen Theologie „nicht willens oder nicht in der Lage waren" (Fuchs und Wiedemann 2022, S. 71) Angaben zu ihrem Konfessionsverständnis zu machen (bei Studierenden der Katholischen Theologie lag dies bei 3,7 %). Inhaltlich erfährt der Themenkomplex „Glaube" von Studierenden der Katholischen Theologie eine höhere Gewichtung. Eine weitere inhaltliche Differenzierung ist bei der Kategorie „Abgrenzung" erforderlich; so richten die Studierenden der Evangelischen Theologie die Sicht eher nach außen und die Studierenden der Katholischen Theologie nach innen. Bei der Kategorie „Freiheit" sind die Aussagen nur bei den Studierenden der Evangelischen Theologie vorzufinden (Fuchs und Wiedemann 2022, S. 73).

Fuchs und Wiedemann (2022) ermittelt vier Studienmotivgruppen bei den Studierenden der Evangelischen und Katholischen Theologie in Niedersachsen. Diese Gruppen basieren auf qualitativ erarbeiteten Kategorien (Tab. 3.2).

Bei den Studierenden der Katholischen Theologie kommt noch eine weitere Kategorie hinzu, nämlich „Katholische Kirche" (Eigenschaft Verhältnisbestimmung, Dimensionen: beheimatet – kritisch-wohlgesonnen – kritisch-distanziert sowie Eigenschaft: Zielperspektive mit den Dimensionen Verteidigung – Verstehen – Veränderung – Erneuerung – Ablehnung). Bei der Betrachtung prozentualer Anteile der beiden Gruppen zeigt sich, dass insbesondere das fachliche Interesse und das Interesse am Lehrberuf bei beiden Gruppen deutlich überwiegen (Evangelisch jeweils 71 % und 59 %, Katholische jeweils 63 % und 44 %). Bei der Motiv-Kategorie Kirche liegt der Anteil der Studierenden der Katholischen Theologie bei 12 %. Die Kategorie Sinnstiftung und Lebensdeutung ist bei 25 % der Studierenden der Katholischen Theologie und 12 % der Studierenden der Evangelischen Theologie ein Bestandteil der Antwort (Fuchs und Wiedemann 2022, S. 109). Zudem stellen die Autor:innen bei dieser Kategorie fest, dass sie bei den Studierenden der Katholischen Theologie insbesondere durch religiöse Erziehung und Sozialisation sowie das Interesse, die eigene Religion (besser) kennenzulernen, begründet ist, „während sich auf Seiten der Studierenden der Evangelischen Theologie deutlich stärker als fachinhaltliches Interesse an religiösen Themen niederschlägt" (Fuchs und Wiedemann 2022, S. 109). Sie arbeiten vier Studienmotivgruppen heraus, nämlich drei intrinsische Motivgruppen (fachinhaltliches,

Tab. 3.1 Kategorien zum Konfessionsverständnis Studierender der Evangelischen und Katholischen Theologie. (Eigene Darstellung nach Fuchs und Wiedemann (2022, S. 52); in Klammern jeweils die Dimensionen)

	Evangelische Theologie	Katholische Theologie
Individuum und Gesellschaft	Eigenschaft: Haltung/ Lebensstil/ christlich-evangelische Lebensweise (bestimmte Weltsicht – Offenheit gegenüber anderen – christliche Werte vertreten – Glauben leben) Eigenschaft: Gemeinschaft (Teil der Gemeinschaft sein – füreinander da sein – miteinander Glauben leben)	Eigenschaft: Haltung/ Lebensstil/ christlich-katholische Lebensweise (bestimmte Weltsicht – Offenheit gegenüber anderen – christliche Werte vertreten – Glauben leben) Eigenschaft: Gemeinschaft (Teil der Gemeinschaft sein – füreinander da sein – miteinander Glauben leben)
Glaube	Eigenschaft: Glaube formal (Glaubensausrichtung – Konfessionszugehörigkeit – Kirchenzugehörigkeit) Eigenschaft: Glaube inhaltlich (Gottesbezug – Materialbezug – individueller Bezug)	Eigenschaft: Glaube formal (Glaubensausrichtung – Konfessionszugehörigkeit – Kirchenzugehörigkeit) Eigenschaft: Glaube inhaltlich (Gottes-/ Bibelbezug – Papst-/ Kirchenbezug – Geschichts-/ Traditionsbezug) Eigenschaft: Glaube praktisch/kirchlich (Feiertage/Bräuche-Gottesdienstbesuch – Kasualien – Sakramente) Eigenschaft: Glaube individuell (grundständig – orientierungsweisend – sinnstiftend)

(Fortsetzung)

Tab. 3.1 (Fortsetzung)

	Evangelische Theologie	Katholische Theologie
Ausgrenzung – implizit und explizit (Evangelische) und Identifikation und Abgrenzung (Katholische)	Eigenschaft: Erscheinungsbild (nicht katholisch – anders als katholisch – besser als katholisch) Eigenschaft: Inhalte (grundsätzlich – konkret)	Eigenschaft: Erscheinungsbild (unattraktiv(er) – kritisch zu reflektieren – reformbedürftig; vorteilhaft – problematisch Eigenschaft: Inhalte (Dimensionen: grundsätzlich/ theologisch-subjektiv/ individuell; Zustimmung – Ablehnung) Eigenschaft: Individuelle Grenzziehungen (Zustimmung – teilweise Zustimmung – Ablehnung; Identifikation – Teil-Identifikation – keine Identifikation)
Freiheit	Eigenschaft: Freiheit (in) der Gottesbeziehung (frei leben – frei entscheiden – freiwillig Gott gehören) Eigenschaft: Freiheit in Gemeinschaft (nicht geteilte Überzeugungen – geteilte Überzeugungen) Eigenschaft: interpretative, individuelle, gestalterische Freiheit (Traditionen – individueller Lebens-/ Glaubensstil)	Nicht ermittelt

fachdidaktisches und existentielles Interesse) und eine extrinsische Motivgruppe (pragmatisches Interesse). Die extrinsische Motivgruppe entscheidet sich für das Studium aufgrund der Zulassungsfreiheit, guter Berufschancen sowie Kombinationsmöglichkeiten. Hier zeigen die Ergebnisse, dass hierbei die Studierenden der Katholischen Theologie stärker als Studierende der Evangelischen Theologie vertreten sind, wobei es bei den letzteren mehr „reine Pragmatiker" gibt (Fuchs und Wiedemann 2022, S. 111). Bei den ersten drei Motivgruppen gehen die

Tab. 3.2 Gemeinsame Studienmotive nach Kategorien (zusammengefasst nach Fuchs und Wiedemann (2022, S. 79)

Kategorie	Eigenschaft	Dimension
Fachliches Interesse	Inhalte und Ziele	Religiöse/theologische Themen allgemein – fach-/ disziplinspezifisch; Kritische Auseinandersetzung individuell/subjektiv – wissenschaftlich/ positionell
	Einschätzungen	Gesellschaftliche Relevanz von Religion bedeutsam – nicht bedeutsam Religion(en) als (globaler) Ort der Akzeptanz /des Dialogs – der Kontroversen / Konflikte
	Erfahrung und Beziehung	Religiöse Erziehung / Sozialisation gegeben – nicht gegeben Erfahrungen in der eigenen Schulzeit positiv – negativ
Interesse am Lehrerberuf	Ziele und Normierungen	Vermittlung von Wissen – von Werten – von Glauben/ Glaubenserfahrung Guten Religionsunterricht bieten – besseren Religionsunterricht bieten Persönlichkeitsbildung der Schüler:innen ermöglichen – Lebensdienlichkeit der Themen aufzeigen
	Einschätzungen	Gesellschaftliche Relevanz des Unterrichtsfachs Religion bedeutsam – nicht bedeutsam Religionsunterricht als besonderes Fach – nicht besonders Schulformbezug hergestellt – nicht hergestellt Unbedingter Berufswunsch – neutrale Berufsperspektive

(Fortsetzung)

Tab. 3.2 (Fortsetzung)

Kategorie	Eigenschaft	Dimension
	Erfahrung und Beziehung	Religiöse Erziehung / Sozialisation gegeben – nicht gegeben Erfahrung in der Gemeindearbeit vorhanden – nicht vorhanden Erfahrung in der eigenen Schulzeit positiv – negativ Pädagogische Erfahrung vorhanden – nicht vorhanden
Sinnstiftung und Lebensdeutung	Prägung	Religiöse Erziehung / Sozialisation gegeben – nicht gegeben Gemeinschaftsgefühl vorhanden – nicht vorhanden
	Erwartungshaltung	Persönlichen Glauben entwickeln – vertiefen – prüfen Eigene Religion neu/ besser kennenlernen – prüfen
Pragmatik und Struktur	Perspektive Beruf	Bessere Einstellungschancen – neutrale Einstellungschancen Klare – unklare Berufsperspektiven
	Perspektive Studium	Zulassungsfrei – nicht zulassungsfrei Gute – schlechte Kombinationsmöglichkeit/ Zweitfach Leichtes – schweres Studienfach Schulische Leistungsvoraussetzungen eingeschätzt als hilfreich – als unwesentlich

Autor:innen detaillierter auf die Zielsetzungen der Studierenden ein und stellen fest, dass die Motivgruppe

- mit dem fachinhaltlichen Interesse eine „kritische und wissenschaftliche Auseinandersetzung mit Religion(en) und Stärkung der eigenen Position in theologischen Diskussionen",

- mit dem fachdidaktischen Interesse eine grundlegende Wissens- sowie Wertevermittlung,
- mit dem existentiellen Interesse eine persönliche Glaubensentwicklung

zum Ziel hat (Fuchs und Wiedemann 2022, S. 110). Bei der Metaanalyse der bisherigen Studien zu den Studienmotiven der Lehramtsstudierenden der Theologie erarbeiten Fuchs und Wiedemann (2022) folgende fünf globale Studienmotive, „denen Lehramtsstudierende der Theologie […] in folgender Reihenfolge zustimmen;

- Pädagogisches Interesse;
- Interesse an Theologie;
- Interesse an Religionsunterricht;
- Einfluss der religiösen Sozialisation;
- Pragmatische Beweggründe" (Fuchs und Wiedemann 2022, S. 193).

Riegel und Zimmermann (2022) untersuchen in ihrer Studie Religiosität sowie Studienmotive und gehen u. a. der Frage nach, welche Vorstellungen Studierende der Evangelischen und Katholischen Theologie vom Religionsunterricht haben (n = 2766). Dabei beinhaltet der Komplex zum Ideal des Religionsunterrichtes präferierte Bildungsziele, präferierte Rollenbilder für eine Religionsperson, Positionalität der Lehrperson im Unterricht und präferierte Organisationsformen. Als Hintergrundvariablen werden das Alter, das Geschlecht und die Konfessionszugehörigkeit der Studierenden erfasst. Zusätzlich macht „ein Instrument zur Wertorientierung der Studierenden" die individuellen Ressourcen deutlich (Riegel und Zimmermann 2022, S. 53). Dieses Instrument wurde in Anlehnung an Schwartz (1996) konstruiert. „Dazu wurden zu jedem Pol der beiden Grunddimensionen des Schwartzschen Wertekreises (Bewahrung und Tradition vs. Offenheit für Wandel; Selbststeigerung vs. Selbsttranszendenz) drei Items gebildet, deren Item-Wording den Shell-Studien entlehnt ist" (Riegel und Zimmermann 2022, S. 53). Die Ergebnisse der Studie zeigen, dass 71,3 % der Befragten „anderen helfen" für sehr wichtig und 27,1 % für eher wichtig halten („in Sicherheit leben": 66,7 % sehr wichtig, 28,3 % eher wichtig; „andere Meinungen achten": 65,1 % sehr wichtig, 30,3 % eher wichtig; „sich für schwache einsetzen": 59,1 % sehr wichtig, 36,2 % eher wichtig) (Riegel und Zimmermann 2022, S. 103). Mittels einer Clusteranalyse war dabei geplant, „typische Studierende zu identifizieren. Dieser Plan konnte jedoch nicht umgesetzt werden, weil die technisch möglichen Lösungen keine sinnvoll gegeneinander abgrenzbaren Profile ergaben. […] Praktisch dürfte dieser Sachverhalt darauf hinweisen, dass sich die Studierenden der Theologie – bei allen Unterschieden – in vielfältiger Art und Weise ähneln" (Riegel und Zimmermann 2022, S. 58). Die Ergebnisse der Studie zeigen zudem, dass die Vermittlung von Werten an die nächste Generation sowie der eigene Glaube als bedeutend für die eigene Studienwahl angegeben werden (Riegel und Zimmermann 2022, S. 65). Hier wurden die Items zu Faktoren zusammengefasst, nämlich kirchlich motivierte Glaubensweitergabe, eigener erlebter Religionsunterricht, glaubensbasierte Wertevermittlung, wissenschaftliches Interesse und fehlende Studiengangalternative. Die geschlechterbezogene Auswertung der Ergebnisse weist darauf hin, dass die weiblichen Studierenden häufiger die Motive eigener erlebter Religionsunterricht sowie glaubensbasierter Wertevermittlung und die männlichen Studierenden eher wissenschaftliches Interesse angeben. Die signifikanten Ergebnisse können lediglich beim Faktor „glaubensbasierte Wertevermittlung" ausgewiesen werden. Beim Einfluss der Konfession zeigen die Ergebnisse, dass katholische Studierende kirchlich motivierte Glaubensweitergabe und wissenschaftliches Interesse im Vergleich zu evangelischen Studierenden präferieren. Jedoch sind diese Ergebnisse nicht signifikant. Die pragmatischen Gründe spielen in der Studienmotivation keine Rolle (Riegel und Zimmermann 2022, S. 131). Zu der Frage nach den Verbesserungen des Studiums erachten 72,9 % der Befragten Verbesserungen im Bereich „mehr Erfahrung mit unterrichtlicher Praxis" als dringlich/sehr dringlich (51,2 % im Bereich „mehr Begegnung mit der anderen Konfession/anderen Konfessionen" und 49,3 % im Bereich „mehr interreligiöse Begegnungen") (Riegel und Zimmermann 2022, S. 74). Bei den präferierten Bildungszielen unterteilen Riegel und Zimmermann (2022) die Items in Faktoren, nämlich in ein konfessionelles, pädagogisches und fachwissenschaftliches Zielspektrum. Dabei stimmen die Studierenden dem „Einüben von Formen der gelebten Religion" und „einer Beheimatung in der Kirche" als Zielen am wenigsten zu, während eine „Wertevermittlung", „Angebote zur Identitätsbildung", „Einblicke in die Perspektiven Andersgläubiger" sowie „eine interreligiöse Dialogfähigkeit" die höchste Zustimmung erfahren (Riegel und Zimmermann 2022, S. 81). Die Konfessionszugehörigkeit hat hierbei keinen Einfluss, beim Geschlecht präferieren weibliche Studierende stärker ein pädagogisches Zielspektrum als männliche Studierende. Jedoch handelt es sich hierbei um einen kleinen Effekt. Beim Rollenbild erachten es 78 % der Befragten als sehr wichtig und 18 % als eher wichtig, dass „eine Religionsperson zu eigenständiger Urteilsbildung und kritischer Auseinandersetzung anregen soll" (Riegel und Zimmermann 2022, S. 83). Auch hier werden die Items in ein pädagogisches und konfessionelles Rollenprofil unterteilt. Die Ergebnisse zeigen, dass weibliche Studierenden im Vergleich zu männlichen Studierenden stärker zum pädagogischen Profil, die katholischen Befragten im

3.7 Exkurs: Studien zu den Studierenden der Katholischen und Evangelischen ... 107

Vergleich zu den evangelischen Befragten zum konfessionellen Profil tendieren. Bei der Positionalität der Lehrperson fassen Riegel und Zimmermann (2022) vier Faktoren zusammen: bekenntnisorientierte Positionalität; Positionalität, die sich an Gemeinsamkeiten mit anderen Religionen orientiert; Positionalität, die sich an Unterschieden zu anderen Religionen orientiert und an Kritik orientierte Positionalität. Die Ergebnisse der Studie zeigen, dass männliche Studierende signifikant häufiger als weibliche Studierende die Positionalität, die an Gemeinsamkeiten orientiert ist, hervorheben. Die katholischen Befragten schätzen „die am Bekenntnis orientierte Positionalität ebenso etwas höher ein als evangelische Studierende […] wie auch die an Kritik orientierte. Umgekehrt schätzen dagegen evangelische Befragte eine an Gemeinsamkeiten orientierte Positionalität etwas höher ein als ihre katholischen Kommiliton*innen" (Riegel und Zimmermann 2022, S. 89). Bei der allgemeinen Betrachtung der Zusammenhänge zeigt sich, dass „je wichtiger Religion im Leben der Studierenden ist, desto wichtiger sind ihnen konfessionelle Bildungsziele. […] Je stärker die Studierenden eine altruistisch-alternative Wertorientierung zeigen, desto stärker bevorzugen sie ein pädagogisches Zielspektrum. Auch mit Anzahl der Fachsemester […] steigt die Bedeutung dieses Spektrums" (Riegel und Zimmermann 2022, S. 118). Beim Vergleich der Studiengänge (Lehramt und Magister) stellen Riegel und Zimmermann (2022) fest, dass eine individuelle Religiosität bei den Studierenden mit Magister-Abschluss stärker als bei den Lehramtsstudierenden ausgeprägt ist (Riegel und Zimmermann 2022, S. 127). Bei der Studienwahl ist eine kirchlich motivierte Glaubensweitergabe für Studierende mit Magister-Abschluss signifikant bedeutsamer als für die Lehramtsstudierenden (Riegel und Zimmermann 2022, S. 123). Bei den Perspektiven auf den Religionsunterricht sind ein konfessionelles Zielspektrum und Rollenprofil sowie eine bekenntnisorientierte Positionalität für die Studierenden auf Magister signifikant bedeutender als für die Lehramtsstudierenden. „Wenn es um die Wertorientierung geht, ergeben sich nur bei egozentrisch-hedonistischen […] und bei der traditionell-konservativen […] Wertorientierung signifikante Unterschiede […]. In beiden Fällen ist jeweilige Wertorientierung bei Lehramtsstudierenden stärker ausgeprägt als bei ihren Kommiliton*innen aus dem Magister" (Riegel und Zimmermann 2022, S. 127). Die Autor:innen erfassten zudem kirchliches und politisches sowie Engagement im Verein. Dabei geben jeweils 8 % und 4 % der Befragten an, eine Mitgliedschaft in politischen Parteien, Initiativen und Nichtregierungsorganisationen zu haben und bei der Leitung auf der Ebene der politischen Gemeinde mitzuarbeiten (Riegel und Zimmermann 2022, S. 106). Die Autor:innen stellen fest, dass das politische Engagement bei den Magister-Studierenden am stärksten ausgeprägt ist (Riegel und Zimmermann

2022, S. 127). Ältere Studien weisen ebenfalls darauf hin, dass die angehenden Religionslehrkräfte politische Bildung im Religionsunterricht nicht zentral ansehen (Feige und Tzscheetzsch 2005; Emmelmann et al. 2019; Pirner 2022). So sehen die evangelischen Religionskräfte bei den 16 verschiedenen Bildungs-/Erziehungszielen politische Bildung an der zehnten Stelle (Pirner 2022).

Herbst (2023) befragt christliche Religionslehrkräfte zur Politik, zur politischen Bildung und zu kontroversen Themen (n = 253). Der Autor stellt fest, „dass Religionslehrkräfte von ihrer politischen Einstellung nicht den bundesdeutschen Durchschnitt repräsentieren, sondern stärker ‚progressiven' (autonomieorientierten) als ‚konservativen' (traditionsorientierten) Einstellungen folgen" (Herbst 2023, S. 9). So erhält z. B. „die Partei „Bündnis 90/Die Grünen" überdurchschnittlich viel [52,1 %] und die Partei „Alternative für Deutschland" (AfD) überdurchschnittlich wenig [1,9 %] Zuspruch" (Herbst 2023, S. 9). Zudem distanzieren sich die befragten Religionslehrkräfte von antischwarzem Rassismus und sind überdurchschnittlich offen für die Aufnahme von Migrant:innen (Tab. 3.3).

Herbst (2023) untersuchte zudem, wie Religionslehrkräfte die Bedeutung des Religionsunterrichtes für politische Bildung einschätzen. Die Ergebnisse der Studie zeigen, dass die befragten Religionslehrkräfte „einerseits besonders zuversichtlich sind, was den Beitrag aller Fächer zur politischen Bildung angeht, da sie […] den Fächern einen Wert zwischen „sehr" und „eher schon" zuordnen. Zweitens trauen Religionslehrkräfte dem RU ungefähr einen ebenso großen Beitrag zu politischer Bildung zu wie zu Philosophie/Ethik und Geschichte/Geographie" (Herbst 2023, S. 11). 77,1 % der befragten Religionslehrkräfte stimmen der Aussage, „dass angehenden Religionslehrkräften in Studium und Ausbildung politische Bildung vermittelt werden sollte", voll und ganz oder eher zu (Herbst 2023, S. 12). Bezogen auf ihr politisches Wissen halten 16,4 % bzw. 49,3 % der befragten Religionslehrkräften „ihr politisches Wissen bzw.

Tab. 3.3 Ausgewählte Aussagen zu kontroversen Themen (Herbst 2023, S. 10, gekürzt)

Aussage	M	SD	n
Ein homosexuelles Paar sollte die Möglichkeit haben zu heiraten.	1,35	0,80	215
Deutschland sollte Menschen aufnehmen, die vor Armut fliehen.	2,07	1,01	214
Eine Schwangerschaft abzubrechen, sollte grundsätzlich erlaubt sein.	2,73	1,26	213
Schwarze Menschen passen nicht nach Deutschland.	4,97	0,18	215

Wertung: stimme voll und ganz zu = 1; stimme eher zu = 2; teils/teils = 3; stimme eher nicht zu = 4; stimme gar nicht zu = 5.

ihre politikdidaktischen Kompetenzen für gering oder sehr gering ausgeprägt" (Herbst 2023, S. 13). 56,9 % der Befragten geben dabei an, dass die Themen der politischen Bildung selten bzw. nie im Studium behandelt wurden. 24,1 % der Lehrkräfte fühlen sich sehr gut oder eher gut darauf vorbereitet, kontroverse Themen, wie Abtreibung/Sterbehilfe, Flucht und Migration, (Homo-)Sexualität, Krieg und Frieden, religiöser Fundamentalismus, Rassismus und Antisemitismus, kirchlicher „Missbrauchsskandal", Klimawandel, Tierethik und Wirtschaftethik, zu unterrichten. „Verhältnismäßig besonders gering war die Bereitschaft hier bei den Themen Kirchlicher „Missbrauchsskandal" (12,8 %), Tierethik (10,5 %) und Wirtschaftsethik (10,3 %)" (Herbst 2023, S. 14). Herbst (2023) schlussfolgert, dass die Einstellungen der befragten Religionslehrkräfte eher als progressiv denn konservativ einzustufen sind. Die Religionslehrkräfte sehen im Religionsunterricht ein Potenzial zur Vermittlung politischer Bildung, wenngleich sie diese als wichtig, jedoch nicht als zentral betrachten. Besonders praxisrelevant erachten sie das Unterrichten von kontroversen Themen, wobei die Förderung von Urteils- und Argumentationskompetenzen sowie die Wissensvermittlung als vorrangige Ziele in diesem Zusammenhang genannt werden. Die Lehrkräfte berichten überwiegend den Einsatz diskursiver Methoden bei der Vermittlung kontroverser Themen, während bestimmte Methoden wie politische Aktionen äußerst selten zum Einsatz kommen. Interessanterweise zeigen sich die Religionslehrkräfte sehr aufgeschlossen gegenüber der Unterrichtung von kontroversen Themen, insbesondere solchen, die innerhalb der Kirche lebhaft debattiert werden (z. B. Abtreibung/Sterbehilfe; (Homo-)Sexualität) oder aktuelle gesellschaftspolitische Herausforderungen markieren (Flucht und Migration; Krieg und Frieden). Die größte Herausforderung, die sich aus den Ergebnissen ergibt, ist die mangelnde politikdidaktische Ausbildung der Religionslehrkräfte. Diese bildet einen klaren Handlungsbedarf und verdeutlicht die Notwendigkeit einer verbesserten Ausbildung in diesem Bereich.

4 Forschungsdesiderat und Fragestellungen der vorliegenden Studie

Forschungsdesiderat
Basierend auf dem bisherigen Forschungsstand lassen sich massive Forschungslücken identifizieren. Einige Forschungsaspekte, welche die inhaltliche und didaktische Natur des Unterrichts und seine Wirksamkeit betreffen, sind bereits in Bezug auf andere Fächer fachdidaktisch oder fachwissenschaftlich gut untersucht, weisen jedoch hinsichtlich des islamischen Religionsunterrichts eine absolute Leerstelle auf. Andere Forschungsfragen, den islamischen Religionsunterricht betreffend sind in der Forschung schon rudimentär angerissen worden, bedürfen jedoch noch einer tiefer gehenden und differenzierteren Analyse, wie z. B. die Haltungen der Lehrkräfte, der Studierenden und der Schüler:innen und Prozesse der Einstellungsmodifikation durch das Unterrichtsgeschehen.

So werden etwa an den islamischen Religionsunterricht vonseiten der Politik und Gesellschaft, aber auch der Wissenschaft, immer wieder Erwartungen formuliert, die sich auf eine Steigerung der Integration(sfähigkeit) junger Muslim:innen sowie insbesondere die Präventierung islamistischen oder fundamentalistischen Gedankenguts beziehen (Uslucan 2011a, b, 2012; Stein et al. 2021; Ströbele 2021; Stein und Zimmer 2022, 2023c, 2024). Bisher ist jedoch noch kaum abschließend empirisch erhoben worden, ob sich diese Erwartungen durch den Besuch des islamischen Religionsunterrichts einlösen lassen (Körs et al. 2023), d. h. ob junge Muslim:innen, welche den Religionsunterricht durchlaufen, stärker gesellschaftlich integriert sind, interreligiös kompetenter und reflexiver agieren und somit weniger anfällig für radikales Gedankengut sind als Personen, die keinen Unterricht oder nur die Moscheekatechese besuchen. Diese Aspekte (Interreligiöse Verständigung, Radikalisierungsprävention etc.) waren bisher lediglich

Gegenstand von Dokumentenanalysen, die sich auf entsprechende Inhalte in den Studiengängen für Islamische Theologie bezogen, wie die Aspekte der interreligiösen Verständigung (Kamçılı-Yıldız 2020) oder die Thematisierung gesellschaftspolitischer Aspekte wie etwa Islamfeindlichkeit oder islamistische Radikalisierung (Stein und Zimmer 2022). Erfasst wurde, ob und wenn ja, wie angehende Lehrkräfte durch das Studium befähigt werden sollen, diese Aspekte in den eigenen Unterricht zu integrieren. Zudem bestehen Interviews mit Dozierenden an den Zentren und Instituten für Islamische Theologie, welche diesen Vorstellungen hohe Priorität im Unterricht einräumen. Die Verwirklichung einer reflexiven und integrierenden Haltung würde jedoch schon durch einen reflexiven Umgang mit der Religion verwirklicht; zudem seien Integration und Radikalisierungsprävention Aufgaben von Schule insgesamt (Stein und Zimmer 2023b, 2024). Ob der Unterricht jedoch tatsächlich reflexiv ausgerichtet ist und Möglichkeiten bietet, sich mit seiner eigenen Religion und Religiosität als Muslim:in in der Mehrheitsgesellschaft zu verorten und wenn ja, wie dies genau umgesetzt wird, ist nicht erfasst. Auch die Frage, ob der islamische Religionsunterricht Effekte auf die teilnehmenden Schüler:innen hat, ist bisher kaum erhoben worden: „belastbare empirische Befunde zu den Wirkungen von IRU liegen allerdings (noch) nicht vor" (Sachverständigenrat deutscher Stiftungen für Integration und Migration 2016, S. 111). Eine Ausnahme stellt lediglich die Evaluation des Modellversuchs zum islamischen Religionsunterricht in Nordrhein-Westfalen von Uslucan und Yalçın (2018) dar, die dies in Ansätzen erfassten, was keine allgemeingültigen oder gar deutschlandweit repräsentativen Aussagen erlaubt. Gefordert wird somit, dass „möglichst bald empirisch untersucht werden (sollte), inwieweit sich die in den IRU gesetzten Hoffnungen erfüllen oder auch nicht" (Sachverständigenrat deutscher Stiftungen für Integration und Migration 2016, S. 111).

Zudem ist bisher kaum erforscht –Ausnahmen stellen das Projekt ‚Islamischer Religionsunterricht: Aushandlung, Vermittlung und Aneignung eines neuen Fachs (IRU AVA)' (Akdemir et al. 2023) sowie kleinere punktuelle Studien etwa aus Berlin dar – was im Unterricht in inhaltlicher und didaktisch-methodischer Hinsicht konkret geschieht (Input-Orientierung) sowie welche Kompetenzen dadurch auf fachlicher, methodischer, aber auch auf sozialer und persönlicher Ebene bei den am Unterricht partizipierenden Schülerinnen und Schülern aufgebaut werden (Output-Orientierung). Hierzu notwendig wäre eine Forschung, „die das Unterrichtsgeschehen und die unmittelbar am Unterricht Beteiligten vom Feldgeschehen ausgehend und theoriegeleiteter als bisher ins Zentrum des Erkenntnisinteresses rückt" (Körs et al. 2023, S. 389):

4 Forschungsdesiderat und Fragestellungen der vorliegenden Studie

> „Empirische Forschung zum Unterricht (die über die Exploration einzelner Unterrichtseinheiten hinausgeht) und notwendige Grundlagenforschung zur Unterrichtspraxis, zu den konkreten Bildungsprozessen, zu Fachdidaktik und Fachkultur(en) erweist sich weitestgehend als Leerstelle." (Körs et al. 2023, S. 389)

Auch die Einstellungsforschung in Bezug auf die Lehrkräfte, die Studierenden der Islamischen Theologie sowie die Schülerinnen und Schüler, etwa hinsichtlich ihrer Religiosität oder ihrer Verortung in gesellschaftspolitischen Fragen, ist erst rudimentär entwickelt:

> „Insgesamt gibt die bildungs- und erziehungswissenschaftliche Forschung inklusive der Sozialisationsforschung auch wenig Auskunft über die Einstellungen der Schüler:innen und bleibt mit quantitativen Methoden weitgehend an der Oberfläche des Feldes." (Körs et al. 2023, S. 389)

Anders als in Österreich, wo ein islamischer Religionsunterricht sowie die Forschung hierzu bereits schon seit über vierzig Jahren Tradition haben und etwa mit den qualitativen und qualitativen Befragungen von Khorchide (2008) und Tuna (2019, 2020, 2022) auch ein umfassendes Einstellungsportrait der islamischen Religionslehrkräfte gezeichnet wurde, ist dies bezogen auf Deutschland bisher noch nicht umgesetzt worden. Insbesondere die Frage, wo genau die (angehenden) Lehrkräfte für den islamischen Religionsunterricht, aber auch die angehenden islamischen Theolog:innen ohne Lehramtsoption, die die nachwachsende Generation junger Musliminnen und Muslime prägen werden, sich verorten, ist bisher noch nicht abschließend beantwortet. Hier liegen zwar mittlerweile umfassendere quantitative Studien vor, etwa von Dreier und Wagner (2020) und Şenel und Demmrich (2024), die jedoch noch durch weitere vertiefende qualitative Befragungen ergänzt werden müssten. Auch ist hierbei noch kaum ein Vergleich gezogen worden zwischen den Studierenden mit und ohne Lehramtsoption sowie zwischen den muslimischen und den christlichen Studierenden mit Berufsziel Religionslehrkraft.

Dieses Desiderat versucht nun die vorliegende Studie mit angehenden Religionslehrkräften wie auch angehenden Theolog:innen im islamischen Bereich und als Vergleichsgruppe im Bereich der Katholischen Theologie teilweise zu schließen. Hierzu wurde an dem größten Standort für Islamische Theologie in Osnabrück eine möglichst umfassende Interviewstudie durchgeführt. Insbesondere der Vergleich von Studierenden mit und ohne Lehramtsoption sowie mit Studierenden anderer theologischer Studiengänge im christlichen Bereich wurde bisher noch nicht umgesetzt, ist jedoch für die Einschätzung der Einstellungen von hohem Interesse.

4 Forschungsdesiderat und Fragestellungen der vorliegenden Studie

Forschungsfragen

Das Projekt zur Erfassung der Erziehungserfahrungen und Einstellungen angehender islamischer Theologinnen und Theologen mit und ohne Lehramtsoption wurde in Kooperation zwischen der Universität Vechta (Fach Erziehungswissenschaften) und der Universität Osnabrück (Institut für Islamische Theologie) durchgeführt. Neben den wertebezogenen, religiösen, genderbezogenen und politischen Orientierungen wurden die Erziehungserfahrungen in der Familie, die sozialisatorisch wirkenden individuellen persönlichen Bindungen, der berufliche und religiöse Identitätsstatus, persönliche und berufliche Ziele sowie die Aufgaben, die mit dem neu eingeführten islamischen Religionsunterricht assoziiert werden bzw. mit der Rolle einer islamischen Theologin oder eines islamischen Theologen, erfragt. Zudem wurde an der Universität Vechta eine weitere Gruppe von Studierenden befragt, die im Bereich der Katholischen Religionslehre mit dem Berufsziel Lehramt studieren, um auch interreligiöse Vergleiche ziehen zu können.

Im Rahmen der Studie wurden folgende *Forschungsfragen* formuliert:

- Haben die Befragten einen Migrationshintergrund bzw. wenn ja, welche Migrationsgeschichten und -erfahrungen haben die Familien der angehenden islamischen Theologinnen und Theologen? Wie wurden diese sozialisatorisch in persönlicher und religiöser Hinsicht geprägt und wer übte diesen prägenden Einfluss aus?
- Wie verorten sich die Befragten in Bezug auf ihre Identität ethnisch und kulturell?
- Wie ist das Verhältnis zu den Eltern und wie sind die Erziehungserfahrungen in den Herkunftsfamilien?
- Welche politischen Überzeugungen bestehen in Bezug auf das Verhältnis von Staat und Religion, in Bezug auf die Rolle des Islam und die von Musliminnen und Muslimen in der (säkularen bzw. christlich geprägten) Gesellschaft?
- Welche genderbezogenen Überzeugungen bezugnehmend auf das Verhältnis und die Gleichberechtigung der Geschlechter werden formuliert?
- Welche religiösen Orientierungen dominieren und wie wird die Religion in intellektueller, emotionaler und verhaltensbezogener Form ausgeübt?
- Welche Ziele und Aufgaben des Religionsunterrichts werden als wichtig formuliert?
- Welche Rolle nehmen islamische Theologinnen und Theologen in der Gesellschaft und innerhalb des Islam ein?

Forschungsdesign 5

Die Erhebung wurde als qualitativ-explorative Interviewstudie umgesetzt. Grund für die Wahl des qualitativen Forschungsparadigmas ist, dass auf Basis einer qualitativen Erhebung am besten die komplexen Vorgänge in den Biografien der befragten Studierenden sowie deren Einstellungen vertieft ermittelt werden können, die allein mit standardisierten Methoden nicht erhoben werden könnten. Die Interviewten kommen insbesondere in den qualitativ-narrativen Anteilen der Befragung ausführlich zu Wort, was der Komplexität der Thematik der Biographie- und Einstellungsforschung gerecht wird und auch Aspekte abbilden hilft, die nicht im Vorfeld deduktiv Eingang in den Leitfaden fanden. Für das gewählte halbstrukturierte Vorgehen mit einem ausformulierten Leitfaden mit narrativen Anteilen und offenen Antwortkategorien spricht zudem, dass es – trotz der Offenheit bei den Antworten – durch die Strukturiertheit des Leitfadens einen Vergleich bzw. eine Vergleichbarkeit zwischen den Befragten auf individueller Ebene, aber auch auf Gruppenebene, etwa zwischen den Studierenden der Islamischen Theologie mit und ohne Lehramtsoption sowie den Studierenden der katholischen Religion mit dem Ziel Lehramt, ermöglicht.

Das Projekt zur Erfassung der Erziehungserfahrungen und Einstellungen angehender islamischer Lehrkräfte und Theologinnen und Theologen sowie angehender katholischer Religionslehrkräfte wurde in Kooperation zwischen der Universität Vechta (Fach Erziehungswissenschaften) und der Universität Osnabrück (Institut für Islamische Theologie) durchgeführt. Neben den wertbezogenen, religiösen, genderbezogenen und politischen Orientierungen wurden die Erziehungserfahrungen in der Familie, die sozialisatorisch wirkenden individuellen persönlichen Bindungen, der berufliche und religiöse Identitätsstatus, die persönlichen und beruflichen Ziele sowie die Aufgaben, die mit dem islamischen bzw. katholischen Religionsunterricht assoziiert werden bzw. mit der Rolle einer islamischen Theologin oder eines islamischen Theologen, erfragt.

5.1 Stichprobe

5.1.1 Stichprobendesign und Stichprobenakquise

„Das Bundesministerium für Bildung und Forschung (BMBF) fördert seit 2011 die fünf Zentren für Islamische Theologie in Tübingen, Frankfurt (mit Gießen), Münster, Osnabrück und Erlangen-Nürnberg. […]. Im Jahr 2019 wurde die Förderung auch auf Institute für Islamische Theologie an der Humboldt-Universität zu Berlin und an der Universität Paderborn erweitert." (Wissenschaftliche Dienste des Deutschen Bundestags 2021, S. 22)

Zu den BMBF-geförderten Standorten kommen weitere Standorte an den Pädagogischen Hochschulen Karlsruhe, Freiburg, Weingarten und Ludwigsburg sowie an der Universität Hamburg hinzu. „Derzeit sind [im Bereich der Islamischen Theologie bzw. Religionslehre] mehr als 2000 Studierende in Bachelor- und Master-Studiengängen eingeschrieben" (Bundesministerium für Bildung und Forschung 2023).

Im Rahmen der hier vorgestellten Studie wurden Interviews mit Studierenden der islamischen Theologie sowohl mit als auch ohne Lehramtsoption am Universitätsstandort Osnabrück (Institut für Islamische Theologie) durchgeführt. Für die Erhebung wurde der Standort Osnabrück deswegen gewählt, da er mit sieben Professuren, über 40 Mitarbeiterinnen und Mitarbeitern (Institut für Islamische Theologie 2020) und über 450 eingeschriebenen Studierenden im Bereich der Islamischen Theologie (Dreier und Wagner 2020) der größte Standort in Deutschland zum Zeitpunkt der Erhebung war und immer noch ist. Ergänzend wurden Interviews mit Studierenden der Katholischen Theologie mit Lehramtsoption an der Universität Vechta durchgeführt. Die interviewten Studierenden stehen in der qualitativen Interviewstudie beispielhaft für angehende islamische Religionslehrkräfte und Theologinnen und Theologen sowie für angehende katholische Religionslehrkräfte insgesamt, ohne dass ein Anspruch auf Repräsentativität erhoben werden könnte.

Bei der Auswahl der Interviewpartnerinnen und Interviewpartner wurde entsprechend dem Verständnis der qualitativen Sozialforschung und der damit verbundenen Offenheit auf eine „vorab zu ziehende Zufallsprobe verzichtet" (Hoffmann-Riem, S. 346). Für die Stichprobe der vorliegenden Studie wird der

Ansatz der „Konstruktion mehr oder weniger elaborierter ‚qualitativer Stichprobenpläne'" (Kelle 2010, S. 43) angewendet.
Die Fallauswahl hängt von forschungspraktischen Entscheidungen ab, wie z. B. von der Interviewbereitschaft sowie der Verfügbarkeit von potenziellen Interviewpersonen. Die Forscherinnen stellten ihre Studie im Rahmen zweier Seminare an der Universität Osnabrück vor, aus denen heraus dann etwa fünfzig Studierende für die Interviewteilnahme gewonnen werden konnten. An der Universität Vechta wurde die Studie im Rahmen der Seminare der Katholischen Theologie vorgestellt.

Bei der qualitativen Auswertung kann auf 34 Interviews mit Studierenden der Islamischen Theologie mit Lehramtsoption und 19 Studierende ohne Lehramtsoption sowie auf 30 Interviews mit Lehramtsstudierenden der Katholischen Theologie mit Lehramtsoption zurückgegriffen werden. Die Studierenden der Islamischen Theologie ohne Lehramtsoption wurden mit einem leicht modifizierten und abgewandelten Interviewleitfaden befragt, der insbesondere weniger Fragen zum islamischen Religionsunterricht aufwies und stärker den Bereich der Rolle von islamischen Theologinnen und Theologen betonte.

5.1.2 Standortbeschreibung der Stichprobe: das Institut für Islamische Theologie (Universität Osnabrück) und der Fachbereich Katholische Theologie (Universität Vechta)

Das Institut für Islamische Theologie (IIT) an der Universität Osnabrück knüpft gemäß seinem wissenschaftlichen Profil und seinen Forschungsschwerpunkten an die Arbeit des Zentrums für Interkulturelle Islamstudien (ZIIS) an, wo seit 2003 unter der Leitung von Prof. Peter Graf die ersten universitären Bestrebungen zur Etablierung des bekenntnisgebundenen islamischen Religionsunterrichts für Niedersachsen angesiedelt waren. Die ersten Weiterbildungsprogramme für muslimische Lehrkräfte an niedersächsischen Schulen begannen hier bereits seit den 2000er Jahren. 2008 wurde in Osnabrück erstmals ein Lehrstuhl für Islamische Religionspädagogik eingerichtet, den seitdem Prof. Bülent Ucar innehat. Osnabrück hat mit Prof. Rauf Ceylan einen Lehrstuhlinhaber, der sich neben seinem religionssoziologischen Schwerpunkt mit seiner Forschung auch im Bereich der islamischen Religionspädagogik etablierte. Mit Prof. Michael Kiefer und Prof. Merdan Günes sind weitere Mitarbeiter am IIT tätig, die mit ihrer Forschung bzw. als erfahrene Lehrkraft und als Beiratsmitglied für den rheinlandpfälzischen islamischen Religionsunterricht die Entwicklungsphase des islamischen Religionsunterrichts theoretisch wie praktisch begleitet haben, sodass das IIT personell auf weitreichende Expertisen zurückgreifen kann. Doch angesichts der Tatsachen, dass einerseits das noch junge Fach des islamischen Religionsunterrichts und die noch jüngere universitäre Disziplin Islamische Religionspädagogik bundesweit ein grundlegendes Defizit vor allem im Bereich der Didaktik aufweisen, sah man den Bedarf für die Etablierung eines Lehrstuhls für die Fachdidaktik des islamischen Religionsunterrichts gegenüber. Mit der Errichtung des Lehrstuhls wird das IIT an die universitären Strukturen der katholischen und evangelischen Theologie an der Universität Osnabrück anknüpfen.

In einem weiteren Schwerpunkt befasst sich Prof. Ucar mit der Untersuchung von religiösen Normen und der Analyse des Verhältnisses von innovativen Neuorientierungen und traditionellen Wissensbeständen im Studium der Islamischen Theologie. Diese Grundausrichtung lässt sich auch im religionspädagogischen Kontext wiedererkennen, sodass das Forschungsprofil des Lehrstuhls für Islamische Theologie und Religionspädagogik sich durch eine ausgewogene Wechselwirkung zwischen Erneuerung und Traditionsorientierung, zwischen moderner Pädagogik und historisch-klassischen Grundlagen, zwischen muslimischen und politischen und gesellschaftlichen Ansprüchen und durch eine kritische Auseinandersetzung mit diesen auszeichnet. Nicht zuletzt lässt sich diese Ausrichtung des IIT durch die Beteiligung an der Entwicklung von Lehrplänen und Kerncurricula für unterschiedliche Bundesländer, Fortbildungsprogrammen, Schulbüchern und Materialien für den islamischen Religionsunterricht wiederfinden. Die unter der Leitung des IIT erarbeiteten und herausgegebenen Schulbücher, Materialien und Arbeitshefte für den islamischen Religionsunterricht werden in mehreren Bundesländern eingesetzt.

Die Schwerpunkte der Forschungsprojekte, aber auch der Lehre, zeigen die enge Verknüpfung der Religionspädagogik mit der Gemeindepädagogik bzw. mit der Seelsorge auf. Die Auseinandersetzung mit muslimischen Organisationen und Imamen in Deutschland und mit der Gemeindepädagogik in Moscheen ergänzt die Arbeiten des Instituts. In der Lehre lässt sich diese Beziehung in Modulen zur Religions- und Gemeindepädagogik und zu den muslimischen Gemeinden in Deutschland sowie in der Option der Schwerpunktsetzung in der islamisch fundierten Seelsorge im Fachmaster, aber auch durch Programme zur Weiterbildung

5.1 Stichprobe

von Imamen und Gemeindepersonal erkennen. Doch auch Publikationen, öffentliche Veranstaltungen und Fachtagungen zur Gemeindepädagogik, Seelsorge usw. und Kooperationen mit unterschiedlichen Einrichtungen zeigen dies deutlich auf.[1]

Die Ausbildung von Lehrkräften für den islamischen Religionsunterricht findet am Standort Osnabrück für alle Schulformen statt und unterscheidet sich in ihrer Spezifikation lediglich in der quantitativen Gewichtung bzw. Vertiefung in den Kerndisziplinen der Islamischen Theologie. Markant für die Ausbildung ist die interdisziplinäre, interreligiöse und gegenwartsbezogene Ausrichtung der Studienprogramme, die durch die Studienordnungen obligatorisch festgelegt sind. Im Hinblick auf die Gestaltung des Lehrprogramms firmiert diese Ausrichtung zum Teil in den Inhalten und Zielen von Modulen oder in der Einbindung von Nachbardisziplinen und -einrichtungen wie der Katholischen und Evangelischen Theologie, der Migrationsforschung und der Interkulturellen Pädagogik. Die Struktur der Lehramtsstudiengänge sieht neben dem Studium des wissenschaftstheoretisch orientierten Grundlagenmoduls zur Islamischen Theologie und der Grundlagen des Arabischen einführende bzw. vertiefende Veranstaltungen zu den Kerndisziplinen der Islamischen Theologie vor:

Einführung in die Glaubensgrundlagen – ʿaqāʾid
Einführung in die Koranwissenschaften – ʿulūm al-qurʾān
Einführung in die ḥadīṯ-Wissenschaften – ʿulūm al-ḥadīṯ
Islamische Rechtswissenschaft und Glaubenspraxis – uṣūl al-fiqh, fiqh

Die fachspezifische pädagogische und unterrichtsbezogene Ausbildung erfolgt in Veranstaltungen zur Islamischen Religionspädagogik und Fachdidaktik. Hierbei ist das Vorbereitungs-, Begleit- und Nachbereitungsseminar zum Schulpraktikum für angehende Lehrkräfte der Grund-, Haupt- und Realschule (GHR300) im Masterstudium besonders relevant. Das einsemestrige Praktikum wird ähnlich jedoch in deutlich reduzierter Form wie die Fachseminarleistung während des Vorbereitungsdienstes gemeinsam vorbereitet, begleitet, bewertet und anschließend gemeinsam reflektiert, sodass die Studierenden vor dem Abschluss des Masters

---

[1] Alles nach https://www.islamische-theologie.uni-osnabrueck.de/forschung/lehrstuehle/islamische_theologie_und_religionspaedagogik.html, https://www.islamische-theologie.uni-osnabrueck.de/personal/professuren/prof_dr_buelent_ucar.html, https://www.islamische-theologie.uni-osnabrueck.de/forschung/lehrstuehle/gegenwartsbezogene_islamforschung.html, https://www.islamische-theologie.uni-osnabrueck.de/personal/professuren/prof_dr_dr_rauf_ceylan.html, https://www.islamische-theologie.uni-osnabrueck.de/personal/professuren/prof_dr_merdan_guenes.html, https://www.irp-cms.uni-osnabrueck.de/index.php?id=1903.

einen umfassenden Einblick in die Schulpraxis erhalten und für das Referendariat in Theorie und Praxis vorbereitet werden können. Eine weitere Besonderheit des Masterstudiums (ausgenommen Lehramt für Gymnasien) ist das Projektband, das parallel zu den Veranstaltungen zum Praktikum und eingebettet in das Praktikum absolviert wird. Hierbei erhalten die Studierenden im Rahmen des Projekts Forschendes Lernen grundlegende Kenntnisse über die empirische Forschung, um dann während des Praktikums nicht nur als angehende Lehrkräfte tätig werden zu können, sondern darüber hinaus aus einer wissenschaftlich-empirischen Perspektive Themen zur Schule, zum Unterricht, zur Schülerschaft, zu den Lehrkräften oder zu den Eltern erforschen und auswerten zu können. Die angehenden Referendar:innen bzw. Lehrkräfte sollen mit grundlegenden Methoden der Empirie und der Perspektive einer forschenden Wissenschaftlerin bzw. eines forschenden Wissenschaftlers ausgestattet werden, sodass sie in der Lage sind, wichtige Aspekte und Ebenen ihres Berufsfelds stets fundiert analysieren und zur Optimierung dieser beitragen zu können.

Die Betrachtung der theologischen, klassisch-islamischen Inhalte erfolgt einerseits vor dem Hintergrund ihres authentischen Entstehungsprozesses und andererseits mit einem historisierenden Blick, teils hermeneutisch und mit Bezug zur Gegenwart. Ferner stehen mit der „Befähigung zu didaktischen Entscheidungen" im Umgang mit Quellen und historischen Texten und Themen die religionspädagogische bzw. unterrichtspraktische Perspektiven als kompetenzbezogene Ziele im Mittelpunkt der Veranstaltungen.

Die Verortung der Islamischen Religionspädagogik im Hier und Jetzt und die Auseinandersetzung mit dem Verhältnis von Religion und Gesellschaft, Religion und Lebenswirklichkeit, Religion und Jugend, Religion und wertepluraler Gesellschaft usw. sind wichtige Bestandteile der Grundausrichtung des IITs und werden in Veranstaltungen wie ‚Muslimische Gemeinden in Deutschland', ‚Interreligiöse und Interkulturelle Studien' und ‚Glaubenspraxis und Lebenswirklichkeit in Schule und Alltag' aufgegriffen. Weitere wichtige Themen zum Verhältnis von Religion und Politik und Religion und Modernisierung/Säkularisierung sind ebenfalls Bestandteil der Ausbildung und werden explizit in optionalen Wahlpflichtveranstaltungen thematisiert. Einen dezidierten Überblick auch über die Module, welche im Bachelor- sowie im Masterbereich der Studiengänge für Islamische Theologie am Standort Osnabrück sowie an weiteren Standorten zu studieren sind, finden sich in den Beiträgen von Stein und Zimmer (2022, 2023a), wo jeweils im Rahmen einer Dokumentenanalyse die Modulhandbücher, -beschreibungen, Studien- und Prüfungsordnungen der Standorte für Islamische Theologie und Religionspädagogik verglichen wurden. Insbesondere erfolgte eine Analyse, welche Inhalte adressiert werden und welche fachlichen, methodischen, sozialen sowie selbstreflexiven Kompetenzen im Rahmen der Module bei den Studierenden gefördert werden. In Anlehnung an Abdel-Rahman (2021, 2022) wurde untersucht, welche „Wahrnehmungs- und Darstellungsfähigkeit […]; Deutungsfähigkeit […]; Urteilsfähigkeit […]; Dialogfähigkeit […und] Gestaltungsfähigkeit" (Abdel-Rahman 2021, S. 118) in den Modulbeschreibungen angesprochen werden. Insgesamt werden die basalen Fähigkeiten wie die Darstellungs- und Deutungsfähigkeit eher im Bachelorstudiengang adressiert und die Urteils- und Gestaltungsfähigkeit eher im Masterstudiengang, wobei diese letztgenannten Fähigkeiten insgesamt noch stärker betont werden könnten (Stein und Zimmer 2022, 2023a).

Die Katholische Theologie an der Universität Vechta befasst sich intensiv mit der Interpretation und systematischen Darlegung katholischer Glaubenslehren, basierend auf der göttlichen Offenbarung. Dabei verwendet sie eine eigene wissenschaftliche Methode und vernetzt sich mit anderen theologischen, philosophischen und Humanwissenschaften, um die Ganzheitlichkeit der Theologie zu betonen und das Verständnis des christlichen Glaubens zu vertiefen. Die Studierenden werden für ihre zukünftige Rolle in Kirche und Gesellschaft qualifiziert, indem sie eine hohe Expertise in verschiedensten theologischen Disziplinen erlangen und lernen, Glaubensthemen im Licht der modernen Wissenschaft und Vernunft zu interpretieren. Dabei legt das Studium besonderen Wert darauf, den Dialog zwischen Glauben und Vernunft hervorzuheben und das Geheimnis Christi als Kernpunkt der theologischen Forschung und Lehre zu verstehen. Die organisatorische Struktur des Studienangebots der Katholischen Theologie wurde nach der Novellierung des Niedersachsenkonkordats und der daraus resultierenden Selbstständigkeit der Universität Vechta im Jahr 1995 neu geordnet. Ab diesem Datum wurde neben dem Institut für Katholische Theologie in Osnabrück auch ein gleichnamiges Institut in Vechta mit erweiterten Kompetenzen begründet. Letzteres bekam das Institut durch das Niedersächsische Hochschulgesetz von 2002 die Vollbefugnisse einer Fakultät zugesprochen. Die beiden Institute in Vechta und Osnabrück kooperieren miteinander, um ein vollständiges Spektrum an theologischen Kursen anbieten zu können. Dazu zählen:

- Biblische Theologie mit Schwerpunkt auf der Exegese sowohl des Alten als auch des Neuen Testaments,
- Historische Theologie, die sich insbesondere mit der Kirchengeschichte befasst,
- Systematische Theologie, unterteilt in Fundamentaltheologie, Dogmatik und Dogmengeschichte sowie Moraltheologie und Christliche Sozialwissenschaften,

- Praktische Theologie, die Religionspädagogik und Pastoraltheologie sowie Kirchenrecht umfasst.

Innerhalb der praktischen Theologie nimmt die Religionspädagogik eine besondere Stellung ein, da sie sich mit religiösen Bildungs- und Lernprozessen auseinandersetzt und Ansätze entwickelt, wie diese effektiv initiiert und begleitet werden können. Die Religionspädagogik bindet dabei nicht nur Erkenntnisse aus der Theologie, sondern ebenso aus anderen Humanwissenschaften ein. Ein spezielles Interessengebiet hierbei bildet die Religionsdidaktik, welche sich als Theorie und Methodik für die Praxis des Religionsunterrichts versteht und der Planung sowie Analyse von Lernprozessen im schulischen Kontext dient.

Die Studienvoraussetzungen an der Universität Vechta verlangen von angehenden Lehrkräften im Fach Katholische Theologie bis spätestens zur Abgabe der letzten Prüfung ihres Masterstudiengangs lateinische Sprachkenntnisse nachzuweisen[2].

5.1.3 Stichprobenbeschreibung in demographischer Hinsicht

Insgesamt wurde bei den Studierenden das Geschlecht, das Geburtsland der eigenen Person und das der Eltern sowie das Alter erfragt. Ursprünglich geplant und von hohem wissenschaftlichem Interesse wäre es gewesen, die Semesteranzahl abzufragen und ob im Bachelor oder schon im Master studiert wird sowie – bei den Studierenden mit Berufsziel Lehramt – die angestrebte Schulart sowie die weiteren Lehramtsfächer, die vertieft werden. Hierdurch wäre – auch wenn dies eine Längsschnittstudie zur Eruierung der Entwicklung von Einstellungen nicht ersetzt – insbesondere etwa auch ein quasi-längsschnittlicher Vergleich zwischen Personen unterschiedlich hoher Semesteranzahl oder zwischen den Bachelor- und den Masterstudierenden möglich gewesen oder die Bemessung der Unterschiede zwischen Studierenden unterschiedlicher Schularten. Die Kohorte der Studierenden an den Standorten Osnabrück und Vechta war jedoch insgesamt zu klein, um bei dieser erweiterten demographischen Darstellung eine Anonymisierung gewährleisten zu können, sodass der Datenschutzbeauftragte der Universität hier sein Veto einlegte, da in einer Gruppe (etwa weibliche Masterstudierende der

---

[2] Alles nach https://www.uni-vechta.de/katholische-theologie https://www.uni-vechta.de/katholische-theologie/studium/studienfuehrer.

5.1 Stichprobe

Katholischen Theologie auf Grundschullehramt im zweiten Semester mit weiterem Hauptfach Mathematik) somit weniger als fünf Personen zu verorten gewesen wären.

Bei den *Studierenden der Islamischen Theologie mit Lehramtsoption* (n = 34) handelt es sich um 15 männliche und 19 weibliche Personen. Jeweils eine Person hat einen französischen, tunesischen, senegalesischen oder kosovarischen Migrationshintergrund. Zwei Personen haben ihre familiären Wurzeln in Marokko und 27 Personen in der Türkei. Eine Person hat keinen Migrationshintergrund; das Geburtsland von 28 von 34 hier befragten Personen ist Deutschland. Im Durchschnitt sind die Studierenden dieser Gruppe 24 Jahre alt.

In der *Gruppe der Studierenden der Islamischen Theologie ohne Option auf das Lehramt* (n = 19) gibt es fünf männliche und 14 weibliche Personen. Eine Person hat einen togolesischen Migrationshintergrund; 17 Personen haben eine türkeibezogene familiäre Migrationsgeschichte und eine Person hat keine Angaben zum Migrationshintergrund gemacht. Das Geburtsland von 17 in dieser Gruppe befragten 19 Studierenden ist Deutschland und das Durchschnittsalter beträgt 23 Jahre.

Die *Studierenden der Katholischen Theologie mit Lehramtsoption* (n = 30) setzen sich aus 13 männlichen und 17 weiblichen Personen zusammen. 27 Personen geben an, keinen Migrationshintergrund zu haben; eine Person hat einen tschechischen Migrationshintergrund und zwei weitere Personen machen hierzu keine Angaben. Alle 30 Studierenden sind in Deutschland geboren; das Durchschnittsalter liegt bei 22 Jahren.

Zusammengefasst stellt die Tab. 5.1 die grundlegenden demographischen Informationen der 83 befragten Studierenden im Überblick dar, aufgeteilt in 34 Studierende der Islamischen Theologie mit Lehramtsoption sowie 19 ohne Lehramtsoption und 30 Studierende der Katholischen Theologie mit Lehramtsoption.

Dabei fällt zunächst auf, dass im Bereich des Lehramts (Islamische und Katholische Theologie) das Geschlechterverhältnis relativ ausgeglichen ist, während bei den Studierenden der Islamischen Theologie ohne Lehramtsoption in erster Linie Studierende weiblichen Geschlechts dominieren. Insgesamt verfügen die meisten der Studierenden der Islamischen Theologie mit und ohne Lehramtsoption über einen Migrationshintergrund, primär aus der Türkei, gefolgt von Marokko mit zwei Nennungen; jeweils eine Person bzw. deren Eltern kommen aus Frankreich, Tunesien, dem Kosovo, dem Senegal und Togo. Eine Person machte zur Herkunft keine Angaben. Die meisten der Studierenden der Islamischen Theologie mit und ohne Lehramtsoption sind jedoch schon in Deutschland geboren, sodass es sich primär um Migrantinnen und Migranten der sogenannten zweiten Einwanderergeneration handelt, die selbst bereits ihre ganze Sozialisation in Deutschland

Tab. 5.1 Stichprobe[3]

		Studierende der Islamischen Theologie mit Lehramtsoption (n = 34)	Studierende der Islamischen Theologie ohne Lehramtsoption (n = 19)	Studierende der Katholischen Theologie mit Lehramtsoption (n = 30)
Geschlecht	Männlich	15 Personen	5 Personen	13 Personen
	weiblich	19 Personen	14 Personen	17 Personen
Migrationshintergrund	Frankreich, Senegal, Tunesien, Kosovo	jeweils 1 Person	/	/
	Marokko	2 Personen	/	/
	Türkei	27 Personen	17 Personen	/
	Togo	/	1 Person	/
	Tschechien	/	/	1 Person
	Keine Angabe	/	1 Person	/
	ohne Migrationshintergrund	1 Person	/	27 Personen
	MHG ohne Angabe des Landes			2 Personen
Geburtsland	Deutschland	28 Personen	16 Personen	30 Personen
	ein anderes Land	6 Personen	2 Personen	/
Durchschnittsalter		24 Jahre	23 Jahre	22 Jahre
Insgesamt		34 Personen	19 Personen	30 Personen

[3] Zur weiteren Auswertung werden bei den Studierenden der Islamischen Theologie mit Lehramtsoption 32 Interviewtranskripte und bei den Studierenden der Islamischen Theologie ohne Lehramtsoption 17 Interviewtranskripte genutzt. Jeweils zwei Interviews werden aufgrund der mangelnden Qualität des Datenmaterials nicht in die Auswertung einbezogen.

durchliefen, deren Eltern aber nach Deutschland zuwanderten. Bei den Studierenden der Katholischen Theologie hat eine Person einen Migrationshintergrund der zweiten Generation, da die Eltern aus Tschechien stammen.

Die demographischen Daten der vorliegenden Stichprobe decken sich in starkem Maße mit den Demographien der Befragten der Studie von Wagner (2019) zu den Erfahrungen von Studierenden der Islamischen Theologie in Deutschland und der Expertise „Wer studiert Islamische Theologie?" von Dreier und Wagner (2021). Diese letztgenannte Expertise stützt sich „sowohl auf qualitatives (Dreier und Wagner) als auch auf quantitatives Datenmaterial (Wagner) […]. Zwischen 2016 und 2019 wurden narrative Interviews mit 71 Studierenden an insgesamt vier Standorten geführt, zum Teil mit Folgeinterviews in mehreren Intervallen; zudem gab es eine Gruppendiskussion mit Absolvent_innen sowie Fragebogenumfragen an drei Standorten der Islamischen Theologie [, nämlich…] Frankfurt am Main, Münster, Osnabrück und Tübingen" (Dreier und Wagner 2021, S. 17). Auch in dieser Expertise – insbesondere mit Blick auf die ca. 250 mit Fragebögen befragten Studierenden – sind weibliche Studierende mit circa 80 % überproportional stark vertreten, was auch in „anderen (nicht zuletzt geisteswissenschaftlichen) Studiengängen, vor allem auch in jenen, deren Profil mit personenorientierten Berufszielen" korrespondiert (Dreier und Wagner 2021, S. 21), auffindbar ist. Die der Expertise zugrunde liegenden Studien fragten nicht direkt nach Migrationshintergründen oder Zuwanderungsgeschichten der Familien, aber etwa 80 % (n = 189) der Befragten verneinen „die Aussage, dass Deutsch ihre Erstsprache („Muttersprache") ist" (Dreier und Wagner 2021, S. 21), was auf einen Migrationshintergrund schließen lassen könnte.

5.2 Erhebungsinstrumente

Als Erhebungsmethode wird ein qualitatives, leitfadengestütztes Interview angewandt. Dabei handelt es sich um eine „verbreitete, ausdifferenzierte und methodologisch vergleichsweise gut ausgearbeitete Methode, qualitative Daten zu erzeugen. Leitfadeninterviews gestalten die Führung im Interview über einen vorbereiteten Leitfaden" (Helfferich 2019, S. 669).

Der Leitfaden bestand aus fest vorgegebenen Fragen, die bedarfsspezifisch um Ad-hoc-Fragen erweitert wurden sowie aus mehreren „Erzählaufforderungen" für die narrativen Anteile (Helfferich 2022). Die Fragen wurden ausformuliert, um Vergleichbarkeit zwischen den Interviewpartnerinnen und -partnern zu gewährleisten, jedoch hatten die Interviewerinnen und Interviewer die Möglichkeiten, relevante Aspekte im Sinne der Ad-hoc-Fragen flexibel anzusprechen. Die Nachfragen aus dem Leitfaden, die den Interviewerinnen und Interviewern ebenfalls als Optionen an die Hand gegeben wurden, dienten lediglich als Erinnerungsstütze. Bei der Erstellung des Interviewleitfadens wurden die Anforderungen an einen Leitfaden (Offenheit als Priorität, Übersichtlichkeit sowie das sogenannte Anschmiegen an den Erzählfluss nach Helfferich 2022) sowie die vier Schritte der Formel SPSS (Helfferich 2011, 178 ff.) berücksichtigt. Dabei wurden im Sinne Helfferichs im Team aus der Universität Vechta und der Universität Osnabrück für die Themen geeignete Fragen zusammengetragen (Sammeln), entsprechend auf ihre Anwendbarkeit auf den Gegenstandsbereich hin analysiert (Prüfen) und in der zeitlichen Abfolge des Fragens gruppiert (Sortieren) sowie als Leitfaden zusammengestellt (Subsumieren).

Bei der Zusammenstellung des Leitfadens wurde zudem auf die Anschlussfähigkeit an den nationalen und internationalen wissenschaftlichen Diskurs geachtet. Der Interviewleitfaden wurde basierend auf bereits bestehenden Erhebungsinstrumenten zusammengestellt und stützt sich primär auf die Vorläuferstudie „Werte und Engagement von Studierenden in Abhängigkeit von Erziehung und Bindungserfahrungen" von Stein (2008a, b, c) und die darin genutzten Instrumente. Es bedient sich zudem der Erfahrungen in der Forschung zur Einstellung von Imamen in Deutschland von Ceylan (2008a, b).

Darüber hinaus wurden *Themenbereiche und Fragen aus den folgenden Studien* rezipiert:

1. „Viele Welten leben", gefördert durch das Bundesministerium für Bildung und Forschung von Boos-Nünning und Karakaşoğlu (2006) zu den Erziehungserfahrungen, Identitätskonstruktionen und Wertorientierungen junger Mädchen und Frauen mit Migrationshintergrund in Deutschland, darunter auch viele mit einer islamischen Religionszugehörigkeit,
2. „Lebenswelten junger Muslime in Deutschland" des Bundesinnenministeriums nach Frindte et al. (2011) zur politischen, ethnischen und kulturellen Selbstverortungen junger Angehöriger des Islams in Deutschland,
3. „Muslimische Religiosität und Erziehungsvorstellungen: eine empirische Untersuchung zu Orientierungen bei türkischen Lehramts- und Pädagogik-Studentinnen in Deutschland" von Karakaşoğlu-Aydın (2000),
4. „Religionsmonitor – verstehen, was verbindet" der Bertelsmann Stiftung zu den religiösen Orientierungen und Dimensionen religiöser und wertebezogener Selbstverortungen im weltweiten Vergleich (Pickel 2013a) sowie

5.2 Erhebungsinstrumente

5. „Der islamische Religionsunterricht zwischen Integration und Parallelgesellschaft" von Khorchide (2008), welcher die Haltungen österreichischer islamischer Religionslehrkräfte erfasste.

Der Interviewleitfaden thematisiert inhaltlich die Bereiche, die in der Tab. 5.2 zusammengefasst werden, nämlich den eigenen demographischen und sozialisatorischen Hintergrund, Erziehungserfahrungen und Bindungsverhalten an Vater und Mutter, Identitätsentwicklung vor allem in religiöser und beruflicher Hinsicht, Werte, die Religiosität, das Engagement, politische und genderbezogene Überzeugungen sowie die als wichtig erachteten Ziele und Aufgaben des Religionsunterrichts.

Der Interviewleitfaden für die Studierenden der Islamischen Theologie ohne Lehramtsoption orientiert sich am Leitfaden für Studierende mit Lehramtsoption mit lediglich einer Veränderung, nämlich, dass das Thema 9 „Ziele und Aufgaben des Religionsunterrichtes" durch das Thema „Rolle islamischer Theologinnen und Theologen" ersetzt wurde.

Tab. 5.2 Themen und deren Reihenfolge im Interviewleitfaden

1. Personendaten und private und berufliche Lebenssituation (nach Boos-Nünning und Karakaşoğlu 2006)
2. Migrationsgeschichte der Familie und Sprachlichkeit (nach Boos-Nünning und Karakaşoğlu 2006)
3. Ethnische und kulturelle Identität und Zugehörigkeit (nach Boos-Nünning und Karakaşoğlu 2006; nach Frindte et al. 2011)
4. Verhältnis zu den Eltern und Erziehungserfahrungen (nach Boos-Nünning und Karakaşoğlu 2006)
5. Private und berufliche Lebenspläne (nach Boos-Nünning und Karakaşoğlu 2006; nach Khorchide 2008)
6. Wertorientierungen und bürgerschaftliches Engagement (nach Boos-Nünning und Karakaşoğlu 2006; nach Frindte et al. 2011)
7. Politische und genderbezogene Überzeugungen (nach Frindte et al. 2011; nach Khorchide 2008)
8. Religiöse Orientierungen und religiöse Reflexivität (nach Karakaşoğlu-Aydın 2000; Pickel 2013a)
9. Ziele und Aufgaben des islamischen bzw. katholischen Religionsunterrichts (nach Khorchide 2008) bzw. die Rolle islamischer Theologinnen und Theologen.

5.3 Auswertungsmethode

Das Methodendesign und die Auswertungsschritte dieser qualitativen Untersuchung basieren auf dem standardisierten sozialwissenschaftlichen Forschungsverfahren der Qualitativen Inhaltsanalyse nach Mayring (2010, 2019). Dieses Verfahren ist für das Forschungsprojekt besonders geeignet, da es Techniken bereitstellt, die systematisch und intersubjektiv überprüfbar sind und gleichzeitig der Komplexität und Bedeutungsfülle des sprachlichen Materials gerecht werden.

Zunächst wurden besondere Auffälligkeiten in den einzelnen Interviews notiert. Anschließend wurde das Kategoriensystem entwickelt, das sowohl deduktiv auf theoretischen Überlegungen basiert, die in den Leitfaden eingeflossen sind, als auch induktiv auf Basis des empirischen Materials aus den Interviews heraus gebildet wurde. Die Textstellen aus den Interviews wurden dem entwickelten Kategoriensystem zugeordnet, wodurch ein System von Kategorien zu einem bestimmten Thema entstand. Dieser Prozess wurde zirkulär wiederholt, bis die meisten Textpassagen den spezifischen Kategorien zugeordnet waren, möglicherweise auch unter Generierung zusätzlicher induktiver Kategorien. Die Textstellen innerhalb jeder Kategorie werden miteinander verglichen, wobei besondere Auffälligkeiten und erkennbare Muster herausgearbeitet werden. Dies führt zur Identifikation unterschiedlicher Typen von Interviewten.

Laut Kluge (2000) handelt es sich bei jeder Typologie grundsätzlich „um das Ergebnis eines Gruppierungsprozesses, bei dem ein Objektbereich anhand eines oder mehrerer Merkmale in Gruppen bzw. Typen eingeteilt wird […], so dass sich die Elemente innerhalb eines Typus möglichst ähnlich sind (interne Homogenität auf der „Ebene des Typus") und sich die Typen möglichst stark voneinander unterscheiden (externe Heterogenität auf der „Ebene der Typologie"). Mit dem Begriff Typus werden die gebildeten Teil- oder Untergruppen bezeichnet, die gemeinsame Eigenschaften aufweisen und anhand der spezifischen Konstellation dieser Eigenschaften beschrieben und charakterisiert werden können" (Kluge 2000, 1).

Im initialen Stadium der Untersuchung wurde eine operationale Definition für den Begriff „Element" innerhalb des Forschungskontextes etabliert. In der analytischen Betrachtung ist es hilfreich, erweiterte soziale Einheiten wie Familien, Organisationen oder Gesamtgesellschaften als Untersuchungseinheiten (Fälle) zu konzeptualisieren und diese in unterschiedliche Kategorien einzuordnen. Es kann ebenso zweckmäßig sein, Ereignisse, Zustände oder Handlungen als elementare Einheiten für die Klassifizierung zu verwenden und spezifische Handlungstypen innerhalb eines gegebenen Handlungsraums zu charakterisieren. Im Kontext qualitativer Interviews bezieht sich dies typischerweise auf die interviewten Personen

5.3 Auswertungsmethode

(Kelle 2010). Diese Festlegung ist insbesondere für die Forschungsfragen, wie sie hier formuliert wurden, sinnvoll. Somit wird in der vorliegenden Studie jeder einzelne Fall /jedes Interview als ein Element festgelegt.

Im weiteren Schritt wurde geklärt, was die „Eigenschaften" bzw. „Merkmale", anhand derer sich Typen unterscheiden, sein können. Kelle (2010) weist darauf hin, dass dabei zunächst die Bedeutung von solchen Begriffen wie „Kategorien", „Subkategorien", „Klassen", „Dimensionen", „Variablen", „Merkmalen", „Merkmalsausprägungen" erklärt werden sollte. „Kategorie ist das allgemeinste dieser Konzepte. Hierunter kann man jeden Begriff verstehen, dem bestimmte Phänomene im Datenmaterial zugeordnet werden können, unabhängig davon, ob dieser Begriff ein einfaches Nomen („Gefühlsarbeit") ist oder zusammengesetzt aus mehreren Worten, Adjektiven und Verben, ob er inhaltlich sehr einfach und alltagsnah oder theoretisch sehr abstrakt und komplex ist" (Kelle 2010, S. 86). Bei der vorliegenden Studie kann hierbei von einer mehrdimensionalen Typologie gesprochen werden. Nach Hempel und Oppenheim (1936) können Typologien bereits aufgrund eines einzelnen Merkmals gebildet werden, was sie als eindimensionale Typologien bezeichnen. Typologien können jedoch auch durch die Kombination von Merkmalen (Lazarsfeld 1937; Barton 1955) als mehrdimensionale Typologien gebildet und dargestellt werden. Dabei werden die relevanten Untersuchungskategorien (Merkmale) nach ihrer Dimensionalisierung miteinander kombiniert und der dadurch entstehende Merkmalsraum rekonstruiert.

Das Stufenmodell nach Kelle (2010) ist ein Ansatz innerhalb der qualitativen Forschung, insbesondere in der vergleichenden Fallanalyse. Nach Kluge (2000) verläuft der Prozess der Typenbildung in vier Auswertungsschritten. Dieses mehrstufige Verfahren dient dazu, Typen zu bilden und tiefgehende Erkenntnisse über die untersuchten Phänomene zu gewinnen. Auf der ersten Stufe erfolgen die Identifizierung und Festlegung von relevanten Dimensionen oder Kriterien, die für die weitere Analyse von Bedeutung sind. Diese Dimensionen müssen aus dem Forschungsgegenstand heraus logisch begründet und für die Bildung von Vergleichsklassen tauglich sein. Sie bilden die Grundlage für den systematischen Vergleich der Fälle. Auf der zweiten Stufe, nach Festlegung der Vergleichsdimensionen, werden die Fälle entsprechend diesen Kriterien geordnet. Dabei wird versucht, Muster oder Häufigkeiten in den Daten zu erkennen. Das Ziel ist es, empirische Zusammenhänge aufzudecken, die auf gemeinsame Merkmale oder Unterschiede zwischen den Fällen hinweisen. Auf der dritten Stufe steht die tiefgehende inhaltliche Analyse der zuvor identifizierten Muster im Vordergrund. Hierbei wird untersucht, wie die empirischen Regelmäßigkeiten mit übergreifenden Sinnzusammenhängen verknüpft sind. Auf dieser Basis werden Typen gebildet, welche die Fälle nicht nur äußerlich gruppieren, sondern ihre inhaltliche Logik und Bedeutung widerspiegeln. Nachdem die Typen gebildet wurden, erfolgt in dieser letzten Stufe eine umfassende Beschreibung und Charakterisierung derselben. Es wird dargestellt, welche Eigenschaften und Merkmale die verschiedenen Typen auszeichnen und wie sie sich voneinander abgrenzen lassen. Hierbei werden die definierenden Merkmale der Typen herausgearbeitet und ihre spezifischen Kontexte und Bedingungen beleuchtet. Dieses Stufenmodell zielt auf eine systematische und nachvollziehbare Vorgehensweise in der qualitativen Forschung ab und dient der Erhöhung der wissenschaftlichen Validität durch ein strukturiertes Vorgehen bei der Typenbildung.

Dieses Vorgehen wird in Abb. 5.1 überblicksartig dargestellt. Jeder Typ wird in der vorliegenden Studie inhaltlich durch die Kombination seiner Merkmalsausprägungen definiert.

Bei der allgemeinen Typenbildung handelt es sich um eine Kombination von Merkmalen. Jedoch ist es für eine systematische und nachvollziehbare Typenbildung notwendig, allgemeine Regeln zu formulieren. Diese Regeln setzen jedoch laut Kelle (2010) einen allgemein akzeptierten Typusbegriff voraus. Somit sollte auch angegeben werden, was überhaupt gebildet werden soll, ob Ideal-, Real-, Proto-, Durchschnitts- oder Extremtypen. „Denn nur für einen eindeutig definierten Typusbegriff lassen sich auch allgemeine Regeln formulieren, um zu

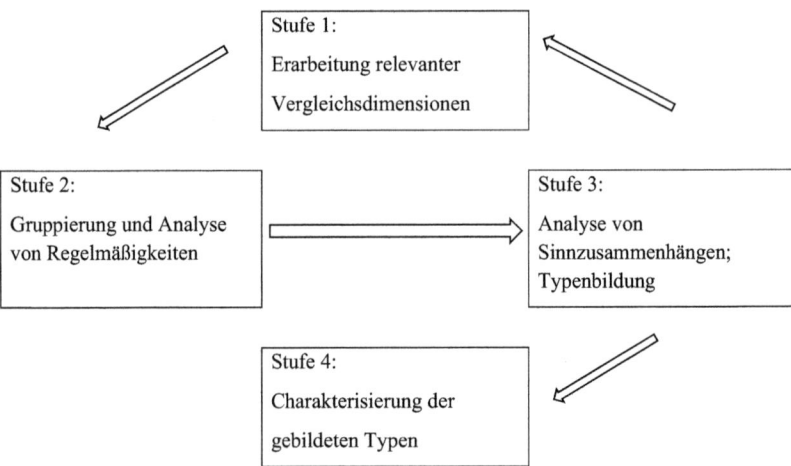

Abb. 5.1 Stufenmodell empirisch begründeter Typenbildung (Kelle 2010, S. 92)

5.3 Auswertungsmethode

einer systematischen und nachvollziehbaren Typenbildung zu gelangen" (Kluge 1999, S. 17). Die unterschiedlichen Typendefinitionen haben Vor- und Nachteile. So wird laut Weber der Idealtypus „durch einseitige Steigerung eines oder einiger Gesichtspunkte und durch Zusammenschluß [sic!] einer Fülle von diffus und diskret, hier mehr, dort weniger, stellenweise gar nicht, vorhandenen Einzelerscheinungen, die sich jenen einseitig herausgehobenen Gesichtspunkten fügen, zu einem in sich einheitlichen Gedankenbilde" gewonnen (Weber 1988, S. 191). Für die Konstruktion von Idealtypen wird ein möglichst optimaler Fall ausgewählt, der die Gruppe besonders rein repräsentiert (Kelle 2010). Jedoch betont Kelle (2010) hierbei, dass die starke Zuspitzung des Idealtypus dazu führen könne, „dass nicht nur die Unterschiede zwischen den einzelnen Fällen und ihrem Idealtypus, sondern auch zwischen den Fällen größer erscheinen, als sie es wären, wenn man sich stärker an „durchschnittlichen" Kriterien orientieren würde" (S. 107). Prototypen sind reale Fälle, „die die Charakteristika jedes Typus am besten „repräsentieren": „Man kann an ihnen das Typische aufzeigen und die individuellen Besonderheiten dagegen abgrenzen" (Kuckartz 1988, S. 223). Der Prototyp ist dabei eine Art Muster und dient als Hilfe für die Zuordnung anderer Fälle. „Zu beachten ist dabei, dass der prototypische Fall zwar als Maßstab für die Typenzuordnung wichtige Dienste leistet, aber nicht der Typus ‚ist', sondern ihm lediglich ‚entspricht'" (vgl. Zerssen 1973, S. 131). Außerdem sollten solche prototypischen Fälle sorgfältig ausgewählt werden, „damit das Typische nicht durch ein Zuviel von unzugehörigen individuellen Zügen verwässert wird" (Kelle 2010, S. 105). Bei der starken Ähnlichkeit der Fälle können auch Durchschnittstypen gebildet werden. Hierbei sollten regelmäßige Erscheinungsformen im Fallmaterial erfasst werden. Wenn die Fälle dagegen sehr heterogen seien, sollten am besten Extremtypen gebildet werden. Der Schwerpunkt wird hier auf die unterschiedlichen Merkmalsausprägungen gelegt (Kluge 1999).

Auf der Grundlage des Datenmaterials der vorliegenden Studie werden *Realtypen mit idealtypischem Konstruktionscharakter* gebildet. Nach Kluge (1999) wird dabei von Merkmalskombinationen gesprochen, die im Gegensatz zu idealtypischen Konstrukten in der Realität tatsächlich vorhanden und vorzufinden sind. Bei den Realtypen wird vor allem kritisiert, dass Realtypen stark zeit- und raumgebunden seien (Schütz 2016). Laut Weber (1976) verspricht jedoch die Bildung von Realtypen einen Erkenntnisfortschritt, wenn die einem Typus zugeordneten Fälle hinsichtlich der untersuchten Merkmale nur graduell variieren. Da die vorliegenden Fälle sehr ähnlich sind und die Typen in ihrer Gültigkeit an das zugrunde liegende empirische Material gekoppelt sind, wird in dieser Studie von *Realtypen mit idealtypischem Konstruktionscharakter* gesprochen.

Im Folgenden wird der Prozess der Typenbildung in der vorliegenden Studie detailliert nach den dargestellten vier Stufen vorgestellt. Da es sich um eine mehrdimensionale Typologie handelt, soll das dargestellte Modell nicht als starres und lineares Auswertungsschema verstanden werden. Die einzelnen Stufen bauen zwar logisch aufeinander auf, aber diese Stufen werden mehrfach durchlaufen. Besonders bei der Analyse inhaltlicher Sinnzusammenhänge auf Stufe 3 wurden bei jeder Analyse des Datenmaterials oft neue relevante Merkmale identifiziert (z. B. die Aufgabe des islamischen/katholischen Religionsunterrichtes bzw. die Rolle der islamischen Theolog:innen). Diese neuen Merkmale führen dazu, dass

„der Prozess der Typenbildung gewissermaßen auf einer Ebene höherer Komplexität fortgeführt wird, indem aus der bislang entwickelten Typologie und dem neuen Merkmal eine neue Typologie mit zusätzlichen Dimensionen entwickelt wird. Man steigt also ein weiteres Mal in den Kreislauf der Typenbildung ein, der mit der Explikation der Vergleichsdimensionen auf Stufe 1 beginnt, zu einer Erweiterung des Merkmalraums und dann zu einer neuen Gruppierung der Fälle führt (Stufe 2), die wiederum einer inhaltlichen Analyse (Stufe 3) unterzogen werden müssen." (Kelle 2010, S. 93)

5.3.1 Erarbeitung relevanter Vergleichsdimensionen: Reflexivität und Religiosität

Bei der Erarbeitung relevanter Vergleichsdimensionen geht es vor allem darum, Merkmale und Kategorien zu definieren, die Ähnlichkeiten und Unterschiede zwischen den Fällen angemessen erfassen und „anhand derer die ermittelten Gruppen und Typen charakterisiert werden können" (Kelle 2010, S. 190). In diesem Schritt werden ebenfalls die relevanten Subkategorien und Merkmalsausprägungen bestimmt.

Aus dem vorliegenden Material lassen sich zwei Aspekte ableiten, die in jedem Interview eine besondere Relevanz für die Interviewten hatten und somit die Grundlage für die Kategorienbildung darstellen. Diese Aspekte sind zum einen die individuelle Religiosität und zum anderen die Reflexion der religiösen sozialisatorischen Entwicklung. Aus diesem Grund erfolgte die Typisierung anhand dieser beiden Aspekte, nämlich des ersten Aspekts „Ausprägung der Religiosität" und des zweiten Aspektes „kritische Reflexion vs. unkritische Bewahrung von Tradition". Die identifizierten Vergleichsdimensionen bilden die Basis der Typologie. Die beiden Aspekte wurden so ausgewählt, dass die Fälle, die einer Kategorienkombination zugeordnet werden, sich möglichst stark ähneln

5.3 Auswertungsmethode

und dass zwischen den einzelnen Typen maximale Unterschiede bestehen. Somit soll die Typologie

„auf der Ebene der Typen maximal ‚intern' homogen sein, auf der Ebene der Typologie jedoch maximal ‚extern' heterogen. Es müssen also Kategorien und Subkategorien erarbeitet werden, mit deren Hilfe die im Untersuchungsfeld tatsächlich bestehenden Ähnlichkeiten (interne Homogenität) und Unterschiede (externe Heterogenität) zwischen den Untersuchungselementen (Personen, soziale Gruppen, Verhaltensweisen, Handlungen, Ereignissen, Normen, Städte, Organisationen etc.) möglichst gut beschrieben und anhand derer die ermittelten Gruppen und Typen schließlich charakterisiert werden können." (Kelle 2010, S. 194)

Die Vergleichsdimensionen wurden im Rahmen der Kodierung des Materials deduktiv und induktiv entwickelt.

Der erste *Aspekt „stark ausgeprägte Religiosität"* vs. *„wenig ausgeprägte Religiosität"* der Typenkonstruktion erfolgt anhand der Glockschen (1969, 151 ff.) Glaubensdimensionen und deren Erweiterung durch Boos-Nünning (1972, S. 108). Die Auswahl des Verfahrens nach Glock wurde bewusst vorgenommen, da dieses Instrument schon vielfach zur Darstellung der Religiosität – etwa im international vergleichenden Religionsmonitor (Pickel 2013a) – und explizit auch zur Abbildung muslimischer Religiosität (El-Menouar 2014 2017) in sozialwissenschaftlichen Studien eingesetzt wurde (Karakaşoğlu-Aydın 2000; Öztürk 2007; Uygun-Altunbaş 2017). Die Autorinnen stellen fest, dass die zentralen Gesichtspunkte der islamischen Religiosität in die Dimensionen der Religiosität nach Glock integrierbar sind (vgl. auch Karakaşoğlu-Aydın 2000; Öztürk 2007; Uygun-Altunbaş 2017). Religiöse Orientierungen können nach Glock in folgenden Dimensionen erhoben werden:

- Dimension der religiösen Erfahrung: Diese beinhaltet die unmittelbare subjektive Erfahrung, die mehr mit dem Gefühl als mit dem Verstand erfasst wird und jeweils sehr individuell ist (vgl. Glock 1969, S. 161),
- Dimension des religiösen Glaubens: Diese wird auch als ideologische Dimension bezeichnet; sie beinhaltet die zentralen Glaubensüberzeugungen und gibt Antworten bezüglich der Glaubensstruktur und setzt sich nach Glock aus drei Subdimensionen zusammen, nämlich den Glaubensgrundlagen, der Definition der Rolle des Menschen in Bezug auf den göttlichen Willen und dem Aufstellen von Glaubensaussagen, die das rechte Verhalten des Menschen gegenüber Gott und gegenüber seinen Mitmenschen festlegen (vgl. Glock 1969, S. 155),
- Dimension der religiösen Praxis: Diese beinhaltet die ausgeübten Praktiken und Rituale einer Religion durch die Anhängerinnen und Anhänger,

- Dimension der Konsequenzen aus den religiösen Überzeugungen: Diese fasst Effekte religiösen Glaubens, religiöser Praxis, religiöser Erfahrung und religiösen Wissens auf die Alltagsgestaltung des einzelnen Menschen zusammen (vgl. Glock 1969, S. 164),
- Dimension des religiösen Wissens: Diese wird auch als intellektuelle Dimension bezeichnet und beinhaltet die Auseinandersetzung der Anhängerinnen und Anhänger einer Religion mit deren grundlegenden Lehrsätzen (vgl. Glock 1969, S. 164).

Diese fünf Dimensionen wurden durch eine weitere Dimension erweitert, nämlich die Bindung an religiöse Gemeinden bzw. die Einbindungen in religiöse Netzwerke, die vor allem auf die soziale Dimension der Religiosität hinweisen (Boos-Nünning 1972, S. 108).

In der Abb. 5.2 werden die Wertetypen dargestellt. Der zweite Aspekt „Reflexion vs. Bewahrung" entspricht der Schwartz'schen kulturellen Wertepolarität „oppenness to change vs. conservation" (Schwartz 1992). Dabei stehen sich Werte gegenüber, die einerseits unabhängiges Denken und Handeln (self direction, Stimulation, Hedonism) und andererseits Erhaltung, Bewahrung und traditionelles Handeln (Security, Conformity, Tradition) mitberücksichtigen.

> „The defining goal of this value type [self-direction] is independent thought and action- choosing, creating, exploring. [...] The defining goal of this value type [conformity] is restraint of actions, inclinations, and impulses likely to upset or harm others and violate social expectations or norms." (Schwartz 1992, S. 7)

Gennerich (2010) nimmt bei seiner Modellentwicklung zur wertebezogenen Religiosität junger Erwachsener in Anlehnung an Schwartz die Vorarbeiten von Stoodt und Biehl zur wechselseitigen Vermittlung von Tradition und Erfahrung auf und reformuliert diese auf der Grundlage des empirischen Wertemodells von Schwartz. Dabei wird die Polarität „kritische Reflexion vs. unkritische Bewahrung" der Schwartzschen Polarität „Offenheit für Wandel vs. Bewahrung" gleichgesetzt (vgl. Gennerich 2007) und mit der Polarität „Progression und Regression" (Biehl 1992) als relevante Dimension der Theologie in der Religionspädagogik betrachtet (Feige und Gennerich 2008).

5.3 Auswertungsmethode

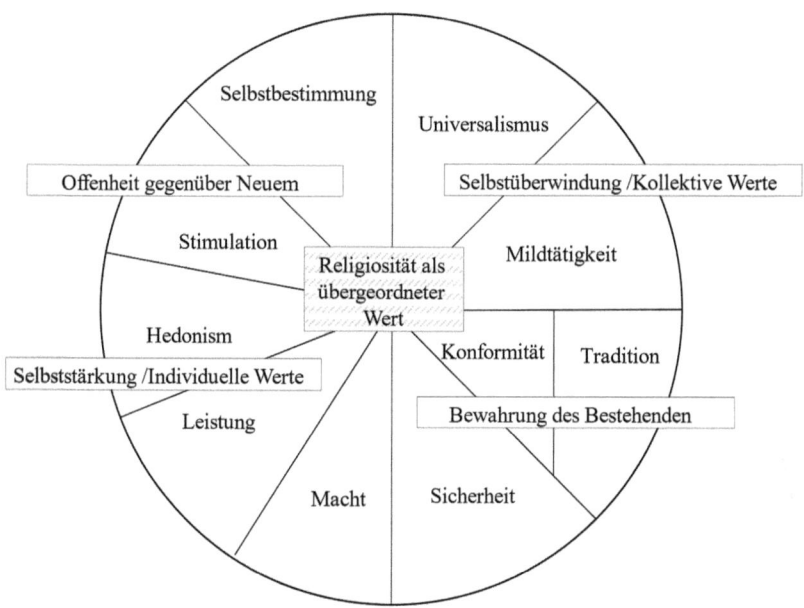

Abb. 5.2 Die Wertetypen nach Schwartz (1996, S. 5; Übersetzung: Margit Stein)

5.3.2 Gruppierung der Fälle und Analyse empirischer Regelmäßigkeiten in Bezug auf Reflexivität und Religiosität

In diesem Schritt wurden die Fälle anhand der definierten Kategorien und ihrer Ausprägungen gruppiert. Zudem wurden die ermittelten Gruppen hinsichtlich empirischer Regelmäßigkeiten untersucht. Hierbei wurde das Konzept des Merkmalsraums verwendet. „Alle Ausprägungen eines Merkmals bzw. einer Variablen bilden [...] zusammen eine „Dimension" oder einen „Merkmalsraum". „Dimensionalisierung" ist also der Vorgang, bei dem man Ausprägungen für Merkmale oder Subkategorien für Kategorien sucht" (Kelle 2010, S. 87). Mit dem Konzept des Merkmalsraums wird ein Überblick über alle potenziellen Kombinationsmöglichkeiten und auch über konkrete empirische Verteilungen der Fälle auf die Kategorienkombinationen gegeben. Zur besseren Übersichtlichkeit wurde dieser Vorgang mit einer Mehrfeldertafel (dazu auch z. B. Lazarsfeld 1937; Barton 1955) dargestellt. Die Fälle wurden auch in dieser Stufe kontrastiert bzw. miteinander

Tab. 5.3 Mögliche Ausprägungen der Religiosität und der Reflexion

Ausprägung der Religiosität	Ausprägung der Reflexion		
	Niedrig	Mittel	Hoch
Niedrig	Nicht ermittelt	Nicht ermittelt	Nicht ermittelt
Mittel	**Wissensvermittler:innen/ Repräsentant:innen**	Nicht ermittelt	Nicht ermittelt
Hoch	Nicht ermittelt	**Wertevermittler:innen/ Brückenbauer:innen**	**Reflektierer:innen/ Universalist:innen**

verglichen, um, wie vom Modell gefordert, die interne Homogenität der gebildeten Gruppen zu gewährleisten. Anschließend wurden die Gruppen untereinander verglichen, um zu überprüfen, ob eine hohe externe Heterogenität herrscht. Um den dazu gehörigen Merkmalraum zu bilden, wurden die beiden Kategorien bzw. Merkmale „Religiosität" und „Reflexion" dimensionalisiert, indem ihnen die Subkategorien bzw. Merkmalsausprägungen „hoch", „mittel" und „niedrig" zugeordnet wurden. Die Tab. 5.3 zeigt durch eine Kreuztabellierung der Subkategorien mögliche Typen. Hierbei wurden nur die Felder benannt, die auch Personenfälle beinhalteten.

Aus dem vorliegenden Datenmaterial konnten jedoch lediglich drei Typen herausgearbeitet werden. Vor allem zu der niedrigen Religiosität gab es keine Aussagen in den Interviews. Alle Interviewten betonten ihre Religiosität. Um die Ausprägungen der Religiosität aus dem Material herauszuarbeiten, wurden die beschriebenen Dimensionen nach Glock (1969) und Boos-Nünning (1972) angewendet. Somit wurde die vorgestellte Typologie systematisch und explizit durch eine Kombination von Merkmalen konstruiert. Die *Wissensvermittler:innen/ Repräsentant:innen* geben zwar in den Interviews ebenfalls an, hochreligiös zu sein, jedoch bezieht sich ihre Religiosität vor allem oftmals auf die Befolgung von Geboten sowie die Einhaltung von religiösen Vorschriften, sodass diesen eine mittlere Religiosität zugeordnet wurde.

Tab. 5.4 stellt eine Zusammenfassung der gebildeten Typen in Bezug auf die Glaubensüberzeugungen und -praktiken in verschiedenen Dimensionen dar. Die religiöse Erfahrung wird durch ein Gefühl von Schutz, Sicherheit und innerem Frieden für die Wissensvermittler:innen/Repräsentant:innen charakterisiert. Für die Wertevermittler:innen/Brückenbauer:innen steht das Erlebnis der Liebe und Ehrfurcht vor Gott im Vordergrund, während die Reflektierer:innen/ Universalist:innen Zufriedenheit und Vollkommenheit in ihrem Glauben suchen.

5.3 Auswertungsmethode

In der ideologischen Dimension des Glaubens wird deutlich, dass Wissensvermittler:innen sich auf das Wissen um die Existenz Gottes konzentrieren, ihre Glaubensgrundlagen festlegen und ihre Religion als die einzig wahre Religion ansehen. Im Gegensatz dazu betonen die Wertevermittler:innen die Wichtigkeit des Glaubens an Gott und seiner Botschaft als einen Weg des Lebens, sind aber gleichzeitig offen gegenüber anderen Religionen. Reflektierer:innen hingegen betrachten den Glauben als einen Weg zur Selbstentwicklung und Selbstkenntnis, wobei sie alle Religionen als gleichwertig ansehen. Bezüglich der religiösen Praxis integrieren Wissensvermittler:innen ihre Gebete und das Lesen heiliger Schriften in den Alltag, obwohl diese Praxis manchmal nachrangig behandelt wird. Wertevermittler:innen pflegen eine intensive religiöse Praxis, die tägliches Beten, Fasten, Lesen von religiösen Texten sowie zwischenmenschliche Beziehungen und den Austausch über religiöse Themen beinhaltet. Die Reflektierer:innen führen ähnliche religiöse Praktiken aus, sind aber auch auf eine kritische Auseinandersetzung mit ihrem Glauben bedacht. In der Dimension des religiösen Wissens konzentrieren die Wissensvermittler:innen sich auf die Glaubensgrundlagen. Wertevermittler:innen hingegen legen Wert auf die Grundlagen ihrer Religion und setzen sich aktiv und teilweise intellektuell mit den Inhalten ihrer heiligen Schriften auseinander. Das Gleiche gilt für die Reflektierer:innen, die zusätzlich eine subjektive Wahrheitssuche betonen. Die Konsequenzen aus ihren religiösen Überzeugungen führen dazu, dass alle Gruppen Gebote befolgen und religiöse Vorschriften einhalten. Während Wissensvermittler:innen sich auf die Befolgung von Geboten konzentrieren, legen Wertevermittler:innen zusätzlich Wert auf ethische und soziale Aspekte, die die Gemeinschaft betreffen, und geben ihre Erfahrungen und spirituellen Überzeugungen weiter. Reflektierer:innen betonen die Bedeutung sozialethischer Haltungen für das Miteinander. Im Hinblick auf die Bindung an religiöse Gemeinschaften besuchen Wissensvermittler:innen zwar Moscheen oder Kirchen, jedoch eher selten, während Wertevermittler:innen diesen Orten eine hohe Bedeutung beimessen, insbesondere in Bezug auf die Gemeinschaft. Für Reflektierer:innen sind solche Einrichtungen ebenso wichtig. Zuletzt zeigen sich Unterschiede im ehrenamtlichen Engagement, das bei Wissensvermittler:innen kaum ausgeprägt ist, wohingegen Wertevermittler:innen und Reflektierer:innen hier ein hohes Engagement zeigen und sich somit auch jenseits des persönlichen Glaubens für die Gemeinschaft einsetzen.

Tab. 5.4 Dimensionen der Religiosität nach Typen

Wissensvermittler:innen/ Repräsentant:innen	Wertevermittler:innen/ Brückenbauer:innen	Reflektierer:innen/ Universalist:innen
Dimension der religiösen Erfahrung (religiöses Erleben)		
Schutz, Sicherheit, Geborgenheit, Frieden, Liebe/Ehrfurcht vor Gott	Bindung und Hingabe an Gott/Gottvertrauen	Zufriedenheit, Vollkommenheit
Dimension des religiösen Glaubens (ideologische Dimension)		
Wissen um die Existenz Gottes Glaubensgrundlagen Beantwortung von Sinnfragen Eigene Religion als einzig wahre Religion	Glaube an Gott und die Verkündung seiner Botschaft Glaube als Lebensweise Ziel: Vollkommenheit/ Reife Bei Muslim:innen: Innermuslimisch frei, andere Religionen werden respektiert	Glaube als Weg zur Selbsterkenntnis/Entwicklung einer eigenen Persönlichkeit Eigene Religion ist mit den anderen Religionen gleichgesetzt
Dimension der religiösen Praxis		
Tägliche Gebete werden dem Alltag untergeordnet Befolgung religiöser Gebote (hoch) Lesen (Bibel, Koran) (mittel)	Tägliche Gebete (hoch) Befolgung religiöser Gebote (hoch) Lesen (Bibel, Koran) (hoch) Zwischenmenschliche Beziehungen (hoch) Religiöse Gespräche (hoch) Verteidigung der eigenen Religion	Tägliche Gebete (hoch) Befolgung religiöser Gebote (hoch) Lesen (Bibel, Koran) (hoch) Zwischenmenschliche Beziehungen (hoch) Religiöse Gespräche (hoch) Kritische Auseinandersetzung mit dem Glauben
Dimension des religiösen Wissens (intellektuelle Dimension)		
Aneignung klassisch-religiöser Bildung (hoch) Grundlagen der Religion (mittel)	Grundlagenwissen zur Religion (hoch) Aktive und z. T. intellektuelle Auseinandersetzung mit Inhalten des Korans/der Bibel	Grundlagenwissen zur Religion (hoch) Aktive und z. T. intellektuelle Auseinandersetzung subjektive Wahrheitsfindung

(Fortsetzung)

5.3 Auswertungsmethode

Tab. 5.4 (Fortsetzung)

Wissensvermittler:innen/ Repräsentant:innen	Wertevermittler:innen/ Brückenbauer:innen	Reflektierer:innen/ Universalist:innen
Dimension der Konsequenzen aus den religiösen Überzeugungen		
Befolgung von Geboten/ Einhaltung von religiösen Vorschriften	Befolgung von Geboten und ethisch-moralischen Grundprinzipien Pflichtbewusstsein und Rechenschaftspflicht vor Gott Weitergabe von religiösen Erfahrungen und spirituellen Bezügen	Befolgung von Geboten und ethisch-moralischen Grundprinzipien Weitergabe von ethischen Grundhaltungen, die das Miteinander und Zusammenleben von Menschen betreffen
Dimension der Bindung an religiöse Gemeinden		
Moscheen/Kirchen wichtig, jed. selten besucht Moscheegemeinden /Kirchen als Orte religiöser Bildung/ Praxis	Gemeinschaftsbezug (hoch)	Moscheen/Kirchen enorm wichtig, vor allem Bedeutung der Gemeinschaft
Dimension des ehrenamtlichen Engagements		
Kaum	Hoch	Hoch

5.3.3 Analyse inhaltlicher Sinnzusammenhänge der Typen

In der dritten Stufe wurde eine Analyse der inhaltlichen Sinnzusammenhänge vorgenommen, die den empirisch vorgefundenen Typen zugrunde liegen. Denn „eine sozialwissenschaftliche Analyse qualitativer Daten bleibt natürlich nicht bei der Konstruktion von Merkmalsräumen und der beschreibenden Darstellung des Zusammenhangs von Kategorien und Merkmalen stehen, sondern muss [insbesondere im Rahmen der erfolgenden Typenbildung] soziale Strukturen aufdecken, die durch die betrachteten Merkmalskombinationen repräsentiert werden" (Kelle 2010, S. 101). Bei der Analyse der inhaltlichen Sinnzusammenhänge zwischen Kategorien, hier in Bezug auf die Religiosität und die Reflexivität, wurden die Fälle erneut innerhalb der einzelnen Gruppen und auch zwischen den Gruppen miteinander verglichen bzw. kontrastiert.

„Diese Vergleiche können dabei dazu führen, dass Fälle anderen Gruppen zugeordnet werden, denen sie ähnlicher sind, stark abweichende Fälle zunächst aus der Gruppierung herausgenommen und separat analysiert werden, zwei oder auch drei Gruppen zusammengefasst werden, wenn sie sich sehr ähnlich sind oder einzelne Gruppen weiter differenziert werden, wenn starke Unterschiede ermittelt werden." (Kelle 2010, S. 102)

Durch die Datenanalyse und die Reduktion des Merkmalsraums auf Basis des Datenmaterials erfolgte somit bei der Analyse der Interviews mit den 83 interviewten katholischen bzw. islamischen Lehramtsanwärter:innen sowie islamischen Theologinnen und Theologen eine Reduktion auf drei Typen.

Die Merkmale und deren Ausprägungen wurden im Laufe des Auswertungsprozesses anhand des Datenmaterials „dimensionalisiert" (vgl. Strauss 1998; Strauss und Corbin 2003; Kelle 1997, 2010). Die thematische Kodierung der Interviews erfolgte computergestützt (mithilfe der Software MAXQDA) und unter Anwendung eines Kodierleitfadens (Mayring 2010). Der Kodierleitfaden ist in der Tab. 5.5 zusammengefasst. Später wurden weitere Merkmale, wie z. B. Einstellungen zu genderspezifischen Rollenmustern im Mann-Frau-Verhältnis oder im Zusammenspiel von Staat und Religion(sgemeinschaften), zu den Aufgaben des katholischen bzw. islamischen Religionsunterrichts sowie der Rolle islamischer Theologinnen und Theologen in der Gesellschaft hinzugezogen.

Die Fälle wurden auch in diesem Schritt erneut analysiert und gruppiert. Die Fälle, die einer Kombination zugeordnet wurden, wurden miteinander verglichen, um die interne Homogenität der gebildeten Gruppen zu überprüfen. Außerdem wurden die Gruppen, das heißt die drei herauskristallisierten Typen, untereinander verglichen und es wurde überprüft, ob eine hohe externe Heterogenität herrscht (dazu auch Kluge 2000). Zusätzlich wurden weitere Merkmale und Kategorien identifiziert, welche die Gruppen weiter trennen. Unmittelbar auffällig war die zwischen den Gruppen stark divergierende Bedeutung, die dem Religionsunterricht und der Rolle der Lehrkraft beigemessen wurde. Als zusätzliche Merkmale und Kategorien wurden neben den beiden Hauptdimensionen der Reflexivität und der Religiosität die Aufgaben des Religionsunterrichtes, die Rolle der Lehrkraft bzw. von islamischen Theologinnen und Theologen, die in der Herkunftsfamilie gemachten Erziehungserfahrungen sowie genderbezogene und politische Einstellungen hinzugezogen. Die Kategorien, die deduktiv und induktiv herausgearbeitet wurden, leiteten eine vertiefende Analyse ein. Die neu eingesetzten Merkmale trennten gut zwischen den Typen, sodass neue Merkmalsräume ergänzt wurden. Zudem wurden die Typen mit demographischen Merkmalen und Besonderheiten in Zusammenhang gebracht, wodurch durch mehrere Runden des Typenbildungszyklus eine komplexere Typologie entwickelt werden konnte. In diesem Schritt werden oft überraschende Befunde identifiziert. Auffällig war an

5.3 Auswertungsmethode

Tab. 5.5 Kodierleitfaden für die Religiosität und Reflexion

Kategorie	Definition	Ankerbeispiele	Kodierregeln
Stark ausgeprägte Religiosität	Starkes subjektives Zugehörigkeitsgefühl zur ausgeübten Religion Stark ausgeprägte religiöse Überzeugungen Starke Einhaltung des Rituellen Starke Orientierung an der Religion im Alltag Großes Wissen über die Religion Starke Bindung an religiöse Gemeinden	„Ein Moslem betet etwa fünf Mal am Tag. Das mache ich auch. Ich versuche schon mein Leben so einzurichten, dass ich diese Gebete nicht verpasse." (IRL10_m) „Wenn es irgendwie, irgendwo zu einer Situation kommt, wo es zwei Optionen gibt, dann gucke ich, was religiös korrekter wäre." (IRL2_m)	Alle Aspekte der Definition weisen in Richtung „hoch/stark". Kein Aspekt lässt auf die anderen Kategorien schließen
Stark ausgeprägte Reflexion	Intellektueller und insbesondere individueller religiöser Zugang Trennung zwischen Kultur und Religion Kritik an der traditionellen Religionsausübung der Eltern Hinwendung zur reflektierten Religion	„Was möchte Gott eigentlich von mir, warum möchte das eigentlich Gott von mir. Mein Unterrichtsstil wäre so mehr an die Moderne angepasst. Und so diesen, hinterfragen und argumentieren, diskutieren, Meinungen sagen, sich dagegenstellen, sich dafür stellen." (IRL30_w)	Alle Aspekte der Definition weisen in Richtung „hoch/stark". Kein Aspekt lässt auf die anderen Kategorien schließen

dem untersuchten Material, dass bei der Auswertung der Interviews mit den angehenden islamischen Religionslehrkräften dem Typus *„Wissenvermittler:innen/Repräsentant:innen"* vor allem junge Frauen und dem Typus *„Reflektier:innen/Universalist:innen"* überwiegend junge Männer zugeordnet wurden. Eine Erklärung hierfür könnte in der kleinen Fallzahl bzw. der Verteilung der Geschlechter in der Stichprobe liegen.

5.3.4 Charakterisierung der gebildeten Typen

In der vierten Stufe wurde die Charakterisierung der Typen vorgenommen. Es lassen sich drei Typen herauskristallisieren. Aufgrund des Datenmaterials aus den Interviews wurden die markanten bzw. typischen Merkmale bzw. Ausprägungen eines Typus bestimmt. Die beiden Dimensionen, welche die Typen konstituieren, sind erstens in Bezug auf die Religiosität und deren Stärke gefasst und zweitens in Bezug auf die Bewahrung von religiösen Traditionen versus die eigenständige Reflexion kulturell-religiöser Muster hin orientiert.

Bei den gebildeten Typen handelt es sich um *empirisch bestimmte Realtypen mit idealtypischem Konstruktionscharakter*. Realtypen sind dabei empirisch vorfindbare Gruppierungen. Idealtypen stellen eine Konstruktion bzw. Überspitzung der ausgewählten Merkmale dar und basieren auf einer Vernachlässigung einzelner anderer Aspekte, die als wenig relevant eingestuft worden sind. Beim Idealtypus handelt es sich um einen bereits nach Weber (1988) eingeführten Begriff. Weber (1988) definiert die Idealtypen als „theoretische Konstruktionen unter illustrativer Benutzung des Empirischen"; das Empirische dient dabei jedoch nur als heuristisches Mittel zur „Verdeutlichung der Wirklichkeitsstruktur" (Gerhardt 1986). Die Konstruktion eines Idealtypus erfolgt durch eine

> „einseitige Steigerung eines oder einiger Gesichtspunkte und durch Zusammenschluss einer Fülle von diffus und diskret, hier mehr, dort weniger, stellenweise gar nicht, vorhandenen Einzelerscheinungen, die sich jenen einseitig herausgehobenen Gesichtspunkten fügen, zu einem in sich einheitlichen Gedankenbilde." (Weber 1988, S. 191)

Die Entwicklung der Realtypen beruht im Gegensatz zur Bildung der Idealtypen vor allem auf der empirischen Operationalisierung (Tippelt 2009); sie

> „werden beispielsweise durch Cluster-, Faktoren- oder Diskriminanzanalysen ermittelt und sind damit in ihrer Gültigkeit an das zugrundeliegende empirische Ausgangsmaterial gekoppelt. Insofern bleiben die induktiv aus quantitativen oder auch qualitativen Daten gewonnenen Realtypen stark zeit- und raumgebunden." (Schmidt-Hertha und Tippelt 2011, S. 25)

In der vorliegenden Studie erfolgt bei der Typenbildung sowohl ein Rückgriff auf die empirisch gestützten Realtypen wie auch auf die theoretisch darauf hin konstruierten Idealtypen im Sinne einer Zusammenfassung der zu einer Gruppe zugeordneten Fälle und im Sinne einer Reduktion auf die ausgewählten Aspekte. Als Typ werden diejenigen Fälle zusammengefasst, die die betreffende Gruppe

5.3 Auswertungsmethode

am meisten repräsentieren, sodass es sich hier um empirisch bestimmte Realtypen handelt, die in der Realität so vorzufinden sind. Jedoch wurde bei der Auswertung ebenfalls darauf geachtet, dass bestimmte Merkmale (z. B. Religiosität, Reflexion) hervorgehoben wurden, ohne diese dabei zuzuspitzen. Diese Berücksichtigung bzw. Unterstreichung einzelner Merkmale im Sinne der Idealtypen soll einerseits ermöglichen, den optimalen und idealen Charakter des Typus herauszuarbeiten und andererseits die Eigenart der Fälle dennoch besonders gut zu betonen. Daraus ergibt sich der idealtypische Konstruktionscharakter der empirisch bestimmten Realtypen dieser Studie. Diese Verbindung eignet sich besonders, da dabei die Eigenarten der Einzelfälle deutlich in einem Typus herausgearbeitet werden können und der Typus dennoch die Gruppe, für die er gebildet ist, repräsentiert. Die Fälle wurden anhand der Merkmale, die die Gruppe aufweist, ausgewählt und die gesamte Gruppe so treffend wie möglich charakterisiert und benannt. Somit weisen die gebildeten Typen einen großen Bezug zum untersuchten Gegenstandsbereich auf.

Die drei Typen lassen sich deutlich voneinander separieren. Die Darstellung der Typen beinhaltet keine normative Wertung, sondern beschreibt zunächst die gemeinsamen Eigenschaften eines Typus. Bei den Typen handelt es sich um „markante Ausprägungen auf einer Typisierungsdimension" (Mayring 2010, S. 98).

Bevor die Zuordnung zu den einzelnen Typen der Studierenden unterschiedlicher Studienrichtungen erfolgt, werden in den nächsten Kapiteln zunächst die einzelnen Interviewtengruppen beschrieben. Im Kap. 9 werden die drei herausgearbeiteten Typen detailliert vorgestellt.

Empirische Vorstellungen der angehenden islamischen Religionslehrkräfte 6

Bei den (angehenden) islamischen Religionslehrkräften wird auf 34 Interviews zurückgegriffen. Das Durchschnittsalter beträgt 24 Jahre. 28 Personen sind in Deutschland geboren und sechs Personen in einem anderen Land. Dabei hat eine Person keinen Migrationshintergrund. Die Personen sind überwiegend (27 von 34) türkeistämmig. Bei den Studierenden der Islamischen Theologie mit Lehramtsoption sind 15 Personen männlich und 19 Personen weiblich zu. Zwei Personen geben an, zum Islam konvertiert zu sein. In diesem Kapitel wird das Interviewmaterial der (angehenden) islamischen Religionslehrkräfte analysiert.

6.1 Migrationsgeschichte, Sprachlichkeit und Selbstverortung

Zwar geben alle bis auf eine Person an, dass sie einen Migrationshintergrund haben und scheinen zunächst somit als eine homogene Gruppe. Bei der genauen Betrachtung der Migrationsgeschichte der Interviewten ergibt sich jedoch ein differenzierteres Bild (vgl. Boos-Nünning 2019). So bezeichnen sich die Interviewten im Sinne einer „Eigentypisierung" (Imhof 1994, S. 408) als Angehörige unterschiedlicher Einwanderergenerationen. Die interviewten Personen nehmen diese Zuordnung selbst vor, ohne dass die Interviewer:innen sie danach fragen würden. Sie beschreiben sich mehrheitlich selbst als zweite oder dritte Einwanderergeneration:

„Mein Großvater [ist] als Gastarbeiter [...] eingereist und [...] irgendwann hat er die Frau hergeholt, die Familie hergeholt. Seit 1969 ist mein Opa hier und heute lebe ich in der dritten Generation." (IRL8_m)

„Also meine Großeltern waren Gastarbeiter, ich bin die dritte Generation hier, mein Großvater, also der Vater von meinem Vater, und der Vater von meiner Mutter sind als Gastarbeiter hierher gekommen und haben hier ganz normal gearbeitet. Mein Vater hat sein Abitur in der Türkei gemacht." (IRL30_w)

Die meisten interviewten Studierenden unter den angehenden islamischen Religionslehrkräften beschreiben, dass ihre Großeltern oder Eltern im Zuge der sogenannten Gastarbeiter:innenbewegung ab den 1960er Jahren nach Deutschland gekommen seien (Boos-Nünning 2019). Sie präzisieren ihre Aussagen zur eigenen Herkunft dadurch, dass sie das Herkunftsland der Großeltern bzw. der Eltern angeben. „Ja, ich bin hier in Deutschland geboren. [...] ursprünglich bin ich aus der Türkei, also meine Familie ist aus der Türkei" (IRL1_m). Die Darstellung der Migrationsgeschichte der Familien zeigt ein stark heterogenes Bild der Migration nach Deutschland. Neben den unterschiedlichen Herkunftsländern ergeben sich verschiedene Konstellationen in der Migrationsgeschichte der Eltern und der Großeltern in Bezug auf die genauen Zeitpunkte der Migration der Familien nach Deutschland.

„Mein Vater ist mit ungefähr fünf Jahren nach Deutschland gekommen. Meine Mama ist aber erst nach Deutschland eingeheiratet." (IRL4_w)

„Mein Opa von väterlicher Seite ist dann hier nach Deutschland gekommen und nach ein paar Jahren hat er dann auch meinen Vater hierhergebracht, der war dann 15 Jahre." (IRL5_w)

„Mein Vater und ich sind in Deutschland geboren, aber meine Mutter und meine Großeltern nicht." (IRL6_w)

„Meine Mutter kam dann sehr jung nach Deutschland. Mein Vater ist später dazu gekommen, als er mit meiner Mutter geheiratet hat. Als erstes war mein Vater aber in Österreich. Danach ist er von Österreich nach Deutschland gekommen." (IRL16_m)

„Also ich bin in Deutschland geboren und dann zurückgeflogen, da war ich dann circa 8 Jahre lang. Dann, als ich schulpflichtig wurde, dann sind wir nach Deutschland gekommen und so hiergeblieben." (IRL20_w)

„Meine Eltern sind zwar hier geboren, aber Großeltern sind ursprünglich aus einem anderen Land." (IRL_29_w)

„Eltern sind gar nicht gekommen, da ich selbst hierhin geheiratet habe. Ich habe eine Migrationsgeschichte, keinen Hintergrund." (IRL22_w)

„Ich bin ja mit sechs Jahren nach Deutschland gekommen." (IRL10_m)

6.1 Migrationsgeschichte, Sprachlichkeit und Selbstverortung

Die Analyse des Datenmaterials zeigt deutlich, dass die Zustimmung, ob man einen Migrationshintergrund hat oder nicht, sehr subjektiv ist und stark mit den oben thematisierten Fremd-, aber auch Eigensemantiken sowie mit dem Konzept der Eigenmuslimisierung oder Eigenethnisierung zusammenhängt (Lingen-Ali 2012, 2015; Lingen-Ali und Mecheril 2016).

> „Ja, also ein bisschen Migrationshintergrund habe ich auch. Mein Vater kommt aus Deutschland und auch seine Eltern sind in Deutschland geboren und meine Mutter ist in [europäisches Land] geboren, ich bin auch selber in [europäisches Land] geboren." (IRL25_w)

Einige der Interviewten kritisieren die Frage nach der eigenen und familiären Migrationsgeschichte der Interviewten und weisen darauf hin, dass sie die Frage nicht beantworten können bzw. diese auch nicht beantworten möchten. In den Ausführungen hierzu zeigen sich Parallelen zur ebenfalls in der Literatur geführten Diskussion, ob der Begriff des Migrationshintergrundes als Konzept nicht eher ein othering (Mecheril 2019) befördere und überhaupt noch angebracht sei vor dem Hintergrund, dass die Bevölkerung eines Landes niemals einheitlich ethnisch, religiös oder kulturell homogen war und stets durch Migrationsprozesse gebildet bzw. umgebildet wurde:

> „Ich finde erst einmal den Begriff Migrationsgeschichte falsch. Wir können das so sagen, dass ich einen Migrationshintergrund habe, wenn man bedenkt, dass nur meine Eltern aus einem anderen Land hergereist sind. Ich finde aber allgemein die Frage falsch. Sehen Sie, in Amerika wird ein Schwarzer nicht einfach gefragt, was denn seine Migrationsgeschichte sei. An sich also ist die Frage problematisch. Ich bin in Deutschland geboren und fühle mich als Deutscher und meine Eltern kommen aus [nicht europäisches Land]." (IRL15_m)

Somit zeigt die detaillierte Analyse der Migrationsgeschichten der jungen Studierenden, dass es sich um die ersten, zweiten sowie dritten Generationen von Menschen mit Migrationshintergrund handelt. Zusätzlich wird auch deutlich, dass ebenfalls bei den zweiten Generation Unterschiede in der Migrationsgeschichte vorzufinden sind. So können deren Eltern der ersten und der zweiten Generation zugeordnet werden. Selbst die Interviewten erweichen diese Zuordnung und bezeichnen die erste Generation als zweite Generation, wenn die Eltern im Kleinkindalter nach Deutschland gekommen sind. Zwar geben sehr viele Interviewte die Türkei als Herkunftsland ihrer Eltern bzw. Großeltern an, bei der genauen Auswertung der Interviews zeichnet sich aber auch hier ein sehr heterogenes Bild der Interviewten ab, das homogenisierenden Zuschreibungen, die sich besonders häufig auf die Gruppe der Musliminnen und Muslime beziehen (Ulfat 2021), entgegenspricht. So erfolgt insbesondere die eigene ethnische Zuordnung der Herkunftsfamilie sehr differenziert. Auch bei der auf den ersten Blick häufig fälschlicherweise als homogen angesehene Gruppe der muslimischen und türkeistämmigen Nachfahren der Gastarbeiter:innenbewegung manifestieren sich unterschiedlichste heterogene ethnische, kulturelle und sprachbezogene Zugehörigkeiten bedingt durch die multiethnische und -religiöse Zusammensetzung der Türkei:

> „Wir sind Tscherkessen. Das heißt bei uns ist das sehr, sehr, sehr da, mit in die Erziehung reingeflossen." (IRL4_w)
>
> „Wir sind Kurden." (IRL18_w)
>
> „Also habe ich auch kurdische Wurzeln, spreche aber auch beide Sprachen [gemeint sind Türkisch und Kurdisch; Anmerkungen der Autorinnen]." (IRL10_m)

Die Unterschiede zwischen den Generationen werden ebenfalls in den Interviews thematisiert. Dabei wird die erste Generation noch als sehr stark an das Herkunftsland gebunden gesehen und es wird geschildert, dass sie im höheren Lebensalter nach der Pensionierung zurück in das Herkunftsland ziehen wolle. Bei der zweiten Generation wird darauf hingewiesen, dass sie sich zwar dem Herkunftsland der Eltern stark verbunden fühle, jedoch aufgrund der eigenen Kinder eher in Deutschland bleibe. Die dritte Generation wird als in Deutschland angekommen und gut integriert beschrieben, die das Herkunftsland der Großeltern eher aus Erzählungen und Urlaubsaufenthalten kenne und somit Deutschland als tatsächliche Heimat ansehe und das Herkunftsland der Großeltern nur als einen Urlaubsort akzeptiere.

> „Sie waren Gastarbeiter, die keinen guten Bildungsstand haben, damit die hier sozusagen nur als Fließbandarbeiter usw. arbeiten, und meine Großeltern waren auch tatsächlich so, das waren Menschen aus Dörfern, und die sind hierher gekommen und haben nach und nach ihre Kinder hierhergeholt. Sie haben sich einfach ein Leben hier aufgebaut. Es ist tatsächlich so, dass die erste Generation wieder zurückgeht, meine Großeltern haben sich wunderbare Häuser in der Türkei gekauft mit dem ganzen Geld, was sie hier verdient haben, und bei der zweiten Generation ist es so, dass die Eltern jetzt immer zu fünfzig Prozent gehen wollen, aber hier auch bleiben wollen, weil die ganzen Kinder bleiben wollen und die dritte Generation ist ganz deutsch, also die wollen nichts mit der Türkei zu tun haben, die mögen das nur als Urlaubsort, aber als tatsächliche Heimat wird das, glaub ich, nicht so sehr angesehen, weil man hat dieses Gefühl nicht, man ist hier aufgewachsen, wie soll ich denn überhaupt so ein Nationalgefühl dafür entwickeln, vielleicht ist man ein bisschen patriotisch, weil die Eltern

6.1 Migrationsgeschichte, Sprachlichkeit und Selbstverortung

so sind, aber ganz tief im Herzen spürt man, dass man eigentlich hier sich heimisch fühlt, weil man hier aufgewachsen ist." (IRL30_w)

Bei der Auswertung der Selbstverortung kann jedoch diese Sichtweise nicht auf alle Interviewten übertragen werden. So kristallisieren sich unterschiedliche Selbstverortungen in ethnischer und kultureller Hinsicht heraus. Dabei geben die Interviewten an, sich dem Herkunftsland der Großeltern/Eltern zugehörig zu fühlen. Interessant ist an dieser Stelle, dass viele Interviewte darauf hinweisen, dass die Zuschreibung der Identität in der Gesellschaft nicht der Person selbst obliegt, sondern von der Gruppe im Sinne der Zuschreibung an andere unter der Konstruktion von Differenz (Othering) im Sinne der Social Identity Theory (Tajfel 1981) zugewiesen wird.

„Das kommt auf die Person an, auf die ich treffe. Meistens ist das so, wenn ich auf Deutsche treffe, dann bin ich der Türke, weil die das halt so abstempeln. Und wenn ich auf Nicht-Deutsche treffe, dann bin ich, was bin ich dann? Dann bin ich, ich glaube, dann ist das egal, weil der Gegenüber ist ja auch nicht deutsch und ich bin dann für ihn auch nicht deutsch. Also, ist es egal." (IRL2_m)

„Das ist so, dass man hier in Deutschland als Ausländer gezählt wird, aber in der Türkei ist das so, dass man eher als Deutsche zählt. Das ist eine Zwiespältigkeit, aber durch die Integration ist das so, dass man sich hier eingelebt hat und dass man sich schon als Deutsche zählen kann." (IRL13_w)

Das letzte Zitat zeigt deutlich, dass die interviewte Person die Zuschreibung als Ausländer in Deutschland als nicht korrekt empfindet und betont, dass man sich schon als Deutsche zählen könne. Eine weitere Gruppe der Studierenden weist darauf hin, dass sie sich dem Herkunftsland der Eltern bzw. der Großeltern zugehörig fühle, jedoch Deutschland ebenfalls als ihre Heimat ansehe (Zimmer und Stein 2021). Es entwickelt sich also im Sinne Halls (1999a, b), Fürstenaus und Niedrigs (2007) und Badawias (2006) eine hybride Identität bzw. Zweiheimischkeit. Hier sollte betont werden, dass diese Personen im Laufe des Interviews sich selbst immer wieder Fragen stellen, inwieweit sie sich tatsächlich als Angehörige des Herkunftslandes der (Groß-)Eltern bezeichnen können oder wollen. Hierbei führen die Interviewten keinen abschließenden Entscheidungsprozess zwischen den weltanschaulichen oder kulturellen Einstellungen und Entwürfen des Herkunftslandes der (Groß)Elterngeneration und denjenigen der Aufnahmegesellschaft herbei, sondern pflegen aus beiden Welten Werte und kulturelle Eigenheiten (Boos-Nünning 2011, S. 5). Badawia (2006, S. 181) spricht bei dieser identitätsbezogenen Konstruktion eines eigenständigen sozialen und kulturellen

Profils unter Verwendung von Elementen der Herkunfts- wie der Aufnahmegesellschaft von einer sogenannten „Zweiheimischkeit". Diese Besonderheiten der Identitätskonstruktion fließen in das Konzept der hybriden Identitäten nach Hall (1999a, b; für den deutschen Sprachraum: Fürstenau und Niedrig 2007) ein, bei dem Elemente beider Gesellschaften übernommen und zu einer eigenständigen Identität formiert werden.

„Also meine Eltern kommen beide aus der Türkei. Aber ich bin hier in Deutschland geboren. Ich gehöre zu beiden. Ja, ich würde das nicht so trennen." (IRL9_w)

„Meine ethnischen Wurzeln sehe ich eindeutig in der Türkei, aber wenn man mich fragt, sage ich, dass ich eine Deutsch-Türkin bin." (IRL32_w)

„Ich bin beides." (IRL11_w)

„Auf jeden Fall Deutscher. Sehen Sie, ich betrachte mich wie Istanbul. Istanbul bewegt sich zwischen Asien und Europa. Wir haben einen asiatischen und europäischen Teil. Und so betrachte ich mich. Ich habe einen deutschen Teil, ich bin in dieser Kultur aufgewachsen. Das hat mich natürlich sehr geprägt. Meine Eltern kommen aus der Türkei und auch diese Kultur hat mich sehr geprägt, deswegen sehe ich mich als eine Symbiose von beiden." (IRL15_m)

Die Analyse zeigt zudem, dass einige Interviewte sich stärker dem Geburtsort im Sinne einer regionalen Zuordnung zugehörig sehen.

„Ja und eher als [Angehöriger einer Stadt in Deutschland], weil ich ja dort geboren bin und dort aufgewachsen bin." (IRL2_m)

„Ich fühle mich als ein Mensch aus [Stadt in Deutschland] auf jeden Fall. Als „[Angehörige einer Stadt in Deutschland]". So sagt man das bei uns. So fühle ich mich auf jeden Fall, aber als Deutsche nicht. Also, wenn ich Deutsche sage würde ich dem nicht gerecht werden. Ich würde eher so Deutsch-Türkin sagen. Oder eine Türkin, die in Deutschland aufgewachsen ist. Oder eine Deutsche, die einen türkischen Hintergrund hat. Also immer diese Türkische mit einbauen und im Hintergrund behalten." (IRL4_w)

Zudem betonen einige Studierende, dass die Menschen einzigartig und individuell sind, sodass die nationale/ethnische Zuordnung unnötig ist.

„Also, das ist immer schwierig zu beantworten, also meine Eltern kommen aus dem Kosovo, aber ich bin in Deutschland geboren, studiere Deutsch, spreche Deutsch, besser als Albanisch. Aber die kosovarische Kultur oder auch die islamische Kultur, davon ist, man natürlich geprägt und es ist man kann es nicht so eindeutig sagen!" (IRL8_m).

6.1 Migrationsgeschichte, Sprachlichkeit und Selbstverortung

„Also, ich würde nicht wollen eine Entscheidung zu treffen. Ich bin beides einfach." (IRL19_w)

Es erfolgt auch eine kritische Betrachtung der Frage nach der Selbstverortung und der Frage, woran etwa eine kulturelle Verortung festzumachen sei, ob etwa an der am meisten genutzten Sprache, dem Geburtsland oder dem Geburtsland der (Groß)eltern:

„Woran macht man das denn fest? Ich weiß es nicht. Das können Sie mir vielleicht einmal erläutern. Also, wenn Sie das an der Sprache selbst festmachen, dann würde ich sagen, ich bin Deutscher, weil ich meistens deutsch spreche und meine Gedanken meistens Deutsch sind. Wenn Sie das daran festmachen, wo ich geboren bin, dann bin ich auch Deutscher. Wenn Sie das aber daran festmachen, wo meine Eltern geboren sind oder meine Großeltern geboren sind, dann wäre ich Türke. Ich sehe mich eigentlich eher als Deutscher, muss ich sagen." (IRL2_m)

Bei der Analyse der Interviews zur identitären Selbstverortung zeigte sich die besondere Bedeutung der Sprachlichkeit; so betonen die Interviewten, dass sie sich in beiden Sprachen gut äußern können und diese auch gleich stark benutzen. Jedoch wird bei der Analyse der Sprachlichkeit deutlich, dass einige Personen in den unterschiedlichen Situationen auch verschiedene Sprachen verwenden. Zusammenfassend lässt sich feststellen, dass die Herkunftssprache der Eltern vor allem in der Familie genutzt wird und bei der Kommunikation zwischen den Geschwistern. Unter den Freund:innen, die die gleiche Herkunftssprache der Eltern haben, werden beide Sprachen gemischt genutzt.

„Also, mit Freunden und im Studium reden wir meistens auf Deutsch, zu Hause bei meinen Eltern meistens auf Türkisch, weil meine Mutter kein Deutsch kann." (IRL2_m)

Bei der Frage, welche Sprache häufiger benutzt wird, zeigt die Analyse auch hier eine starke Heterogenität unter den Interviewten. So beschreiben einige, dass sie sich in der Herkunftssprache der (Groß-) Eltern wohler fühlten. Andere Studierende betonen jedoch, dass sie überwiegend Deutsch nutzen würden. Zudem geben die Studierenden an, im Ehrenamt oft Englisch und Arabisch zusätzlich zu Deutsch und der Herkunftssprache zu nutzen. Die Auswahl der Sprache ist situationsabhängig und kann nicht pauschal benannt werden.

„Es ist situationsabhängig. Wie man's gerade in dem Moment besser ausdrücken kann. Aber in der, es ist gemischt. Ich kann jetzt nicht sagen in der Fachsprache Deutsch oder Türkisch. Situationsabhängig." (IRL1_m)

> „Da muss ich kurz überlegen. Eigentlich in beiden. Also das kommt immer auf die Situation an." (IRL4_w)

Unter den Studierenden mit Lehramtsoption wurden zwei Personen interviewt, die zum Islam konvertiert sind. An dieser Stelle soll kurz der Weg von beiden Personen zum Islam aufgezeigt werden. Um die Anonymität der Personen gewährleisten zu können, werden die Interviewpassagen ohne das Kennzeichnen wiedergegeben. Beide interviewten Personen betonen, dass sie keine religiöse Erziehung genossen haben, auch wenn die Eltern christlich geprägt waren. Eine Person bezeichnet sich vor der Konvertierung als nicht religiös. Bei der anderen Person finden zwar Taufe und Konfirmation, jedoch keine religiöse Erziehung statt.

> „Meine Eltern waren nicht religiös. Ich habe Muslime kennengelernt während meines Studiums und fand das dann ganz spannend, wie die mit ihrem Glauben umgegangen sind. Ich habe mich dann mit der Frage auseinandergesetzt, ob es Gott gibt oder nicht und habe für mich entschieden, dass es ihn gibt, also sehr rational und nicht so spirituell. Ich fand den Islam als Religion sehr logisch. Er ist für mich sehr straight und sehr klar aufgebaut. Auch das Gottesbild fand ich sehr klar. Es war für mich sehr nachvollziehbar. Ich war vorher nicht religiös. Ich war auch nicht christlich. Ich bin dann Muslim:in geworden und ab da hat es mich dann auch interessiert. Ich habe mich mit dem Christentum beschäftigt, mich dann aber für den Islam entschieden. Ab da muss man sich natürlich konkret damit auseinandersetzen, um die Religion eben auch praktizieren zu können. Das ist schon eine Lebensaufgabe. Da kann man nicht drei Bücher lesen und dann weiß man alles, das geht nicht."

> „Also, ich bin evangelisch gewesen früher. Ich bin getauft worden, also, das war meinen Eltern schon wichtig. In Zusammenhang mit der Konfirmation habe ich auch so ein bisschen religiöse Erziehung auch bekommen, aber weniger auch zu Hause durch die Kirche, wo das vorbereitet wurde. Meine Eltern sind nicht so sehr religiös praktizierend. Also, Weihnachten gehen sie schon in die Kirche, aber sie sind nicht so streng religiös. Irgendwo müssen ja auch Eltern letztlich erklären können, woher so etwas kommt und was gut ist und was nicht gut ist. Also ich habe das vermittelt bekommen und deswegen war mir der Islam auch gar nicht fremd dann, als ich [meine:n Partner:in] dann kennengelernt habe."

Das Interesse an der Religion wird zunächst durch das Treffen mit religiösen Muslim:innen bzw. Partner:innen hervorgerufen. Hier wird der Wunsch deutlich, in Freundschaften und insbesondere in Partnerschaften einen gemeinsamen geteilten Werteraum zu konstruieren (Stein und Zimmer 2021), der auch wesentlich den Bereich des Religiösen enthält, in welchem sich die beiden Partner:innen im Sinne der Kontakthypothese nach Allport (1954) einander annähern. Die interviewten Personen beschäftigen sich zunächst sehr stark mit der Religion

6.1 Migrationsgeschichte, Sprachlichkeit und Selbstverortung

allgemein, wobei zunächst auch das Christentum der Herkunftsfamilie bzw. Mehrheitsgesellschaft eine Rolle spielte. Die Entscheidung zum Konvertieren fällt bei den interviewten Personen erst nach einer längeren Auseinandersetzung mit der Religion.

„Ich bin ja konvertiert und von daher habe ich mich natürlich viel damit beschäftigt. Ich bin also nicht von klein auf von dieser Religion geprägt, wie das bei vielen ist, die damit geboren sind, die nehmen ja im Grunde genommen unbewusst ganz viel mit, sondern ich musste mir meine Religion dann schon erarbeiten und sehr viel lesen und sehr viel mit anderen diskutieren und mich auch selber positionieren zu vielen Fragen. Von daher ist das für mich schon ein sehr zentrales Thema."

„Ja, [mein:e Partner:in] ist [gebürtige:r Muslim:in]. [Sie:Er] kommt aus [Herkunftsland des:der Partner:in]. Über [sie:ihn] bin ich zum Islam gekommen. Ich hatte früher ganz wenig Wissen und der Islam war auch damals negativ gesetzt...diese typischen Schlagworte. Ich habe dann [meine:n Partner:in] nach [Herkunftsland des:der Partner:in] begleitet und was ganz anderes erlebt. Ja, dann war es halt auch mit unserer Heirat, was wir geplant hatten, dann kam die Frage auch, ob ich konvertieren würde. Das war für mich die wichtigste Entscheidung in meinem Leben. Das habe ich mir auch gut überlegt."

Es wird jedoch auch eine starke Unterscheidung zwischen Religion und der Kultur gemacht, so beschreibt eine interviewte Person, dass ihr Ausüben des Islam andere kulturelle Einfärbungen hätte als bei den meisten Muslim:innen in Deutschland.

„Also, ich fühle mich schon als Europäer:in, das habe ich auch schon gesagt, aber ich fühle mich auch als europäische:r Muslim:in. Kennt ihr den Ausdruck „hybride Identität"? Hybride Identität, also, wenn man wirklich nicht so eine ganz klare Zuordnung machen kann und so fühle ich mich auch. Schon als Kind habe ich mich nicht so urdeutsch gefühlt. Ich habe jetzt natürlich auch durch die Heirat ein Bezug zu [Herkunftsland des:der Partner:in]. Und manchmal habe ich auch eine deutsche Ausprägung vom Islam, z. B. wenn ich jetzt faste im Ramadan, dann breche ich das Fasten jetzt auch nicht immer mit [Herkunftsland des:der Ehepartner:in] Essen, sondern ich breche das Fasten dann auch mit deutschem Essen. Insofern sind wir schon wieder anders als hier die meisten Muslime. Ich fühle mich dadurch auch wohl, dabei mich nicht so eindeutig kulturell verorten zu können."

Zusammenfassung: Die Analyse zeigt, dass die Interviewten auf den ersten Blick als eine homogene Gruppe mit Migrationshintergrund erscheinen, aber bei näherer Betrachtung ihrer individuellen Migrationsgeschichten wird deutlich, dass die Gruppe heterogen ist. Trotz der gemeinsamen Eigenschaft, einen Migrationshintergrund zu haben, identifizieren sich die Personen als Angehörige verschiedener

Einwanderer:innengenerationen. Mehrheitlich sehen sie sich als zweite oder dritte Generation von Einwanderer:innen in Deutschland und verweisen dabei oft auf die Gastarbeiter:innenbewegung der 1960er Jahre als den Ursprung ihrer familiären Einwanderungsgeschichte. Die Interviewauswertung zeigt, dass die Frage nach dem Migrationshintergrund sehr subjektiv bewertet wird und eng mit persönlichen Identitätskonzepten wie der Selbstwahrnehmung und den zugeschriebenen Identitäten (Fremd- und Eigensemantiken) zusammenhängt. Einige Personen sehen Probleme in der Frage nach der eigenen Migrationsgeschichte und empfinden sie als unangemessen. Sie argumentieren, dass solche Fragen zu „Othering" führen können und ignorierten die historische Vielfalt und Durchmischung von Populationen durch Migrationsprozesse. Selbst in der sogenannten zweiten Generation gibt es Unterschiede bezüglich des Alters, in dem die Eltern nach Deutschland eingewandert sind. Darüber hinaus wird deutlich, dass einfache Herkunftszuschreibungen, wie die zu einer türkisch-muslimischen Gemeinschaft, der komplexen Realität nicht gerecht werden. So zeigen sich innerhalb der Gruppe der Nachkommen von Gastarbeiter:innen aus der Türkei verschiedenste ethnische, kulturelle und sprachliche Zugehörigkeiten aufgrund der multiethnischen und multireligiösen Zusammensetzung der türkischen Bevölkerung. Einige Interviewte fühlen sich dem Herkunftsland der Eltern oder Großeltern sehr zugehörig. Zudem wird auf die gesellschaftliche Zuschreibung von Identität eingegangen, die oftmals von der sozialen Gruppe und nicht von der Person selbst vorgenommen wird. Diese Zuschreibungen und Konstruktionen von Differenz (Othering) beeinflussen, wie Individuen ihre eigene Identität und Zugehörigkeit verstehen. Interviewte thematisieren auch die erlebte doppelte Identitätszuschreibung: In Deutschland fühle man sich als Ausländer:in wahrgenommen, während man in der Türkei eher als Deutsche:r gesehen werde. Dies spiegelt die Entwicklung einer hybriden Identität wider, in der Elemente sowohl des Herkunftslandes der Eltern oder Großeltern als auch des Aufnahmelandes integriert werden. Diese komplexen Identitäten werden durch ein ständiges Abwägen geprägt und sind keine Entscheidung für eine der beiden Kulturen, sondern ein Leben mit Werten und kulturellen Eigenheiten aus beiden Welten. Aus der Analyse der Interviews wird deutlich, dass bei den Interviewten die Verbundenheit mit ihrem Geburtsort im Sinne einer regionalen Zugehörigkeit ausgeprägter ist als die Bindung an eine nationale oder ethnische Identität. Einige Studierende hinterfragen zudem kritisch die Bedeutung und Notwendigkeit nationaler oder ethnischer Zuordnungen und betonen die Einzigartigkeit und Individualität des Menschen. Andere finden die Kategorisierung nach Herkunft oder Sprache unzureichend und möchten keine Festlegung treffen, da sie sich sowohl dem Herkunfts- als auch dem Geburtsland zugehörig fühlen.

Eine konvertierte Person betont eine Unterscheidung zwischen ihrer Religionsausübung und der vorherrschenden Kultur. Sie identifiziert sich sowohl als Europäer:in als auch als europäische:r Muslim:in, was einer hybriden Identität entspricht, die sich nicht eindeutig einer bestimmten Herkunft oder Gruppe zuordnen lässt. Diese Person hat eine individuelle Prägung ihrer islamischen Praxis, die durch europäische und deutsche Elemente beeinflusst ist. Ihr ist es wichtig und angenehm, keine eindeutige kulturelle Zuordnung zu haben und eine eigene Mischung aus verschiedenen kulturellen Elementen zu leben.

6.2 Erziehungserfahrungen

Bei der Auswertung der Interviews bezogen auf die Fragen der erlebten Erziehung bzw. des in der Herkunftsfamilie vorherrschenden Erziehungsstils sowie inwieweit die Erziehung religiös geprägt war, zeigen sich ebenfalls starke Unterschiede. Der elterliche Erziehungsstil wird hierbei definiert als „interindividuell variable, aber intraindividuell vergleichsweise stabile Verhaltenstendenz […] auf Verhaltensweisen von Kindern zu reagieren" (Latzko 2006, S. 14). Prinzipiell werden hier in Anlehnung an die grundlegenden Arbeiten von Baumrind primär drei bzw. vier unterschiedliche Erziehungsstile definiert, die auch der Analyse der Interviews zu den Erziehungserfahrungen der Studierenden zugrunde liegen: der autoritativ-demokratische, der autoritäre und der permissiv-laissez faire bzw. permissiv-vernachlässigende Erziehungsstil Baumrind (1966, 1971, 1973, 1975, 1991). Während der vernachlässigende Erziehungsstil in keinem der Interviews von den Befragten als der dominante Erziehungsstil der Eltern beschrieben wurde, kristallisieren sich auf einer allgemeinen Ebene des Erziehungsstils primär eine Gruppe Studierender, die autoritativ-demokratisch (hohe Wärme, freundschaftliches Verhältnis zu den Eltern, hohe Kontrolle) und eine Gruppe die in erster Linie autoritär erzogen wurden (geringe Wärme, kein freundschaftliches Verhältnis zu den Eltern, hohe Kontrolle) heraus. Beide Typen der Erziehung gehen mit unterschiedlichen Entwicklungen und Korrelaten aufseiten der Kinder und Jugendlichen einher (Knafo und Schwartz 2004; Fend 2009), was sich bis hin zu unterschiedlichen Ausprägungen in Werten, Einstellungen oder aber auch der Studienwahl in Abhängigkeit des elterlichen Erziehungsverhaltens manifestiert (vgl. etwa die Studie „Werte und Engagement von Studierenden in Abhängigkeit von Erziehung und Bindungserfahrungen" von Stein 2008b, c).

Einige Studierende berichten von einer liebevollen und verständnisvollen Erziehung im Sinne eines autoritativ-demokratischen Erziehungsstils vonseiten der Eltern. Dabei betonen einige, dass insbesondere Mütter liebevoller, und die anderen, dass die Väter liebevoller gewesen seien.

> „Meine Mama ist strenger. Papa ist eher bisschen lockerer. Also den kriegt man bei manchen Sachen leichter rum als die Mama. Das muss man manchmal einfach mal so bisschen gucken und große Augen und so weiter. Dann klappt das bei ihm immer." (IRL4_w)

> „Komischerweise ist es so, dass meine Mutter die strengere und der Vater der liebvolle war. Was eigentlich normalerweise eher andersrum sein sollte, also traditionellerweise. Aber meine Mutter war eher die Strenge, die auch richtig Deutsch konnte und somit auch einen gewissen Einfluss auf die Erziehung hatte." (IRL16_m)

> „Mein Papa ist eigentlich eher streng, meine Mama auch. Aber meine Mama ist gefühlsvoller –also - sie ist zwar streng, wenn es aber um Sachen geht, bei denen wir meinen Papa nicht ansprechen können, ist meine Mama im Spiel." (IRL31_w)

Andere beschreiben einen stark autoritären Erziehungsstil. Insbesondere wird teilweise von einigen Studierenden eine eher sehr distanzierte Beziehung zu den Eltern geschildert. Einzelne heben auch erlebte Gewalt in der Erziehung hervor.

> „Ich könnte nie im Leben Geheimnisse meinen Eltern anvertrauen. Könnte ich nie im Leben machen, meinem Vater gar nicht, meine Mutter könnte es nicht verkraften. Mit meinem Vater kann ich mich gar nicht unterhalten, wir sitzen zwar Stunden nebeneinander, aber reden kein Wort." (IRL26_m)

> „Als ich klein war, war das so, dass ich durch meine Mutter mehr Schläge bekommen habe als durch meinen Vater. Mein Vater war mehr der Typ, der alles noch mal erklärt hat und so weiter und meine Mutter war da, sie hat es ein, zwei Mal gesagt und wenn ich das nicht gemacht habe, gabs Schläge. Ich würde sagen, dass das der Unterschied war, das der eine mit Gewalt und der andere mit Reden gelöst hat, das Problem". (IRL5_w)

Dieselbe Person bezeichnet jedoch ihre Kindheit trotz allem als schön und betont, dass sie nicht streng erzogen worden sei. Bei den Schlägen der Mutter nimmt sie zudem auch die Schuld auf sich, indem sie sagt

> „ich hatte eine schöne Kindheit, muss ich sagen, ich wurde nicht so streng erzogen, also, ich hatte auch Freiraum, aber wenn es mal dazu gekommen ist, dass ich mal frech war, so als Kleinkind oder so, dann habe ich auch was auf die Wange bekommen. So kennt man ja bei den Türken, aber das hat sich dann irgendwie gelegt, so ab zehn oder so, das war dann selten der Fall und sonst die Beziehung zu meinen Eltern, ich habe

6.2 Erziehungserfahrungen

eigentlich ein ganz gutes Verhältnis zu ihnen, ich kann denen alles anvertrauen und Geheimnisse habe ich auch nicht vor ihnen." (IRL5_w)

Die Gewalt in der Familie wird zudem durch vermeintliche kulturelle Traditionen relativiert, nämlich „so kennt man ja bei den Türken" (IRL5_w). Eine tendenziell eher kontrollierende Erziehung etwa mit einem stärkeren Bezug auf Hierarchien und kollektiven wie auch familiären Werten findet sich zwar in der Literatur sowohl in Bezug auf türkeistämmige Familien (Uslucan 2008) bzw. allgemein in Familien mit Eltern mit Migrationshintergrund (Boos-Nünning 2011), jedoch rechtfertigt dieser Bezug in keinster Weise physische Gewalt oder Körperstrafen in der Erziehung.

Einige Studierende schildern die Erziehung als nicht unmittelbar streng oder autoritär, aber mit starren Grenzen versehen. Diese Grenzen würden von den Eltern mit dem Hinweis, es gehe nicht anders, auf die Religion zurückgeführt ohne dabei diese Grenzen zu erklären bzw. zu diskutieren. Dies deckt sich etwa mit den Ergebnissen der Expertise von Uslucan (2008), dass in der Erziehung – und insbesondere der religiösen Erziehung im familiären Kontext – „Gehorsam, elterliche Kontrolle und (Selbst)Disziplinierung im islamischen Sinne zentrale Elemente in der islamischen Werteerziehung darstellen" (Uslucan 2008, S. 51), wobei „die Erziehung der eigenen Kinder […] bei muslimischen Eltern […] vielfach angelehnt an ein Muster der eigenen Sozialisation" sei (Uslucan 2008, S. 51).

„Wenn es beispielsweise darum ging, wie ich mich in der Öffentlichkeit zeige, so sagten sie mir, dass ich nicht auffällig sein und nicht die Aufmerksamkeit anderer Leute auf mich ziehen soll. Das heißt, ich soll keine freizügige Kleidung anziehen und hinsichtlich des Verhaltens sollte ich ruhig sein, sodass keine Blicke auf mich gezogen werden. Das ist beispielsweise ein Aspekt der Religion. Doch mehr als das sagten sie mir nicht. Sie sagten mir, dass die Religion es so will. Ich hatte kein Wissen über Glaubensgrundlagen. Kein Wissen bedeutet automatisch kein Praktizieren meinerseits." (IRL18_w)

Die religiöse Bildung wird somit von vielen Studierenden, die die Eltern als autoritär erlebten, mit den religiös begründeten Verboten und dem mechanischen Ausüben von traditionellen Ritualen assoziiert, auf die sich die religiöse Erziehung im Elternhaus konzentrierte. Wie auch in der Studie von Karakaşoğlu-Aydın (2000) an muslimischen Lehramtsstudierenden befürworten die Befragten dieser Studie ebenfalls häufig einen reflektierteren und argumentativeren Zugang zur religiösen Orientierung und distanzieren sich vom mechanisch erlebten oder rein traditionalistischen Verständnis der Religion der Eltern. Insgesamt belegen etliche Studien jenseits der Expertise von Uslucan (2008) die große Rolle der religiösen Erziehung in muslimischen Familien (Karakaşoğlu-Aydın 2000; Klinkhammer 2000; Frese 2002; Boos-Nünning und Karakaşoğlu 2006; Aygün 2013; Wensierski und Lübcke 2012; Ceylan und Stein 2016; Uygun-Altunbaş 2017; Kenar et al. 2020). Konkret in Bezug auf religiöse Erziehungsstile in muslimischen Familien kristallisiert Nökel (2002, S. 291 ff.) einen offenen, einen traditionellen und einen streng-traditionellen heraus, während Uygun-Altunbaş (2017) in türkisch-muslimischen Akademiker:innenfamilien vier religiöse Erziehungstypen identifizieren konnte, nämlich den idealistischen, den ritualistischen, den identitätssuchenden und den ethischen Erziehungstyp.

Ein hoher Prozentsatz der Befragten gibt zudem an, zusätzlichen Moscheeunterricht erhalten zu haben, auf den die Eltern hohen Wert gelegt hätten.

„Meine Familie ist eine recht religiöse Familie, kann ich sagen. Weil in meiner Kindheit und Pubertätszeit, wurden schon einiges verboten – worüber ich jetzt froh bin, dass es mir verboten wurde. Man hat schon sehr drauf geachtet, dass wir die religiösen Vorschriften einhalten und eher auf dem religiösen Weg sind. Und wir haben alle mit sehr jungem Alter angefangen, die Moschee zu besuchen. Die Moschee und der Unterricht war einfach ein großer Teil unserer Leben. Unser Wochenende war hauptsächlich nur in der Moschee, vormittags, dann haben auch was mit der Familie unternommen. Also wir gehören zu den streng Religiösen." (IRL31_w)

„Also wir wurden mit ungefähr fünf oder sechs Jahren in die Moschee geschickt, um halt diesen Moscheeunterricht zu bekommen. Und im Vergleich zu den Eltern, was ich so beobachte, dass meine Eltern auch mit mir den Stoff, den wir gelernt haben, zu Hause nochmal durchgegangen sind. Also: ‚Was musst du zur nächsten Woche machen? Was musst du lernen?' und so weiter. Wir haben auch zu Hause diese Erziehung gemacht. Und auch solche Sachen wie zum Beispiel ‚Gucke mal, da musst du drauf achten!' Sei es bei Kleidungsvorschriften oder bei Essenssachen: ‚Da musst du drauf achten!' Ich habe also Gott sei Dank eine religiöse Familie. Die drauf achtet und das auch bestmöglich an uns weitergibt." (IRL4_w)

„Ich denke, dass wir eine starke religiöse Erziehung erhalten haben. Meine Eltern haben bereits zu Kindesaltern bei Dingen in denen andere Eltern erlaubten, das Nein gegeben und das uns schon als Kinder verboten. Meine Mutter hat auch sehr viel Wert auf Moscheebildung gelegt, daher haben wir schon eine islamische Erziehung erhalten" (IRL32_w)

Dabei weisen die Interviewten darauf hin, dass Religion in der Moschee kennengelernt wurde und nicht von den Eltern, da diese oft wenig Wissen über Religion haben, was sich mit Studien deckt (vgl. etwa Karakaşoğlu-Aydın 2000), in denen Befragte die nur oberflächliche Religionsweitergabe durch die Eltern beklagen, was häufig mit dem geringen Kenntnisstand oder dem geringen Reflexionsniveau

6.2 Erziehungserfahrungen

der Eltern begründet wird, die selbst eine ähnliche Erziehung ohne Erklärungen genossen hätten (vgl. etwa Uslucan 2008).

> „Da habe ich die meisten religiösen Inhalte gelernt, also nicht von meinen Eltern, sondern von der Moschee aus und ja. Das also ich habe die Religion mehr von der Moschee gelernt als von meinen Eltern." (IRL5_w)

> „Wir zum Beispiel haben das in der Moschee gelernt, aber bei meinen Eltern ist das so, dass sie das zum Beispiel nachgelernt haben, also die wussten das auch nicht vorher." (IRL13_w)

Einige Studierende kritisieren, dass die Aufforderung zur Einhaltung der Regeln bzw. die Aufforderung, etwas religiös Begründetes zu tun, ohne Erklärung blieb. Entsprechend dieser mangelnden Transparenz und erklärenden Begründung für das geforderte gewünschte Verhalten, gelingt den Kindern keine adäquate Wahrnehmung der elterlichen Haltungen, die entsprechend nicht selbst intern repräsentiert werden können. Fend (2009, S. 94; vgl. auch Fend et al. 2009) belegt in seiner LiFE-Studie zur Transmission elterlicher religiöser Bindungen und Überzeugungen, dass „die intergenerationale Transmission über kommunikative und argumentative Prozesse" erfolge. Kommunikativ-erklärenden Eltern gelinge es somit besser, dem Kind individuelle Wertüberzeugungen und religiöse Orientierungen zu plausibilisieren. Ohne diese kommt es jedoch – wenn überhaupt – eher zu einer übernommenen religiösen Identität im Sinne Marcias (1993), ohne eine eigenständig erarbeitete und reife Identität, die fest in der Persönlichkeit internalisiert verankert ist.

> „Ja, religiös schon. Aber mein Vater wollte, dass wir als Kinder immer beten und lesen. Wir haben dann als Kind immer so getan, als würden wir beten, weil sie nicht sagten, warum man das machen soll. Das fand ich nicht gut." (IRL24_w)

> „Wir wurden zwar zur Moschee geschickt, manchmal auch gezwungen, aber weil sie eben relativ ungebildet warn, hatten sie nicht die Kontrolle dafür gehabt. Die haben uns versucht die Wichtigkeit des Korans zu verdeutlichen, wie es in vielen türkischen Familien ist, man weiß wie wichtig es ist zur Moschee zu gehen, aber bei den Eltern ist es eben das Problem, dass sie nicht richtig religiös sind, sag ich mal." (IRL26_m)

Einige Studierende verweisen darauf, dass sie die Religion weder von den Eltern noch in der Moschee kennengelernt haben und dass ihnen vor allem nicht ersichtlich war, welche Regeln religiös und welche eher bezogen auf kulturelle Traditionen begründet werden.

„Das Grundwissen über den Islam war zwar vorhanden, aber ich habe sehr viel durch Selbstrecherche dazu gelernt, wie z. B. die fünf Säulen des Islam (Das Bekenntnis, das Gebet, das Almosen, das Fasten und die Pilgerreise). Es war auch meine eigene Entscheidung zum Bekenntnis, wie auch die Lebensanpassung zum Deutschen." (IRL6_w)

„Ich wurde nicht besonders religiös erzogen. Man schickte mich nicht in eine Art Koranschule, aber auch meine Eltern selbst haben mir nicht viel über meine eigene Religion beigebracht. Auch wenn sie mich vernunftorientiert und bodenständig erzogen haben, brachten sie mir beispielsweise das Gebet oder das Fasten nicht bei. Ihre Erziehung war zwar religionsorientiert, aber sie machten mir nie klar, dass bestimmte Erziehungsaspekte von der Religion kommen. Ich verblieb in dem Glauben, dass bestimmte Verhaltensnormen ausschließlich von der Kultur kamen." (IRL18_w)

Andererseits zeigt die Auswertung der Interviews, dass die Vermittlung der religiösen Inhalte bei den Familien, die einen eher autoritativ-demokratischen Erziehungsstil verfolgten, ohne Zwang und Verbote umgesetzt wurde, ähnlich dem von Nökel (2002) als offen benannten Typus der religiösen familiären Unterweisung.

„Mir wurde vermittelt, dass es, sag ich mal, dass Gebet im Islam gibt und dass die Kultur, im türkischen Umkreis so ist. Aber letztendlich hatte ich dann die Entscheidung, wie ich das so zu sagen vollziehe, wie ich das mache. Denn mein Vater hat mir immer gesagt, ich zeige euch den Weg, ihr habt die Entscheidung, ob ihr das sozusagen macht. Denn sobald man es mit Zwang macht, ist es halt nicht gewollt und man macht es einfach nicht, weil man davon überzeugt ist." (IRL1_m)

„Unsere Eltern haben uns auch sehr viel beigebracht. Sie haben uns abends zum Beispiel vor dem Schlafengehen immer Geschichten erzählt, islamische Geschichten." (IRL2_m)

Einige Studierende betonen, dass sie in der Erziehung universelle Werte vermittelt bekommen haben, die weder mit der Kultur noch mit der Religion in Verbindung gebracht wurden.

„Zuhause wurden Werte vermittelt, die wirklich universell sind, also der Respekt vor den Menschen, aber eine direkte religiöse Erziehung habe ich nicht genossen. Das heißt, ich wurde zum Beispiel nicht als Kind zu einer Koranschule geschickt, ich musste nicht regelmäßig irgendwo teilnehmen. Mein Vater war immer der Meinung, ich solle das selber entscheiden, wenn ich dann älter bin. Aber, ich bin Moslem und jetzt merke ich, dass ich diese Werte, die ich zu Hause vermittelt bekommen habe, aus Überzeugung lebe. Das sind die Werte, die ich jetzt auch als Theologe in den Werken und den heiligen Büchern lese. Genau, und das war so ein bisschen die religiöse Erziehung, die mir jetzt gerade so auffällt. Meine Mutter oder mein Vater haben mir

6.2 Erziehungserfahrungen

nie gesagt, du musst das jetzt machen. Ich wurde nicht verpflichtet mit 10 und mit 15 und mit 18 und auch nicht mit 20 Jahren zu beten oder zu fasten oder regelmäßig zur Moschee zu gehen. Diese Verpflichtung hatte ich nicht, aber ich kam darauf." (IRL10_m)

Es wird von anderen Studierenden unterstrichen, dass die Auseinandersetzung mit der Religion in den Familien teilweise auch sehr intensiv und erklärend erfolgte, auch einerseits durch das Geschichtenvorlesen und andererseits durch viele intensive Gespräche über die Religion und Diskussion und Reflexionen darüber, was die beiden Vermittlungsmechanismen für religiöse Werte nach Fend (2009) stärkt, nämlich die kommunikativ-argumentativen Prozesse und die affektive Loyalitäten, die eine Identifizierung mit den Eltern und ihren Werten dann ermöglichen.

„Abgesehen von dem mündlich, also dass man darüber redet, wird sie sehr stark praktiziert. Sprich, zuhause wird gebetet oder man sammelt sich mit Freunden und spricht über Themen." (IRL7_m)

„Religiöse Erziehung sah so aus, dass wir Geschichten gelesen haben. Wir hatten Gesprächsrunden, haben darüber gesprochen. Und im Alltag wurde alles immer in religiösem Kontext erklärt." (IRL27_m)

Zusammenfassung: Es gibt starke Unterschiede in den Erfahrungen der Studierenden bezüglich ihrer Erziehung und der religiösen Prägung. Einige berichten von einer liebevollen und verständnisvollen Erziehung im Sinne einer autoritativ-demokratischen Erziehung, wobei einige betonen, dass ihre Mütter liebevoller erzogen hätten und andere unterstreichen, dass ihre Väter liebevoller gewesen seien. Einige Studierende beschreiben auch einen autoritären Erziehungsstil, vor allem in der frühen und mittleren Kindheit sowie teilweise Gewalt in der Erziehung. Die Gewalt wird jedoch normalisiert und wenig reflektiert über die Kultur gerechtfertigt. Trotzdem betonen die meisten Studierenden das gute Verhältnis zu ihren Eltern und ihre Offenheit ihnen gegenüber. Einige Studierende berichten von einer Erziehung, die als nicht streng, jedoch mit klaren Grenzen beschrieben wird. Diese Grenzen werden auf religiöse Überzeugungen zurückgeführt, ohne dass sie ausführlich erklärt oder diskutiert worden seien, was von den Befragten in hohem Maße kritisiert wird. Ein Beispiel dafür ist das Verhalten in der Öffentlichkeit, bei dem den Studierenden beigebracht wurde, nicht auffällig zu sein und keine freizügige Kleidung zu tragen, um keine Aufmerksamkeit auf sich zu ziehen. Einige Studierende betonen explizit die distanzierte und oberflächliche Beziehung zu ihren Eltern und fühlen sich nicht in der Lage, ihnen Geheimnisse anzuvertrauen.

Die religiöse Bildung erfolgte für viele Studierende durch den regelmäßigen Besuch der Moschee und durch den Unterricht dort. Bereits in jungen Jahren wurden sie zur Moschee geschickt und auch zu Hause von ihren Eltern auf den religiösen Stoff aufmerksam gemacht. Diese Studierenden geben an, eine stark religiöse Erziehung erfahren zu haben, bei der ihre Eltern besonderen Wert auf die religiöse Bildung gelegt hätten. Gleichwohl unterstreichen sie, dass sie die Religion hauptsächlich in der Moschee und nicht von ihren Eltern gelernt hätten, da diese überwenig religiöses Wissen verfügt hätten. Einige Studierende geben jedoch an, dass sie weder von ihren Eltern noch in der Moschee Vertieftes über die Religion gelernt hätten und es für sie nicht klar wäre, ob bestimmte dort aufgestellte Regeln religiös oder kulturell begründet seien.

Insgesamt kristallisieren sich in der Familie drei Grundmuster religiöser Erziehung und Prägung heraus:

Die Auswertung der Interviews ergibt, dass in einer ersten Gruppe die Vermittlung religiöser Inhalte in den Familien ohne Zwang und Verbote erfolgte. Die Befragten gaben an, dass ihnen zwar das Grundwissen über den Islam vermittelt worden sei, sie jedoch auch die Freiheit gehabt hätten, selbst über die Ausübung ihrer Religion zu entscheiden. Die Eltern wurden als respektvoll und unterstützend beschrieben und spielten eine Rolle als Begleiter:innen und Mentor:innen. Die Betonung lag auf liebevoller Erziehung und dem Anleiten der Kinder, den Islam auszuleben und sich an die charakteristischen Eigenschaften oder Regeln und Rituale des Islam zu halten. Ein Teil des Wissens wurde durch Selbstrecherche erlangt, weshalb es durch eine intensive und intrinsisch motivierte Befassung mit dem Glauben auch zu einer reifen und erarbeiteten Identität kommen konnte. Darüber hinaus gibt eine zweite Gruppe von Studierenden an, dass ihnen in der Erziehung zu Hause universelle Werte, wie grundlegender Respekt vor anderen Menschen, die nicht explizit mit ihrer Kultur oder Religion in Verbindung gebracht wurden, vermittelt werden seien. Die Familien dieser Studierenden haben die Auseinandersetzung mit der Religion durch das Vorlesen von Geschichten und intensive Gespräche gefördert. Zudem wurde auch betont, dass religiöse Praktiken wie Gebete zu Hause ausgeübt und regelmäßige Treffen, bei denen religiöse Themen diskutiert worden seien, abgehalten worden seien. Die Auseinandersetzung mit der Religion wurde als eine Kombination aus Theorie und Praxis beschrieben, wobei der religiöse Alltag in den Erklärungen und Diskussionen eine wichtige Rolle spielte. Somit zeigt die Auswertung der Interviews eine starke Heterogenität im Hinblick auf die Erziehungserfahrungen unter den Studierenden.

Studierende einer dritten Gruppe zeigen aber auch Kritik an der Art und Weise, wie ihre religiöse Erziehung erfolgte. Sie bemängeln, dass die Einhaltung religiöser Regeln und Rituale ohne ausreichende Erklärung oder Begründung verlangt wurde, teilweise auch mit Zwangsmaßnahmen. Dabei wird betont, dass sie als Kinder zum Beten und Lesen religiöser Texte oder zum Moscheebesuch aufgefordert worden seien, jedoch nicht die Bedeutung dahinter erfahren hätten, was teilweise ein nur äußerliches Einhalten dieser Gebote aufseiten der Kinder bedingte und einen nur oberflächlichen und kindlichen Glauben im Sinne einer übernommenen Identität.

6.3 Studienwahl

Ähnlich wie in der Befragung von Dreier und Wagner (2020, S. 3) oder Şenel und Demmrich (2024) kristallisierten sich bei der Analyse der Studienmotivation intellektuelle, religiöse, berufsbezogene und gesellschaftspolitische Antriebe bzw. ein Spektrum zwischen pragmatisch-sicherheitsorientierten und kompetenzorientierten Studienmotivationen heraus: Bei der Wahl des Studiums geben viele Studierenden als einen Grund an, sich intensiver mit der Religion beschäftigen zu wollen (intellektuelle bzw. kompetenzorientierte Studienmotivation). Die Idee, durch das Studium der islamischen Religion auch persönlich zu lernen, spielte bei der Wahl eine Rolle, insbesondere auch im Hinblick auf die Bedeutung für das Jenseits (religiöse Studienmotivation). Einige betonen jedoch, dass das Studium der Islamischen Theologie ohne Lehramtsoption keine klaren Berufsperspektiven bieten würde, weshalb die beruflich sicherere Lehramtsoption gewählt wurde (berufsbezogene bzw. pragmatisch-sicherheitsorientierte Studienmotivation). Auch aufgrund des Wunsches, religiöse und kulturelle Veränderungen herbeizuführen, entscheiden sich die Studierenden für ein Theologiestudium. Zudem spielt der Wunsch, anderen Jugendlichen und Kindern, die ihre eigene Religion nicht kennen, zu helfen bzw. auch die Mehrheitsgesellschaft oder die eigene muslimische Community näher mit dem Islam vertraut zu machen, eine große Rolle bei der Wahl des Studiums (gesellschaftspolitische Studienmotivation). Insbesondere die beiden Motive der religiösen Begründungen für die Studienfachwahl und des gesellschaftspolitischen Anspruchs stachen bei Dreier und Wagner (2020), ebenso in der vorliegenden Untersuchung heraus, aber auch der Dualismus zwischen den intellektuellen, kompetenzorientierten, religiösen und gesellschaftspolitischen Ansprüchen, die stark idealistisch aufgeladen sind, und den pragmatisch-sicherheitsorientierten Aspekten, die einem Realismus der

Studierenden in Bezug auf die späteren beruflichen Möglichkeiten geschuldet sind.

> „Weil, mir ist meine Religion auch wichtig und das beides miteinander zu verbinden ist mir halt in der Islamischen Theologie gelungen. Und Islamische Theologie hat mir auch, was die Berufsperspektiven angeht, also wenn man das studiert hat, weiß man am Ende nicht genau, was man dann so werden will. Aber man kann sich ungefähr vorstellen, in welche Richtung man gehen will. Und weil ich religiös und kulturell irgendwas bewegen will, habe ich mich halt für Theologie entschieden." (IRL4_w)

So wird von den Studierenden einerseits angegeben, dank dem Studium mehr Wissen über die Religion zu erlangen. Andererseits geben die Studierenden an, Islamische Theologie als Fach zu studieren, weil sie der Überzeugung sind, alles schon über die Religion zu wissen und somit das Studium gut schaffen zu können.

> „Ich dachte mir, das ist bekannt, also von klein auf kennt man ja die Religion und da kann man nichts falsch machen." (IRL5_w)

> „Dann dachte ich „Ja, Islamische Religion, da kannst du auch was für dich selber lernen", was natürlich auch für das Jenseits eine wichtige Rolle spielt, und daher dachte ich „nimmst du dir jetzt dieses Fach und studierst es." (IRL3_w)

> „Ich habe zuerst angefangen mit der Islamischen Theologie. Aus dem Grund, weil ich meine Religion besser lernen wollte. Davor hatte ich ehrlich gesagt nicht so viel Wissen, was ich heute zwar auch nicht genug hab, aber immer noch mehr als vorher. So dachte ich mir, okay, ich lerne jetzt den Islam, aber das hat jetzt nur einen Nutzen für mich. Es gibt abertausende Jugendliche und Kinder, die genauso wie ich damals ihre eigene Religion nicht kennen. Dann habe ich mir gedacht, es wäre eigentlich schön, wenn ich wirklich speziell und explizit als Lehrer tätig werden könnte, deswegen hatte ich erstmals die Gelegenheit auch Lehramt zu studieren." (IRL16_m)

Die Analyse der Interviews macht deutlich, dass die Entscheidung Islamische Theologie auf Lehramt zu studieren, sich bei einigen Studierenden erst im Laufe der Suche herauskristallisiert hat.

> „Ich war mir nur darin sicher, dass ich auf jeden Fall studieren möchte – doch was ich studieren möchte, wusste ich nicht. Ich recherchierte im Internet nach Studiengängen und bin dann auf diese Universität gestoßen, die ein Islam-Studium anbietet. Ich verspürte das erste Mal in meinem Leben eine gewisse Entschlossenheit, in Bezug auf meinen Studiengang. Doch ich erfuhr, dass ich nach dem absolvierten Studium keine guten Berufschancen habe und ich hatte auch keine Idee, was ich nach einem erworbenem Studienabschluss machen konnte. Deshalb ließ ich das mal stehen. Und habe mich für andere Studiengänge beworben. Ich kam dann auf dem Islam-Studium

6.3 Studienwahl

zurück. Gott sei Dank hatte ich noch das Glück, dass hier sogar das Lehramt angeboten wird, sodass ich doch noch evtl. gute Berufschancen hätte. Somit war dies meine 14. und letzte Bewerbung." (IRL18_w)

Andererseits gibt es auch Studierende, die den Wunsch das Wissen über die Religion weiterzugeben, seit mehreren Jahren haben und die Möglichkeit nutzten, diesen Weg einzuschlagen.

„Weil ich das, also als Kind, z. B. wenn ich in die Moschee gegangen bin, fand ich das so toll, wenn Hodscha vorne stand und uns über die Religion was erzählt hatte, dass sie so gebildet war, das sie alles wusste. Das hat mich immer so fasziniert, dann habe ich mir halt so gedacht „das will ich auch machen." Ich möchte den Kindern auch wirklich das beibringen, was sie wirklich brauchen im Leben. Weil ich finde, dass Lehrer viel mehr respektiert werden als Hodscha in der Gesellschaft generell. Ich dachte mir, warum sollten immer andere auf höheren Positionen sitzen und nicht wir Muslime. Ich möchte zeigen, dass man als Muslime auch erfolgreich sein kann." (IRL20_w)

„Also, ich wollte schon immer Lehrerin werden. Mir hat schon immer Spaß gemacht den Kindern etwas beizubringen. Ich habe auch selbst früher Kindern Nachhilfe gegeben und da hat es mir generell Spaß gemacht. Und dann habe ich mir gedacht und habe gesehen, in Osnabrück wird es jetzt angeboten und in Niedersachsen ist es ja auch so, dass Lehrerinnen mit Kopftuch unterrichten können. Und dann habe ich mir gedacht das ist die perfekte Möglichkeit für mich das auszunutzen auch das durchzusetzen. Vor allem islamische Themen interessieren mich am meisten und ich habe schon in der Schule gemerkt das über den Islam zu diskutieren mir am meisten Spaß macht. Ich habe auch gemerkt nur ein Theologiestudium, damit kann ich nicht weit kommen. Natürlich ist das so, dass da sehr viel ist, was man lernt und definitiv kann man da ein Nutzen ziehen und im Endeffekt hätte ich dann einen Abschluss aber keine sichere Berufsmöglichkeiten und das ist mir natürlich auch wichtig." (IRL29_w)

Einige Studierende berichten, dass sie die Kinder den „wahren" Islam lehren möchten, ohne näher darauf einzugehen, was genau sie darunter verstehen.

„Das war mir am wichtigsten, das, was dann später als arbeite, worin ich mich aber auch identifizieren kann. Also, dass ich den Kindern den Islam beibringe und das dann auch auf richtiger Weise. Ich möchte nicht, dass Kinder generell, wo das ist, auf der ganzen Welt irgendein Islam beigebracht bekommen, der überhaupt nicht der Wahrheit entspricht. Das ist nämlich sehr gefährlich. Schließlich sind unsere Kinder unsere Zukunft." (IRL29_w).

„Ich fand es einfach sehr wichtig, dass der Islam von wirklich muslimischen, vorbildlichen Lehrern unterrichtet wird. D. h. richtige, wahre Theologen aus uns werden, so dass Missverständnisse und falsche Informationen über den Islam aus dem Weg geräumt werden. Ja, dass alles einfach auf Deutsch ist, mit deutschem Abschluss, finde ich schon sehr wichtig für einen Muslim. Und ja, das war eine Motivation und dass der Islam Kindern schon von klein an in Grundschulen oder Oberschulen – die eigene Religion – auch wenn nur ansatzweise unterrichtet wird. Und auch dass es auf Deutsch ist, damit man sich auch verteidigen kann, weil wir ja in Deutschland leben, und man muss sich einfach – vor allem in religiösen Angelegenheiten – ausdrücken können und das geschieht nur in der Schule oder wenn sich jemand wirklich darum kümmert, das beizubringen." (IRL31_w)

Die Befragten sind stark pädagogisch-didaktisch an der Wissensweitergabe an die jüngere Generation interessiert. Die Interviewten erklären, dass von den Imamen in der Moschee eine Faszination für Kinder ausgehe. Dabei wird betont, dass es wichtig sei, den Kindern beizubringen, was sie im Leben wirklich bräuchten, nämlich ein eigenes religiöses und wertebasiertes Bezugssystem, und dass dies in der schulischen Ausbildung vernachlässigt werde. Insgesamt lässt sich zusammenfassen, dass einige Studierende das Interesse an Religion bereits früh entwickelten und das Studium der Islamischen Theologie an der Universität als eine Möglichkeit sehen, das Wissen zu vertiefen und dieses an andere weiterzugeben. Zudem sollte diese Wahl bessere berufliche Chancen eröffnen, um als erfolgreiche muslimische Lehrkraft einen Beitrag leisten zu können. Viele Studierende betonen zudem, dass sie sich mit der Religion schon früh auseinandergesetzt hätten, ihr Wissen vertiefen und dieses auch an nachfolgende Generationen weitergeben wollten. Dabei steht im Mittelpunkt nicht die sichere berufliche Stellung der Lehrkräfte, sondern viel mehr die Weitergabe der religiösen Werte und die Vorbildfunktion einer Lehrkraft. Die Studierenden reflektieren zudem, dass durch die Position, die eine Lehrkraft einnimmt, nicht nur die Kinder, sondern auch die Eltern und das ganze Schulsystem in die Wertevermittlung integriert seien.

„Ich glaube, dass Lehrer mehr Möglichkeiten haben, das weiterzugeben, was da ist. Weil ich bin sogar der Meinung, dass ein Lehrer, natürlich bis zu einem bestimmten Lebensabschnitt, sogar die wichtigste Rolle im Leben eines Kindes sein kann. Da das Kind es sozusagen fast jeden Tag sieht, auch mehrere Stunden lang und da spielt zum Beispiel das Verhalten eine sehr große Rolle und da kann man halt bestimmte vor allem Werte, sehr stark weitergeben." (IRL7_m)

„Ich habe von Anfang an das Ziel auf Lehramt gehabt, und zum anderen habe ich das Ziel gehabt, dass die Menschen den Islam nicht durch irgendwelche Zufälle oder sowas entdecken, sondern, dass man mit ihnen auch spielerisch in der Kindheit auch schon sensibel nahe legt. Und dadurch auch den Eltern und dadurch ist dann das ganze Schulsystem mit eingebunden." (IRL8_m)

„Während meiner Schulzeit hatte ich kein gutes Verhältnis zu meinen Lehrern, was sich aber in der Abiturzeit änderte. Diese Veränderung erweckte in mir den Wunsch,

6.3 Studienwahl

Lehrer zu werden, um als Vorbild für die anderen Schüler zu fungieren. Ich wollte die Chancenungleichheit zwischen den Deutschen und den Migrantenschülern beenden und das besser machen, was die Lehrer bei mir nicht geschafft haben." (IRL21_m)

Die Religion wird als ein sehr wichtiger Aspekt erachtet und dadurch die Notwendigkeit betont, das Wissen darüber weitergeben zu wollen.

„Weil die Religion für mich wichtig ist, was mein Leben und Identität anbelangt, da ist sie maßgeblich beeinflussend. Es ist mir wichtig ich möchte das weitergeben. Andererseits bin ich natürlich hier geboren und ich studiere Germanistik. Und so will ich beides kombinieren, um den Kindern beides näher zu bringen. Ich studiere das, um mir selbst und folgenden Generationen zu zeigen, dass man beides kombinieren kann und als gläubiger Muslim in Deutschland erfolgreich leben kann." (IRL27_m)

Einige Studierende betonen, dass eine bloße Zuschreibung zu einer Religion nicht ausreichend sei, sondern vielmehr eine Auseinandersetzung mit dem Glauben erfolgen solle, und genau diese Reflexion in der Schule bei den Schüler:innen im Religionsunterricht unterstützt werden müsse. Dabei ist diesen Personen wichtig, dass keine extremistischen Ansichten vermittelt werden, sondern die Religion für sich selbst eigenständig reflexiv erarbeitet werden müsse.

„Wenn ich sage, ich bin Moslem, muss ich auch wirklich mich damit auseinandersetzen und wissen, woran glaube ich denn jetzt. Es reicht nicht, einfach zu sagen, ‚Ich gehöre dem Islam an'. Und deswegen habe ich mir gedacht, ich werde mich ein bisschen damit auseinandersetzen und bin auch aus reinem Interesse in diesem Gebiet. Aber ich habe auch gemerkt, dass es in Deutschland immer wichtiger wird. Es sind nun mal viele Muslime da, aber es sind einfach nur wenige deutschsprachige Muslime. Das ist immer krass. Es gibt, wenn es einen gläubigen Muslim gibt, ist es meistens leider jemand, der die deutsche Sprache nicht beherrscht. Wenn es also einen praktizierenden Muslim gibt, der kann das dann leider nicht richtig in die deutsche Sprache vermitteln, so wie es die Gesellschaft haben möchte. Dann gibt es jemanden, der spricht die deutsche Sprache sehr gut, aber sie vermitteln extreme Ansichten. Das sehen wir auch momentan mit diesen ganzen extremistischen Fällen. Die sprechen sehr gut Deutsch, sprechen die Jugend an, aber das ist einfach nicht der Islam, der praktiziert werden sollte, das ist eine ganz andere Auslegung und eine sehr falsche Interpretation des Korans oder des Lebens des Propheten. Das war natürlich auch ein Ansporn dafür, dass ich gesagt hab, hey ich bin hier aufgewachsen und ich spreche Deutsch und ich glaube, ich muss einfach jetzt lernen, was die Bücher dazu sagen, ob diese Art und Weise des Handelns der Extremisten so richtig ist oder nicht. Das ist nicht einfach nur zu sagen, ich glaube jetzt an den Koran und da steht so und so und es ist jetzt legitim für mich ein Moslem zu werden. Das stimmt aber nicht, im Koran heißt es, derjenige der einen Menschen umbringt, ist genauso schuldig bzw. hat so eine schlechte Tat begangen, als hätte er die ganze Menschheit getötet. Und das ist krass. Diesen Vers zu wissen und einfach mal so ein Gleichnis zu stellen, was macht diese Person da, dann merkt man wirklich, das ist nicht der Islam, der leider auch durch die Medien ein bisschen so repräsentiert wird. Und das ist auch mein Ansporn, dass ich sage in diesem Bereich, glaube ich, etwas insbesondere für die Jugend zu tun." (IRL10_m)

Immer wieder spielt auch die Vermittlung des Wissens über die Religion in deutscher Sprache eine enorme Rolle.

„Ich habe als Kind zum Beispiel in der Moschee keinen Draht zu den Imamen dort gehabt, vor allem sprachlich gesehen, weil ich Schwäche in der türkischen Sprache hatte, und mich lieber auf Deutsch verständigt hatte, das ging aber dort nicht in der Moschee. Ich war etwas skeptisch, ob man das in Deutschland, in einer deutschen Uni wirklich kompetent dieses Fach erlernen kann. Ich habe mich dann mit einigen Freunden zusammengetan und wir dachten uns, das probieren wir mal aus. Und so kam es dann, dass wir Islamische Theologie begonnen haben zu studieren, uns hat es dann auch gefallen, und ich bin auch froh, dass wir dann hier geblieben sind." (IRL33_m)

Zusammenfassung: Die wissenschaftliche Analyse zur Studienmotivation von Studierenden der Islamischen Theologie zeigt ein facettenreiches Bild der Beweggründe, die sich auf intellektuelle, religiöse, berufsbezogene und gesellschaftspolitische Faktoren erstrecken. Auf intellektueller oder kompetenzorientierter Ebene äußern Studierende den Wunsch, sich tiefer gehend mit ihrer Religion auseinanderzusetzen und persönliches Wachstum durch das Studium zu erleben. Religiöse Studienmotivation manifestiert sich in dem Bedürfnis, das Studium als Mittel zur persönlichen religiösen Fortbildung zu nutzen, wobei auch die langfristige Bedeutung für das Jenseits betont wird. Die berufsbezogene oder pragmatisch-sicherheitsorientierte Motivation wird insbesondere im Kontext der Lehramtsoption deutlich, die trotz unsicherer Berufsperspektiven in der Islamischen Theologie eine klarere berufliche Zukunft ermöglicht. Gesellschaftspolitische Antriebe für das Studium beziehen sich auf das Bestreben, kulturelle und religiöse Veränderungen voranzutreiben und das Wissen über den Islam innerhalb der eigenen Gemeinschaft sowie in der Mehrheitsgesellschaft zu verbreiten. Die vorliegenden Ergebnisse zeigen, dass insbesondere die religiöse und gesellschaftspolitische Studienmotivation eine wichtige Rolle spielen, ebenso wie der Gegensatz zwischen idealistischen Motivationen (intellektuell, kompetenzorientiert, religiös, gesellschaftspolitisch) und pragmatischen Aspekten (berufsbezogene und sicherheitsorientierte Überlegungen). Die Studie verdeutlicht, dass Studierende durch das Studium der Islamischen Theologie sowohl ein tieferes Verständnis ihrer Religion anstreben als auch berufliche Perspektiven und gesellschaftliche Wirkungsfelder erkunden.

6.3 Studienwahl

In Aussagen wird deutlich, dass das Studium nicht nur als Möglichkeit gesehen wird, bestehendes Wissen zu erweitern, sondern auch als Bildungsweg, der bereits vertrautes religiöses Wissen vertieft. Dabei wird betont, dass das gewonnene Wissen nicht nur persönlichen, sondern auch gesellschaftlichen Mehrwert durch Bildung und Aufklärung in Bezug auf den Islam haben soll. Somit spiegelt sich in der Motivation der Studierenden eine komplexe Mischung aus persönlicher Bereicherung, sozialem Engagement und beruflichen Überlegungen wider.

Die Analyse zeigt, dass die Motivation, Islamische Theologie auf Lehramt zu studieren, entweder aus einem Prozess der beruflichen Selbstfindung resultiert oder aus einem tief verwurzelten Wunsch stammt, religiöses Wissen zu vermitteln und positiv zur Darstellung von Muslim:innen in der Gesellschaft beizutragen. Des Weiteren wird der Aspekt der beruflichen Sicherheit als ein wichtiger Faktor bei der Entscheidungsfindung hervorgehoben. Die Interviewten äußern zudem ein starkes Interesse daran, Kinder und Jugendliche nicht nur im Rahmen der Moscheegemeinden, sondern auch im schulischen Kontext in ihrer religiösen und werteorientierten Entwicklung zu unterstützen. Dabei wird eine Kritik an der schulischen Ausbildung sichtbar, die nach Meinung der Interviewten ein angemessenes, religiöses und wertebasiertes Bezugssystem vernachlässigt.

Die Motivation, Islamische Theologie auf Lehramt zu studieren, ist stark mit der Rolle von Lehrkräften verbunden. So wird der Wunsch einiger Studierender deutlich, Kinder im "wahren" Islam zu unterrichten, wobei die genaue Definition dessen, was als "wahrer" Islam verstanden wird, nicht näher erläutert wird. Andere Interviewte reflektieren über die prägende Rolle von Lehrkräften im Leben von Kindern und Jugendlichen und betonen die Möglichkeit, über die pädagogische Arbeit Werte zu vermitteln. Der Wunsch, den Islam und seine Werte auf eine sensible und spielerische Weise bereits im Kindesalter nahezubringen und so ein ganzheitliches Bildungserlebnis zu schaffen, das auch die Eltern und das Schulsystem miteinbezieht, wird deutlich hervorgehoben. Einige Studierende schildern zudem persönliche Erfahrungen mit Lehrkräften während ihrer eigenen Schulzeit und beschreiben, wie diese Erfahrungen sie motiviert haben, selbst in die Lehrtätigkeit einzusteigen, mit dem Ziel, Ungleichheiten zu überwinden und eine positive Veränderung im Bildungssystem zu bewirken. Eine dritte Gruppe der Studierenden befasst sich mit der Bedeutung der Religion im Kontext von Identität, Integration und Bildung. Die Interviewten betonen die Wichtigkeit der Religion in ihrem Leben. Dabei wird nicht nur die Zugehörigkeit zu einer Religion, sondern auch eine tiefer gehende Auseinandersetzung mit den Glaubensinhalten als notwendig erachtet. In der Bildungswelt, speziell im Religionsunterricht, wird die Forderung nach einer reflektierten Aneignung religiöser

Inhalte laut, die frei von extremistischen Interpretationen ist und die Schülerinnen und Schüler dazu anregt, eine persönliche, informierte Glaubenseinstellung zu entwickeln. Hierbei wird besonders die Rolle der Sprache hervorgehoben: Die Vermittlung religiöser Inhalte in der deutschen Sprache wird als essenziell für die Integration und das Verständnis in einer multikulturellen und mehrsprachigen Gesellschaft wie Deutschland betrachtet.

Die Interviewaussagen unterstreichen insgesamt die Notwendigkeit, religiöses Wissen und Verständnis als Teil der kulturellen Identität und Integration in der Bildung zu berücksichtigen. Sie heben hervor, wie wichtig es ist, dass Religion in einem kritisch-reflexiven und kontextualisierten Rahmen gelehrt wird, um die Entwicklung einer informierten und toleranten religiösen Haltung zu unterstützen.

6.4 Gendereinstellungen

Gendereinstellungen sowie insbesondere das Verhältnis und die spezifischen Rollenerwartungen an Frauen und Männer im Islam stehen in wissenschaftlichen, mehr jedoch noch in öffentlichen Diskurs stark im Zentrum des Interesses (Hagemann und Quataert 2008). Oftmals wurden hierbei aus bestimmten Suren vermeintlich zeitlose und stark normativ aufgeladene Gebote konstruiert, die nicht als historische Tradition, sondern als moralische und religiöse Pflicht konstruiert wurden (Knieps 1999; Mernissi 1996). Diese schwächen sich jedoch im Laufe der Einwanderergenerationen ab, wie etwa generationale Studien von Pratt Ewing (2008) in Berlin oder in Österreich von Ateş (2014) und Weiss (2014) an Eltern-Kind-Dyaden belegen.

Alle Studierenden der vorliegenden Studie betonen zwar zunächst, dass Frauen und Männer gleiche Rechte und gleiche Pflichten hätten. Bei der genauen Betrachtung der Interviews wird jedoch deutlich, dass in den Fragen zu den Aufgaben von Frauen und Männer unterschiedliche Gruppen auszumachen sind. Die eine Gruppe der Studierenden stellt heraus, dass Männer und Frauen zwar gleiche Rechte hätten, jedoch von Natur aus unterschiedlich seien und auch laut der islamischen Religion unterschiedliche Aufgaben hätten. Es wird betont, dass Männer deutlich mehr Pflichten hätten, wie z. B. die Familie finanziell zu versorgen. Dies wird von einem Großteil der Befragten als nicht antastbar angesehen, da auf religiöse Pflichten rekurriert wird. Dies deckt sich mit den Ergebnissen der Studie von Şenel und Demmrich (2024), nach der etwa ein Viertel bis ein Drittel der Befragten an den Instituten und Zentren für Islamische Theologie sehr genderstereotype Erwartungen an Männer als Ernährer und finanziell Verantwortliche für die Familie formulieren, während Frauen primär in ihrer Mutterrolle,

6.4 Gendereinstellungen

vor allem der Betreuung und Erziehung von Kleinkindern sowie als diejenigen wahrgenommen werden, die den Haushalt führen sollten. Dass die finanzielle Hauptverantwortung beim Mann liegt, wurde sogar von über der Hälfte der Studierenden der Studie von Şenel und Demmrich (2024) wie auch dieser Studie formuliert.

> „Vor allem als Mann muss man einen Beruf haben, wenn man später eine Familie gründet, ist meines Erachtens der Mann, der sich hauptsächlich um das Finanzielle kümmern muss." (IRL2_m)

Einige Studierende, die sich zwar zur Gleichberechtigung von Frauen und Männern bekennen – „Ich bin eine Person, die für die Gleichberechtigung von Mann und Frau ist" (IRL5_w) – exemplifizieren in ihren Erklärungen jedoch ein sehr eingeschränktes und ebenfalls repressives bzw. traditionelles Verständnis von Gleichberechtigung, etwa in beruflicher Hinsicht, das nur dann greift, wenn wirtschaftliche Notwendigkeiten es unbedingt erforderlich machen:

> „Also in der heutigen Gesellschaft ist es ja so, dass man nicht überleben kann nur mit dem Einkommen des Mannes. Also sehe ich so. Da braucht man auch, wenn man also wirklich in guten Verhältnissen leben will, auch das Einkommen der Frau und natürlich muss das Einkommen der Frau nicht so hoch sein, aber es reicht auch, wenn sie nur, weiß ich nicht, so 1000 € verdient oder so. Damit sie auch dem Haus was beitragen kann." (IRL5_w)

Das Zitat macht deutlich, dass aus Sicht der Interviewten Frauen nur arbeiten sollten, wenn die aktuelle wirtschaftliche Lage es nicht anders zulasse. Die Frau brauche zudem nicht viel zu verdienen, sondern nur so viel, wie für die Familie nötig sei. Die Studierenden weisen zwar darauf hin, dass die Aufgaben im Haushalt und in der Erziehung der Kinder in der Realität aus pragmatischen Gründen gemischt verteilt werden, unterstreichen aber auch, dass laut den religiösen Vorschriften, ihrer Meinung nach, eher der Mann für die finanzielle Sicherheit sorgen sollte, da die finanzielle Versorgung der Familie als religiöse Aufgabe der Männer gesehen wird.

> „Bei uns ist das gemischt, weil ich auch sehr viel arbeite und mein Mann auch der Ansicht ist, dass man das gerecht aufteilt, wobei man schon sehen muss, dass wir innerhalb unserer Religion für die Rollen von Mann und Frau bestimmte Vorgaben haben oder den Männern und Frauen ein bestimmtes Rollenbild zugeschrieben wird. Das klassische Rollenbild ist so, dass die Männer dafür verantwortlich sind, für die Familie finanziell zu sorgen, also als religiöse Aufgabe. Frauen sollen sich um die

Familie und die Kinder kümmern. Das heißt aber nicht, dass Frauen nicht arbeiten dürfen, sondern finanziell einfach nicht für die Familie zuständig sind." (IRL3_w)

Dabei wird deutlich, dass gemäß den Studierenden die Männer die religiöse Pflicht hätten, die Familie finanziell zu versorgen, wobei es den Frauen frei gestellt sei, ob sie arbeiten wollten oder nicht – „Also der Mann sollte auf jeden Fall arbeiten. Frau sollte es, wenn sie möchte." (IRL4_w)

„Also erst einmal im Islam, ist der Mann dazu verpflichtet seine Frau und seine Familie allgemein zu ernähren, das ist ganz wichtig, und wenn er das mit einer guten Absicht macht, dann kann das sogar als eine Sadaqa, also Spende, gutgeschrieben werden! Aber ich bin persönlich jetzt nicht jemand, der es meiner Frau verbieten würde zu arbeiten." (IRL8_m)

„Man muss natürlich als Frau nicht arbeiten. Aber wenn man beispielsweise die Möglichkeit hat, aber auch damit die Frau sich zu Hause nicht zu sehr langweilt, würde ich es halt auch sinnvoller finden, wenn sie auch arbeiten geht." (IRL12_m)

Die Erziehung der Kinder wird zwar ebenfalls von beiden Geschlechtern erwartet, jedoch wird in vielen Interviews hier ein Schwerpunkt auf die Betreuung der Kinder durch die Mutter gelegt.

„Ich würde es überwiegend bei der Frau sehen. Also, dass die Erziehung der Kinder überwiegend bei der Frau ist, weil ich es halt so erlebt habe. Und der Vater halt zwischendurch. Also, wenn er als Vorbild der Vaterfigur agieren muss, dann muss er auch agieren." (IRL4_w)

Diese – vermuteten – Pflichten von Mann und Frau sowie eine starke Rollenzuschreibung basierend auf der geschlechtlichen Zugehörigkeit wurden auch in den Herkunftsfamilien stark gelebt und dort durch die primäre Sozialisation aufgenommen, indem z. B. an die ältesten männlichen Personen deutlich höhere Ansprüche in den Bereichen der Bildung und des Berufs gestellt wurden als an die weiblichen Mitglieder der Familie.

„Also ich habe noch eine ältere Cousine. Der männliche Enkel, der Älteste, bin ich. Ja meine Cousine. Aber klar, dass man dem Mann sozusagen mehr Verantwortung zuspricht, als der Frau. Sie hat halt nicht studiert. Sie hat aber die Ausbildung zur Erzieherin gemacht." (IRL1_m)

6.4 Gendereinstellungen

Andererseits betonen auch viele Studierende, dass nicht nur die Rechte und Pflichten der beiden Geschlechter gleich seien, sondern auch, dass deren Aufteilung alleinige Aufgabe der Familie sei und keinen Bezug zur Religion haben sollte.

„Ich denke, das muss jede Familie für sich entscheiden. Ich denke, das ist kein religiöser Diskurs, sondern das ist ein sehr familiär intimer Diskurs und die Frau und der Mann müssen das natürlich für sich selber entscheiden." (IRL15_m)

„Ich denke, das sollte dem Paar selbst überlassen sein. Antwort: Ich denke das Kind braucht Mutter und Vater gleichermaßen. Vielleicht am Anfang etwas mehr die Mutter, weshalb diese vielleicht mehr von der Elternzeit profitieren sollte. Aber ansonsten liegt die Entscheidung bei jedem Paar selbst." (IRL23_m)

„Ich denke das soll jedes Ehepaar für sich selbst aushandeln. Da gibt's kein festgelegtes Konzept." (IRL27_m)

Zudem verweisen die Studierenden auf die Generationenunterschiede und darauf dass vor allem in Deutschland die Gleichberechtigung von Mann und Frau eine wichtige Rolle spielt und auch dementsprechend genutzt werden sollte:

„In den islamischen Gesellschaften ist es immer der Mann, der die Versorgungspflicht übernimmt, und die Frau sie zuhause kümmert sich um den Haushalt. Das ist Generation von meinen Eltern, aber so jetzt unsere Generation, die gehen auch beide in Arbeitsfeld und in Deutschland gibt es der Mann und die Frau, die haben auch gleiche Stellung, also die, entweder der Mann oder die Frau arbeitet. Das ist kein Problem für mich, ich kann die Rolle wechseln. Das heißt der Mann geht arbeiten und die Frau auch geht arbeiten." (IRL14_m)

Zusammenfassung: Die wissenschaftliche Auseinandersetzung mit Gendereinstellungen, insbesondere mit den Rollenerwartungen an Frauen und Männer im Islam offenbart ein komplexes und heterogenes Bild, das sowohl von kulturellen Traditionen als auch von religiösen Interpretationen geprägt ist. Eine nähere Betrachtung der Interviewdaten offenbart eine Diskrepanz zwischen dem verbal geäußerten Anspruch auf Geschlechtergleichheit und den tatsächlichen Einstellungen zu den spezifischen Aufgaben von Frauen und Männern. So zeigt sich in den Aussagen der Studierenden eine Gruppe, die trotz des Bekenntnisses zu gleichen Rechten naturgegebene Unterschiede zwischen den Geschlechtern betont, die sich in unterschiedlichen, durch die Religion begründeten Aufgaben niederschlagen. Insbesondere die finanzielle Verantwortung des Mannes als Familienernährer wird von einem Großteil der Interviewten als unanfechtbare religiöse Pflicht angesehen. Die Erwerbstätigkeit von Frauen wird lediglich als ökonomische Notwendigkeit betrachtet, dabei aber als nachrangig gegenüber der des Mannes gesehen. Dies spiegelt sich in der Vorstellung wider, dass Frauen prinzipiell arbeiten könnten, jedoch nur, um die Familie zu unterstützen, ohne dass ihre berufliche Einbindung als gleichwertig zur männlichen angesehen wird. Die Interviewanalyse zeigt, dass trotz des Bekenntnisses zur Gleichberechtigung ein tief verankertes, traditionelles Verständnis von Geschlechterrollen existiert, in dem das Potenzial weiblicher Erwerbstätigkeit und Autonomie unterbewertet wird. Die Anerkennung der Gleichwertigkeit von Frauen im beruflichen Kontext sowie eine tatsächliche Emanzipation von traditionellen Rollenbildern erscheinen in diesem Licht als sekundär gegenüber ökonomischen Zwängen und religiösen Vorstellungen.

Die Aussagen in den Interviews reflektieren unterschiedliche Einstellungen und Erfahrungen bezüglich der Genderrollen in der Kindererziehung. Es wird festgestellt, dass die Verantwortung für die Kindererziehung traditionell eher den Müttern zugeordnet wird, wobei diese Aufteilung auf Erfahrungen in der eigenen Familie basiert. Insbesondere wird die primäre Sozialisation in den Herkunftsfamilien hervorgehoben, in denen geschlechtsspezifische Rollenverteilungen stark verankert waren, mit deutlich höheren Erwartungen an männliche Mitglieder in Bezug auf Bildung und Beruf, verglichen mit weiblichen Familienmitgliedern.

Gleichzeitig zeigt die Analyse, dass viele Studierende die Gleichheit der Rechte und Pflichten zwischen den Geschlechtern betonen und hervorheben, dass die Aufteilung der Geschlechterrollen innerhalb einer Familie eine individuelle Entscheidung sein sollte, die nicht durch religiöse Vorstellungen beeinflusst wird. Es wird argumentiert, dass die Entscheidung über die Rollenaufteilung im Familienkontext gefällt werden sollte, basierend auf den Präferenzen und Bedingungen des jeweiligen Paares. Zusätzlich wird auf Generationenunterschiede und den kulturellen Kontext, insbesondere in Deutschland, verwiesen, wo die Gleichberechtigung von Mann und Frau eine wichtige Rolle spielt und praktiziert werden sollte. Die Analyse deutet darauf hin, dass insbesondere jüngere Generationen eine flexiblere Sicht auf die Rollenverteilung in der Erziehung und im beruflichen Leben haben und solche traditionellen Rollenmodelle hinterfragen.

Zusammenfassend spiegeln die Ansichten eine Spannung zwischen traditionellen Erwartungen an die Geschlechterrollen in der Erziehung und dem Wunsch nach einer gerechteren, individuell bestimmten Aufteilung dieser Rollen wider. Dabei werden sowohl familiäre und persönliche Erfahrungen als auch kulturelle und gesellschaftliche Entwicklungen, besonders in Bezug auf Gleichstellung und Gleichberechtigung, als maßgebliche Faktoren identifiziert.

6.5 Politische Einstellungen

Bei der Auswertung der Interviews im Hinblick auf die politischen Einstellungen der Studierenden zeigen sich unterschiedliche Aspekte. Einige Studierende geben an, dass Demokratie und Islam ihrer Meinung nach nicht zusammengehören würden. Zudem kommt es auch in den Interviews immer wieder zu einer unreflektierten Gleichsetzung von Religion und Herkunft, wobei Personen bestimmter Herkunft, wie etwa den im Interview so bezeichneten „südländischen Leuten" (IRL20_w) aufgrund ihres aufbrausenden Temperaments die Demokratiefähigkeit mit ihrem Versuch eines Ausgleichs zwischen unterschiedlichen Interessen abgesprochen wird.

> „In islamischen Ländern würde ich das so sehen, im Islam generell weiß ich nicht, ob Demokratie jetzt richtig wäre. Obwohl es eigentlich Demokratie ist, sag ich mal. Nein warte, das ist nicht Demokratie, pardon. Obwohl nein. Demokratie würde ich nicht wirklich richtig finden, weil es zu Streitigkeiten führen könnte, weil das bei südländischen Leuten meistens so, dass man schneller zum Streit neigt und ich glaube bei der Demokratie würde es eher dazu führen, dass die Leute sich untereinander sehr viel streiten, weil sie sich nicht verstehen können." (IRL20_w)

Ebenso unreflektiert werden auch Aussagen über von den Interviewten als Christ:innen gelesene Personen getroffen. Diesen wird in den Interviews teilweise pauschalisierend ein religiöses Leben nach der Bibel abgesprochen und auch ohne differenziert darzustellen, was es denn heißen würde, nach der Bibel zu leben. Auch hier zeigt sich, dass von den zukünftigen islamischen Religionslehrkräften „Semantiken der Fremd- und Eigentypisierung" (Imhof 1994, S. 408) im Sinne eines otherings (Mecheril 2019) genutzt werden. Es werden klar voneinander abgegrenzte duale Kategorien gebildet, die nicht nur eindeutige Trennungen provozieren, sondern auch normativ im Sinne einer Höherwertigkeit der Muslim:innen gegenüber den Christ:innen gewertet werden. Des Weiteren ist zu problematisieren, dass durch diese Zweiteilung eine individualisierte Begegnung kaum möglich ist, da das Christentum hier als einheitliche und unveränderbare Religion angesehen wird ohne individuelle Ausprägungsformen. Somit kann man hier anders als bei Imhoff und Recker (2012) nicht von einem Islamprejudice, sondern von einem Christianityprejudice ausgehen, wobei die Christ:innen als monolithischer Block, klar separierbar von den Muslim:innen und als moralisch minderwertiger angesehen werden. Hier werden ähnlich wie in den quantitativen Befragungen von Khorchide (2008) und Şenel und Demmrich (2024) eine religiös begründete gesellschaftliche Abgrenzung oder Separation propagiert.

„Es gibt gewisse Unterschiede. Die Muslime leben ganz anders. Und zwar sind die meisten religiös orientiert, wobei die Deutschen ja normalerweise nach der Bibel auch religiös leben sollten, was sie aber nicht tun." (IRL13_w)

Zudem werden „der Westen" mit seinen so bezeichneten westlichen Geboten infrage gestellt bzw. individuelle Freiheiten des Individuums in demokratischen und menschenrechtsbasierten Gesellschaften teilweise negiert. Konkret wird es etwa als unvereinbar mit dem Islam gesehen, dass der Staat den Ausschank von Alkohol ebenso wenig unterbindet wie ein Zusammenleben unverheirateter oder gleichgeschlechtlich orientierter Paare. Auch in der vorliegenden Studie befürwortet ähnlich wie bei Şenel und Demmrich (under review) etwa ein Viertel der Befragten eine klare Dominanz des Islam über staatliche Gesetze und präferiert somit einen stärker politisch gefassten Islam, bei welchem die islamische Gesetzgebung über die staatlichen Gesetze zu stellen ist, die „Anhänger des Islam [...] alle Gebote des Islams wichtiger als die anderen Gesetze" (IRL19_w) erachten bzw. erachten sollten.

„Der Islam ist ja nicht nur das, was man zu Hause lebt, sondern das, was man auch draußen lebt. Und alles, was man in die Öffentlichkeit trägt, hat was mit der Gesellschaft zu tun und die Gesellschaft hat dann aber schon eine bestimmte Struktur und manchmal, wenn wir etwas nach außen tragen, kann es augenscheinlich so aussehen, als würden wir gegen die Struktur, gegen das vorhandene Gesetz was machen, aber muss nicht so sein. Auch Alkoholverkauf und diese Prostitution und so, das sind halt Sachen, die auf gar keinen Fall passen. Oder Unzucht, oder, dass Wohnungen an unverheiratete Paare vermietet werden, solche Sachen gehören auch dazu, finde ich. Ich finde, da ich eine Gläubige bin und natürlich Anhänger des Islam, finde ich alle Gebote des Islams wichtiger als die anderen Gesetze." (IRL19_w)

„Das uneheliche Leben. Ich würde das nicht erlauben. Aber gesetzlich gibt es auch Freiheit und die Menschen sind frei, dieses muss erachtet werden." (IRL22_w)

„Ich denke, dass die Freizügigkeit und Sexualisierung in diesem Land nicht mit dem Islam vereinbar sind, wobei das Gesetz dies nicht explizit fordert, sondern nur nicht unterbindet. Der öffentliche Alkoholkonsum, sowie das Jugendschutzgesetz, welches den Verzehr gewisser alkoholischen Getränke auf 16 Jahre taxiert, schwierig zu vereinbaren. Die staatlich anerkannte eingetragene Lebenspartnerschaft für homosexuelle Paare ist ebenfalls ein schwieriges Thema in Bezug auf den Islam." (IRL23_m)

„Homosexualität und so kann ich nicht akzeptieren, muss und werde es halt tolerieren. Passt nicht in mein Weltbild, aber ich tue nichts dagegen." (IRL27_m)

„Was das Grundgesetz angeht, kenne ich nicht die einzelnen detaillierten Passagen nicht, aber allgemein kann ich sagen, dass die Demokratie nicht wirklich islamisch ist. Was die Gesetze in Deutschland angeht und auf der anderen Seite die islamischen

6.5 Politische Einstellungen

Gebote, ist es eindeutig für mich, dass alle islamischen Gebote wichtiger sind als die westlichen." (IRL32_w)

Andere Interviewte hingegen betonen, dass dem Islam und der Demokratie bzw. dem Grundgesetz die Menschenrechte zugrunde lägen und somit eine gemeinsame Basis von Religion und Demokratie bzw. Staatlichkeit bestehe. Zudem wird darauf hingewiesen, dass die Gesetze des Landes, in dem man lebt, einzuhalten seien.

„Ich würde nicht sagen, dass man sich jetzt, ähm, dem Grundgesetz widersprechen soll und ich sag mal das göttliche Gesetz sozusagen vorziehen soll. Als eine Person, die in Deutschland lebt, muss man natürlich auch dementsprechend das Grundgesetz vollziehen." (IRL1_m)

„Also, es ist, ich meine, aber das ist so gerade meine Meinung, dass es so ist, dass man als Moslem dem Staat folgen muss, in dem man lebt." (IRL2_m)

„Ich bin auch gar nicht dafür, dass man irgendwie die Scharia und sowas durchsetzt. Ich finde der Islam ist so eine flexible Religion. Man muss nicht unbedingt, um ein richtiger Muslim zu sein, das Grundgesetz irgendwie aberkennen lassen und dafür die Scharia einführen. Ich meine, wir können auch als gläubige Muslime in einem demokratischen Land mit den Grundrechten leben." (IRL4_w)

„Da aber der Islam eine Religion ist, die sowieso die Werte auch dieser westlichen Nationen beinhaltet, sehe ich da gar kein Problem und da pass' ich mich automatisch auch an. Ich bin zur Schule gegangen, deutsche Nachhilfezentren gegangen, ich war in deutschen Vereinen aktiv, habe Fußball gespielt, was habe ich alles gemacht. Also ich gehöre zu Deutschland." (IRL7_m)

Auch wenn man andere Ansichten als die Gesellschaft habe, sollten laut den Studierenden die Gesetze des Landes, in dem man lebt, geachtet und befolgt werden. Einige Studierenden geben jedoch auch an, zu wenig Wissen über Politik zu haben, um einen Vergleich ziehen zu können.

„Ich kenn mich mit Politik eigentlich nicht so gut aus, muss ich ganz ehrlich sagen" (IRL5_w)

„So gut kenne ich mich mit dem Grundgesetz, ehrlich gesagt, nicht aus, aber die Punkte, die ich kenne, stimmen, wie ich weiß, eins zu eins mit dem Grundgesetz; mit den Gesetzten des Islam überein!" (IRL8_m)

Die Studierenden betonen zudem, dass die Ausübung der Religion eine individuelle Entscheidung und nicht mit der politischen Lage im Land zu verbinden sei.

„Ich glaube, Religion ist was Privates, und Staat…. Religion hat ja natürlich eine politische Komponente, aber spielt sich in erster Linie beim Individuum ab. Gebote der Religion stellt für mich Gerechtigkeit her und die Gesetze in Deutschland auch." (IRL27_m)

„Man sollte im Grundgesetz jede Religion beachten können. Das Grundgesetz richtet sich an Menschen und somit auch an Muslime, Juden und andere Religionen." (IRL21_m)

„Ich richte mein Leben nach islamischen Werten aus und ich denke auch nicht, dass diese dem Grundgesetz widersprechen und ich denke auch, dass es wunderbar miteinander funktioniert." (IRL24_w)

„Die meisten Sachen sind auf persönlicher Ebene, im Islam geht es hauptsächlich um die Beziehung Mensch-Gott, dann gibts eine Ebene zwischen Staat und den einzelnen Individuen, und die gilt dann auch nur, wenn es einen muslimischen Staat gibt, und deswegen gibt es diese Konflikt Situation hier in Deutschland überhaupt nicht, man lebt als Muslim in einen nicht-muslimischen Staat, dann gibt es diese Konflikte überhaupt nicht." (IRL33_m)

Studierende unterstreichen jedoch ebenso die Vorteile, welche die Menschenrechte und Rechtsstaatlichkeit für die Menschen insgesamt sowie auch Angehörige religiöser Minderheiten bereithalte, wie etwa das Menschenrecht auf Religionsfreiheit. Somit ist ihrer Meinung nach eine religiöse Ausübung des Islam in Deutschland deutlich besser zu gestalten als teilweise in anderen Ländern.

„Also ich finde, dass die Muslime, die hier in Deutschland leben, den Islam besser ausüben als zu Beispiel die in der Türkei." (IRL5_w)

„Man hier in Deutschland beispielsweise sehr viele Möglichkeiten hat den Islam frei ausleben zu dürfen, wohingegen in sehr vielen oder den meisten arabischen Ländern das nicht möglich ist." (IRL12_m)

Andererseits gehen die Studierenden in vielen Interviews zwar darauf ein, dass sie staatlicherseits Meinungs- und Religionsfreiheit in Deutschland besäßen, aber dennoch Diskriminierungserfahrungen in Verbindung mit der Religionszugehörigkeit machen und somit betonen, dass die freie Ausübung der Religion zwar als Grundrecht angegeben wird, dies in der Realität im Hinblick auf den Islam aber noch nicht adäquat umgesetzt sei. Diese Diskriminierungen werden zum einen an individuellen Vorurteilen festgemacht, aber auch an staatlichen Strukturen und Vorgaben, wie etwa dem Verbot des Kopftuchtragens für etwa Beamtinnen in manchen Bundesländern.

6.5 Politische Einstellungen

„Wenn man Muslim ist und in Deutschland lebt, kann man nicht deutsch sein kann, weil man ausgegrenzt wird. Weil man sich anders anzieht oder bedeckt und das dann halt zum Rassismus führt. Was mir auch passiert ist, dass man halt nicht wirklich als deutsche Bürgerin anerkannt wird, sondern halt als Muslima abgestempelt wird. Auch wenn man so Fehler macht, dass man dann so sagt: ‚Ja ok, das sind Muslime, die immer Fehler machen, und nicht deutsche Bürger'." (IRL20_w)

„Dann erkennen die Leute meine Haare, meine Augen und gucken mich an und sagen: ‚Du siehst aber südländisch aus!' Die sind nicht damit zufrieden, dass ich fließend Deutsch spreche. Ich studiere Deutsch, ich habe einen deutschen Pass und sind damit immer noch nicht zufrieden und hacken auch immer noch nach. „Woher kommst du wirklich, woher kommst du?" (IRL8_m)

„Man muss sich ja immer rechtfertigen, weil man muss sich ja immer als Muslim distanzieren, wenn was passiert. Da muss ich mich immer wieder rechtfertigen, wenn da eine Person kommt mit, ‚Ja wie fandest du das denn in Frankreich?'. Wie soll ich das denn finden, das waren Terroristen. Warum muss ich mich da immer wieder distanzieren? Warum distanzierst du dich nicht von der Person in USA, die dort eine Abtreibungsklinik gestürmt hat und so weiter. Also ich muss mich immer distanzieren und muss mich immer rechtfertigen, warum ich Muslim bin, warum die das machen und ich das nicht mache und so weiter." (IRL4_w)

Die Studierenden fordern,

„dass der Islam anerkannt ist. Eine offizielle Religion ist und dass dem Islam auch alle möglichen Mittel zur Verfügung gestellt werden, wie anderen Religionen auch. Das auch im gleichen Maße wie dem Christentum oder Judentum. Den Leuten die Möglichkeit gegeben hat, ihre Praktiken als Christen oder als Jude dann zu vollziehen und das da auch kein Zwang da war." (IRL1_m)

Die Studierenden verweisen aber auch darauf, dass die religiöse Praxis

„immer im Kontext der heutigen Zeit [zu sehen ist]. Also wir dürfen nicht einfach sagen, diese religiöse Praxis wurde damals vor 1400 Jahren so ausgeübt und wir werden das jetzt 2016 so weiterhin in der Praxis umsetzen. Und da fehlt es mir ein bisschen an Unterschied." (IRL10_m)

Zusammenfassung: Die vorliegende Analyse deckt mehrere kritische Aspekte und Denkmuster auf, die sowohl die Wahrnehmung von Demokratie und Islam als auch die Beziehung zwischen Religion und Herkunft betreffen. Einige der Interviewten betonen, dass Demokratie und der Islam inkompatibel seien. Diese Haltung offenbart eine unreflektierte Gleichsetzung von Religion und Herkunft. Des Weiteren zeigt sich in den Interviews eine deutliche Tendenz zur

Stereotypisierung und Pauschalisierung in Bezug auf das Christentum und dessen Anhänger:innen. Den christlich Gläubigen wird pauschal ein mangelhaft religiöses Leben nach der Bibel unterstellt, ohne die Vielfalt individueller Glaubensausübung zu berücksichtigen. Diese Haltung stützt sich auf Dualismen und eine klare Trennung zwischen „uns" und „den anderen", wobei Muslim:innen moralisch überlegen dargestellt werden. Die Stellung des Islam gegenüber staatlichen Gesetzen wird diskutiert, wobei nur wenige Befragte eine Dominanz islamischer Gesetzgebung über staatliche Regeln befürworten.

Viele Studierende betonen jedoch, dass der Islam und die demokratischen Prinzipien bzw. das Grundgesetz auf gemeinsamen Werten wie den Menschenrechten basieren, wodurch eine Vereinbarkeit von Religion und Staatsform gegeben sei. Diese Perspektive betont die Notwendigkeit, die Gesetze des jeweiligen Landes, in dem man lebt, zu respektieren und zu befolgen. Die Interviewten lehnen die Vorstellung ab, dass das göttliche Gesetz des Islam dem Grundgesetz vorgezogen werden sollte, und erkennen an, dass eine Integration des muslimischen Glaubens in ein demokratisches System, das auf Grundrechten basiert, möglich ist. Außerdem reflektieren einige Studierende über ihre Identität als Muslim:innen in Deutschland und betonen, dass der Islam Werte teilt, die auch in westlichen Nationen geschätzt werden.

Trotz des prinzipiell positiven Bezugs auf das Grundgesetz und die demokratischen Werte Deutschlands geben einige Studierende an, nicht genügend politisches Wissen zu besitzen, um eine fundierte Vergleichsanalyse zwischen Religion und Staat bzw. den gesetzlichen Rahmenbedingungen zu ziehen. Dennoch wird darauf hingewiesen, dass die Kenntnisse, die sie über das Grundgesetz haben, mit ihrem Verständnis der islamischen Gesetze übereinstimmen. Die Interviewten verdeutlichen auch, dass die Ausübung der Religion als eine individuelle Entscheidung angesehen wird, die nicht direkt mit der politischen Situation im Land verknüpft sein sollte. Das Grundgesetz wird als inklusiv betrachtet, das allen Religionen Rechnung trägt.

Die Forschungsdaten zeigen, dass Studierende die Vorteile von Menschenrechten und Rechtsstaatlichkeit in Deutschland betonen, insbesondere im Hinblick auf die Religionsfreiheit. Dies wird auf die in Deutschland gewährleistete Meinungs- und Religionsfreiheit zurückgeführt, die es Muslim:innen ermöglicht, ihren Glauben freier auszuleben. Gleichzeitig verweisen die Studierenden auf die Kluft zwischen rechtlichen Ansprüchen und der Realität, in der sie Diskriminierung aufgrund ihrer Religionszugehörigkeit erfahren. Diese Diskriminierung manifestiert sich sowohl durch individuelle Vorurteile als auch durch staatliche Strukturen, beispielsweise durch Kopftuchverbote für Beamtinnen in einigen Bundesländern. Erfahrungen von Ausgrenzung und die Aufforderung, sich von extremistischen Handlungen zu distanzieren, obwohl diese nichts mit der eigenen Religionsausübung zu tun haben, belasten die Betroffenen zusätzlich. Die Studierenden fordern eine Gleichbehandlung des Islam mit anderen Religionen in Deutschland, einschließlich der Anerkennung als offizielle Religion sowie einer gleichberechtigten Unterstützung und Freiheit zur Ausübung religiöser Praktiken. Darüber hinaus betonen sie die Notwendigkeit, die religiöse Praxis im Kontext der modernen Zeit zu interpretieren und zu praktizieren, anstatt starre Auslegungen ohne Anpassung an die heutige Zeit zu übernehmen.

6.6 Aufgaben der Religionslehrkraft

Diese sich in den politischen und religiösen Einstellungen manifestierende Diskrepanz zwischen repressiv-fundamentalistischen und reformorientierten Studierenden (Şenel & Demmrich 2024) spiegelt sich auch in den Zielen wider, die für den islamischen Religionsunterricht formuliert werden.

Hier zeigt sich zunächst ein Typus von Studierenden, der besonders die spezifischen Aspekte und Werte des Islam betont und diese Religion an die nachfolgende Generation weitergeben möchte. Dieser Typus sieht die eigene Religion als die einzig wahre Religion an und konzentriert sich stark auf die Ausübung von Ritualen und die Einhaltung der Gebote. Kritisches Hinterfragen des Gelernten findet selten statt; der Fokus liegt stattdessen auf der Wissensvermittlung. Dies wird von 14 Befragten besonders hervorgehoben, die betonen, dass die Vermittlung von Wissen über die Religion und ihre Werte in deutscher Sprache eine wichtige Aufgabe des Unterrichts sei.

„Der Religionsunterricht in den Schulen sollte ergänzend zum Unterricht in der Moschee sein. Das heißt er sollte die Aufgaben haben, den Kindern eher solche Sachen wie Religion und Gesellschaft beizubringen. Also natürlich religiöse Aspekte, so Leben des Propheten, Prophetengefährten etc. Die sollten mit enthalten sein. Aber primär solche Sachen wie Islam in Deutschland, Islam in Europa, Islam in der Welt, Islamische Geschichte. Solche Sachen beibringen. Am besten ist die Kombination aus Vorbild und Praktizierender. Also ich bin der Meinung, dass die Religionslehrer praktizierende gläubige Muslime sein müssen. Und auch dementsprechend diese Vorbildfunktion für die Kinder annehmen müssen." (IRL4_w)

„An erster Stelle, dass muslimische Kinder eine vernünftige islamische Erziehung bekommen, die auf deutscher Sprache ist, was sehr wichtig ist. Und der Austausch unter den Kindern mit nichtmuslimischen Kindern und das, was nicht die Kinder angeht, sondern allgemein Deutschland, auch die Anerkennung für Deutschland, weil der Islam ist ja immer noch keine anerkannte Religion im Staat, wenn es dann langsam in der Schule anfängt, dann wird es dann – inshā ʾAllah – anerkannt. Dass der

Islam dann dadurch endlich den Rang erreicht, wie die anderen Religionen, die auch an Schulen gelehrt werden." (IRL19_w)

„Ich finde schon, dass man die großen Religionen aufzählen sollte. Und dann halt den Schülern erklären sollte, warum jetzt der Islam, der richtige Glaube ist. Wenn man da steht und sagt ‚Der Islam ist der richtige Glaube!' und nicht die andern erwähnt, dann hat man immer ein paar Fragezeichen im Kopf, ich glaub auch als Kind. Daher finde ich schon, dass man alle erläutern sollte, damit man einen Übergang haben kann und den Kindern zeigen kann, warum Islam eigentlich der richtige Glaube ist." (IRL20_w)

Der islamische Religionsunterricht wird als Mittel zur Vermittlung des Grundwissens des Islam betrachtet. Der Islam wird von diesem Typus als die einzig wahre Religion angesehen und soll entsprechend vermittelt werden. Einige der Befragten argumentieren, dass es wichtig sei, Schüler:innen über alle großen Religionen aufzuklären, um dann zu erläutern, warum der Islam als der einzig richtige Glaube angesehen wird. Die Rolle der Religionslehrkraft wird eindeutig mit der Vorbildfunktion verknüpft.

Eine weitere Gruppe von Studierenden betont, dass der Wert des islamischen Religionsunterrichts in Schulen in seiner Fähigkeit liegt, den Schüler:innen die Grundlagen der Religion zu vermitteln unter der Voraussetzung, dass sie sich auch angemessen mit ihr auseinandersetzen können. Diese Auseinandersetzung fungiert als Präventivmaßnahme gegen extremistische und radikale Interpretationen des Islam, wodurch Schüler:innen befähigt werden, ihre Religion zu erklären und zu verteidigen – allerdings ohne gewalttätige oder missionarische Konnotationen. Lehrkräfte spielten laut den Befragten dieser Gruppe dabei eine entscheidende Rolle bei der Aufgabe, islamisches Wissen und Verständnis zu vermitteln. Sie fungierten als unabhängige Berater:innen und förderten ein kritisches und engagiertes Engagement mit der Religion. Die Befragten betonen auch den präventiven und wertebildenden Aspekt des islamischen Religionsunterrichts für junge Muslim:innen.

„Es ist sehr wichtig den Schülern islamisch fundiertes Wissen zu geben. Damit halt extremistische Formen, fanatische Formen des Islam nicht Oberhand gewinnen, es ist wichtig den Schülern hier traditionell islamisches Wissen zu geben und das in die deutsche Sprache zu übertragen. Ich denke eines der wesentlichen Ziele ist De-Radikalisierung und islamisch fundiertes Wissen zu formatieren." (IRL15_m)

„Ich finde, es ist die Aufgabe den Kindern zu vermitteln, warum etwas gemacht wird und nicht, dass es gemacht werden soll." (IRL21_m)

„Der Religionslehrer sollte in erster Linie kompetent sein in religiösen Fragen. Er besitzt ebenfalls eine Vorbildfunktion. Trotzdem sollte er jedoch unabhängig von

6.6 Aufgaben der Religionslehrkraft

Moscheegemeinden, Sekten und eingrenzenden Elternmeinungen unterrichten, da zwar religiöses Wissen vermittelt werden soll, niemand aber zu religiösen Taten bzw. einer bestimmten Sichtweise gezwungen werden darf. Wir brauchen auch interreligiösen Austausch, denn ein religiöser Tunnelblick in eine von Vielfalt geprägte Gesellschaft nicht weiterbringt." (IRL23_m)

Insgesamt verdeutlichen diese Aussagen den wichtigen und vielfältigen Einfluss, den das Studium und der Unterricht in islamischer Religion auf die individuelle und kollektive Auseinandersetzung der Studierenden und Schüler:innen mit der Religion und ihrer Glaubenspraxis haben. Sie heben die Bedeutung des Bildungskontexts hervor, um ein informiertes, kritisches Verständnis des Islam zu fördern und gleichzeitig extreme Sichtweisen zu verhindern. Der Fokus liegt hierbei auf der Vermittlung eines Islambildes als Religion des Friedens und der Entwicklung von individueller Resilienz gegenüber Medieneinflüssen und extremistischen Strömungen. Zugleich wird die gesellschaftliche Funktion von Religionslehrkräften betont, die als Brücke zur Förderung von Dialog und Verständigung dienen.

Die dritte Gruppe der Interviewten betont, dass die Inhalte des Islamischen Religionsunterrichts primär darauf abzielen, den Schüler:innen eigene kritische und reflektierte Wege mit der Religion im Allgemeinen zu eröffnen. Der Fokus liegt dabei auf Aufklärung über die Glaubensgrundlagen des Islam und einer aktiven Auseinandersetzung mit der eigenen religiösen Identität. Die Lehrkräfte nehmen in diesem Kontext laut dieser Studierendengruppe eine unterstützende Rolle ein; sie vermitteln Wissen, stärken das Selbstbewusstsein der Schüler:innen und ermutigen sie, das Gelernte kritisch zu hinterfragen. Insbesondere wird betont, dass der Glaube im Sinne einer selbsterarbeiteten Identität nach Marcia (1993) in eine tiefe und reife religiöse Überzeugung internalisiert werden müsse. Der Glaube drücke sich in erster Linie durch eine menschenfreundliche Haltung aus, zu der angeleitet werden solle. Eine Balance zwischen Tradition und Moderne gilt als essentiell, wobei gegebenen familiären religiösen Einflüssen sowohl Respekt entgegengebracht, als auch eine eigenständige kritische Auseinandersetzung gefördert wird. In dieser Aufgabe sehen die Interviewten die Lehrkraft hauptsächlich als Begleiter:in von Schüler:innen in ihrer individuellen Entwicklung (religiöser) Werte und Identitäten. Die Interviewten legen besonderen Wert auf den Aspekt der Selbstreflexion und die aktive, bewusste Entscheidung für das eigene religiöse Verhalten. Die Daten weisen auf eine pädagogische Ausrichtung hin, die auf eine eigenständige Auseinandersetzung und kritische Reflexion des eigenen Glaubens und religiösen Verhaltens setzt. Dies beinhaltet auch eine aktive Auseinandersetzung mit der traditionellen und modernen Praxis des Islam. Die Rolle der Lehrkraft, so zeigt sich, ist dabei von den Studierenden primär unterstützend und begleitend konzipiert, um den Schüler:innen Raum zu geben, ihren eigenen Weg in der Religion zu finden und zu gehen.

„Vor allem zur Aufklärung, dass wir nicht nur Leute haben die an Wochenenden, an irgendeiner Hinterhofmoschee irgendwas predigen, sondern auch Lehrer." (IRL7_m)

„Ich finde wichtig ist, dass die Schüler in den Unterrichten von den Lehrern aus, zu einer kritischen Auseinandersetzung auch hingeführt werden. Es bringt uns einfach nichts, etwas zu leben, so wie wir es von den Eltern genommen haben oder gesehen haben. Das hält einfach nicht lange oder ist nicht richtig. Deswegen ist es wichtig, dass wir den Glauben kritisch hinterfragen. Es ist nicht mehr so, wie es in Wikipedia steht, sondern eine der wichtigsten Aufgaben eines Moslems ist einfach nur seine Haltung zu den Menschen, wie man sich zu verhalten hat, dass Rechte und Pflichten da sind, die eingehalten werden müssen. Auch das Klischee, dass die Frau den Haushalt macht und der Mann arbeiten geht, das ist so nicht. Es steht ihr frei, zu Hause zu putzen, aber sie muss es nicht. Das ist eine rechtliche Diskussion im Islam. Das ist keine religiöse Pflicht. Und diese Richtigstellung des Islam muss im Religionsunterricht stattfinden. Aber auch die traditionelle, man darf den Kindern nicht sagen, was ihr bei den Eltern seht, das ist komplett falsch. Das finde ich nicht. Traditionalität ist schon sehr wichtig. Man darf das nicht aus den Augen verlieren, eine richtige Balance zwischen der Moderne und der Tradition." (IRL10_m)

„Reflektieren, also dieses Wissen aufzunehmen aber auch den Charakter zu entwickeln, damit sie selbst beispielsweise in Gemeinschaften oder Gemeinden aktiver werden." (IRL12_m)

„Das Wissen und Bildung wertgeschätzt werden, weil dies immer zu Weiterentwicklung und weitem Verständnis führt. Sich als Mensch flexibel zu halten. Liebe und Barmherzigkeit, friedliches Miteinander, Toleranz. Zu großzügigen, visionären, bewussten Menschen erziehen. Einfach gute Menschen müssen sie werden." (IRL27_m)

„Das ist zum Beispiel auch mein Ziel, dass ich den Islam so interessant wie möglich zum Beispiel darstelle, dass es mir nicht darum geht, fünfmal am Tag beten und dann müsst ihr fasten, und dann muss Kopftuch tragen, das ist halt wichtig und der Rest nicht und so. Sondern dass man halt anfängt mit der Weltanschauung, mit Gottesbild. Und so diesen, hinterfragen und argumentieren, diskutieren, Meinungen sagen, sich dagegen stellen, sich dafür stellen – diese offene Haltung würde ich gerne mit meinem Religionsunterricht erreichen wollen." (IRL30_w)

Zusammenfassung: Die Ergebnisse der Studie lassen sich in drei Hauptgruppen kategorisieren. Die erste Gruppe der Studierenden versteht den Islam als die einzig wahre Religion und legt großen Wert auf rituelle Praktiken und die Befolgung religiöser Gebote, während ein kritisches Hinterfragen des Gelernten eher selten auftritt. Der Fokus liegt vorrangig auf der Vermittlung religiösen Wissens,

6.6 Aufgaben der Religionslehrkraft

insbesondere in deutscher Sprache. Die Bedeutung des islamischen Religionsunterrichts wird hervorgehoben, wobei betont wird, dass dieser komplementär zum Moscheeunterricht sein sollte, mit einem Fokus auf Religion und Gesellschaft sowie auf den Islam in Deutschland, Europa und die Welt. Die Bedeutung religiöser Lehrkräfte als praktizierende Muslim:innen und Vorbilder für die Kinder wird unterstrichen. Diese Gruppe der Studierenden sieht den islamischen Religionsunterricht als zentral für die Wissensvermittlung und Bestärkung der religiösen Identität, wobei die Lehrkräfte eine elementare Vorbildfunktion einnehmen sollen.

Eine weitere Gruppe von Studierenden offenbart eine komplexe und vielschichtige Sichtweise auf die Rolle und Wirkung dieses Bildungsangebots. Der Kernpunkt dieser Perspektive liegt in der Überzeugung, dass islamischer Religionsunterricht von zentraler Bedeutung ist, um Schüler:innen ein fundiertes und differenziertes Verständnis der islamischen Glaubenslehre zu vermitteln. Dieses Verständnis dient dann als Werkzeug, um extremistischen und radikalen Deutungen des Islam entgegenzuwirken. Durch eine solide religiöse Bildung, die auf den Prinzipien des Friedens und der Offenheit basiert, sollen junge Muslim:innen befähigt werden, ihren Glauben zu artikulieren und gegen Fehlinterpretationen zu verteidigen, ohne dabei auf Gewalt oder Missionierung zurückzugreifen. Die Lehrkräfte spielen in diesem Bildungsprozess eine entscheidende Rolle, da sie nicht nur Wissen vermitteln, sondern auch als unabhängige Ratgeber:innen fungieren, die eine kritische und engagierte Auseinandersetzung mit der Religion fördern. Sie sollen als Vorbilder agieren, die jedoch gleichzeitig frei von Einflüssen durch Moscheegemeinden oder elterlichen Voreinstellungen lehren und somit eine neutrale und breitgefächerte religiöse Bildung gewährleisten. Des Weiteren wird die Notwendigkeit des interreligiösen Austausches betont, um einen „religiösen Tunnelblick" zu vermeiden und stattdessen das Verständnis und den Dialog in einer von Vielfalt geprägten Gesellschaft zu fördern. Die Rolle der Religionslehrkräfte wird dabei als essenziell für die Schaffung einer Brücke für Dialog und Verständigung zwischen verschiedenen Glaubensgemeinschaften verstanden. Der islamische Religionsunterricht hat somit eine wichtige Bildungsfunktion inne, die weit über die reine Wissensvermittlung hinausgeht. Vielmehr trägt er zu einem kritischen und informierten Verständnis des Islam bei, fördert gesellschaftliche Integration und Verständigung und wirkt präventiv gegen extreme Interpretationen und Praktiken.

Die dritte Gruppe der Studierenden betont eine pädagogische Ausrichtung innerhalb des islamischen Religionsunterrichts, die sich primär auf die Förderung einer eigenständigen, kritischen und reflektierten Auseinandersetzung der Schüler:innen mit ihrer religiösen Identität und den Grundlagen der Religionen insgesamt konzentriert. Die Lehrkräfte nehmen hierbei eine unterstützende Rolle ein und zielen darauf ab, das Selbstbewusstsein und die Fähigkeit zur kritischen Reflexion zu stärken. Im Zentrum steht die Entwicklung einer vertieften und differenzierten religiösen Überzeugung, die auf einer selbst erarbeiteten Identität basiert und sich durch menschenfreundliche Haltungen auszeichnet. Die Analyse zeigt, dass der islamische Religionsunterricht darauf abzielt, eine Balance zwischen traditionellen Werten und modernen Perspektiven zu schaffen, wobei sowohl familiären religiösen Einflüssen Respekt entgegengebracht wird als auch zur eigenständigen kritischen Reflexion angeregt wird. Lehrkräfte sollten den Schüler:innen Raum geben, um ihre individuellen religiösen Pfade zu entdecken und zu verfolgen, und dabei eine aktive Auseinandersetzung mit Religionen zu fördern. Somit zielt der islamische Religionsunterricht darauf ab, eine fundierte, kritische und selbstbestimmte Auseinandersetzung mit der Religion zu etablieren, die auf der Entwicklung einer tiefgehenden, persönlichen religiösen Überzeugung fußt. Die Lehrkräfte spielen dabei eine zentrale Rolle als Begleiter:innen und Förderer:innen dieser individuellen Entwicklungsprozesse.

Die Ergebnisse zeigen ein differenziertes Bild von den Anforderungen und Ansätzen im islamischen Religionsunterricht auf, das sowohl traditionelle als auch progressive Elemente umfasst.

7 Empirische Vorstellungen der angehenden islamischen Theologinnen und Theologen

Bei den Studierenden der Islamischen Theologie ohne Lehramtsoption wird auf 17 Interviews zurückgegriffen. Das Durchschnittsalter beträgt 23 Jahre. Ähnlich wie in der Lehramtsgruppe haben die meisten Studierenden einen Migrationshintergrund, der vor allem in der Türkei zu verorten ist (17 Personen). Einige wenige Studierende haben entweder keinen Migrationshintergrund oder kommen aus anderen Ländern wie Frankreich, dem Senegal, Tunesien, dem Kosovo, Marokko und Togo. Von den 19 Studierenden sind 16 in Deutschland geboren. Bei den Studierenden der Islamischen Theologie ohne Lehramtsoption ordnen sich 5 Personen dem männlichen und 14 Personen dem weiblichen Geschlecht zu. In diesem Kapitel wird das Interviewmaterial der Studierenden der Islamischen Theologie ohne Lehramtsoption analysiert.

7.1 Migrationsgeschichte, Sprachlichkeit und Selbstverortung

Ähnlich wie bei den Studierenden der Islamischen Theologie mit Lehramtsoption zeigt sich bei der Auswertung der Interviews mit den Studierenden der Islamischen Theologie ohne Lehramtsoption ein heterogenes Bild der interviewten Personen im Hinblick auf die Migrationsgeschichte. So bezeichnen sich die Interviewten als Angehörige unterschiedlicher Einwanderergenerationen mit Migrationshintergrund, ohne dass die Interviewer:innen sie danach gefragt hätten. Teilweise werden dabei auch Vermischungen zwischen der zweiten und der dritten Einwanderergeneration von den Befragten vorgenommen, da zwar auch noch die Eltern in der Türkei geboren wurden, diese aber schon als sehr kleine

© Springer Fachmedien Wiesbaden GmbH, ein Teil von Springer Nature 2024
V. Zimmer and M. Stein, *Zwischen Tradition und Moderne*,
https://doi.org/10.1007/978-3-658-44804-2_7

Kinder zusammen mit ihren Eltern nach Deutschland kamen und hier größtenteils ihre Sozialisation durchliefen, sodass sie von den Befragten schon als die zweite Generation angesehen werden. Teilweise wird hierbei in der Literatur – wobei der Begriff des Migrationshintergrundes sowieso umstritten ist (siehe Kap. 1) – zwischen der ersten und der zweiten Einwanderergeneration auch noch von der 1,5 Einwanderergeneration gesprochen, um das Alter der Zuwanderung ebenfalls auszuweisen (etwa bei Stanat und Segeritz 2009; Segeritz et al. 2010). Nach Rumbaut (1997) wird zudem „weiter zwischen der 1,75. Generation (Zuwanderung im Vorschulalter), der 1,5. Generation (Zuwanderung in der mittleren Kindheit, im Alter von 6 bis 12 Jahren) und der 1,25. Generation (Zuwanderung im Jugendalter, zwischen 13 und 18 Jahren) unterschieden" (Kemper 2010, S. 319).

„Also, meine Großeltern sind natürlich in der Türkei geboren und meine Eltern auch. Ich bin die dritte Generation hier in Deutschland und mein Großvater ist damals so wie die ganzen Gastarbeiter hierher gekommen und hat hier in [Ort] angefangen zu arbeiten. Dann kam mein Vater und hat ebenfalls hier gearbeitet, sowie meine Mutter auch. Sie haben sich hier in Deutschland kennengelernt, haben hier geheiratet und deswegen bin ich und meine weiteren Geschwister hier in [Ort] geboren und auch hier in Deutschland mit der deutschen Muttersprache aufgewachsen." (IT7_w)

„Mein Vater ist als kleines Kind hergekommen. Also könnte man mich schon zur dritten Generation zählen." (IT8_m)

Die Großeltern und Eltern der Befragten kamen dabei meist im Zuge der sogenannten Gastarbeiter:innenbewegung nach Deutschland und wollten laut den Interviewten „anfangs wieder zurück in die Heimat, [sind] aber dann doch hier geblieben und wir sind dann eben hier geboren und aufgewachsen" (IT15_m).

„Also, mein Opa hatte mir das damals erzählt, dass er als gelernter Zimmermann nach Deutschland gekommen ist, um zu arbeiten, er ist als Gastarbeiter gekommen, und er hat hier in Deutschland die Autobahn mitaufgebaut, hat er mir erzählt, und musste natürlich seine Familie zurücklassen in der Türkei, er hatte damals vier Kinder, hat aber einen Sohn mitgenommen, die anderen mussten halt in der Türkei bleiben und damals war das mein Vater. Er ist dann mit vierzehn nach Deutschland gekommen." (IT2_w)

„Ich bin in Deutschland geboren. Meine Großeltern sind in der Türkei geboren, ebenso auch mein Vater, sowie meine Mutter. Als Gastarbeiter ist mein Großvater nach Deutschland gekommen. Mein Vater wurde nachgeholt. Meine Mutter hat auch eine ähnliche Situation erlebt. Sie ist auch nachgekommen mit der Eheschließung. Und ich habe einen türkischen Migrationshintergrund." (IT5_w)

7.1 Migrationsgeschichte, Sprachlichkeit und Selbstverortung

„Ich selber bin in der Türkei geboren, meine Eltern natürlich auch und sowie meine Großeltern. Hauptsächlich kommen wir alle aus der Türkei und ich lebe seit ungefähr 15 Jahren hier in Deutschland." (IT3_w)

„Ich bin in Deutschland geboren. Genauso wie meine Mutter auch. Mein Vater ist in der Türkei geboren. Genauso wie auch meine Großeltern." (IT14_w)

Die gründliche Betrachtung der Migrationsgeschichten der Studierenden verdeutlicht, dass sie sowohl zur ersten, zweiten und dritten Generation von Menschen mit Migrationshintergrund gehören. Es wurde zudem festgestellt, dass einige der Befragten diese Zuordnung variieren, indem sie bei einer Migration der Eltern im Kleinkindesalter von der zweiten Generation sprechen, auch wenn diese nach der amtlichen Statistik noch als Migrant:innen der ersten Einwanderergeneration gewertet würden. Es lassen sich somit insbesondere innerhalb der zweiten Einwanderergeneration sehr vielfältige und unterschiedliche Migrationsgeschichten herausarbeiten, sodass sich in Anlehnung an Stanat und Segeritz (2009) und Rumbaut (1997) unterschiedliche weitere Feinabstufungen zwischen der ersten und der zweiten Einwanderergeneration vornehmen lassen. Neben vielen Personen, die den eigenen Migrationshintergrund allgemein in der Türkei verorten, verorten sich auch bei den sogenannten Türkeistämmigen viele Befragte ethnisch sehr heterogen in Bezug auf die Selbstzuordnungen der Herkunftsfamilien.

„Wir sind ursprünglich Georgier und ich kann mich erinnern, als meine Oma gesagt hat: ‚Als wir noch Kinder waren, gab es keinen Menschen, sogar keinen Lehrer, der Türkisch sprechen konnte. Es waren einfach keine Türken da, nur Georgier!' Heute ist es genau das Gegenteil. Man findet keine Menschen, die Georgisch sprechen, nur ganz selten" (keine Zuordnung zum Interview, um eine Anonymität gewährleisten zu können).

Die Unterschiede zwischen den Generationen werden ebenfalls in den Interviews thematisiert.

Bei der Auswertung der Interviews wurden zudem die Sprachlichkeit und die identitäre Selbstverortung der Interviewten betrachtet und detailliert analysiert. Bei der identitären Selbstverortung kristallisieren sich unterschiedliche Sichtweisen heraus.

Eine erste Gruppe von Personen fühlt sich dem Herkunftsland der Großeltern bzw. Eltern zugehörig und bezeichnet bzw. fühlt sich als ‚Türk:innen'; interessant sind an dieser Stelle die weiteren Ausführungen dieser Interviewten zum Wohlfühlen in Deutschland sowie in der Türkei. Die Interviewten sehen sich teilweise von der Mehrheitsgesellschaft in Deutschland ausgegrenzt.

„Ich bin Türkin. Aber weil ich hier in Deutschland bin. (Pause). Nein, trotzdem Türkin, nein, trotzdem zähle ich mich als Türkin." (IT6_w)

Wenn jedoch bei der obigen Aussage das Interview vertiefend ausgewertet wird, wird deutlich, dass dieser identitätsbezogene Zuordnungsprozess noch nicht abgeschlossen ist und auch von der gesellschaftlichen Lage von Muslim:innen oder Migrant:innen allgemein in Deutschland beeinflusst ist, wie etwa von othering Prozessen (Mecheril 2019) oder Theorien der sozialen Ausgrenzung und Identitätszuschreibung (Tajfel 1981).

„Wenn mich Türken fragen, von wo ich komme, dann sage ich direkt unsere Heimatstadt in der Türkei. Aber das sollte eigentlich nicht so sein, wir sollten sagen können, dass wir aus Deutschland stammen. In meinem Fall, sollte ich direkt sagen können, dass ich aus [Stadt in Deutschland] komme, weil wir hier geboren sind. Das sollte so sein. Aber die Situationen hier in Deutschland bringen uns dazu, dass man sagt, ich bin nicht Deutsch. Deswegen kann ich mich nicht deutsch fühlen. Nur weil die Situation hier so ist, dass die uns trotz der Integration. (…) Wir haben hier studiert, wir haben hier Abi gemacht, wir leben hier, wir sind hier tätig, wir machen etwas, trotzdem haben sie ein anderes Bild von uns, und daher möchte man auch nicht sagen: ‚Ich bin Deutsch.' Eigentlich möchte ich das sagen, ich würde das auch sagen, aber, ja... Trotzdem sage ich, wenn ich in der Türkei bin: ‚Ich bin Türkin, aber auch deutsch.' Aber hier... ich weiß es nicht, das ist schwer." (IT6_w)

Ähnliche Aussagen zu Ausgrenzungserfahrungen, die eine gelingende Identitätsbildung erschweren, kommen auch in weiteren Interviews vor.

„Ich denke, ich kann hier in Deutschland leben, ich kann hier geboren sein, ich kann hier die Sprache sprechen, die Musik hören, die Kultur kennen usw., ich mache also das, was die Deutschen auch machen. Aber trotzdem bin ich kein Deutscher. Man kann beides sein, man kann also hier leben und sich heimisch fühlen. Es ist hier meine Heimat, ich fühle mich in der Türkei nicht so wohl wie hier. Aber komischerweise fühle ich mich extrem türkisch und extrem nicht deutsch. Aber trotzdem fühle ich mich hier wohl, aber in der Türkei nicht. Ich denke, man darf das machen, man darf das sagen. Für mich ist das auch kein Widerspruch. Ich werde nicht akzeptiert, meine Werte werden nicht akzeptiert. Das Beispiel mit der Leitkultur zeigt es an. Das passiert hier ständig. Ich werde ausgegrenzt, ausgestoßen. Wie soll ich mich da als Deutscher identifizieren? Das geht nicht." (IT12_m)

„Also, ich fühle mich total türkisch. Oder ich drücke das so aus: Ich hatte immer bis zu diesem Jahr die Krise, bin ich deutsch oder türkisch. Ich stand immer zwischen zwei Stühlen. Mal habe ich mich eher deutsch gefühlt, mal eher türkisch. Das Problem ist einfach, dass man weder von der deutschen Gesellschaft anerkannt wird, noch in der türkischen Gesellschaft als Türke gilt. In der Türkei gilt man irgendwie als ‚Deutschländer' und in Deutschland als ‚Ausländer'. Man gehört weder dazu

7.1 Migrationsgeschichte, Sprachlichkeit und Selbstverortung

noch dahin. Deswegen ist das bisschen schwierig, ich habe das Thema auch öfters mit Freunden oder mit Verwandten gesprochen, und habe mich auch selber gefragt, ja, warum fühle ich mich eigentlich deutsch, falls ich mich deutsch fühle, oder warum türkisch? Oder ist es überhaupt wichtig, spielt es überhaupt eine Rolle? Ich habe meine Meinung eigentlich immer geändert, weil ich mir auch nie so wirklich sicher war. Im Endeffekt dachte ich mir, okay ich bin einfach Deutsch-Türkin, aber mittlerweile fühle ich mich immer weniger deutsch. Ich fühle mich hier in Deutschland sehr wohl, ich sehe Deutschland auch als meine Heimat an, ohne zu vergessen, dass auch [Geburtsort der Eltern] meine Heimat ist, weil meine Eltern daherkommen und ich die Kultur einfach faszinierend finde und auch sehr gerne in [Geburtsort der Eltern] bin. Aber trotzdem würde ich mir jetzt ein Leben im Ausland nicht vorstellen. Ich reise auch sehr gerne, aber im Großen und Ganzen würde ich mein Leben in Deutschland aufbauen und hier einfach der Gesellschaft dienen. Ich habe so das Gefühl, dass ich das diesem Land einfach schulde. Und ich fühle mich auch immer türkischer, das ist voll komisch, aber ich fühle mich ziemlich wohl in Deutschland. Ich habe auch das Gefühl, dass ich dazu gehöre, obwohl ich auch manchmal rassistischen Äußerungen ausgesetzt werde." (IT1_w)

Gleichzeitig wird von den Befragten diese selbstgewählte Eigenzuordnung zum türkischen Kulturkreis nicht nur über Ausschließungs- und Exklusionserfahrungen begründet, sondern auch durch eine starke Verbindung mit dem Herkunftsland der (Groß)eltern, meist der Türkei, sowie mit von den Befragten angesprochenen sogenannten türkischen Werten, die jedoch in den Interviews auch auf Nachfrage nicht näher umschrieben werden konnten.

„Ich würde mich natürlich niemals als Deutsche definieren. Das sehe ich so nicht. Ich sage auf jeden Fall, dass Deutsch meine Muttersprache ist, ich fühle mich in der Sprache angenehm. Also ich spreche die Sprache sehr gerne und es ist auch so, dadurch, dass ich hier aufgewachsen bin, lerne ich natürlich auch Sachen, die typisch für diese Gesellschaft sind. Aber ich bin nun mal, was meine Werte angeht, sehr typisch türkisch und die behalte ich auch bei. Und wenn ich halt gefragt werde, „bist du Deutsche oder bist du Türkin", ich bin in Deutschland geboren, okay, ich bin mit der Sprache aufgewachsen, aber ich habe immer die Tradition und Werte umgesetzt, die meine Eltern mir von meiner eigenen Heimat beigebracht haben. Heimat ist natürlich, wird unterschiedlich definiert. Ich würde aus Deutschland niemals weggehen, ich würde hier natürlich auch immer wohnen. Das liegt aber daran, dass ich mich halt an diese bestimmte Infrastruktur, an die Regeln und so weiter gewöhnt habe. Aber diese wärmende Liebe des eigenen Volkes und so, die habe ich für mein Land immer noch. Auch wenn ich hier geboren bin." (IT7_w)

Zudem gibt es Personen, die einerseits das Herkunftsland der Eltern bzw. der Großeltern, jedoch andererseits auch gleichermaßen Deutschland als ihre Heimat ansehen.

„Ich habe eigentlich von beiden Volksgruppen, also die Mentalität ist total gemischt, denke ich mal. Habe einige Eigenschaften von der türkischen Kultur und einige Eigenschaften von der deutschen Kultur. Deshalb kann ich jetzt nicht sagen, dass ich nur deutsch oder nur türkisch bin. Also türkische Mentalität kann ich in diesem Fall nicht sagen, weil ich fühle mich auch in der Türkei nicht wohl. Welche Mentalität ist stärker? Die Frage kann ich leider nicht beantworten. Es kommt immer darauf an. Es kommt immer auf die Situation an, auf die Sache an." (IT4_w)

„Ich würde mich entweder als Deutsch-Türkin bezeichnen, da ich die deutsche Identität, genauso in mich beheimatet sowie die türkische Identität oder ich würde sagen, dass ich Deutsche mit türkischem Migrationshintergrund, in Deutschland geboren und aufgewachsen, bin, in Deutschland sozialisiert bin und meine Eltern und Großeltern aus der Türkei kommen und dem entsprechend mich die türkische Kultur auch geprägt hat." (IT5_w)

„Ich fühle mich wie ein Deutscher, wie ein Europäer, aber leugne meine Herkunft nie ab, würde ich auch nie machen. Ich bin beides! Ich bin sowohl Europäer, als auch Asiate. Meine Heimatstadt ist [Stadt in Deutschland], ich bin sehr gerne da, ich liebe meine Heimatstadt, aber ich liebe auch die Heimatstadt meiner Eltern." (IT10_m)

„Ich fühl mich zugehörig zu Deutschland. Ich bin hier geboren und auch sozialisiert. Ich bin hier aufgewachsen, ich denke auf Deutsch, als eigentlich, dass und diese Frage in der Gesellschaft gestellt wird, heißt, dass wir für andere nicht angekommen sind. Also ich fühl' mich nicht als halbe Deutsche und halbe Türkin, sondern volle Deutsche und volle Türkin. Also ich will mich nicht trennen müssen." (IT14_w)

Die Analyse zeigt zudem, dass einige Interviewte dieser Gruppe sich stärker dem Geburtsort zugehörig sehen, der auf die Gemeinsamkeiten mit Menschen ohne Migrationshintergrund bei der Verortung verweisen und keinerlei Unterschiede zwischen Deutschen mit und ohne Migrationshintergrund machen.

„Ich bin genauso viel Europäer und Deutscher wie ein Deutscher ohne Migrationshintergrund auch, weil wir dieselben Gemeinsamkeiten haben. Wir sind hier geboren und aufgewachsen. Die Vorfahren ändern da eigentlich nicht viel. An meine Heimatstadt bin ich auch sehr gebunden. Ich würde nicht sagen, dass ich nach dem Studium dahin zurückkehr' und dort leben werde, aber natürlich wird da immer diese Bindung bleiben, weil das meine Heimatstadt ist. Ich würde auch nicht in einem anderen Land leben wollen." (IT8_m)

Zudem betonen einige Studierende, dass die Menschen einzigartig und individuell seien, sodass die nationale bzw. ethnische Zuordnung unwichtig sei und oft vom Standpunkt des Betrachters abhänge. Bei der Analyse der Interviews zur identitären Selbstverortung zeigte sich die besondere Bedeutung der Sprachlichkeit; so betonen die Interviewten, dass sie sich in beiden Sprachen gut äußern könnten und diese auch gleich stark benutzen würden. Jedoch wird bei der

7.1 Migrationsgeschichte, Sprachlichkeit und Selbstverortung

Analyse der Sprachlichkeit deutlich, dass einige Personen in den unterschiedlichen Situationen auch verschiedene Sprachen verwenden. Zusammenfassend lässt sich feststellen, dass die Herkunftssprache der Eltern vor allem in der Familie genutzt wird, während bei der Kommunikation zwischen den Geschwistern sowie unter den Freund:innen, welche die gleiche Herkunftssprache der Eltern haben, beide Sprachen gemischt genutzt werden. Auch bei der Erfassung des Migrationshintergrunds, vor allem in Schulleistungsstudien, wird die Nutzung von unterschiedlichen Sprachen als weiterer Nebenindikator herangezogen (Kemper 2010).

„In meinem Freundeskreis reden wir gemixt; das kennen natürlich nur Deutsch-Türken, die das auch machen. Dass wir manchmal einen Satz bilden – wir reden zur Hälfte deutsch und die Hälfte türkisch, dass wir paar Wörter erstmal auf Deutsch reden und danach Endungen auf Türkisch gibt. Das ist die neue Grammatik, die wir erfunden haben." (IT2_w)

„Hauptsächlich Türkisch mit meiner Familie und mit Freunden ab und zu auf Türkisch und dann mal auch auf Deutsch, aber hauptsächlich auf Türkisch." (IT3_w)

„Mit der Familie eher Türkisch und im Freundeskreis kommt auch drauf an, was für ein Freundeskreis das ist, das heißt Freunde aus der Moschee oder aus der Uni. Mit den Freunden aus der Moschee reden wir überwiegend Türkisch, natürlich wird da auch Deutsch, also kommt immer mal vor, weil die jetzige Generation mixt ja die deutsche und die türkische Sprache und genauso läuft es auch mit den Freunden aus der Uni, weil die sind ja auch überwiegend türkisch." (IT4_w)

Dennoch betonen einige Studierende, dass die Nutzung der Sprache zwar kontextabhängig ist, sie sich jedoch bei emotionalen Inhalten fühlen in der Herkunftssprache der Eltern wohler oder heimischer.

„Ja, wenn wir ernste Fälle haben, in der Familie, wo man wirklich, so Notfälle hat, da rede ich wirklich nur auf Türkisch. Ich weiß nicht, ich switsche dann automatisch immer zu dem Türkischen, aber ansonsten ist es so im Alltag, ich rede mehr Deutsch, weil ich vor allem über sechs bis sieben Stunden in der Universität bin." (IT2_w)

Zusammenfassung: Aus der Auswertung der Interviews mit den Studierenden der Islamischen Theologie ohne Lehramtsoption lässt sich ein heterogenes Bild im Hinblick auf ihre Migrationsgeschichte ableiten. Es fällt auf, dass die Interviewten selbstständig ihre Migrationsgeschichte darlegen, ohne dass die Interviewer:innen explizit danach fragen. Dies deutet darauf hin, dass die Migrationsgeschichte für die Befragten ein bedeutsames Element ihrer Identität ist. Die Analyse verdeutlicht eine komplexe Vielfalt von Zuordnungen zu verschiedenen Migrationsgenerationen. Die Befragten ordnen sich sowohl der ersten, zweiten als auch dritten Generation von Menschen mit Migrationshintergrund zu. Es zeigt sich, dass einige Interviewte diese Zuordnung variieren, insbesondere wenn die Migration der Eltern im Kleinkindesalter erfolgte. Dies führt zu einer differenzierten Betrachtung innerhalb der zweiten Einwanderergeneration, wobei verschiedene Feinabstufungen zwischen der ersten und der zweiten Einwanderergeneration möglich sind.

Die Selbstverortung ist heterogen. Einige fühlen sich dem Herkunftsland ihrer Großeltern oder Eltern zugehörig und bezeichnen sich als Türk:innen. Jedoch zeigen die Interviews, dass die Identitätsbildung ein komplexer Prozess ist und von gesellschaftlichen Faktoren, wie othering Prozessen und sozialer Ausgrenzung, beeinflusst wird. Die Unterschiede zwischen den Generationen werden in den Interviews thematisiert, wobei einige Studierende Ausgrenzungserfahrungen schildern, die eine gelingende Identitätsbildung erschweren. Einige fühlen sich weder von der deutschen noch der türkischen Gesellschaft vollständig akzeptiert. Insgesamt verdeutlichen die Interviews die Komplexität der Identitätsbildung von Menschen mit Migrationshintergrund und die Rolle, die gesellschaftliche Faktoren dabei spielen. Die Selbstzuordnung der befragten Studierenden zur türkischen Kultur erfolgt nicht nur aufgrund von Ausschließungs- und Exklusionserfahrungen, sondern auch aufgrund einer starken Verbindung mit dem Herkunftsland ihrer (Groß)eltern, meist der Türkei, sowie mit sogenannten türkischen Werten, die jedoch in den Interviews nicht näher spezifiziert werden konnten. Die Analyse zeigt unterschiedliche Gruppen innerhalb dieser Selbstzuordnung.

Eine erste Gruppe betont ihre Zugehörigkeit zur türkischen Kultur und bezeichnet sich als „Türk:innen". Diese Identitätszuordnung wird durch die Bewahrung von traditionellen Werten und Bräuchen begründet, die von den Eltern vermittelt wurden. Dabei wird die eigene Identität stark mit der Heimat der (Groß)eltern verknüpft, und trotz der Geburt und Sozialisation in Deutschland wird die türkische Herkunft als prägend empfunden. Diese Gruppe fühlt sich nicht als Deutsche, obwohl sie die deutsche Sprache beherrscht und in Deutschland lebt.

Eine zweite Gruppe sieht sich sowohl dem Herkunftsland der Eltern bzw. Großeltern als auch Deutschland gleichermaßen zugehörig. Hier wird betont, dass die Studierenden sowohl Eigenschaften der türkischen als auch der deutschen Kultur in sich tragen und sich nicht eindeutig als nur deutsch oder nur türkisch definieren können. Die Zugehörigkeit wird als eine Mischung beider Kulturen betrachtet. Die individuelle Situation sowie die jeweilige Situation bestimmen die mentale Ausrichtung.

Eine dritte Gruppe betrachtet sich entweder als Deutsch-Türkin oder als Deutsche mit türkischem Migrationshintergrund. Hier wird die Identität als eine Kombination beider Kulturen gesehen, wobei die Studierenden betonen, dass sie sich sowohl in Deutschland als auch in der Türkei wohlfühlen können. Diese Gruppe scheint eine flexible Identitätsbildung zu haben, die sich an verschiedenen Aspekten orientiert.

Ein weiterer Aspekt, der in den Interviews hervorgehoben wird, ist die Sprachlichkeit als ein wichtiger Indikator der Identitätsbildung. Die Befragten geben an, sowohl Deutsch als auch Türkisch zu verwenden, wobei die Sprachwahl von der jeweiligen Situation abhängt. Die Nutzung beider Sprachen wird als Ausdruck einer hybriden Identität betrachtet, die die kulturelle Vielfalt der Studierenden widerspiegelt.

Zusammenfassend verdeutlichen die Interviews die Vielfalt der Selbstverortung der Studierenden, die sich in unterschiedlichen Gruppen mit verschiedenen Zugehörigkeitsmustern und Identitätskonstruktionen zeigt. Die komplexe Beziehung zur Herkunfts- und Aufnahmekultur sowie die Bedeutung von Sprache als Ausdruck der Identität unterstreichen die Notwendigkeit einer differenzierten Betrachtung von Migrationsgeschichten und kultureller Identität.

7.2 Erziehungserfahrungen

Die Auswertung des Datenmaterials zeigt, dass die meisten Interviewten eine liebevolle und demokratische Erziehung genossen haben. Sie betonen, dass die Eltern zwar die Wege vorgeben, sie jedoch nie gezwungen haben, etwas Bestimmtes zu tun. Sie konnten in der Familie ihre eigenen Entscheidungen treffen und Probleme bzw. Schwierigkeiten wurden in der Familie im Sinne einer autoritativ-demokratischen Erziehung (Baumrind 1966, 1971, 1973, 1975, 1991) diskutiert.

„Wie würde ich das beschreiben. Wegweisend, auf jeden Fall, meine Eltern wollten für uns immer nur Gutes, auch wenn wir das in der Zeit noch nicht verstanden haben. Ich kann von mir selbst beurteilen, dass ich mit der Zeit halt einiges besser verstehe und denke, zum Glück haben die mich das mal machen lassen. Ja, also auf jeden Fall wegweisend, streng, ich würde sie nicht als streng bezeichnen, sie haben uns immer gezeigt, das ist richtig, das solltet ihr tun, aber sie haben nie gesagt, das musst du tun. Sie haben uns immer gezeigt, das könnt ihr tun und wir konnten uns dann immer selber dazu entscheiden, ob wir das tun oder nicht." (IT14_w)

"Ich glaube, warum sie nicht so megastreng sein mussten, war deshalb, weil sie mir beigebracht haben, dass ich die Verantwortung für mich selber habe. So nach dem Motto: ‚Bis zu einem gewissen Punkt können wir dir helfen – also mit Schule und allem – wir können dir Geld geben, wir können dir kaufen, was du brauchst, du kannst zur Nachhilfe gehen und wir bezahlen das, aber wir können dir nicht inhaltlich helfen!' Das hat mein Vater vor allem sehr betont und deswegen wusste ich von Anfang an, dass ich alles selbst machen muss und deswegen ist es nicht dazu gekommen, dass sie streng sein mussten. Ich war von klein auf verantwortungsbewusst und deswegen waren sie locker, weil ich nichts gemacht habe, was dazu führte, dass sie streng sein müssen." (IT18_w)

"Mein Vater hat immer das System des Mesveret, dass man zusammen sitzt und wenn man etwas entscheiden möchte, zusammen entscheidet, also so wie das System der Demokratie. Wenn sich zum Beispiel drei Leute was entscheiden, dass es dann wirklich gilt. Und so machen wir das dann auch zuhause. Wenn es eine Sache gibt, die wir beschließen möchten oder wenn man irgendwie in einem Dilemma ist, fragt uns dann unser Vater immer: ‚Was wollt ihr machen?' Und dann kann sich jeder seine Meinung dazu äußern." (IT2_w)

Die Interviewten betonen zudem, dass die Mütter in der Erziehung allgemein und auch in der religiösen Erziehung strenger als die Väter gewesen seien:

"Also ich muss zugeben, meine Mutter war immer strenger als mein Vater. Mein Vater war immer so liebevoll, ich kann mich nicht erinnern, dass er mich je angeschrien hat. Aber auch meine Mutter, ich hatte auch nie wirklich Geheimnisse vor ihr. Ihr konnte man auch alles erzählen, sie ist auch eine mit der man viel Spaß haben kann, obwohl sie streng war. Aber Alhamdulillah (Gott sei Dank), meine Eltern sind beide für mich sehr, sehr wertvoll." (IT1_w)

"Wir sind sehr frei aufgewachsen, natürlich gab es Grundannahmen bzw. Sachen, die in der Familie beigebracht wurden und aber das war eher im religiösen Bereich, aber liebevoll, streng natürlich auch. Der eine hat uns immer alles erlaubt, das war eher mein Vater und meine Mutter war immer diejenige, die etwas strenger war, aber das war dann halt balanciert, weil beide könnten ja nicht Laissez-faire sein und beide können ja nicht autoritär sein, sondern die sollten sich ja irgendwie ausbalancieren." (IT10_m)

Einige Interviewte betonen jedoch, dass das Mitspracherecht in der Familie durch viele Diskussionen erst möglich wurde. Sie reflektieren die Herausforderungen, die sich aus den unterschiedlichen Zugängen zu Erziehung in Deutschland und in der Türkei ergeben. Dabei wird beschrieben, dass als Mitglied der dritten Generation in Deutschland aufgewachsen zu sein zu einer offeneren Erziehung geführt hat, die es den Geschwistern ermöglichte, ihre Meinung frei zu äußern und kritisch zu sein. Im deutschen Kontext wird darauf hingewiesen, dass Eltern in der

7.2 Erziehungserfahrungen

Regel mit ihren Kindern über Probleme sprechen und gemeinsam Entscheidungen treffen. Demgegenüber wird die Erziehung in der Türkei als strenger und autoritärer beschrieben, insbesondere mit einem betonten Dominanzverhalten des Vaters. Dies führt zu Konflikten innerhalb der Familie, da die Interviewten aufgrund ihrer Sozialisation in Deutschland Schwierigkeiten haben, sich dem traditionellen autoritären Modell anzupassen.

> „Dadurch, dass wir als dritte Generation hier aufwachsen, sehen wir ja bestimmte Sachen und in der Türkei ist es nun mal so, dass dieses, der Vater hat das Sagen und die Frau muss schweigen und alles, was er sagt, ist richtig. Mit dieser Einstellung komme ich nicht klar und deswegen streiten wir und unsere Geschwister sehr oft mit unseren Eltern. Wenn zum Beispiel gesagt wird, der Vater hat das Sagen und in deutschen Haushalten ist es ja so, dass Eltern mit ihren Kindern über bestimmte Probleme reden oder bestimmte Entscheidungen zusammen treffen, und dieses, die Eltern sind irgendwie höher als die Kinder und sie entscheiden und die Kinder müssen sich dem fügen, da gibt es immer bei uns Streitigkeiten im Haus. Weil wir sind ja offen aufgezogen worden. In der Schule wir durften immer unsere Meinung sagen, wir durften immer kritisch sein, und dieses kritisch sein können wir ja zuhause so nicht umsetzen. Deswegen gibt es immer Probleme, vor allem mit dem Vater, weil er dieses Macho dominanttechnische so ist. Das ist, dass die zwei Welten aufeinander prallen, weil er halt eine sehr strenge Erziehung in der Türkei genossen und wir eher diese offene Erziehung hier in Deutschland. Dann kommt es immer wieder zu starken Diskussionen unter uns." (IT7_w)

Die meisten Interviewten geben zudem an, dass sie eine starke religiöse Erziehung genossen haben und betonen, dass sie oft in der Familie neben dem Auswendiglernen von Suren über die religiösen Themen gesprochen haben. Die Befragten erlebten somit eine kindgerechte reflexive religiöse Erziehung, die im Sinne von Fend (2009; Fend et al. 2009) sowohl stark argumentativ erfolgte (im Sinne einer ersten Phase der Wertevermittlung), aber auch positiv besetzt war (im Sinne einer wichtigen zweiten Phase der Wertevermittlung), was beides als gute Voraussetzungen angesehen wird, um internalisierend und eigenständig Überzeugungen zu festigen.

> „Also meine Erziehung ist klar geprägt von Religiosität. Ich bin schon, als ich Kind gewesen bin, zur Moschee und Tekke gegangen. Und auch zu Hause haben wir uns mit der Familie zusammengetan und haben über religiöse Themen gesprochen oder auch mein Vater oder andere Angehörige haben Verse aus dem Koran rezitiert, also es herrschte eine schöne Atmosphäre." (IT13_w)

Die religiöse Erziehung begann meist schon im Vorschulalter, z. B. mit den gemeinsamen Besuchen in der Moschee oder mit dem Vorlesen von religiösen

Geschichten, was eine hohe Bedeutung in der religiösen Sozialisation im Sinne einer starken religiösen Sozialisation in der Familie einnimmt. Eine große Rolle dabei spielt das Lernen am Modell, wobei die Eltern als Vorbilder für religiöses Leben und Handeln angesehen werden (Fend 2009):

> „Und mir fällt auch auf, dass ich meinen Vater immer als Vorbild gesehen habe. Manchmal denke ich sogar, dass er vielleicht die Ursache dafür ist, dass ich mich überhaupt für die Theologie entschieden habe. Weil als kleines Kind habe ich das zwar nicht bemerkt, aber erst so im Nachhinein, wenn ich jetzt so zurückblicke, mein Vater war ja mein Vorbild, deswegen alles, was meinem Vater gefiel, fand ich auch toll. Einmal hatte ich ihn dann weinen sehen, dabei las er etwas über unseren Propheten (Frieden und Segen auf ihn), und das hatte mich damals sehr gerührt als Kind. Ich dachte mir ‚Wow! Wenn das meinen Vater zum Weinen bringt oder wenn ihm das so sehr rührt.' Mein Vater hatte mich immer positiv beeindruckt, sage ich mal. Deswegen hatte ich auch vielleicht Interesse daran, mich auch mit Islamischer Theologie zu befassen, weil das ja mein Vater hauptsächlich gemacht hatte. Und weil er so ein toller Mensch war, dachte ich mir okay, er ist so toll, alles, was er macht, muss auch so toll sein. Er hatte eine große Vorbildfunktion für mich." (IT1_w)

> „Also ich wurde religiös erzogen. Meine Eltern sind streng religiös. Was heißt streng religiös, ich wurde, als ich klein war, zum Beispiel mit vier Jahren, hat mein Vater oder meine Mutter, immer sind die, bevor ich schlafen gegangen bin, paar Suren beigebracht. Ich habe da schon auswendiggelernt, obwohl ich nicht lesen oder schreiben konnte, auch nicht gut sprechen konnte." (IT2_w)

> „Die religiöse Erziehung im Familienkreis sah folgendermaßen aus: Wir sind alle muslimisch aufgewachsen. Wir sind mit dem Islam auf die Welt gekommen und halt auch muslimisch aufgewachsen, auch mit der muslimischen Kultur, mit den Glaubensgrundlagen. Meine Familie lebt die Religion aus, also die Religion wird in der Familie gelebt, sowohl mein Vater als auch meine Mutter sind praktizierende Muslime. Die Herkunftstradition war für uns sehr wichtig, denn wir wurden immer so erzogen, dass das, was wir besitzen, das, was wir hatten, beibehalten und das, was neu kam, von außen, aufnehmen und auch, wenn es zu unserem Glauben passt, ausgelebt haben. Deswegen kann ich sagen, dass die deutsche Kultur, also meine Eltern mussten sich anpassen, weil die ja hier nicht geboren sind, aber zu mir kann ich das nicht sagen, weil ich bin hier geboren, hier sozialisiert, hier aufgewachsen, ich muss mich nicht anpassen. Ich bin ein Teil der Gesellschaft! (stark betont)." (IT10_m)

Zusammenfassung: Die Interviewauswertungen zeigen die Beziehung zu den Eltern und deren Einfluss auf die Entwicklung und Entscheidungen der Interviewten. Insbesondere der Vater diente als großes Vorbild und hatte einen erheblichen Einfluss, unter anderem bei der Berufswahl für die oder den islamische:n Theolog:in. Interviewte berichten von einem liebevollen Familienumfeld, in dem die Mütter strenger waren als die Väter, aber dennoch eine Balance herrschte. Die Religion spielt eine zentrale Rolle. Das Aufwachsen in einer muslimischen Kultur und das Leben des Glaubens in der Familie wird betont. Es wird deutlich gemacht, dass trotz der starken kulturellen und religiösen Identität der Familie, das Einnehmen und Ausleben neuer, aus dem Kontext der deutschen Gesellschaft kommenden Werte und Normen, wenn sie mit dem eigenen Glauben übereinstimmen, als selbstverständlich angesehen werden. Die Auswertung des Datenmaterials zeigt, dass die Mehrheit der Interviewten eine liebevolle und demokratische Erziehung erfahren hat. Die elterliche Erziehung wurde als demokratisch beschrieben, wobei das Modell der Mitsprache und gemeinsamen Entscheidungsfindung betont wurde. Die Eltern haben das System der Demokratie innerhalb der Familie praktiziert, indem sie ihre Kinder bei Entscheidungen einbezogen und deren Meinungen berücksichtigt haben. Einige Interviewte reflektierten zudem über die Herausforderungen, die aus den unterschiedlichen Erziehungszugängen in Deutschland und der Türkei resultierten. Insbesondere wurde darauf hingewiesen, dass als Mitglieder der dritten Generation in Deutschland aufgewachsene Personen eine offenere Erziehung erfahren haben, was zu Konflikten mit traditionelleren Erziehungsmethoden aus der Türkei führen kann.

7.3 Studienwahl

Die Studienfachwahl bei den islamischen Theolog:innen ohne Lehramtsoption basiert auf ähnlichen Motiven wie bei den Studierenden der Islamischen Theologie mit Lehramtsoption oder den Befragungen von Dreier und Wagner (2020) oder Şenel und Demmrich (2024); so lassen sich eine intellektuell-religiöse oder kompetenzorientierte und eine gesellschaftspolitische Motivation finden. Die pragmatisch-sicherheitsorientierte und die berufsbezogene Studienmotivation fanden sich jedoch aufgrund der wenig sicheren Anschlussverwertungen des Studiums weniger als bei den Lehramtsstudierenden.

Die Motive der Studierenden zur Wahl des Studiums sind dennoch insgesamt sehr unterschiedlich. In erster Linie werden intellektuell-religiöse oder kompetenzorientierte Motive benannt. Einige Studierende geben dabei an, sich bewusst und vor langer Zeit für das Studium der Islamischen Theologie entschieden zu haben.

> „Vor fünf Jahren war ich ein anderer Mensch. Ich war sehr an der Religion, am Islam, interessiert. Ich wollte einfach mehr, es hat einfach nicht ausgereicht. Ich war in Gemeinden aktiv, habe ehrenamtlich gearbeitet und vieles getan. All dies war aber das Praktische. Es gab eine Leere in Theorie und Wissen, die ich religiös nicht ausführen

konnte, ich habe versucht selbst die Lücke zu füllen, hat aber nicht ausgereicht. Dann hat sich die Gelegenheit ergeben, nach Osnabrück zu kommen. Ich wollte wissen, wie der Islam funktioniert, wie die Religion Islam funktioniert. Deswegen war Theologie für mich, also das Wissen der Theologie, das Studium, war für mich das Wichtigste." (IT12_m)

„Warum ich Islamische Theologie studiere und warum ich mich dazu entschieden habe, ist für natürlich sehr simpel zu beantworten. Ich wollte zum einen meine Religion intensiver kennenlernen und zum anderen um mich selber zuerst spirituell reinigen, nicht nur spirituell, sondern auch auf der Wissensbasis und danach der Gemeinde, meiner Gemeinde, meinem Umfeld helfen." (IT10_m)

„Weil ich halt immer diese Religiosität in meinem Alltag und in meiner Persönlichkeit und in meiner Identität praktiziert habe, war es für mich ein absoluter Wunsch, das auch auf wissenschaftlicher Ebene in meinem Leben umzusetzen. Deswegen habe ich mich dafür entschieden. Also ich wusste, dass es jetzt keine Moscheeaktion oder sowas ist, sondern das es wirklich eine Institution ist, wo man auf wissenschaftlicher Ebene etwas erlernt, deswegen habe ich gedacht, mach' ich das. Aber ich hatte nie den Gedanken, dass ich damit irgendwie Karriere machen werde oder Geld verdienen werde. Das wünscht man sich, aber die hauptsächliche Intention war es einfach, das in meinem Charakter zu stärken, dieses Wissen." (IT7_w)

Die Studierenden betonen, dass die inhaltliche Ausrichtung des Studiengangs zu einer intensiven und starken wissenschaftlich-reflexiven Auseinandersetzung mit der Religion führe und das Wissen und die fachlichen und methodischen Kompetenzen vermittle, die in einem Selbststudium nicht erworben werden könnten.

„Es hat meine Erwartungen auf jeden Fall getoppt. Ich wusste nicht, dass der Islam so wissenschaftlich sein kann, mit den ganzen Bereichen. Ich wusste nicht, dass so ein tiefes Wissen besteht. In meiner religiösen Erziehung stand mehr auswendig lernen im Vordergrund. Fächer wie Fiqh (Rechtswissenschaften) oder Aqida (Glaubensgrundlagen) hatte ich davor gar nicht. Deshalb war das für mich wow, also was ganz Neues. Was ich hier auch gelernt habe, ist, wie vielfältig der Islam ist. Es gibt viele verschiedene Möglichkeiten und Meinungen." (IT14_w)

„Wenn man das studiert, vor allem hier in Osnabrück, dann lernt man die Religion bis ins kleinste Detail kennen. Es deckt vieles ab, man fühlt sich so, als ob man vorher blind gewesen wäre und auf einmal sehen kann. Man sieht alles klar und deutlich und hat ständig diesen Aha-Effekt, die ganze Zeit. Man versteht die Welt besser, man versteht die Muslime, man versteht, sei es von Terrorismus bis Sufismus. Man kann einfach alles verstehen und weiß, wie etwas funktioniert. Wenn man das studiert, lernt man eine andere Dimension kennen, die Dimension des Überblicks der ganzen Problematiken der Welt, des Verständnisses, einfach generell alles, was die Religion abdeckt." (IT12_m)

7.3 Studienwahl

In vielen Interviews betonen die Studierenden, dass vor allem der Wunsch, die eigene Religion in deutscher Sprache kennenzulernen, der Grund für die Wahl des Studiums war, um auch die religiösen Fachbegrifflichkeiten in deutscher Sprache zu erlernen und dadurch auch eine höhere Vermittlungskompetenz der Religion in Deutschland zu erlangen.

> „Um meine Religion erstmal auf Deutsch gut darstellen zu können und wie gesagt, wir sind hier zwar in Deutschland geboren und aufgewachsen, aber kennen unsere Religion eher in der Muttersprache, da mein Leben nur in der Moschee vergeht und ich in der Moschee aufgewachsen bin, aber wie gesagt, da lernt man alles auf Türkisch und wollte diese bestimmten Begrifflichkeiten etc. auf Deutsch draufhaben, damit es, wenn es dazu kommt, weil es kommt ja immer wieder dazu, dass wir befragt werden und auf der Realschule war ich auch immer die Ansprechpartnerin, wenn es ums Islam ging." (IT4_w)

> „In erster Linie, ich war schon immer daran interessiert meine Religion zu erlernen und zweitens einfach, weil dieses Fach hier in Deutschland angeboten wurde und mich hat es interessiert, dass ich alles auf Deutsch lerne und nicht immer auf Türkisch; einer der Hauptgründe. Ein anderer Grund war, ich habe mir immer gedacht, ich will Arabisch lernen, die Sprache des Korans und das war eine Gelegenheit dazu. Ich habe mich dann dazu entschieden, Islamische Theologie zu studieren." (IT3_w).

Einige Interviewten betonen, dass sie lange Zeit in der Schule mit der Rolle konfrontiert worden seien, als Ansprechpartner:innen für den Bereich des Islam zuständig zu sein bzw. als eine Art Expert:in für den Islam in der Schule angesehen worden seien, ohne über das notwendige Wissen zu verfügen. Somit war für diese Personen die Wahl des Studiums eher durch Umwelterwartungen „vorbestimmt".

> „Weil ich glaube, dass es bei vielen von uns der Fall ist, was ich erst später gecheckt habe, weil mit jeder Person, mit der ich hier gesprochen habe, war es sehr ähnlich. In der Schule war ich sehr oft die einzige mit Kopftuch. Es gab zwar noch andere, aber in meinem Jahrgang war ich immer die einzige. Dann war man immer der Stellvertreter für den Islam. Sogar wenn ich nicht gefragt wurde, hat man immer in meine Richtung geguckt und ich wusste, ich bin jetzt gemeint und muss was dazu sagen. Das war die ganze Zeit so und man weiß ja nicht so viel, oder man weiß nicht, wie man es richtig ausdrückt. Dann war es so ‚Oh mein Gott, natürlich studiere ich Islamische Theologie!', nicht weil ich mir dachte, jetzt muss ich die ganzen Antworten auf die Fragen klären, sondern einfach, weil ich jahrelang diese Rolle hatte und ich mir irgendwann dachte ‚Ja, das ist was für mich!'" (IT18_w)

Andere dagegen sprechen von einer Notlösung bzw. überlegen ein weiteres Fach dazu zunehmen oder auf Lehramt umzusteigen.

„Ab dem dritten Semester werde ich mit hoher Wahrscheinlichkeit einen zweiten Studiengang belegen, aber beide halt auf Mono. Ein Lehramt-Studium kommt für mich erst einmal so nicht in Frage. Wie gesagt, es ist hier immer ein Thema für die Mono-Studenten. Vielleicht kann ich noch irgendwie wechseln zum Lehramt, aber nicht im Studium-Bereich, sondern wenn ich später beide Monofächer studiert habe und dann zum Lehrerberuf als Seiteneinsteiger wechseln, aber weil es noch unsicher ist, kann ich diesbezüglich keine konkreten Sachen sagen." (IT10_m)

„Beruflich gesehen weiß ich ehrlich gesagt noch nicht, weil ich mein Zweitstudium noch nicht genau festgelegt habe. Sie wissen, Theologie studiere ich ja nur für mich. Und was ich als Zweites studiere, weiß ich noch nicht. Es kann sein, dass ich Jura studieren werde. Das ist auch in der Islamischen Theologie mein Lieblingsfach. Und zwar das Islamische Recht. Das heißt, ich habe so eine bestimmte Bindung zum Recht allgemein. Deswegen zieht mich auch Jura so an. Vor allem, weil ich auch gegen die Ungerechtigkeit vorgehen möchte." (IT8_m)

„Also ich studiere ja Islamische Theologie und ich möchte im Anschluss danach inschallah Lehramt studieren. Genau, ich möchte also Lehrerin werden." (IZ19_w)

„Also, am Anfang war Islamische Theologie, als ich mich angemeldet hatte und da hatte ich schon den Gedanken Lehramt zu studieren, aber ich habe dann gesehen, dass mir die Punkte nicht gereicht haben, sage ich mal, um Lehramt zu studieren und ich kam da wirklich nicht rein. Da habe ich mir gedacht, ich fang erst mal an mit Islamischer Theologie und sehe mir das mal an und wenn ich mich dann doch dazu entscheide Lehramt zu studieren, versuche ich einfach da reinzukommen." (IT3_w)

„Ich wollte eigentlich Lehramt studieren, Mathe und etwas anderes. Ich weiß es nicht, ich wusste gar nicht, was ich neben Mathe studieren könnte, dann habe ich überlegt, islamische Religion wäre gut. Dann wollte ich Islamische Religion mit Mathe kombinieren hier in Osnabrück. Dementsprechend habe ich mich auch beworben, aber ich wurde leider nicht angenommen. Da dachte ich mir, ok, du studierst Islamische Theologie, vielleicht kannst du später auf Lehramt wechseln." (IT6_w)

Stark kritisieren die Studierenden am Studium, dass sie keine Berufsperspektiven nach dem Studium sehen.

„Was mache ich danach? Ich denke, dass man nebenbei etwas anderes machen muss. Deswegen möchte ich auch noch den Bachelor der Politikwissenschaften noch hinzufügen, damit ich da auch noch mal eine andere Perspektive erfahre. Aber für mich ist immer wünschenswert, dass ich irgendwie im Bildungsbereich, im Wissensbereich oder im sozialen Bereich tätig werde." (IT12_m)

„Ja, ich denke schon, dass das eine sehr wichtige Rolle spielt, ob man noch ein Zweitfach... dazu nehmen würde. Wahrscheinlich ist das auch einer der Gründe, weshalb einen viele Dozenten hier dazu anhalten, dass man noch ein zweites Fach dazu studiert, u.a. soziale Arbeit oder... Lehramt oder was auch immer. Politik ist auch so eine Sache. Sicherlich" (IT11_w)

7.3 Studienwahl

„Ich glaube, 80 Studierende haben ihren Bachelor bekommen, aber was passiert aus diesen Leuten? Ich kenne persönlich niemanden, der jetzt arbeitet. Ich kenne nur Menschen, die ehrenamtlich was machen oder dazu was neu studieren. Ich kenne eine Freundin, die hat ihren Bachelor in islamischer Theologie gemacht und macht ihren Master in Theologie und Kultur, weil sie ihren Master nicht nur in islamischer Theologie machen möchte, aufgrund der Jobchancen. Es sind verlorene Talente, man könnte aus uns was machen, man könnte uns in verschiedenen Bereichen einsetzen, aber leider ist es nicht so." (IT2_w)

Einige Studierende betonen im Sinne einer berufsbezogenen Motivation, dass das Studium der Islamischen Theologie es ihnen ermöglicht, in der Wissenschaft zu bleiben.

„Wie gesagt, ich habe auch große Ziele, und ich hoffe, dass mein Studium in Osnabrück viel dazu beitragen wird, dass ich meine Ziele erreichen werde, inschallah (so Gott will). Ich möchte auf jeden Fall in der Forschung bleiben. Hauptsächlich, kann sein, dass ich mich vielleicht umändern werde, was jetzt das Fach anbelangt, aber momentan bin ich der Meinung, dass ich, oder ich habe so als Ziel mich im Bereich Koranexegese und Arabisch weiterzubilden und in den Bereichen auch Forschungen zu betreiben, und an der Universität zu unterrichten. Das würde ich sehr gerne machen. Und ich möchte auch gewisse Werke übersetzen. Also, es gibt bestimmte Werke, die es momentan nur in der arabischen Sprache gibt, die aber auch sehr wichtig sind. Und wir haben momentan auch, ich weiß nicht, ob das Mangel nennen kann, aber was jetzt deutsche Literatur anbelangt, brauchen wir eigentlich viel mehr. Oder man kann schon, es gibt viele Werke, die einfach darauf warten übersetzt zu werden, und da würde ich schon gerne meinen Beitrag dazu leisten." (IT1_w)

„Also ich studiere jetzt kein Lehramt, viele fragen mich immer, ob ich Lehramt studiere, weil ich ja schon Islamische Theologie studiert habe. Ich habe mich dafür bewusst nicht entschieden, aber ich mache jetzt mein Vollzeitstudium in [Naturwissenschaftliches Fach], also eher etwas Wissenschaftliches, womit ich dann in die Wissenschaft gehen kann. Ein weiter Weg, aber ich werde es versuchen. aber ich habe ja diese Fächerkombination [naturwissenschaftliches Fach] und Islamische Theologie. Ich möchte damit eine Zukunft etwas anfangen. In der Wissenschaft sich beide Sachen verbinde, vielleicht. Vorträge halten kann und sonst so." (IT2_w)

Beide Aussagen spiegeln die Ambition und das Engagement wider. Sie verfolgen das Ziel, eine akademische Laufbahn einzuschlagen und in der Forschung auf einem interdisziplinären Gebiet, das ihre Studienschwerpunkte – Islamische Theologie und ein naturwissenschaftliches Fach – verbindet, tätig zu sein. Zudem wird ein Interesse an wissenstransferierenden Tätigkeiten, wie dem Unterrichten an der Universität und der Übersetzung wichtiger arabischer Werke ins Deutsche deutlich.

Zusammenfassung: Zusammenfassend basiert die Studienfachwahl der islamischen Theolog:innen ohne Lehramtsoption auf ähnlichen Motiven wie bei Studierenden der Islamischen Theologie mit Lehramtsoption. Dabei lassen sich intellektuell-religiöse oder kompetenzorientierte sowie gesellschaftspolitische Motivationen identifizieren. Einige Studierende haben sich bewusst und schon früh für das Studium der Islamischen Theologie entschieden, um Wissenslücken in der Theorie und im religiösen Verständnis zu schließen. Die inhaltliche Ausrichtung des Studiengangs ermöglicht eine intensive wissenschaftlich-reflexive Auseinandersetzung mit der Religion, die über ein Selbststudium nicht erreichbar wäre. Ein besonders häufig genanntes Motiv ist der Wunsch, die eigene Religion in deutscher Sprache zu erlernen und religiöse Fachbegrifflichkeiten in Deutsch zu beherrschen, um eine höhere Vermittlungskompetenz zu erlangen. Einige Studierende betonen, dass sie in der Schule als Ansprechpartner:innen für den Islam angesehen worden seien, was ihre Wahl des Studiums beeinflusst habe.

Kritik wird jedoch an fehlenden Berufsperspektiven nach dem Studium geübt. Studierende bemängeln, dass sie keine klaren Aussichten auf eine berufliche Karriere sähen. Einige planen daher, ein Zweitfach zu belegen, um zusätzliche Perspektiven zu schaffen. Die Unsicherheit über die Anschlussverwertung des Studiums führt dazu, dass einige Studierende alternative Studienrichtungen in Erwägung ziehen, wie beispielsweise Jura oder Politikwissenschaft. Trotz dieser Unsicherheiten betonen einige Studierende berufsbezogene Motivationen, indem sie ihre Ambitionen für eine akademische Laufbahn und Forschung aufzeigen. Sie streben an, interdisziplinäre Tätigkeiten zwischen Islamischer Theologie und anderen Fachgebieten auszuüben und sind an wissenstransferierenden Aktivitäten wie dem Unterrichten und Übersetzen interessiert.

7.4 Gendereinstellungen

Bei den Aussagen der Studierenden der Islamischen Theologie zu den Rechten und Pflichten von Frauen und Männern zeigt sich zwar ein heterogenes Bild, jedoch betonen die meisten Interviewten – wie auch schon die Interviewten der Islamischen Theologie mit Lehramtsoption –, dass die finanzielle Absicherung der Familie dem Mann obliege. Die Frau sei in erster Linie für die Erziehung der Kinder verantwortlich, wobei auch an dieser Stelle vom Mann erwartet wird, bei der Erziehung der Kinder aktiv zu sein. Die moralische Pflicht des Mannes zur Sicherung der Finanzierung der Familie wird hierbei religiös begründet, ebenso wie die Rolle der Frau als Mutter und Ansprechpartnerin für die Kinder. Dies deckt sich nicht nur mit den Aussagen der Lehramtsstudierenden der Islamischen

7.4 Gendereinstellungen

Theologie, sondern auch mit den Einstellungen der befragten zukünftigen Lehrkräfte der Studie von Şenel und Demmrich (under review). Zudem belegen die Aussagen der Studierenden eine sehr schlechte Meinung von professionellen Kinderbetreuungseinrichtungen, auch wenn diese sich in Studien als wesentlich und effektiv zum Abbau herkunftsbedingter Disparitäten erwiesen.

> „Ich finde, wenn die Kinder schon ein bisschen älter sind und ab einem bestimmten Alter des Kindes könnte die Frau arbeiten. Wenn sie arbeitet, dann vormittags vielleicht, weil da die Kinder in der Schule sind und nachmittags dann die Mutter wieder zu Hause mit den Kindern sein sollte. Die Erziehung sollte auch natürlich nicht nur von seiten der Mutter ablaufen, sondern auch seitens des Vaters, weil der Vater auch eine bestimmte Rolle in der Erziehung hat. Da sowohl die Mütter als auch andere, dazu zählt auch der Vater, als Vorbild genommen wird, sollte der Vater auch mit der Erziehung der Kinder beschäftigt sein. Es ist wichtig, dass die Aufgabe des Vaters und der Mutter in der Erziehung gleich ist." (IT6_w)

> „Jetzt klingt das wieder sehr traditionell. Ich bin auf jeden Fall der Meinung, dass, wenn man Kinder hat, sich sofort auf diese Kinder fixieren muss. Es wäre wirklich sehr traurig für die Kinder, wenn die Mutter es vorziehen würde zu arbeiten und sie in irgendwelchen Kindergärten oder irgendwelchen anderen bestimmten Institutionen ablässt. Ich bin auf jeden Fall der Meinung, dass, wenn ich Kinder habe, ich von vornerein mich diesen Kindern hingeben werde und auf jeden Fall nicht arbeiten werde. Es gibt sogar einen Gelehrten, der zum Beispiel gesagt hat, „ich habe jahrelang Erziehung von großen Gelehrten genossen und ich habe mir so viel Wissen angeeignet, aber das, was mir meine Mutter gegeben hat, das hat mir kein Gelehrter gegeben." Und es ist halt einfach diese Wärme und Barmherzigkeit und dass das Kind einfach spürt, dass es geliebt wird." (IT7_w)

Nur ein paar wenige würden ein gleichberechtigtes Arbeiten in einer bezahlten Tätigkeit begrüßen, auch wenn hier ebenfalls betont wird, dass dies nicht aus finanzieller Not der Familie heraus geschehen sollte, sondern nur, wenn die Frau dies aus Gründen der Selbstverwirklichung begrüßen würde.

> „Die Frau möchte freiwillig und aus Lust und Laune heraus bzw. weil sie sich selbstverwirklichen möchte, arbeiten. Das ist eine andere Sache, aber sie sollte halt nicht genötigt sein zu arbeiten. Und islamisch ist auch die Frau von der Unterhaltspflicht gänzlich befreit, d.h. sie hat nicht für den Unterhalt zu sorgen. Dann kann und soll die Frau selbst entscheiden, was sie da machen möchte." (IT11_w)

> „Wir sollten kooperieren und wir sollten einander das Leben leicht machen, soweit es geht. Ich habe auch kein Problem damit, wenn sie arbeitet. Im Gegenteil, ich würde es sogar gut finden." (IT17_m)

> „Wenn ich gut verdiene, würde ich meiner Frau vorschlagen, dass sie nicht arbeiten muss, dass sie sich um den Haushalt und um die Kinder kümmert. Das muss auch

jemand tun. Das muss nicht unbedingt die Frau tun. Aber wenn ich ja schon arbeite, dann bleibt kein anderer übrig. Aber wenn sie möchte, kann sie auch arbeiten. Das würde ich sowieso schon vor der Ehe mit ihr absprechen, ob sie denn Kinder will und wie sie das mit ihrer Arbeit dann vereinbart. Ich würde auch sehr gern zu Hause kochen, wenn ich von der Arbeit komme oder am Wochenende. Also, ich will jetzt nicht, dass meine Frau immer kocht. Ich mag es zu kochen und würde auch mit ihr zusammen kochen." (IT8_m)

Einige Studierende verweisen hierbei explizit darauf, dass Mann und Frau gleiche Rechte hätten und in der Familie gemeinsam eine Entscheidung treffen sollten, wie die Ausgaben in Bezug auf die Erwerbsarbeit und die Kinderbetreuung verteilt werden könnten.

„Wenn ich heirate und ich habe eine Frau und sie will arbeiten, dann kann sie das natürlich tun! Aber das habe ich auch schon vorher erwähnt, wenn wir Kinder haben, dann stehen die Kinder im Vordergrund, dann sollten wir auch, es kann auch meine Wenigkeit sein oder auch meine Frau, wir sollten dann halt einen Teilzeitjob haben und so unsere Arbeit gestalten. Die Hausarbeit sollte so aufgeteilt werden, dass beide dafür etwas tun, denn das hat auch der Prophet Muhammad so getan. Er bediente auch seine Besucher selber und nicht seine Frau oder seine Töchter haben das gemacht, sondern er selber bediente seine Besucher. Es sollte im Haushalt schon so sein, dass man ein gemeinsames Miteinander auch in dem Sinne führen kann. Die Rolle der Männer und der Frauen ist: Also, im religiösen Leben gibt es bestimmte Vorschriften, die man einhalten sollte, z.B. obwohl es eine Minderheitsmeinung gibt, dass die Frauen auch als Vorbeter fungieren können. Also, die Allgemeinheit ist der Meinung, dass die Männer vorbeten sollten, also im religiösen Bereich oder aber, dass die Frauen im religiösen Bereich nichts tun sollen, das widerspricht der Frau des Propheten, denn auch die Frau des Propheten hat Menschen gelehrt, auch in der Öffentlichkeit und in der Gesellschaft, sollte die Rolle natürlich aufgeteilt sein, weil wir würden gegen die Mutter Natur sprechen, wenn wir sagen Mann und Frau ist gleich, denn das ist nicht so. Gesetzlich und vor dem Gesetz und rechtlich gesehen sind sie gleich, aber in der Natur sind sie nicht gleich. Die Harmonisierung beider Gruppen, sowohl im Öffentlichen, als auch im gesellschaftlichen Leben ist machbar und sollte auch so sein, meines Erachtens." (IT10_m)

Die Erziehung der Kinder steht bei allen Interviewten im Mittelpunkt, wobei beide Elternteile hier aktiv tätig sein sollten, wenn auch die größere Rolle hierbei oftmals der Frau zugewiesen wird. Auch bei den Haushaltsaufgaben wird von den Interviewten betont, dass diese gemeinsam erledigt werden sollten. Zusammenfassend kann festgehalten werden, dass die meisten Interviewten die gleichen Rechte von Mann und Frau in allen Bereichen bis auf das Berufsleben unterstreichen, wo als wesentlich erachtet wird, dass den Männern die Arbeit und damit das Geldverdienen als religiöse Pflicht auferlegt sei, während die Frauen die Berufstätigkeit allenfalls eher zur Selbstverwirklichung wahrnehmen könnten. Zudem wird darauf hingewiesen, dass in Deutschland Frauen und Männer gleiche Rechte hätten und betont, dass diese Situation auch die Grundlage für das Leben in Deutschland sein sollte.

„Das ist eine sehr interessante Frage. Typisch im Islam ist es, dass der Mann in der Öffentlichkeit ist und die Frau im Hintergrund. Aber wenn wir jetzt in einer Gesellschaft leben, wo Mann und Frau gleichberechtigt agieren, dann bin ich der Meinung, hier in Deutschland, in Europa, kann die Frau genauso in der Öffentlichkeit sein wie der Mann. Wenn ich zur Uni gehe, wir haben eine Dozentin und einen Dozenten, wo ist da denn ein Unterschied? Ich würde bei Mann und Frau, auch als Ehepaar, sagen, dass man einfach natürlich bleibt und alles vorher abspricht. Einfach Mensch sein und an das Miteinander denken. Mitgefühl und Empathie sind wichtig." (IT12_m)

Zusammenfassung: Die Auswertung bezüglich der Rechte und Pflichten von Frauen und Männern zeigt ein heterogenes Bild. Dennoch unterstreichen die meisten Interviewten, ähnlich wie die Studierenden der Islamischen Theologie mit Lehramtsoption, dass die finanzielle Absicherung der Familie in erster Linie Aufgabe des Mannes sei. Die Frau wird primär für die Erziehung der Kinder verantwortlich gemacht, wobei gleichzeitig erwartet wird, dass auch der Mann aktiv an der Kindererziehung teilnimmt. Diese Aufteilung wird religiös begründet, wobei die moralische Pflicht des Mannes, die Familie finanziell zu sichern, sowie die Rolle der Frau als Mutter und Ansprechpartnerin für die Kinder betont werden. Insgesamt zeigen die Aussagen, dass die meisten Interviewten gleiche Rechte für Mann und Frau in allen Lebensbereichen befürworten, mit Ausnahme des Berufslebens, wo die religiöse Pflicht der Männer zur finanziellen Sicherung hervorgehoben wird. Es wird auch darauf hingewiesen, dass in Deutschland Frauen und Männer gleiche Rechte haben sollten und dass die gesellschaftliche Gleichberechtigung die Grundlage für das Leben in Deutschland sein sollte.

7.5 Politische Einstellungen

Die Einstellungen der interviewten Studierenden zur Vereinbarkeit von Islam und Grundgesetz bzw. islamischer Rechtsprechung und weltlicher Rechtsprechung sowie zu einer entsprechenden Einordnung der politischen Lage in Deutschland oder Europa variiert zwischen den befragten angehenden islamischen Theolog:innen ohne Lehramtsoption sehr stark, wobei auch hier wie in den Studien von Şenel und Demmrich (2024) und Khorchide (2008) bedenkliche antidemokratische Tendenzen zumindest bei einem Teil der Befragten manifest werden.

Einige Studierende weisen darauf hin, dass sie kein detailliertes Wissen, z. B. über Grundgesetz, haben und sich somit zu den politischen Fragen nicht äußern möchten.

„Dazu kann ich nicht viel sagen, da kenne ich mich zu wenig aus, mit dem Grundgesetz, muss ich leider zugeben." (IT1_w)

„Also, Gesetze sind Gesetze und daran muss man sich halten. Persönlich wüsste ich jetzt nichts, was man nicht vereinbaren könnte, weil ich nicht sehr viel Ahnung von politischen und gesetzlichen Angelegenheiten habe." (IT3_w)

Eine größere Gruppe von Studierenden betont, dass die Gesetze in Deutschland mit dem Islam nicht im Konflikt stünden und dass man sich als Person, die in dem Staat lebt, an die Gesetze in Deutschland halten sollte.

„Wenn ich hier in Deutschland lebe, muss ich mich an die Gesetze von Deutschland halten, weil ich in dem Staat hier lebe, das heißt, ich bin Bürger dieses Staates. Zum Beispiel fällt mir ein, zum Beispiel das Heiraten bei uns in der Moschee darf man nicht islamisch heiraten, wenn man nicht standesamtliche Papiere nachweisen kann, das heißt, der Hodscha möchte somit der Polygamie entgegenwirken und das finde ich gut. Wenn man in dem Staat lebt, muss man sich an die Gesetze halten und ich finde es überhaupt nicht paradox gegenüber den islamischen Gesetzen." (IT2_w)

Dabei betonen die Interviewten, dass der Rechtsstaat die Religionsfreiheit gewährleiste. Dennoch sei die Ausübung der Religion immer von einzelnen Personen abhängig. So werden neben diskriminierenden Erfahrungen auch positive Erlebnisse geschildert.

„Es gibt in Deutschland die Religionsfreiheit und es gibt auch in Deutschland keine Regelung, soweit ich mich mit dem Thema befasst habe, die gegen meine Religion und meine Auslegung der Religion spricht." (IT10_m)

„Also das ist eher personenbedingt, zum Beispiel das mit dem Beten in der Schule. Während meiner Wirtschaftsgymnasium-Zeit habe ich direkt mit meinem Direktor darüber gesprochen, ob ich ein Zimmer frei bekomme und er war so nett, er hat uns immer ein Zimmer geöffnet und hat auch den Lehrern gesagt, dass ich das Recht dafür habe. Es kam auch einmal dazu, dass ich mit meiner Freundin beten war und er war mit Gästen vor der Tür und hat gesehen, dass wir drinnen beten und hat dann seine Gäste vor der Tür warten lassen. Das war wirklich was Besonderes! Ich habe auch was Negatives erlebt. Das leider von den Türken. Mir wurde leider mein Kopftuch weggezogen, nach dem Sportunterricht. Ich wollte noch einmal mein Kopftuch frisch machen und es wurde mir dann von einem Türken weggenommen und das tat halt sehr weh." (IT4_w)

7.5 Politische Einstellungen

Einige Aspekte der religiösen Regelungen in Deutschland werden von den Interviewten jedoch als problematisch empfunden.

„Also da sind z. B. so Sachen wie der Sexualkundeunterricht an den Schulen, das ist für mich auch ein bisschen problematisch. Ich weiß nicht, wie das so gehandhabt wird, aber fällt mir jetzt so auf Anhieb ein, dass man das Schamgefühl von den Muslimen verletzen kann bzw. verletzt, wenn es… als Lehrauftrag... durchgesetzt werden muss." (IT11_w)

Auch Schwimmunterricht wird problematisiert, wobei die Interviewten hier betonen, dass es ihnen an Vorbildern fehle, also an selbstbewussten muslimischen Mädchen und Frauen, die in der Öffentlichkeit bzw. im schulischen Leben präsent seien, sodass es zur Normalität werde, am Schwimmunterricht teilzunehmen.

„Ich glaub, diese ganzen Schwierigkeiten, vor allem mit dem Schwimmunterricht und so, also das kann sich einfach klären, wenn es zur Normalität wird. Und wenn man zum Beispiel ein zwei Mädchen in der Schule schon hätte, die es vorgemacht hätten und am Schwimmunterricht teilgenommen hätten. Bei mir hatte es keiner vorgemacht. Ich war so, ‚Oh mein Gott, ich werde auf keinen Fall dran teilnehmen. Ich kann das nicht!'. Aber, wenn ich jetzt zum Beispiel jemanden sehen würde und die hätte vor mir mit einem Burkini oder was weiß ich da mitgemacht und wenn man es auch bisschen kennt und so, dann hätte ich es auch gemacht. Also, das wäre für mich jetzt nicht so ein Problem gewesen." (IT18_w)

Die Rolle der Medien wird zudem ebenfalls angesprochen und betont, dass die vermittelten Bilder von Islam und Muslim:innen überwiegend negativ seien. Die Studierenden verweisen auch darauf, dass die gesellschaftliche Lage und die Erfahrungen mit den vielfältigen Diskriminierungen aufgrund der Religionszugehörigkeit bzw. -zuschreibung eine enorme Rolle im Leben muslimisch gelesener Personen spielen.

„Also, ich denke heutzutage, dass man sich, man bemüht sich zwar in der Politik auch für die Muslime sich einzusetzen, aber es wird wenig getan. Ich persönlich fühle deutlich populistische und islamophobe Tendenzen in der Gesellschaft. Zum Beispiel in der Schule man erlebt schon rassistische Äußerungen, und da macht die Politik, glaube ich, schon bisschen zu wenig. Und vor alle sind die Medien das Hauptproblem für mich. Medien verbocken eigentlich alles, was ich mir in den interreligiösen Dialogen immer aufbaue, das ist so, dass über 90 Prozent eigentlich den falschen Islam gezeigt wird. Deswegen versuche ich mich in Vereinen zu engagieren und immer einzeln zu den Menschen hinzugehen und mich vorzustellen." (IT2_w)

Von direkter erlebter Diskriminierung berichten vor allem kopftuchtragende Frauen:

> „Die Gesetze sind doch gar nicht widersprüchlich, das hatte ich am Anfang erwähnt. Also für mich gibt es keinen Widerspruch. Aber natürlich ist für mich die Ausübung von Religion wichtig. Es gibt aber die Möglichkeit, die Religion auszuüben. Aber wenn man sich irgendwo bewirbt, dass man zu einem Vorstellungsgespräch eingeladen wird, man geht dahin, man sieht ein Kopftuch, dann wird man nicht angenommen! So war es bei meiner Freundin. Sie hatte einen Einserzeugnis und war richtig gut in der Schule. Sie wurde zum Vorstellungsgespräch eingeladen, sie geht hin, sie wird nicht angenommen. Warum? Weil sie ein Kopftuch trägt! Vielleicht sagen sie es nicht direkt, aber sie wurde zum Vorstellungsgespräch eingeladen, also es besteht die Möglichkeit aufgenommen zu werden. Aber sobald sie etwas Religiöses sehen, vor allem das Kopftuch bei den Frauen, dann hört das auf." (IT6_w)

Zusammenfassung: Die Interviewten unterstreichen, dass die gesetzliche Lage in Deutschland im Allgemeinen nicht mit dem Islam im Widerspruch stehe und auch die Ausübung ihrer Religion erlaube und unterstütze. Dabei wird jedoch auch deutlich, dass die reale Erfahrung dieser Freiheit stark von individuellen Erlebnissen und Interaktionen abhängt. Es werden sowohl diskriminierende Erfahrungen als auch positive Erlebnisse berichtet. Einige Aspekte des Schulalltags in Deutschland, wie der Sexualkunde- und Schwimmunterricht an Schulen, werden von einigen Befragten als problematisch empfunden, da sie das Gefühl haben, dass dabei die religiösen und kulturellen Besonderheiten von Muslim:innen nicht ausreichend berücksichtigt werden. Ein großer Wunsch der Befragten ist es, mehr selbstbewusste muslimische Vorbilder in der Gesellschaft und vor allem in der Schulwelt zu sehen. Insbesondere hinsichtlich des Schwimmunterrichts wird betont, dass mehr muslimische Mädchen und Frauen, die selbstbewusst am öffentlichen Leben teilnehmen – etwa auch im Burkini am Schwimmunterricht –, dazu beitragen könnten, dass solche Aktivitäten zur Normalität werden und so die Scham und Unsicherheit anderer muslimischer Mädchen und Frauen verringert werden könnten. Es wird deutlich, dass eine größere Repräsentation und Integration in die Gesellschaft sowie eine höhere Sensibilität für die besonderen Bedürfnisse und Werte von Muslim:innen, von den Befragten als notwendig erachtet werden, um ihre Religionsfreiheit vollständig wahrnehmen zu können.

7.6 Aufgaben islamischer Theolog:innen

Bei der Frage nach den Aufgaben eines islamischen Theologen bzw. einer islamischen Theologin betonen die Studierenden, dass sehr viele unterschiedliche Aufgaben in der innermuslimischen Community und auch in der Gesellschaft aufgezählt werden könnten. Jedoch kritisieren sie, dass für sie nicht klar sei, welche Tätigkeiten genau sie übernehmen und wie diese finanziert werden könnten. Denn sie unterstreichen, dass bisherige Aufgaben von ihnen ehrenamtlich übernommen wurden.

„Da gibt es sehr viele Projekte. Mir fällt jetzt auf Anhieb in der Altenpflege ein, da sind muslimische Senioren. Also, wenn man sich um diese Angelegenheiten kümmern würde oder Kitas, mehr Kitas, für muslimische Familien, für muslimische Kinder. Es gibt eigentlich sehr viel Bedarf, hier und da. Man kann eigentlich gar nicht so viel aufzählen, wie es gibt." (IT11_w)

Somit benennen die Interviewten sehr viele Tätigkeiten in eigentlich genuinen Aufgabenbereichen der Sozialen Arbeit, die sie übernehmen könnten, aber auch Aufgaben innerhalb religiöser Gemeinden, etwa in Moscheen, im Aufgabenspektrum etwa eines Imams. Dabei betonen die Studierenden, dass sie ein fundiertes Wissen über die Religion, insbesondere in deutscher Sprache, und eine universitäre Ausbildung hätten.

„Ich sage nicht, dass Theologen nur in den sozialen Bereich gehören, nein auf keinen Fall. Zumal man auch als Theologe eine Da'wa (Repräsentation und Einladung zum Islam) Funktion hat." (IT17_m)

„Für mich ist die praktische Erfahrung in meinem Beruf sehr wichtig, damit ich durch diese Erfahrung neue Ansätze machen kann bzw. kontextbezogen Handeln kann. Wenn ich in der Moscheegemeinde ein Problem in der muslimischen Gesellschaft feststelle, kann ich nach theologischen Ansätzen suchen. Ich sehe mich in der Gemeindearbeit. Für Theologen in Deutschland einfach als Ansprechpartner für islamische Themen, als Experten. Also nicht die Rechtfertigung in der Presse und Politik, sondern für die muslimische Community da sein." (IT16_w)

„Also, diese Dialogarbeit ist ja so auf die Gesellschaft bezogen, die Gemeindearbeit ist auf die eigene Religiosität bezogen. Und in meiner Gemeinde bin ich halt geblieben, weil mir die Bildungstechnik dort sehr gefallen hat. Man ist nicht dabei den ganzen Tag den Koran zu lesen und zu rezitieren, sondern man ist dabei mit Exegese Werken und diese Koranverse zu verstehen. Und deswegen bestehe ich halt darauf, immer in diesem Bereich zu bleiben, weil es mir wichtig, dass man nicht Religion erlernt, sondern auch hinterfragt." (IT7_w)

Bei der globalen Betrachtung der genannten Aufgaben wird deutlich, dass die Interviewten sich zum einen als Ansprechpartner:innen und Repräsentant:innen der eigenen Religion sehen und für die muslimische Community ihr Wissen zur Verfügung stellen möchten. Zum anderen unterstreichen die Studierenden, dass sie eine Brückenfunktion zwischen dem Islam und der nichtmuslimischen Gesellschaft in Deutschland einnehmen könnten. Sie betonen die Bedeutung von Dialog und die Existenz Gottes. Beide Aspekte könnten als verbindende Elemente fungieren.

„Also, ich finde unsere Hauptaufgabe, die wir vom Prophet Mohammed weitermachen, der Prophet Mohammed hat ja die Aufgabe gehabt, jedem zu erzählen, dass es den Gott gibt und wir haben eine Aufgabe in der Gesellschaft, dass wir Vorurteile abbauen gegeneinander. Wie gesagt, wir glauben an den denselben Gott, wie die Christen. Wir nennen es nur Allah und die nennen es Gott. Oder die Juden, die nennen es anders, wir nennen es Allah. Wir haben einen Gott und es ist die Aufgabe für uns, dass wir Vorurteile abbauen in der Gesellschaft. Wir können eine wichtige Funktion in der Gesellschaft darstellen. Eine Brücke zwischen uns. Es sollten sich alle Theologen in der Gesellschaft sich engagieren. Auch leider jetzt ehrenamtlich, amtliches gibt es nicht, obwohl wir studieren und unser Bachelor oder Master kriegen." (IT2_w)

„Ich finde, die islamischen Theologen sollten die Rolle als eine Brücke zwischen den Muslimen und den Nichtmuslimen einnehmen. Ich finde auch, neben diesen sozialen Arbeiten sollten sie auch in der Theologie produktiv sein und fachwissenschaftliches Material produzieren; also so etwas wie Quellenmaterial. Als letztes würde ich sagen, was ich auch sehr, sehr wichtig finde, dass die Theologen der Gesellschaft den Islam so zeigen, wie er wirklich ist, als wie er in den Medien dargestellt wird." (IT3_w)

„Also zum einen denke ich, dass sie, dass man als islamischer Theologe oder Theologin die Aufgabe haben sollte, die eigene Gesellschaft, die eigene muslimische Gesellschaft, weiterzubilden oder weiterzubringen, zu unterrichten, ob das jetzt kleine muslimische Kinder sind oder ob das Erwachsene sind, keine Ahnung, ob das Eltern sind, ob das Imame, Hocas sind, also in der Art, dass man die muslimische Community fördert und weiterbildet, aber zum anderen auch, dass man, sag ich mal, als Ansprechpersonen oder Vermittler auch für die deutsche Gesellschaft oder bzw. die nichtmuslimische Gesellschaft ein Ansprechpartner ist und mit denen auch auf jeden Fall in Kontakt tritt, dass sie sozusagen eine Brücke oder so eine Verbindung sind zwischen der deutschen Gesellschaft und dem Islam. Und irgendwie sind sie ja dann auch repräsentativ für den Islam" (IT19_w)

Dabei wird die Radikalisierungsprävention ebenfalls als eine Aufgabe der islamischen Theolog:innen gesehen.

7.6 Aufgaben islamischer Theolog:innen

„Ja, den muslimischen Theologen, Theologinnen stehen sehr viele Aufgaben zu. Sie spielen eine sehr große Rolle in der heutigen Gesellschaft, wo auch häufig, also, wie kann ich das jetzt ausdrücken, das Bild des Islam wird in den Medien sehr verzerrt dargestellt, und ich will auch meinen Beitrag dazu leisten, dass dieses Bild sich eben zum Positiven verändert, das heißt realitätsnah ist, als es momentan ist. Und auch im Internet findet man häufig oder fast nur Seiten oder Repräsentanten, die radikaler sind, wie zum Beispiel Salafisten oder Wahhabiten, man muss halt was gegen diese Radikalisierung, auch im Internet, etwas tun, weil der Islam der Weg der Mitte ist." (IT3_w)

Zusammenfassung: Die befragten Studierenden sehen ihre Rolle in erster Linie als Vermittler:innen zwischen dem Islam und der nichtmuslimischen Gesellschaft in Deutschland. Sie haben die Absicht, eine Brücke zu schlagen und betonen dabei die Bedeutung des Dialogs. Zudem äußern sie, dass es nur einen Gott gebe – eine Überzeugung, die sowohl bei Muslim:innen als auch bei Christ:innen und Jüd:innen in allen monotheistischen Religionen gleichermaßen vorhanden sei und sich lediglich hinsichtlich der Bezeichnungen unterscheide. Die Studierenden sehen es als ihre Hauptaufgabe an, Vorurteile abzubauen und in der Gesellschaft Bildungsarbeit zu leisten. Sie vertreten die Ansicht, dass alle Theolog:innen aktiv in der Gesellschaft mitwirken sollten, unabhängig davon, ob sie bezahlt werden oder ehrenamtlich tätig sind. Dies beinhaltet unter anderem, den Zugang zu fachwissenschaftlichem Material zu ermöglichen und dabei den Islam so darzustellen, wie er tatsächlich ist, und nicht, wie er oft in den Medien präsentiert wird. Dies führe auch aus Sicht der Studierenden zu einer Deradikalisierung und Prävention von Radikalisierung. Darüber hinaus setzen die Studierenden auch bei der Gemeindearbeit auf Bildung und Reflexion, anstatt sich nur auf das Rezitieren des Korans zu beschränken. Sie empfinden es als wichtig, Religion zu hinterfragen und zu verstehen. Ebenso betonen die Studierenden die Rolle der islamischen Theolog:innen in der Weiterbildung und Förderung der eigenen muslimischen Gemeinschaft, einschließlich der Kinder, Erwachsenen und Imamen. Sie sehen sich hierbei als Ansprechpartner:innen sowohl für die muslimische als auch für die nicht-muslimische Gesellschaft und fühlen sich als Repräsentant:innen des Islam. Eine weitere Aufgabe sehen die Studierenden in der Prävention von Radikalisierung. Sie möchten dazu beitragen, dass sich das Bild des Islam in den Medien positiv verändert und realitätsnah wird. Hierzu gehört der aktive Kampf gegen radikale Ansichten, insbesondere im Internet. Sie betonen, dass der Islam ein Weg der Mitte sei und keine Radikalisierung unterstützen sollte.

8 Empirische Vorstellungen der angehenden katholischen Religionslehrkräfte

Bei den Lehramtsstudierenden der Katholischen Theologie wird auf 30 Interviews zurückgegriffen. Das Durchschnittsalter der Interviewten beträgt 22 Jahre. Alle sind in Deutschland geboren. Drei Personen haben einen Elternteil mit Migrationshintergrund und sind somit Migrant:innen der zweiten Einwanderergeneration. Bei den Studierenden der Katholischen Theologie mit Lehramtsoption ordnen sich 13 Personen dem männlichen und 17 Personen dem weiblichen Geschlecht zu. In diesem Kapitel wird das Interviewmaterial der Lehramtsstudierenden der Katholischen Theologie analysiert.

8.1 Migrationsgeschichte, Sprachlichkeit und Selbstverortung

Die meisten Studierenden der Katholischen Theologie sind deutsche Staatsangehörige ohne Migrationshintergrund. Die meisten Studierenden kommen zudem aus der Nähe des Studienortes und unterstreichen, dass sie und ihre Eltern dort geboren und aufgewachsen seien. Die Studierenden geben an, sich als Deutsche bzw. deutsche Christ:innen zu fühlen.

> „Ich bin Christ. Ich vertrete die meisten christlichen Werte mehr als die kirchlichen Werte. Ich finde, da gibt es Unterschiede." (KRL16_m)

> „Ich sehe mich als Christin, weil ich an Gott glaube und getauft bin und auch eine Firmung und Kommunion erhalten habe. Und natürlich, weil ich der Religion zugestimmt habe. Als Deutsche sehe ich mich, weil ich die deutsche Staatsangehörigkeit habe und die deutsche Sprache sprechen kann." (KRL19_w)

Einige Studierende betonen, dass sie sich eher als Angehörige der Geburtsstadt ansehen und nehmen somit eine eher regionale Identitätsverortung vor, weniger in Bezug auf ethnische oder nationale Zugehörigkeit.

„Ich denke [Angehöriger einer Stadt in Deutschland]? Kann ich [Angehöriger einer Stadt in Deutschland] als Antwort nennen? Ich sehe mich als [Angehöriger einer Stadt in Deutschland]." (KRL15_m)

„Ich sehe mich als [Angehörige einer Stadt in Deutschland]. Ich möchte ungern sagen, dass ich deutsch bin. Da gibt es ein sehr schönes Zitat ‚Sag mir was macht dich deutsch?' Ich werde es wohl nie verstehen, sich mit einem Land und einem Kollektiv zu identifizieren." Das kann ich nicht. Ich fühle mich sehr regional verbunden." (KRL19_w)

„Als Europäer. In der Hinsicht sollten wir viel offener sein." (KRL21_m)

„Ich sehe mich nicht als Mensch, der heimatverbunden ist, an. Da wo Familie ist, ist die Heimat. An sich sehe ich mich auch als Weltbürger, da wir in einer globalen Welt auch leben und handeln." (KRL25_w)

Bei der Frage nach der benutzten Sprache heben die Interviewten hervor, überwiegend Deutsch als Sprache zu nutzen. Einige weisen darauf hin, dass sie Englisch bzw. Französisch einsetzen, wenn sie auf andere Personen treffen, die kein Deutsch können.

„Ich spreche natürlich Deutsch überwiegend ganz selten mal, wenn mir Menschen begegnen aus anderen Ländern, dass ich dann zu Englisch oder Französisch greife." (KRL9_w)

„Im Alltag verwende ich nur Deutsch, wenn mich aber jemand nicht versteht, wechsele ich natürlich ins Englisch." (KRL25_w)

Einige Interviewte erwähnen jedoch zusätzlich im Verlauf des Interviews, dass sie oft auch Plattdeutsch, insbesondere zur Kommunikation in der Familie, nutzen.

„Eigentlich spreche ich immer Deutsch. Da hier in der Region noch der plattdeutsche Dialekt vertreten ist und ich diesen durch meine Großeltern und den Rest meiner Familie vermittelt bekommen habe, verwende ich diesen auch in manchen Situationen." (KRL1_m)

„Den Großteil meiner Zeit hochdeutsch, aber in familiären Kreisen kann es dazu kommen dass ich Plattdeutsch spreche." (KRL19_w)

Die drei Interviewten mit Migrationshintergrund geben ebenfalls an, überwiegend Deutsch zu sprechen und nur in manchen Fällen entweder mit den Großeltern

8.1 Migrationsgeschichte, Sprachlichkeit und Selbstverortung

oder mit dem Elternteil mit Migrationshintergrund eine andere Sprache, was jedoch eher selten vorkommt.

Bei der Interviewauswertung wurden verschiedene Perspektiven zur Selbst-Identifizierung deutlich. Einige Studierende sehen sich als deutsche Christ:innen. Für sie basiert ihre Selbst-Identifizierung auf ihrem christlichen Glauben, der durch Taufe, Kommunion und Firmung manifestiert wird, sowie auf ihrer deutschen Staatsangehörigkeit und Sprache. Sie unterstreichen jedoch, dass, während sie die christlichen Werte vertreten, sie einen Unterschied zwischen diesen und den kirchlichen Institutionen sehen. Ähnliche Ergebnisse sind in den früheren Studien von Quaing et al. (2003), Barz (2013) und in der Studie von Riegel und Zimmermann (2022) zu finden, die befragten Studierenden identifizieren sich stark mit der eigenen Konfession (25 % ist es sehr wichtig und 35 % ist es wichtig, evangelisch oder katholisch zu sein). Jedoch stellen Konfession und Institution Kirche „für Studierenden zwei Größen mit unterschiedlicher Bedeutung dar. Darauf verweisen auch die korrelativen Zusammenhänge, denn Zentralität und Identifikation korrelieren bedeutsam miteinander, während die Korrelationen mit den beiden Faktoren zur Identifikation mit der Kirche nur schwach ausfallen" (Riegel und Zimmermann 2022, S. 143). Andere Studierende betonen eine stärkere Verbindung zu ihrer Geburtsstadt als zu einem nationalen Zusammengehörigkeitsgefühl. Ihre Identität beruht auf einer regionalen Zugehörigkeit und sie nehmen von einer kollektiven nationalen Identität Abstand. Weitere Studierende distanzieren sich sowohl von einer stärker regionalen als auch von einer nationalen Identität und sehen sich stattdessen als Europäer:innen oder Weltbürger:innen. Sie betonen dabei die Wichtigkeit von Offenheit und globaler Verbundenheit. Die Interviewauswertung zeigt eine Vielfalt an Selbst-Identifikationen unter Studierenden, die über nationale und geografische Zugehörigkeit hinausgehen und stattdessen unterschiedliche Dimensionen von persönlichen Werten bis hin zu globaler Verbundenheit und Offenheit hervorheben. Es zeigt sich, dass die Art und Weise, wie individuelle Identität konstruiert wird, stark variiert und von verschiedenen Faktoren beeinflusst wird.

Zusammenfassung: Zusammenfassend kann festgehalten werden, dass die Interviewten angeben, überwiegend in ihrer Alltagskommunikation Deutsch zu verwenden. Wenn sie auf Menschen treffen, die kein Deutsch sprechen, greifen einige von ihnen auf andere gängige Sprachen wie Englisch oder Französisch zurück, um die Kommunikationsbarriere zu überwinden. Eine interessante Beobachtung ist der Gebrauch von Plattdeutsch. Einige der Befragten heben hervor, dass sie diesen regionalen Dialekt insbesondere im familiären Kontext nutzen. Diese Verwendung von Plattdeutsch weist daraufhin, dass die Sprecher:innen je nach sozialem Kontext zwischen verschiedenen Sprachvarianten wechseln.

In Bezug auf Personen mit Migrationshintergrund zeigt die Studie, dass auch diese überwiegend Deutsch sprechen. Nur in manchen Fällen verwenden sie eine andere Sprache, und zwar hauptsächlich mit Familienmitgliedern, die ebenfalls einen Migrationshintergrund haben, was jedoch eher selten vorkommt. Zusammenfassend lässt sich sagen, dass Deutsch die dominierende Sprache in den untersuchten Kontexten ist, wenn auch andere Sprachen und Dialekte, insbesondere in bestimmten sozialen Kontexten, eine Rolle spielen.

8.2 Erziehungserfahrungen

Die meisten Studierenden beschreiben den Erziehungsstil als liebevoll und dabei gleichzeitig eher streng; dabei wurden die von Eltern aufgestellten Regeln in ihrer Umsetzung kontrolliert und eventuell bei Nichtumsetzung Sanktionen verhängt, was einem autoritativen Erziehungsstil nach Baumrind (1966, 1971, 1973, 1975, 1991) entsprechen würde. Einige sprechen aber auch von dezidiert autoritären Zügen in der Erziehung der Eltern.

> „Meine Eltern hatten in ihrer Erziehung eine gute Mischung aus autoritär und liebevoll. Sie haben sich zu jeder Zeit sehr für sämtliche Lebensbereiche unseres Alltags interessiert und auch versucht uns für bestimmte Bereiche zu motivieren und uns überall miteinzubeziehen. So zum Beispiel für den Haushalt, Ehrenämter und Freunde. Bis zu meinem 18. Lebensjahr wurde auch sehr viel auf Grenzen geachtet, wie Ausgehzeiten, Alkoholkonsum, Taschengeld, etc.. Mit der Volljährigkeit verschwanden diese Grenzen relativ schnell, zum einen, weil sie mir egal waren, zum anderen, weil unsere Eltern auch wollten, dass wir unsere eigenen Erfahrungen machen; dennoch wurden wir auch immer darauf hingewiesen, falls ihnen etwas missfallen hat." (KRL1_m)

> „Ich habe meine Eltern stets als streng, aber dennoch liebevoll wahrgenommen. Sie haben ihre Regeln durchgesetzt und Konsequenz an den Tag gelegt und uns somit auch gesellschaftliche Normen früh nahegebracht. Insgesamt habe ich ein sehr inniges und vertrautes Verhältnis zu meinen Eltern." (KRL3_m)

> „Meine Eltern haben ziemlich autoritär erzogen, trotz allem, in der Freizeit haben die mir alle Freiheiten gelassen. Ich musste mich zwar an Regeln halten, aber es gab nie großartige Konsequenzen oder so. Sehr liebevoll aufgewachsen." (KRL12_w)

> „Mir wurden auf jeden Fall klare Grenzen und Regeln gesetzt, aber innerhalb dieser durfte ich mich aber auf jeden Fall frei bewegen." (KRL13_m)

Andere Studierende beschreiben die erlebte Erziehung der Eltern als liebevoll, nicht streng, jedoch ebenfalls mit Grenzen ausgestattet, was einem eher demokratischen Erziehungsstil entsprechen würde.

8.2 Erziehungserfahrungen

„Die Erziehung war sehr liebevoll und fürsorglich. Sie war nicht streng, aber dennoch wurden Grenzen gesetzt." (KRL4_w)

„Also unsere Beziehung basiert auf Respekt und war immer schon liebevoll und entgegenkommend. Sie haben mich auch immer wirklich immer in allen Bereichen unterstützt, ob es Schule war, Hobby oder sonst was; darauf konnte man sich auf jeden Fall immer verlassen." (KRL7_w)

„Meine Eltern sind sehr liebevoll aber auch zum Teil auch mal streng an dem richtigen Punkt, weil sie nicht alles durchgehen lassen. Ja, ich habe eine schöne Kindheit, Pubertät liegt an mir, aber war ein bisschen anstrengender." (KRL8_w)

„Weil ich im Prinzip. Immer alles so entscheiden darf, wie ich das gerne möchte und ich eben auch viel Freiheiten zugestanden bekommen und wir uns irgendwie auf einer Ebene begegnen. Es war schon immer wichtig, dass wir uns anstrengen, dass wir etwas aus uns machen, aber wir durften immer auch ganz viel mitentscheiden und unsere Meinung kundtun. Ansonsten gelten bei uns schon auch relativ konservative Regeln. Regel nein, ein konservatives Wertesystem." (KRL9_w)

Viele Interviewte benennen das 18. Lebensjahr in Bezug auf Erziehungsverhalten der Eltern als einen großen Einschnitt.

„Seitdem ich volljährig bin, äußern meine Eltern noch ihre Meinung, aber ich kann selber entscheiden, was ich machen möchte und was ich für richtig halte." (KRL4_w)

Einige Studierende beschreiben die erlebte Erziehung als streng konservativ und betonen auch, dass körperliche Gewalt sowie Manipulationen ebenfalls in der Erziehung angewandt wurden.

„Auf jeden Fall spielt körperliche Gewalt eine Rolle in der Erziehung meiner Eltern. Ohrfeigen waren an der Tagesform. Ich würde vieles anders machen. Mein Vater hat sich allerdings gar nicht gekümmert, die Erziehungssache war eine Sache meiner Mutter. Mein Vater hat sich eher gar nicht gekümmert, jedenfalls kaum und wenn, dann war es manchmal wirklich das klassische Zuckerbrot und Peitsche." (KRL19_w)

„Die Erziehung war relativ konservativ. Ich musste mich stets durchboxen." (KRL21_m)

„Am Anfang habe ich die Erziehung als normal liebend empfunden, heute sehe ich sie vor allem als manipulativ an. Das hat sich aber nur bei meinem Vater gezeigt, weswegen ich als Jugendliche irgendwann den Kontakt abgebrochen habe." (KRL25_w)

Die Studierenden schildern – auch im Vergleich mit den Studierenden der Islamischen Theologie, wo die religiöse Erziehung in fast allen Familien sehr präsent war – sehr unterschiedliche Erziehungserfahrungen im Hinblick auf die religiöse Erziehung. So berichten die meisten Studierenden von einer sehr religiösen Erziehung, wobei diese das Beten und den Kirchenbesuch einschloss.

„Ich wurde getauft und Tischgebete sind auch heute noch Alltag in meiner Familie. Als Kinder zusätzlich noch Abendgebete. Außerdem gehen wir jeden Sonntag in die Kirche, ich hatte Erstkommunionsunterricht, hab' mich bei den Messdienern angemeldet und hatte meine Firmung. Also das volle Programm." (KRL1_m)

„Bis zu dem 14. Lebensjahr war ich regelmäßig mit meinen Eltern in der Kirche. Danach war es mir selbst mehr und mehr überlassen, ob ich den Gottesdienst besuchen will. Zudem war ich als Messdiener aktiv. In der Familie väter- und mütterlicherseits wurde sehr viel Wert auf den Glauben gelegt." (KRL11_m)

Nach Ansicht einiger Studierender hängt die religiöse Erziehung nicht davon ab, wie oft man etwa mit den Eltern die Kirche besuchte, sondern steht vielmehr mit der eigenen tiefen religiösen Überzeugung und dem individuellen Glauben in Zusammenhang. Sie verweisen somit in Bezug auf die Dimensionen des Glaubens weniger auf die ritualisierte Glaubensdimension, sondern auf die Dimension des religiösen Glaubens, der sich in internalisierten Überzeugungen präsentiert, die Dimension der religiösen Erfahrung einer eigenen spirituellen Beziehung zu Gott und der Dimension der Konsequenzen aus den eigenen Überzeugungen nach Glock (1969). Riegel und Zimmermann (2022) stellen bei der aktuellen Studie fest, dass 70 % der befragten Studierenden der Evangelischen und Katholischen Theologie an Gott glauben, „was aber auch bedeutet, dass sich 30 % der Studierenden hier mindestens nicht sicher sind und 7 % explizit angeben, eher nicht an Gott zu glauben" (Riegel und Zimmermann 2022, S. 142).

„Also, ich kann nur ein kleines Beispiel aus meiner Kindheit erzählen, damals wurde uns auch immer vor dem Schlafengehen, haben wir immer noch mal mit meiner Mutter zusammen gebetet oder wenn mein Vater dann auch da war, haben wir zusammen gebetet. Und das war halt eins der, der Rituale, die halt aus der Kirche kamen oder die mich auch mit der Kirche verbunden haben. Mir wurde auch früh gesagt, dass Kirche nicht immer Glaube ist, also ich kann an Gott glauben, ich muss aber nicht zwingend in die Kirche gehen. Nur dieser Bund zwischen Kirche und Kind, der dann quasi noch mal gefestigt wird, bei der Taufe, kann man ja noch nicht selbst entscheiden, aber der dann in der Kommunion gefestigt wird. Das wurde mir aber auch von meinen Eltern vermittelt, also ob ich das wirklich möchte, ob ich mit der Kirche verbunden sein möchte, aber, dass es nicht heißt, dass ich jetzt zwangsläufig immer in die Kirche gehen muss. Sondern es ist mehr der Glaube an Gott." (KRL22_m)

8.2 Erziehungserfahrungen

> „Also ich würde schon behaupten, dass ich religiös erzogen worden bin. Jedoch nicht im Sinne von streng festgelegten Kirchenbesuchen, sondern eher durch die eigene Überzeugung oder den Glauben meiner Eltern. Hinterfragungen als Kind nach zum Beispiel der Herkunft gewisser Dinge wurden oft mit Gott als Quelle aller Dinge beantwortet und auch das Abendgebet und der Kirchenbesuch an den Feiertagen waren für mich als Kind selbstverständlich." (KRL3_m)

Andererseits fällt es einigen Interviewten schwer, die religiöse Erziehung in der Familie an konkreten Anlässen oder Umsetzungen zu beschreiben oder diese in ihren Grundzügen und Charakteristika zu portraitieren. So zählen sie häufig nur die Sakramente auf, auf die in den Familien Wert gelegt wurde, sowie das gemeinsame feierliche Begehen der großen christlichen Feiertage:

> „Also, von Grund auf wurde ich getauft und dann auch gefirmt, als auch kommuniert. Natürlich haben wir Ostern gefeiert, ich durfte auch immer meine Süßigkeiten suchen. Weihnachten auch genau auch an Feiertag gehen wir auch mal in die Kirche und haben dann auch immer meine Großeltern mit eingeladen. Das war auch immer ein Familienfest, das wurde auch immer groß gefeiert mit Geschenken und Zusammensitzen." (KRL7_w)

Auf die Nachfrage, wie genau die religiöse Erziehung ausgesehen habe, fasst die interviewte Person zusammen: „Also, wie schon gesagt hatte: Ich wurde getauft und gefirmt. Ich wurde schon von klein an eher dahin erzogen zur Religiosität und auch zu diesem ethischen Denken. Ich war auch in der Kirche dann auch tätig, also auch mit mir sagt man Firmunterricht." (KRL7_w). Eine vertiefende Darstellung von diesem ethischen Denken, wie es die Person nennt, erfolgt im Rahmen des Interviews nicht. Die Erziehung „zur Religiosität" wird an der Taufe und Firmung festgemacht. Ob eine Auseinandersetzung mit den religiösen Inhalten in der Familie stattgefunden hat, wird nicht klar.

Andere Studierende berichten ebenfalls über die unterschwellige Vermittlung der christlichen Werte, z. B. „ich wurde schon sehr katholisch erzogen. Wir sind oft Sonntag in die Kirche. Kommunion und gefirmt wurde ich auch. Aber auch neben der Institution Kirche war Religion ein Thema, also, halt wie du sagst, in Bezug auf Erziehung. Nicht so, dass jetzt, ich weiß nicht, was du dir vorstellst, aber nicht so, dass meine Eltern gesagt haben, so von wegen, die Bibel sagt Nein. Das hat schwer auszudrücken, eher so unterschwellig mitgespielt" (KRL13_m). Auch hier summiert die interviewte Person auf die Nachfrage genauer zu erzählen, wie die religiöse Erziehung aussah: „Ja, war schon irgendwo ein sehr, sehr wichtiger Bestandteil zuhause, es wurde regelmäßig gebetet vor dem Essen, die Gemeinschaft stand im Vordergrund" (KRL13_m).

Die anderen hingegen weisen darauf hin, dass die Familie nie stark religiös gewesen sei und somit auch keine religiösen Aspekte in die Erziehung eingeflossen seien. Bei den Fragen nach eigener Religiosität geben weniger als die Hälfte der Studierenden bei Riegel und Zimmermann (2022) an, eine ausgeprägte Gebets- bzw. Gottesdienstpraxis zu haben. Insgesamt zeigen zwar die Studien, dass Gottesglaube und Gottesdienstpraxis für Studierenden eine Rolle spielen, jedoch liegen diese nur knapp über den Durchschnitt in der Bevölkerung. Hierbei handelt es sich zudem um ein Ergebnis, das den Schwankungen unterliegt (Quaing et al. 2003; Heller 2011; Caruso 2018; Baden 2021; Riegel und Zimmermann 2022).

„Ich bin nicht streng religiös erzogen worden. Mir wurde es jedoch offen gehalten, ob und wie oft ich zur Kirche gehen wollte. Dadurch, dass meine Mutter evangelisch ist und mein Vater katholisch, bin ich mit zwei Glaubensrichtungen aufgewachsen. Zu besonderen Anlässen, wie zum Beispiel Taufe, Hochzeiten, Weihnachten, Kommunion, Firmung, Konfirmation und so weiter, gehen wir in die Kirche." (KRL4_w)

Einige Studierende weisen darauf hin, dass, obwohl die religiöse Erziehung in der Familie nicht stattgefunden habe, man dennoch im Kindergarten und in der Schule mit der Religion in Verbindung gekommen sei, sodass eine religiöse Sozialisation nicht in der Familie als primärer Sozialisationsinstanz, sondern erst durch sekundäre Instanzen wie Kinderbetreuungseinrichtungen, Schulen oder Pfarrgemeinden erfolgt sei.

„Wir waren nicht die typische Familie, die in die Kirche geht, jedoch war ich in einem religiösen Kindergarten und hatte auch immer Religionsunterricht und da habe ich dann irgendwann meinen Glauben entwickelt und gefestigt. Wir gehen zu Feiertagen in die Kirche, das aber auch schon immer." (KRL5_w)

„Ja, wir waren auch in einem religiösen Kindergarten, der zur Kirchengemeinde gehörte, und von daher finde ich schon, dass wir auch alle Feste mit religiösem Hintergrund begangen haben und es wurde uns immer deutlich gemacht, was denn tatsächlich, warum wir Ostern feiern, warum es Pfingsten gibt. Das ist einfach, bei uns normal gewesen." (KRL9_w)

Zusammenfassung: Es kann festgehalten werden, dass der Großteil der Studierenden den Erziehungsstil als liebevoll, aber auch im Sinne eines autoritativ-demokratischen Erziehungsstils als regelsetzend beschreibt, auch wenn Regeln und Vorschriften zumeist erklärt und mit den Kindern diskutiert wurden. Dabei

8.2 Erziehungserfahrungen

wurden von den Eltern aufgestellte Regeln durchgesetzt und den Kindern frühzeitig gesellschaftliche Normen nahegebracht. Die Studierenden berichten, dass ihre Eltern sich sehr für sämtliche Lebensbereiche ihres Alltags interessiert haben und versuchten, sie für bestimmte Bereiche zu motivieren und zu involvieren. Einige der Studierenden beschreiben den Erziehungsstil ihrer Eltern als liebevoll, aber nicht streng, wobei dennoch Grenzen gesetzt wurden. Diese Eltern legen großen Wert darauf, ihre Kinder zu respektieren und zu unterstützen. Sie sind immer für ihre Kinder da und unterstützen sie in allen Bereichen, sei es Schule, Hobbys oder andere Aktivitäten. Einige Studierende beschreiben eine stark konservativ erlebte Erziehung, die sie mit dem Begriff autoritär belegen und von einem Durchbeißen, Durchkämpfen und Durchsetzen sprechen; einige berichten auch von körperlicher Gewalt und Manipulation in der Erziehung. Eine wiederkehrende Aussage betrifft den Einschnitt im Erziehungsverhalten der Eltern mit dem 18. Lebensjahr der Studierenden. Die Studierenden betonen, dass sie selbst hätten entscheiden können, was sie machen wollten und was sie für richtig hielten, seitdem sie volljährig gewesen seien, ihre Eltern aber immer noch ihre Meinung geäußert hätten.

In Bezug auf die religiöse Erziehung berichten die meisten Studierenden von einer religiösen Erziehung, die das Beten und den Kirchenbesuch einschließt. Einige Studierende betonen jedoch, dass religiöse Erziehung nicht von rein institutionalisierten oder ritualisierten Handlungen abhänge, etwa davon, wie oft die Kirche besucht werde, sondern viel mehr von der eigenen Überzeugung und dem individualisierten Glauben. Die meisten der befragten Studierenden beschreiben ihre religiöse Erziehung als nicht streng. Sie waren häufig in der Kirche zu besonderen Anlässen wie Taufe, Kommunion und Firmung und haben auch Weihnachten und Ostern religiös gefeiert. Es gibt keine detaillierte Beschreibung darüber, welche religiösen Inhalte oder Werte in der Familie vermittelt wurden. Einige Studierende erwähnen, dass das Beten vor dem Essen ein regelmäßiger Bestandteil gewesen sei und dass die Gemeinschaft in der Familie einen hohen Stellenwert gehabt habe. Es wird jedoch nicht klar, ob eine gründliche Auseinandersetzung mit religiösen Inhalten und dem Glauben stattgefunden hat. Einige Studierende geben an, dass ihre religiöse Prägung hauptsächlich durch den Kindergarten oder die Schule erfolgte. Sie besuchten einen religiösen Kindergarten, in dem sie auch Religionsunterricht hatten, und dadurch entwickelten sie ihren Glauben weiter, wobei ihnen auch der religiöse Hintergrund von Feiertagen wie Ostern und Pfingsten erklärt worden sei.

Insgesamt zeigen die Aussagen der Studierenden, dass es in Bezug auf den erlebten Erziehungsstil große Variationen gibt. Einige Studierende haben liebevolle und strengere Erziehungsstile erfahren, während andere eher weniger strenge und autoritäre Erziehungsstile erlebt haben. Die religiöse Erziehung variiert ebenfalls von streng religiöser Erziehung bis zu einer Erziehung, die mehr Wert auf eigene Überzeugungen und den Glauben der Kinder legt. Zusammenfassend kann gesagt werden, dass die meisten der befragten Studierenden zwar eine gewisse Verbindung zur Religion hatten, ihre religiöse Erziehung jedoch nicht als streng oder intensiv beschreiben. Die Teilnahme an bestimmten religiösen Ritualen wie Taufe, Kommunion und Kirchenbesuchen zu den großen Feiertagen wurden als Teil ihrer religiösen Erziehung betrachtet. Es bleibt jedoch unklar, inwieweit die religiösen Inhalte und Werte aktiv von den Eltern vermittelt wurden.

8.3 Studienwahl

Bei der Studienfachwahl kristallisieren sich zwei Gruppen heraus. Bei einer Gruppe handelt es sich um Personen, die sich bewusst entschieden, Katholische Theologie auf Lehramt zu studieren. Ähnliche Ergebnisse sind in der quantitativen Studie von Riegel und Zimmermann (2022) zusammengefasst. Danach sind der eigene Glaube und der Wunsch, Werte an die kommenden Generationen weiterzugeben, ausschlaggebend für die Studienmotivation. Die Interviewten der vorliegenden Studie betonen, dass es für sie besonders wichtig sei, die Werte und den Glauben an die Kinder weiterzugeben. Sie unterstreichen, dass das Interesse an der Religion sie schon seit ihrer Kindheit begleite, was nach Dreier und Wagner (2020) aufgrund des Wunsches nach Glaubens- und Werteweitergabe einer stark gesellschaftspolitischen Studienmotivation entspricht. In dieser Gruppe sind die drei intrinsische Motivgruppen nach Fuchs und Wiedemann (2022) vorzufinden, die aus den fachwissenschaftlichen, fachdidaktischen und existentiellen Konzepten gebildet werden. Diese Konzepte können unterschiedliche Kategorien, wie z. B. fachliches Interesse, Interesse am Lehrerberuf, Sinnstiftung und Lebensdeutung beinhalten. Auch bei Lück (2012) begründen die Studierenden ihre Studienwahl mit dem Wunsch, Schüler:innen christlichen Glauben näher zu bringen (85 %), Interesse für theologische Fragen (81 %) sowie Interesse an Theologie als Wissenschaft (72 %). Das Sample bestand dabei aus 90 % der Studierenden auf Lehramt (Lück 2012, S. 31 f.).

> „Da ich katholisch erzogen wurde und mich der Glaube überzeugt und im Alltag begleitet, habe ich mir überlegt, das auch beruflich umzusetzen. Da man jungen Menschen oder Schülern mit dem katholischen Glauben viele wichtige Aspekte für das Leben beibringen kann und mit dem Glauben immer einen Rat hat." (KRL11_m)

8.3 Studienwahl

„Weil ich Kinder mag und ich Bildung ganz wichtig finde und ich finde auch gerade hinsichtlich des Theologiestudiums, finde ich es ganz wichtig auch diese Werte, und unsere Gesellschaft baut auf christlichen Grundwerten auf. Und ich finde das ganz wichtig, dass das einfach transportiert wird und dass es nahegebracht wird und dass auch Kinder in Berührung kommen und in Kontakt bekommen mit Menschen, die diese Werte vertreten und sich danach richten und die das auch spannend und interessant und authentisch nahebringen." (KRL9_w)

„Der Glaube an Gott hilft mir im Alltag und gibt mir immer wieder Rückenwind und treibt mich an. Das bereichert mein Leben sehr und das möchte ich auch anderen Kindern aufzeigen und mit auf den Lebensweg geben. Dabei ist mir aber nicht der Glaube an Gott als solches wichtig, sondern es geht mir primär um die Werte und gesellschaftlichen Normen, die einem die Bibel lehrt. Deshalb spricht mich der Beruf des Religionslehrers sehr an."(KRL3_m)

Die andere Gruppe weist jedoch darauf hin, dass das Fach Katholische Theologie aus einer eher pragmatisch oder sicherheitsbezogenen Studienmotivation heraus gewählt worden sei, da dieses Fach keinen Numerus Clausus gehabt habe. Diese Motivgruppe wird bei Fuchs und Wiedemann (2022) als extrinsisch mit einem starken pragmatischen Interesse beschrieben. Die Auswertung des Interviewmaterials zeigt, dass die Studierenden sich zwar für ein Lehramtsstudium entschieden haben, die Wahl des Faches Katholische Theologie jedoch zu Beginn eher zweitrangig gewesen ist und eine pragmatische Komponente aufweist. Dennoch wird häufig eine starke Identifikation mit dem Glauben betont und dass man im Studium nun auch intrinsische und kompetenzorientierte Interessen verfolge. Bei Lück (2012) geben 10 % der Befragten an, dass ihnen kein anderes Fach eingefallen ist, und 43 % rechnen sich bessere Berufschancen aus. In vielen weiteren Studien spielen pragmatische Gründe jedoch kaum eine Rolle (Riegel und Mendl 2011; Heller 2011; Riegel und Zimmermann 2022).

„Also, ich brauchte ein zweites Fach, denn Mathe stand bei mir immer fest und weil Katholische Theologie halt NC-frei war und ich auch gläubig und christlich erzogen wurde, stand KT schnell als Zweitfach fest." (KRL10_w)

„Also, ich habe mich ehrlich gesagt dafür entschieden, weil es keinen Numerus Clausus hat, also nicht zulassungsbeschränkt ist. Das soll aber nicht bedeuten, dass mir das Studium keinen Spaß bereitet." (KRL2_m)

„Ursprünglich habe ich mich gar nicht auf einen Studienplatz für Katholische Theologie beworben, sondern für Mathe und Sachunterricht. Aber da ich für Sachunterricht keinen Platz bekommen habe, habe ich Theologie genommen, da es zulassungsfrei war. Ich bin dann aber bei der Katholischen Theologie geblieben, weil ich schon mein ganzes Leben einen Bezug zur Kirche hatte und viel ehrenamtlich gearbeitet habe. Außerdem fand ich die philosophischen und moraltheologischen Themen des Studiums ganz interessant." (KRL1_m)

Zusammenfassung: Zu den verschiedenen Beweggründen für die Wahl des Studienfachs Katholische Theologie auf Lehramt lassen sich zwei Hauptgruppen identifizieren. Die erste Gruppe besteht aus Interviewten, die eine bewusste Entscheidung getroffen haben, Katholische Theologie auf Lehramt zu studieren. Diese Studierenden betonten, dass es für sie von besonderer Bedeutung sei, ihre Werte und ihren Glauben an die Kinder weiterzugeben. Sie geben an, dass ihr Interesse an der Religion sie schon seit ihrer Kindheit begleite und dass der Glaube an Gott ihnen im Alltag helfe und sie antreibe. Sie sehen es als ihre Aufgabe an, jungen Menschen oder Schüler:innen mit dem katholischen Glauben wichtige Aspekte für das Leben beizubringen und ihnen mit dem Glauben einen Rat geben zu können. Diese Interviewten sind davon überzeugt, dass das Fach Katholische Theologie ihnen die Möglichkeit biete, Kindern nicht nur den Glauben an Gott, sondern auch die damit verbundenen Werte und gesellschaftlichen Normen zu vermitteln. Diese Ergebnisse weisen auf die Übereinstimmungen mit den bisherigen Studien zu den Studierenden Katholischer und Evangelischer Theologie von Fuchs und Wiedemann (2022), da die Interviewten persönliche bzw. intrinsische Motive anführen und sich im Studium mit der Reflexion und Klärung der theologischen Grundfragen befassen wollen. Für sie war die Entscheidung für das Studium daher eine bewusste Wahl, um ihre berufliche Tätigkeit mit ihrem persönlichen Glauben in Einklang zu bringen. Wie bei den Studien von Feige et al. (2007) sowie Riegel und Mendl (2011) wird das Studium als Identitätsentwicklung wahrgenommen. Die zweite Gruppe besteht aus Interviewten, denen die Wahl des Studienfachs Katholische Theologie vor allem deshalb wichtig war, weil es keinen Numerus Clausus gab. Ähnliche Ergebnisse werden in der Studie von Fuchs und Wiedemann (2022) diskutiert, so ist bei 21 % der Studierenden Evangelischer Theologie und 28 % der Studierenden Katholischer Theologie die Kategorie Pragmatik und Struktur Bestandteil der Antwort auf die Frage nach Studienmotiven. Sie haben sich ursprünglich für ein Lehramtsstudium entschieden, und die Auswahl des Faches Katholische Theologie war eher eine pragmatische Lösung, um einen Platz zu bekommen. In bisherigen Studien spielen jedoch das persönliche Interesse bzw. der eigene Glaube (Feige et al. 2007; Riegel und Mendl 2011; Barz 2013; Baden 2021; Riegel und Zimmermann 2022) sowie die Weitergabe von Inhalten und Werten (Feige et al. 2007; Heller 2011; Lück 2012; Brieden 2018; Riegel und Zimmermann 2022) eine bedeutendere Rolle. Pragmatische Gründe sind dabei nur selten von Bedeutung (Heller 2011; Riegel und Mendl 2011; Riegel und Zimmermann 2022). Dennoch betonen die

Interviewten, dass ihnen das Studium trotzdem großen Spaß mache und sie es als bereichernd empfänden. Auch in der Studie von Riegel und Zimmermann (2022) zeigen die Studierenden sich zufrieden mit dem Studium (Mittelwert von M = 4,74 auf einer Sechs-Punkte-Skala), obwohl die Arbeitsbelastung als hoch eingeschätzt (M = 4,51) wird (Riegel und Zimmermann 2022, S. 133). Die Studienzufriedenheit scheint stabil zu sein, da auch in anderen früheren Studien die Befragten ähnlich zufrieden waren (Quaing et al. 2003; Lück 2012).

8.4 Gendereinstellungen

Die meisten Studierenden betonen, dass sie die Gleichberechtigung von Mann und Frau als besonders wichtig erachteten und auch in einer Partnerschaft leben wollten. Sie unterstreichen, dass es keine vorgegebene feste und für alle gleiche Lösung geben könne, sondern die genauen Rollenverteilungen eher in der Partnerschaft stets neu ausgehandelt werden sollten. Wichtig ist dabei, dass beide Personen die Möglichkeiten zur Selbstverwirklichung hätten und Kompromisse schließen könnten. Anders als bei den Studierenden der Islamischen Theologie gibt es hierbei keine Gruppe, die klar dem Mann die religiöse Pflicht der Ernährung der Familie zuspricht und der Frau die Mutterrolle, auch wenn sich selbst einige als altmodisch in Bezug auf die Rollenmuster der Familie beschreiben. In der Studie von Fuchs und Wiedemann (2022) zu den Studienmotiven erarbeiten die Autor:innen eine spezifische Kategorie heraus, die sich lediglich auf die Studierenden Katholischer Theologie und nicht gleichzeitig den Studierenden Evangelischer Theologie zugeordnet werden kann. Es handelt sich hierbei um die Kategorie Kirche, dabei zeichnet sich ein Spannungsfeld ab, da die Studierenden „einerseits eine hohe Affinität zu „ihrer" Kirche empfinden, gute Erfahrungen gemacht haben und Formen von Beheimatung damit verbinden, dass sie andererseits aber Missstände und Geschlechterdiskrepanzen wahrnehmen und um ethische Themen und zeitgemäße Formate ringen" (Fuchs und Wiedemann 2022, S. 104 f.).

„Eine genaue Rollenverteilung wäre mir gar nicht so wichtig. Jeder sollte sich bei allem einbringen und man sollte offen darüber reden können. Beide sollten auf jeden Fall die Möglichkeit haben zu arbeiten. Haushalt und Erziehung sollte man zusammen bewältigen. Vor allem bei der Erziehung sollte man gemeinsam arbeiten und sich regelmäßig darüber austauschen." (KRl1_m)

„Der Haushalt und die Erziehung der Kinder werden von beiden Partnern übernommen. Beide Elternteile sollten arbeitstätig sein." (KRl4_w)

„Dieses klassische Rollenbild, dass der Mann arbeitet und die Frau zuhause bleibt, vertrete ich auf jeden Fall nicht. Ich meine, ich würde auch nicht studieren, wenn ich am Ende zu Hause bleiben wollen würde. Ich finde es wichtig, dass beide Elternteile für die Kinder da sind, wenn man welche hat und nicht, dass einer durchgehend am Arbeiten ist und das Kind nie sieht. Aber allgemein sollte es eine relativ gleich verteilte Rollenaufteilung geben, wo beide Ehepartner gleich viel zu sagen haben und gleich viel machen." (KRL5_w)

Einige Studierende geben jedoch an, dass sie nach Eigenaussage ein eher altmodisches Bild von Familie, Rollenaufteilungen und Genderfragen hätten und dieses gerne in der eigenen Familie und in der Partnerschaft beibehalten wollten.

„Ich glaube, ich finde es ganz gut, wenn die Frau die Kindererziehung übernimmt. Vielleicht auch einfach, weil ich es so erlebt hab. Da bin ich ein bisschen, ja, altmodisch, glaub ich." (KRL14_w)

„Also, das muss man zusammen besprechen. Aber ich sehe es eigentlich schon so, ja, bisschen altmodisch, ich weiß, aber ich sehe mich jetzt nicht so, zum Beispiel im Mutterschutz oder so." (KRL15_m)

Einzelne Studierende betonen, dass im Christentum kaum Unterschiede zwischen Mann und Frau bestünden und weisen darauf hin, dass in anderen Religionen „die Stellung der Frauen niedriger als bei uns" sei (KRL29_w).

Im Kontext der Gleichberechtigung von Mann und Frau in Deutschland kritisieren die meisten Studierenden stark die Katholische Kirche.

„Die Katholische Kirche sollte sich der postmodernen Gesinnung so langsam nähern und beispielsweise Frauen und Männer gleichstellen. Das Muster, dem die kirchlichen Gesetze oftmals entstammen, sind mitunter mehrere tausend Jahre alt. Im Moment geht die Kirche selten auf die Bedürfnisse junger Leute, sowie die Gleichberechtigung von Mann und Frau ein. Sie hängt der Zeit hinterher, genauso wie alle Systeme, die sich weigern, zu reformieren. Wenn die Handlungsalternativen sich verringern und die entscheidungstragenden Dinosaurier aussterben, wird sich die Lage wieder verbessern." (KRL2_m)

„Das ist leider etwas, was ich in der katholischen Kirche noch ein bisschen hinterwäldlerisch finde, dass es das leider in führenden Positionen nur Männer ist, dass nur Männer höhere Positionen bekleiden können, das ist nicht zeitgemäß und auch mit keinem logischen oder biblischen Inhalt zu rechtfertigen" (KRL9_w)

„Ich finde die Frauen sollten mehr in Führungspositionen eingesetzt werden und mit der Kirche zum Beispiel mit der Priesterweihe, dass ich finde, da hängt es noch etwas in der Zeit zurück." (KRL23_w)

Zusammenfassung: Die Mehrheit der Studierenden hebt die Bedeutung der Gleichberechtigung von Mann und Frau hervor und strebt danach, dieses Prinzip auch in ihren Partnerschaften umzusetzen. Die Studierenden betonen, dass es keine Lösung für alle Personen und Konfliktkostellationen gebe, sondern dass die Rollenverteilung in einer Partnerschaft durch Kommunikation und Verhandlung ausgehandelt werden solle. Ein wichtiges Element dabei sei, dass beide Partner:innen die Möglichkeit hätten, ihre eigenen Bedürfnisse und Ziele zu verwirklichen und dabei auch Kompromisse eingehen müssten. Einige Studierende geben an, dass sie ein traditionelleres Rollenbild bevorzugen würden und dieses auch in ihrer eigenen Familie und Partnerschaft beibehalten möchten. Sie argumentieren, dass ihre Präferenzen durch persönliche Erfahrungen geprägt seien oder dass sie eine konservativere Einstellung hätten. Einige Studierende weisen darauf hin, dass Frauen in anderen Religionen eine niedrigere Stellung hätten und betonen gleichzeitig, dass im Christentum kaum Unterschiede zwischen Mann und Frau bestünden. Die Mehrheit der Studierenden kritisiert jedoch ebenfalls die Strukturen in der Katholischen Kirche. Sie sehen die Kirche laut Aussagen in den Interviews als hinterwäldlerisch an und unterstreichen die Bedeutung einer Annäherung an die postmoderne Gesinnung und der Gleichstellung von Mann und Frau innerhalb der kirchlichen Strukturen. Sie fordern eine größere Präsenz von Frauen in Führungspositionen, etwa bei der Priesterweihe und sehen die derzeitigen kirchlichen Gesetze als nicht zeitgemäß an. Es wird zudem die Hoffnung geäußert, dass mit dem Generationenwechsel positive Veränderungen in der Kirche eintreten werden. Auch in der Studie von Fuchs und Wiedemann (2022) wird die Kirche zwar als Wohlfühlort und Beheimatung gesehen, dennoch setzen 12 % der Befragten sich mit der Kirche als Institution kritisch auseinander.

8.5 Politische Einstellungen

Die Auswertung der Interviews zeigt, dass die Studierenden die christlichen Werte als Grundlage des Grundgesetzes ansehen. Diese werden allerdings zumeist nicht weiter thematisiert. Sie betonen, dass die Gesellschaft in Deutschland somit durch christliche Werte geprägt sei, welche in die Gesetzgebung und auch das Grundgesetz einflössen; dennoch dürften die Gebote der Religion oder aber der Kirche, die in einigen Punkten dennoch von den staatlichen Vorgaben abweichten, nicht über die Gesetze in Deutschland gestellt werden.

> „Die Gesellschaftsordnung ist auch christlich basiert, ist einfach das Grundgesetz auf christliche Werte aufgebaut." (KRl9_w)

"Religion und Staat sind immer schon voneinander abhängig gewesen und der Staat wird auch von religiösen Werten geprägt. Angenommen man bezieht sich hier auf die Katechese der Katholischen Kirche, dann gibt es eine Fülle an Auslegungen, die nicht mehr zeitgemäß sind und nicht meinen Vorstellungen entsprechen. Dementsprechend gibt es keine Gebote, die ich wichtiger erachte als die Gesetzeslage in Deutschland. Dennoch sollte man, vor allem bei Moralfragen, die Positionen von Religionen zu diesen Thematiken hinzuziehen, da Religionen auch eine Instanz in Moralfragen darstellen." (KRL1_m)

Einerseits zeigen die Studierenden auf, dass einige Aspekte aus dem Alten Testament der Bibel nicht mit dem Grundgesetz in Deutschland vereinbar seien:

"Die Todesstrafe, die im Alten Testament verankert ist, ist natürlich nicht mit dem Grundgesetz vereinbar. Das ist aber meiner Meinung nach auch gut so. Ich sympathisiere nicht mit allem, was in der Bibel steht." (KRL3_m)

Andererseits unterstreichen die Interviewten auch, dass ihrer Ansicht nach nicht alle christlichen Werte, politisch umgesetzt würden.

"Eigentlich sehe ich keinen Widerspruch, da ich in Deutschland auf Grund meiner Religionsfreiheit meine Religion frei ausleben kann. Andererseits, hinsichtlich der Aufnahme von Flüchtlingen, muss ich als Christ jedem helfen und Obdach gewähren. Die Bundesrepublik hat dagegen eine Obergrenze festgelegt. Es sind z. B. solche Regelungen in Deutschland nicht mit dem Christentum vereinbar wie Lebensgemeinschaften zwischen gleichgeschlechtlichen oder die Obergrenze bei der Aufnahme von Flüchtlingen." (KRL4_w)

"Man kann auf jeden Fall sagen, es gibt eine Passage, die mir gerade spontan einfällt, ist das Abtreibungsgesetz, das kam mir gerade in den Sinn. Wir sind ja in Deutschland, was abtreiben angeht, was ja in der Bibel eher nicht geht. Und ich glaube, dass es gerade ein großer Gegensatz zwischen dem Gesetz und der Bibel. Also ich finde, dass jede Frau sich das selbst darf, darüber selbst entscheiden kann. Ich finde, das ist sehr wichtig, dass man ihr das nicht abspricht. Natürlich durch die Abtreibung wird ein Leben vernichtet. Aber wenn die Frau dieses Kind nicht gebären möchte, dann sollte man ihr nicht ihren Willen nehmen." (KRL7_w)

Zudem würde – jenseits der Diskussion um das Grundgesetz – oftmals in der Gesellschaft oder im politischen Leben laut den Studierenden nicht gemäß christlicher Grundsätze gehandelt.

"Da gibt es viele Widersprüche, da z. B. das Christentum die Nächstenliebe lehrt oder auch einfache Dinge wie Rücksicht auf die Natur und in Deutschland gibt es noch so viele Ausgrenzungen, Hass, Umweltverschmutzung oder Rassismus. Das sind nur

8.5 Politische Einstellungen

wenige Punkte von vielen, die man aufführen könnte. Im Grundgesetz oder ein allgemeines Menschenrecht ist die körperliche Unversehrtheit, welches auch nicht immer in der Bibel eingehalten wird." (KRL11_m)

Die Interviewten unterstreichen, dass die Bibel zudem vor langer Zeit entstanden ist und warnen davor die Schrift – im Gegensatz zum Grundgesetz – wörtlich zu verstehen; sie sind damit Anhänger:innen einer historisch-kritischen Interpretation.

„Also bei der Bibel ist es ja oft so, dass man heute diese Schrift häufig falsch versteht. Weil es dort teilweise Begriffe von früher gibt, die wir heutzutage gar nicht mehr verstehen und dann falsch interpretieren. Das, was die Leute über die Bibel sagen, kann man nicht alles einfach so hinnehmen. Weil sie halt so alt ist und wenn man mal bedenkt, dass zu der Zeit, in der die Bibel entstanden ist, ein ganz anderes Leben geführt wurde." (KRL10_w)

Auch an dieser Stelle machen die Studierenden deutlich, dass die Katholische Kirche aus ihrer Sicht nicht mehr zeitgemäß handele und dabei nicht nur staatlichen Grundsätzen zuwiderlaufe, wie etwa der Gleichstellung von Frau und Mann (siehe etwa Aussagen im Interview 24), sondern auch christliche Grundsätze konterkariere, wie etwa das Gebot der Nächstenliebe (siehe etwa Aussagen im Interview 28).

„Wir leben in einer Welt, leben, wo sich alles immer ständig verändern und entwickeln und der Staat sich da anpasst, wobei die Religion eher nicht so. Also es ist vom Staat her so, dass ich finde eine Frauenquote, was der Staat ja sehr, sehr fordert, da sieht man halt, dass im Gegensatz zur Kirche der Staat anpassungsfähiger ist und die Frauen sehr unterstützt. Im Gegensatz zur Kirche da ist das Ganze etwas veraltet, sag ich mal. Man setzt nur Männer als zum Beispiel Pfarrer ein." (KRL24_w)

„Auf das Christentum bezogen macht die Kirche einiges falsch. Und zwar ist sie hinterher zu unserer Lebensform in Deutschland. Finde ich echt kritisch. Das Zölibat, dass Priester keinen Sex haben können. Ich weiß nicht, ob das so richtig ist. Sex ist nur ein menschlicher Trieb. Oder allgemein sollte die Rolle der Frau in der Kirche umgedacht werden, sie ist den Männern total unterstellt. Finde ich falsch." (KRL28_w)

Einige Studierende verweisen darauf, dass sie sich mit den Gesetzen in Deutschland nicht auskennen würden und nichts zu der Frage nach der Verbindung von Staat und Religion sagen könnten. Ähnliche Ergebnisse finden sich in der Studie von Herbst (2023). Er stellt fest, „dass politisches Wissen und politikdidaktische Kompetenzen von den befragten Personen selbst als Leerstelle ihrer professionellen Expertise angesehen werden. Dabei halten 16,4 % bzw. sogar 49,3 % der

Befragten ihr politisches Wissen bzw. ihre politikdidaktischen Kompetenzen für gering oder sehr gering ausgeprägt" (Herbst 2023, S. 13).

Viele Studierende unterscheiden stark zwischen den Gesetzen in Deutschland und den Geboten in der Religion: Sie betonen, dass Religionen eher Lebensregeln seien, während das Grundgesetz etwas juristisch Einklagbares sei, das nicht angefochten werden könne.

> „Religionen sind ja eher so Lebensregeln, die man annehmen kann. Kannst du keinem aufzwingen. Das Gesetz allerdings sollte man sich schon dran halten." (KRl15_m)

> „Also Menschenrechte und Grundgesetze sind etwas, das nicht angefochten werden kann. Die Bibel ist er so einer Art, ich weiß nicht, Orientierung. Ich glaube, Bibel und Gesetz kann man einfach nicht vergleichen." (KRL14_w)

> „Ich sage, dass die Bibel und das Gesetz sich nicht ausschließen. Ich sehe die Bibel eher als eine Art Wegweiser, nicht als eine Art Vorschrift oder so. Aber sicher gibt es für den Christentum Ansichten, die das deutsche Gesetz nicht teilt. Schwangerschaftsabbruch, vielleicht am meist diskutiertesten. Für die meisten Christen beginnt das Leben mit der Zeugung. Ja, das Grundgesetz erlaubt den Abbruch bis zur, ich meine, 12. Schwangerschaftswoche. Ich finde, ob ich jetzt Christ bin oder nicht, also ich sehe einfach so, eine Abtreibung wäre auch einfach nicht in meinem Sinn." (KRl13_m)

Zusammenfassung: Aus der Auswertung der Interviews geht hervor, dass die Studierenden christliche Werte als ein Fundament des deutschen Grundgesetzes erkennen. Dabei geben sie zu bedenken, dass die deutsche Gesellschaft durch religiöse Werte beeinflusst werde. Sie betonen, dass es durchaus Gebote der Religion gebe, die nicht mehr den heutigen Vorstellungen entsprächen, wie etwa in Bezug auf das Verhältnis der Geschlechter, und somit die Gesetze der Bundesrepublik Deutschland Vorrang haben sollten. Zudem gebe es auch christliche Werte, die aus Sicht der Studierenden in Deutschland nicht ausreichend umgesetzt würden, wie etwa beim Umgang mit Flüchtlingen oder dem noch konsequenteren Kampf gegen Rassismus oder Ausbeutung der Natur und Schöpfung. Zudem gebe es kontroverse Themen wie das Abtreibungsgesetz, welches im Widerspruch zu religiösen Auffassungen des Lebensschutzes stünde, während gleichzeitig die Wichtigkeit der individuellen Entscheidungsfreiheit der Frauen unterstrichen wird. Die Umfrage von Herbst (2023) zeigt im Bezug auf den Umgang mit den kontroversen Themen im Unterricht, „dass Religionslehrkräfte eher häufig kontroverse Themen unterrichten (M: 2,44; SD: 0,80), allein 6,0 % geben an, selten oder nie solche Themen im RU zu behandeln" (Herbst 2023, S. 13), dabei fühlen sich jedoch nur 24,1 % der Befragten sehr gut oder eher gut darauf vorbereitet, solche Themen zu unterrichten.

Die Interviewten äußern Bedenken, einerseits die Bibel wörtlich zu nehmen, da sie in einem anderen historischen Kontext entstanden sei, und formulieren andererseits Mahnungen an die Gesellschaft auf die Natur und die Nächstenliebe Rücksicht zu nehmen, was sich aus christlichen Maximen und Geboten ableiten lasse. Einige unterstreichen die mangelnde Anpassungsfähigkeit der Katholischen Kirche im Vergleich zum Staat, besonders in Bezug auf die Frauenquote und die Rolle der Frau in der Kirche. Zwischen den gesetzlichen Regelungen Deutschlands und den religiösen Geboten wird von einigen Studierenden eine klare Trennlinie gezogen; während das Grundgesetz und die Menschenrechte als unantastbar und bindend gelten, werden Religionen eher als moralischer Wegweiser angesehen, der nicht zwingend auf alle übertragbar sei. Das führt zu unterschiedlichen Perspektiven hinsichtlich der Integration von Religiosität ins alltägliche Leben und in die Gesetzgebung, was besonders bei Themen wie dem Schwangerschaftsabbruch deutlich wird. Insgesamt zeigt die Auswertung, dass die Studierenden eine differenzierte Haltung bezüglich der Rolle christlicher Werte in einer modernen Gesellschaft einnehmen und auf die Notwendigkeit hinweisen, zwischen zeitgemäßen Rechtsnormen und traditionellen religiösen Vorstellungen zu unterscheiden.

8.6 Aufgaben der Religionslehrkraft

Bei der Auswertung der Antworten zum Bereich der Aufgaben von Religionsunterricht und der Rolle der Lehrkraft kristallisieren sich vier unterschiedliche Gruppen heraus.

Die Studierenden der ersten Gruppe betonen, dass die Aufgabe der Lehrkraft darin bestünde, Wissen zu vermitteln und als Vorbild zu agieren, indem sie die Inhalte, die sie unterrichtet, auch selbst praktiziert. Im Religionsunterricht würde hierbei das Vermitteln grundlegender Glaubensinhalten im Vordergrund stehen, wie beispielsweise die Schöpfungsgeschichte. Die Lehrkraft habe die Aufgabe, die Schüler:innen behutsam an die Religion heranzuführen und ihnen dabei zu helfen, die Bedeutung von religiösen Feiertagen wie Weihnachten zu verstehen.

„Also für mich ist es erstmal wichtig, den Kindern den katholischen Glauben zu öffnen und Spaß vermitteln. In der Grundschule ist es enorm wichtig, die Kinder auf die Kommunion vorzubereiten. Was heißt Kommunion? Auch den Kindern Grundlagen geben und das Interesse an der Bibel zu geben. Es stehen total viele interessante Verse in der Bibel, die die meisten Kinder gar nicht kennen. Womit sie gar nichts mehr anfangen können und dann auch noch mal den Hintergrund, hinter unserer Religion bei den Kindern zu stärken oder erstmal begreifbar zu machen. Und den Glauben noch mal näher zu bringen und was die Kirche einem geben kann und was man noch lernen kann." (KRL22_m)

„Also in der Grundschule das Grundwissen über Religion, Glaube und Kirche zu vermitteln und vor allem interessant zu vermitteln und das Interesse der Kinder zu wecken, wäre das persönliche Ziel, welches ich hätte." (KRL24_w)

In Interviews der zweiten Gruppe werden die Rollen und Funktionen von Lehrkräften im Unterricht diskutiert. Es wird argumentiert, dass eine Religionslehrkraft nicht automatisch kompetenter als andere Lehrer:innen im Umgang mit persönlichen Problemen von Schüler:innen sei. Die Rolle der Lehrkräfte wird in ihrer Funktion als Informationsträger:innen gesehen. Es wird betont, dass Schüler:innen einen Überblick über alle existierenden Religionen erhalten sollten, wobei ein besonderes Augenmerk auf den christlichen bzw. katholischen Aspekt gelegt werden solle. Wie auch die erste Gruppe wird hier deutlich die Wissensvermittlung in Bezug auf den christlichen Glauben und die katholische Religion in den Mittelpunkt der Aufgaben des Religionsunterrichtes gerückt. Jedoch wird hierbei die Rolle der Religionslehrkraft nicht als besonders herausgestellt. Es wird deutlich, dass Religionslehrkräfte keine übergeordnete Rollenfunktion haben und die Unterstützung der Schüler:innen Aufgabe aller Lehrkräfte sei; zudem sei das Fach katholische Religionslehre ein Fach wie alle anderen.

„Meiner Meinung nach ist der Religionslehrer jedoch nicht kompetenter als andere Lehrer im Umgang mit persönlichen Problemen der Schülerinnen und Schüler. Ich weiß, dass es ihm häufig unterstellt und auch von ihm erwartet wird, aber meiner Meinung nach fehlt ihm einfach das Knowhow, das ihn über Kollegen stellen würde. Solche Aufgabenbereiche sollte man grundsätzlich den Profis überlassen und nicht eigenmächtig über sein Kompetenzbereich handeln, weil man persönlich die Erfahrung gemacht hat ‚Gott liebt alle Menschen'." (KRL2_m)

„Also, das Ding beim Religionsunterricht ist, dass alle Schüler und Schülerinnen mit völlig unterschiedlichen Vorstellungen und auch komplett anderem Wissen in den Unterricht kommen. Viele Schüler haben auch absolut keinen Bezug zur Religion und für mich, ist es einfach wichtig, dass der Reliunterricht vermittelt, dass alles Kindern, ja, der Zugang ermöglicht wird, weißt du? Eher so Wissensvermittlung. Wie ist die Bibel aufgebaut? Wie sind die, also was ist der historische Hintergrund?" (RKL13_m)

„Es geht einfach darum Wissensgrundlagen zu schaffen. Und vielleicht auch dadurch den ein oder anderen zu ermutigen, sich ernsthaft mit der Thematik zu befassen." (KRL14_w)

8.6 Aufgaben der Religionslehrkraft

„Also, ich sehe da keinen Unterschied zwischen zum Beispiel Religionsunterricht oder Matheunterricht. Man vermittelt den Kindern einfach Wissen über einen Gegenstand. In erster Linie geht es einfach um die Vermittlung von beispielsweise Bibelkunde oder was so anfällt. Man hält sich da wie in jedem anderen Schulfach an das KC und an den Lehrplan." (KRL15_m)

Eine weitere Gruppe der Interviewten sieht die Aufgaben des katholischen Religionsunterrichtes eher darin, die Religion hinterfragen zu können, aber auch in der Vermittlung von Werten und Normen der sogenannten christlichen Gesellschaft.

„Denn der Religionslehrer oder -lehrerinnen bereitet die Kinder auf die Welt dort draußen vor, mit ihren ganz unterschiedlichen Ansichten bezüglich Religion. Viele Menschen denken anders über Religion, über Werte und Normen und die Kinder müssen das Recht haben, sich auch ein eigenes Bild darüber zu schaffen. Da hilft dann der Lehrer und unterstützt." (KRL7_w)

„Man sollte auch Interreligiöses in den Religionsunterricht einbinden, um den Schülerinnen und Schülern einen möglichst breiten Horizont zu bieten. Ihnen sollte präsent sein, welche Glaubensrichtungen und Weltanschauungen es außerhalb des christlichen Glaubens gibt. Das ist, denke ich, auch die Grundlage für Toleranz. In erster Linie vermittelt ein Religionslehrer den Schülerinnen und Schülern den christlichen Glauben und erarbeitet Standpunkte und hinterfragt diese. Außerdem werden wichtige Werte und Normen gelehrt." (KRL3_m)

Es wird zudem vorgeschlagen, die Religionslehrkräfte in den Klassen systematisch zu wechseln, um den Kindern einen unterschiedlichen Zugang zu den Inhalten des Religionsunterrichtes zu ermöglichen.

„Ich fände es ganz sinnvoll, wenn man Religionslehrer maximal zwei Jahre hat, weil jeder ein anderes Glaubensverständnis hat. Ich finde, wenn man vier oder fünf Jahre den gleichen Religionslehrer hat, würde man darauf zu sehr eingeengt werden auf sein Glaubensbildnis. Und wenn man mit dem nicht konform geht, kann ich mir vorstellen, dass der Religionsunterricht dann doch sehr anstrengend ist. Von daher sollte man vielleicht doch alle zwei Jahre den Religionslehrer wechseln, damit man unterschiedliche Aspekte und Schwerpunkte setzen und sich eine eigene Meinung bilden kann." (KRL6_m)

Es besteht der Konsens, dass interreligiöse Inhalte in den Religionsunterricht einbezogen werden sollten, um Schüler:innen ein breites Spektrum an Glaubensrichtungen und Weltanschauungen anzubieten. Dies wird als Grundlage für Toleranz angesehen. Hinsichtlich der Rolle und Funktion der Religionslehrkraft ist die Vermittlung des christlichen Glaubens, die Erarbeitung und Hinterfragung von Standpunkten sowie die Lehre von wichtigen Werten und Normen zentral.

In der Studie von Riegel und Zimmermann (2022) zeigen die Ergebnisse, dass „diejenige Ziele, die auch ohne konfessionellen Hintergrund plausibel erscheinen (z. B. Wertevermittlung, Unterstützung in der Persönlichkeitsentwicklung etc.) durchgängig stärker präferiert werden als diejenigen, die diesen konfessionellen Hintergrund voraussetzen (z. B. christliche Grundbildung, Zugänge zur Bibel schaffen etc.)" (Riegel und Zimmermann 2022, S. 134). In den früheren Studien von Feige und Tzscheetzsch (2005) fanden die Befragten insbesondere die Entwicklung der Schüler:innen auf der Grundlage des christlichen Glaubens wichtig. In der vorliegenden Studie wird gleichzeitig betont, dass Kinder Freude daran haben und ermutigt werden sollten, Themen rund um den Glauben zu hinterfragen. Eine weitere wichtige Aufgabe sei es, die Kinder dazu zu bringen, sich über den Menschen und Gott Gedanken zu machen und hierbei ihre Verantwortung zu reflektieren. Der Ausbau des Wissens über andere Religionen ist auch als wichtiger Teil dieses Prozesses genannt worden. Hinterfragen wird als ein wesentlicher Teil dieses Prozesses gesehen, um das Denken über diese Themen zu fördern.

In der vierten Gruppe der Interviewten spielt insbesondere die freie Wahl, sich für oder gegen eine Religion zu entscheiden, eine wichtige Rolle. Die Interviewten betonen, dass der Religionsunterricht den Schüler:innen das Werkzeug zur Entfaltung eines eigenen Glaubens bieten sollte. Es wird unterstrichen, dass in diesem Prozess das grundlegende Wissen über verschiedene Religionen unerlässlich sei und der Unterricht nicht nur auf das Christentum beschränkt bleiben sollte. Riegel und Zimmermann (2022) stellen bei den präferierten Rollenbilder fest, dass die Lehrperson vor allem die Urteilsbildung anregen sowie die Schüler:innen in ihrer Persönlichkeitsentwicklung begleiten sollte. „Erst weit hinter diesen beiden Rollenidealen kommt die Lehrperson als Vermittlerin des christlichen Glaubens und als Vertreterin der Kirche" (S. 138). Caruso (2018) stellt etwas andere Ergebnisse vor, auch hier unterstreichen die Befragten, dass sie sich in erster Linie als Pädagog:innen wahrnehmen, bezeichnen sich jedoch zugleich auch als Theolog:innen, Glaubensvermittler:innen und Seelsorger:innen. Die interviewten Studierenden der vorliegenden Studie sind der Ansicht, dass Bildungseinrichtungen einen Raum für den Dialog über Glauben und Religion bieten sollten, und dass es ein wesentlicher Teil der Rolle der Lehrkraft sei, diese Diskussionen zu moderieren, Fragen zu beantworten und das Denken anzuregen, ohne die Schüler:innen zu beeinflussen oder sie von ihrem eigenen Glaubensstil zu überzeugen. Darüber hinaus betonen die Interviewten, dass im Rahmen des katholischen Religionsunterrichts besonderer Wert auf ethische Urteilsbildung gelegt werden sollte. Insgesamt wird die Rolle der Religionslehrkraft als Begleitung auf der Suche nach eigener Religion/Spiritualität gesehen,

8.6 Aufgaben der Religionslehrkraft

die den Schüler:innen die Ressourcen zur Verfügung stellt, um ihre eigenen Glaubenswege zu erkunden und zu erkennen.

„Der Religionslehrer sollte die Schüler nicht beeinflussen, dass der katholische Glauben der richtige sei." (KRL11_m)

„Meiner Meinung nach sollte der Religionsunterricht Unterstützung bieten, einen Glauben zu entwickeln. Dafür ist es wichtig, auch über andere Religionen zu sprechen, zum Beispiel auch über Judentum, Islam und so weiter, und nicht nur über den Christentum. Die Kinder und Jugendlichen sollten zum Denken angeregt werden. Die Lehrerin oder der Lehrer sollte die Kinder nicht beeinflussen, aber sie stellen trotzdem eine wichtige Rolle dar. Die Kinder sollten Fragen stellen können, die diese beantworten. Sie sollte die Kinder nicht vom eigenen Glaubensstil überzeugen. Das muss jeder für sich selber herausfinden." (KRL4_w)

„Es gibt große Gemeinsamkeiten in jeder Religion. Keine Religion besitzt ein Monopol, wir leben nämlich in einer multi-religiösen Welt. Er soll Schüler in erster Linie unterstützen und eine Seelsorgefunktion übernehmen. Er darf auf keinen Fall Diktator des Glaubens sein, sondern den Unterricht mit den Kindern gestalten." (KRL25_w)

„Den Glauben kritisch zu hinterfragen und sich mit den Zusammenhängen aller Religionen auseinanderzusetzen, um sich einen religiösen Einblick zu verschaffen in der Glaubenswelt. Konfessionslosen Unterricht soll das Hauptziel. Jede Religion ist wichtig und hat interessante Verbindungen zu der jeweiligen anderen. Es gibt große Gemeinsamkeiten in jeder Religion. Wir leben in einer globalisierten Welt, weswegen der Glaube auch global sein muss." (KRL17_w)

In den Interviews wird argumentiert, dass der Unterricht ins Leben integriert und ein Teil der Sozialisation sein sollte. Dabei kann Religion als Orientierung dienen, um Halt zu geben. Die Lehrkraft sollte dabei nicht als „religiöser Diktator" auftreten, sondern den Unterricht gemeinsam mit den Schüler:innen gestalten und eine Seelsorgefunktion übernehmen. Ein weiterer Schwerpunkt sollte das kritische Hinterfragen des Glaubens und die Auseinandersetzung mit den Zusammenhängen aller Religionen sein, um einen Einblick in die Welt des Glaubens zu ermöglichen. Zudem wird darauf hingewiesen, dass der Unterricht unabhängig von der jeweiligen Konfession sein sollte, da jede Religion als wichtig eingestuft werden sollte und interessante Verbindungen zu anderen aufweisen würde. Diesem Ansatz folgend, spielt die Lehrkraft eine entscheidende Rolle in der Globalisierung des Glaubens, welcher an die Globalisierung der Welt angepasst sein sollte. Diese Ansätze verdeutlichen, dass die Lehrkraft zentrale Funktionen im religiösen Bildungsprozess innehat und sowohl als Unterstützer:in als auch Begleiter:in auf dem Weg zu einer eigenen Religiosität agiert.

Bei der Studie von Lück (2012) erhält die Anpassung der Inhalte an die Kinder und Jugendliche die höchste Zustimmung, gefolgt von Zielen aus dem Bereich der Persönlichkeitsförderung und Identitätsbildung sowie der Förderung von Toleranz und Offenheit. Dabei wünschen sich 84 % der Befragten eine Verstärkung der ökumenischen und interreligiösen Aspekte. Bei der Studie von Pirner (2022) zu den evangelischen Religionslehrkräften zeigt sich, „dass diskursive Ziele („befähigt die Schüler:innen dazu, über religiöse Fragen zu diskutieren"; „befähigt die Schüler:innen zum Dialog über Werte und Normen, die aus verschiedenen religiösen Traditionen und Weltanschauungen kommen") zusammen mit glaubensorientierten Zielen („mach die Schüler:innen mit den Glaubenswahrheiten der eigenen Konfession vertraut"; „macht die Schüler:innen mit dem Glauben vertraut") am meisten Zustimmung bei den Befragten finden" (Pirner 2022, S. 11).

Zusammenfassung: Die Auswertung der Antworten zum Bereich der Aufgaben des Religionsunterrichts und der Rolle der Lehrkraft zeigt vier unterschiedliche Gruppen von Studierenden. In der ersten Gruppe betonen die Studierenden, dass die Aufgabe der Lehrkraft darin besteht, Wissen zu vermitteln und als Vorbild zu agieren. Der Fokus liegt auf der Vermittlung grundlegender Glaubensinhalte, wie der Schöpfungsgeschichte, um die Schüler behutsam an die Religion heranzuführen. Die Vorbereitung auf die Kommunion und das Wecken von Interesse an der Bibel stehen im Mittelpunkt. Die zweite Gruppe diskutiert die Rollen und Funktionen von Religionslehrkräften im Unterricht. Hier wird betont, dass Religionslehrkräfte nicht automatisch kompetenter bei persönlichen Problemlösungen der Schüler:innen sind und dass ihre Rolle als Informationsträger:innen gesehen wird. Die Wissensvermittlung bezüglich des christlichen Glaubens und der katholischen Religion steht ebenfalls im Vordergrund. Die dritte Gruppe sieht die Aufgaben des Religionsunterrichts darin, die Religion zu hinterfragen und insbesondere Werte und Normen der christlichen Gesellschaft zu vermitteln und interreligiöse Inhalte einzubeziehen. Die Rolle der Religionslehrkraft wird als Begleitung bei der Suche nach eigener Religion und Spiritualität gesehen. Die vierte Gruppe legt besonderen Wert auf die freie Wahl, sich für oder gegen eine Religion zu entscheiden. Die Studierenden betonen, dass der Religionsunterricht den Schüler:innen Werkzeuge zur Entfaltung eines eigenen Glaubens bieten sollte. Es wird darauf hingewiesen, dass Bildungseinrichtungen einen Raum für den Dialog über Glauben und Religion bieten sollten, wobei die Lehrkraft eine moderierende Rolle einnimmt. Insgesamt besteht Konsens darüber, dass interreligiöse Inhalte im Religionsunterricht wichtig sind und dass die Lehrkraft die Schüler:innen dazu ermutigen sollte, Themen rund um den

8.6 Aufgaben der Religionslehrkraft

Glauben zu hinterfragen. In der Studie von Riegel und Zimmermann (2022) betonen die Befragten ebenfalls stark interreligiöse Unterrichtsmodelle. Bei den älteren Studien (Feige et al. 2007; Lück 2012) bekam das interreligiöse Modell eher schwache Zustimmung. In der Studie von Pirner (2022) geben nur 13 % der befragten evangelischen Religionslehrkräften an, bei den Unterrichtsphasen mit den katholischen Kolleg:innen gemeinsam zu arbeiten. „Mit Lehrkräften des Faches Ethik gibt es nur sehr wenig Kooperation. Kooperationen mit jüdischen oder muslimischen Religionslehrkräften gibt es bislang nur vereinzelt" (Pirner 2022, S. 12). Die Rolle der Lehrkraft in der vorliegenden Studie variiert dabei von der Wissensvermittlung bis zur Begleitung bei der individuellen Suche nach Spiritualität. Riegel und Zimmermann (2022) stellen in ihrer Studie fest, dass die Befragten konfessionelle und pädagogische Rationalität „als zwei Beine [ansehen], auf denen sie stehen. Berücksichtigt man allerdings zusätzlich die Zustimmungswerte zu den Items, aus den sich die Faktoren ableiten, stellt das pädagogische Bein deutlich das Standbein der Befragten dar. Beim konfessionellen Bein hängt es von den Zustimmungswerten ab, ob es sich um ein Spielbein handelt oder ob dieses Bein nur aus optischen Gründen gebracht wird" (Riegel und Zimmermann 2022, S. 140).

9 Typenbeschreibung unter Berücksichtigung unterschiedlicher Aspekte und Zuordnung einzelner Interviewtengruppen

In diesem Kapitel werden die herausgearbeiteten Typen vorgestellt. Die Erarbeitung der Typen erfolgte auf der Grundlage der Interviews mit den Studierenden der Islamischen Theologie mit und ohne Lehramtsoption sowie mit den Studierenden der katholischen Religion auf Lehramt. Bei der Typenbildung wird auf den bisherigen Ergebnissen der Studie aufgebaut. Die Ergebnisse aus den bisherigen Veröffentlichungen, bei denen Typenbildung auf der Basis von Interviews mit den Studierenden der Islamischen Theologie mit Lehramtsoption entwickelt wurden, werden aufgenommen und ergänzt. Bei den bisherigen Veröffentlichungen wurden die Interviews in Bezug auf bestimmte Aspekte (Stein et al. 2017, 2021a; Zimmer et al. 2017, 2019; Ceylan et al. 2019; Stein und Zimmer 2023a) analysiert und drei verschiedene Typen identifiziert. „Religion-Neuentdecker:innen bzw. unreflektierte Wissensvermittler:innen" kennzeichnen sich durch eine Religiosität aus, die maßgeblich von den traditionellen religiösen Überzeugungen der Elterngeneration geprägt ist. Vertreter:innen dieses Typs sind äußerst kritisch gegenüber anderen Lebensentwürfen und neigen dazu, nicht-eigenen Religionen stereotyp unmoralische Verhaltensweisen zuzuschreiben. Eine „Neuentdeckung" stellt hierbei eine Notwendigkeit zur Neuinterpretation des traditionell ererbten Glaubens im Kontext des Studiums dar. „Religion-Verteidiger:innen bzw. Vermittler:innen zwischen dem Islam und der Gesellschaft" zeigen ein autonomes und intensives Engagement mit der Religion im Jugendalter. Vertreter:innen dieses Typs streben einen Dialog mit der Gesellschaft an, um Aufklärungsarbeit in Bezug auf den Islam zu leisten und distanzieren sich von extremistischen Ansichten. Der zentrale Unterschied zu dem vorherigen Typ besteht in einem bewussten Vermeiden von Kritik oder Herabsetzung anderer aufgrund der religiösen Identität oder Lebensführung. „Religion-Reflektierer:innen" zeichnen sich

© Springer Fachmedien Wiesbaden GmbH, ein Teil von Springer Nature 2024
V. Zimmer and M. Stein, *Zwischen Tradition und Moderne*,
https://doi.org/10.1007/978-3-658-44804-2_9

ebenfalls durch eine intensive Auseinandersetzung mit der Religion im Jugendalter aus, betonen jedoch klar den Unterschied zwischen Religion und Tradition. Vertreter:innen dieses Typs befinden sich in einem ständigen Reflexionsprozess ihrer eigenen Einstellungen und Haltungen. Zentral ist die Überzeugung, dass die Religion eine persönliche Ebene einnimmt. Hierbei sind das Respektieren und die Akzeptanz von Andersgläubigen entscheidend sowie die Erkenntnis, dass jedem Individuum zugestanden wird eine eigenständige, begründete Wahl seiner Religionszugehörigkeit zu treffen. Im Folgenden werden die angepassten Typen vorgestellt und erläutert. Zudem erfolgt die Zuordnung der Studierenden unterschiedlicher Studienrichtungen zu den einzelnen Typen (Abb. 9.1).

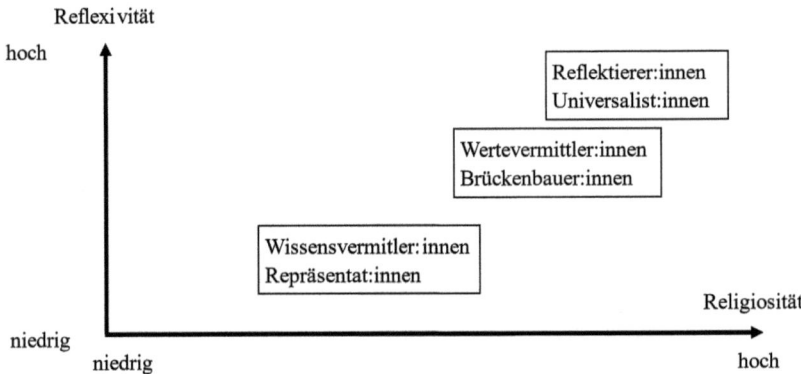

Abb. 9.1 Typen von Befragten basierend auf den Dimensionen Religiosität und Reflexivität

9.1 Wissensvermittler:innen/Repräsentant:innen

Religiöse Einstellungen
Der Typus der Wissensvermittler:innen ist in seinem religiösen Empfinden in starkem Maße davon beeinflusst, wie er in seiner Kindheit und Jugend – insbesondere in religiöser Hinsicht – erzogen wurde. Diese Religiosität basiert vor allem auf den traditionellen religiösen Einstellungen der Eltern, die unkritisch im Sinne einer übernommenen Identität nach Marcia (1993) in das eigene religiöse Einstellungs- und Glaubensgebäude übernommen werden. Die religiösen Überzeugungen dieses Typus sind oft stark von kulturellen Faktoren beeinflusst und werden auch im Erwachsenenalter in sehr traditioneller Form weitergeführt.

9.1 Wissensvermittler:innen/Repräsentant:innen

Basierend auf dem Wertekonzept von Schwartz (1992; siehe Kap. 5) kann dieser Typus als traditionell und sicherheitsorientiert charakterisiert werden. Die Aspekte der Religiosität können anhand der Glaubensdimensionen von Glock (1969) und ihrer Erweiterung durch Boos-Nünning (1972) beschrieben werden. Im Rahmen der Dimension der religiösen Erfahrung sehen die interviewten Personen Religion als einen geschützten Ort, an dem sie sich sicher und geborgen fühlen. Sie lehnen andere Lebensweisen ab und attribuieren Anhänger:innen anderer Religionen stereotype oder sogar als unmoralisch bezeichnete und somit auch normativ stark aufgeladene Einstellungen und Verhaltensweisen zu, etwa wenn pauschal davon ausgegangen wird, dass Christ:innen alle nicht mehr glauben würden, sich nicht an die Bibel halten oder sexuell ausschweifend leben würden. Sie betonen die enorme Bedeutung von Moscheen oder Kirchen und den Besuch dieser Orte für ihren Glauben, obwohl sie diese nur sporadisch aufsuchen. Eine ehrenamtliche Beteiligung ist nur bei wenigen Personen dieses Typs festzustellen. In Bezug auf die Dimension des religiösen Glaubens wird von den Interviewten ideologisch ihr eigener Glaube als der einzig wahre Glauben verstanden. Innerhalb der Dimension ritueller Praxis gewichten die interviewten Personen diese im Alltag weniger stark, obwohl sie hervorheben, dass rituelle Praktiken eine große Rolle spielen sollten. Ihr religiöses Leben beschränkt sich üblicherweise auf rituelles Beten, das Fasten während des Ramadans oder den Besuch der Kirche an Feiertagen. Die Dimension des religiösen Wissens zeigt, dass die interviewten Personen seit Beginn ihres Studiums ein intensiveres Interesse an der Religion zeigen. Sie erkennen jedoch, dass ihr vorheriges Wissen über die Religion nicht ausreichend war und dass ihr aktuelles Wissen trotz ihrer Bemühungen noch immer nicht umfassend ist. Im Kontext der Konsequenzen religiöser Überzeugungen entdecken die interviewten Personen durch ihre intensive Auseinandersetzung mit der Religion nicht nur neues Wissen, sondern auch neue Regeln und Verbote. Schließlich zeigt die Dimension der Bindung an religiöse Gemeinden, dass die interviewten Personen dieses Typus Moscheen oder Kirchen als enorm wichtig erachten, diese aber selten besuchen und sich dort auch nicht aktiv einbringen oder engagieren.

Erziehungserfahrungen

Die Interviewten des Typs der Wissensvermittler:innen weisen auf ein erzieherisches Umfeld hin, welches zwar von Liebe geprägt war, jedoch auch durch einen starken Fokus auf die strenge Einhaltung religiöser Werte und konkreter religiös begründeter Vorschriften gekennzeichnet war. So wurde mehr Wert auf das Befolgen äußerlich sichtbarer Regeln, wie etwa von Kleidervorschriften, und die Teilnahme am Gemeinschaftsleben gelegt, wie etwa dem Gottesdienstbesuch oder dem Besuch der Moschee an Festtagen, als auf ein tiefer gehendes Verstehen und Einbinden religiöser Lehren in den Alltag. Einige Interviewte bemängeln dies im Nachhinein als eine oberflächliche religiöse Erziehung. Wenige Studierende berichten über das Erlebnis physischer Bestrafung und repressiver Erziehungsmethoden. Die Erziehung der Kinder wurde hauptsächlich von den Müttern übernommen, während die Väter als Unterstützer und Geldverdiener angesehen wurden. Die Befragten betonen, dass zusätzlich eine religiöse Erziehung in den Moscheen bzw. in den Kirchen stattfand.

Gendereinstellungen
Die primäre Verantwortung für die Erziehung der Kinder lag in den Herkunftsfamilien dieses Typus traditionell bei der Mutter. Diejenigen, die diese traditionelle Rollenverteilung befürworten, beziehen sich auf ihre eigenen Erfahrungen in ihren Herkunftsfamilien. Dabei wird von den Studierenden der Islamischen Theologie mit und ohne Lehramtsoption jedoch betont, dass es der Frau freigestellt sein sollte, sich ausschließlich um die Kinder zu kümmern oder einer beruflichen Tätigkeit nachzugehen. Die Männer hingegen hätten die religiös begründete Verpflichtung, finanziell für die Familie zu sorgen. Es wird von den Männern erwartet, dass sie nicht nur finanzielle Verantwortung für die Familie übernehmen, sondern sich auch in Erziehungsfragen und im Haushalt beteiligen. Dabei wird jedoch die Rolle des Mannes von den Wissensvermittler:innen eher als unterstützend betrachtet. Die Studierenden der Katholischen Theologie sehen zwar ebenfalls die Erziehung der Kinder überwiegend bei den Müttern, weisen aber darauf hin, dass die Frauen ebenfalls berufstätig sein sollten. Sie sehen die Rolle der Väter im Erziehungsprozess ebenfalls als eher unterstützend an.

Einstellungen zu Demokratie und Rechtsstaat
Die Wissensvermittler:innen geben größtenteils an, dass aus ihrer Sicht kein Konflikt zwischen dem Grundgesetz und der eigenen Religion bestünde. Bei einigen wird diese Ansicht jedoch infrage gestellt, da sie darauf hinweisen, dass sie nur über ein gering ausgeprägtes Verständnis von Politik verfügen würden. alle Menschen, die in Deutschland leben, sollten sich an die Gesetze des Landes halten. Die Interviewten unterstreichen jedoch gleichzeitig die Bedeutung der heiligen Schriften wie dem Koran oder der Bibel für das Leben in der Gesellschaft. Oft wird sowohl von muslimischen als auch von katholischen Studierenden darauf hingewiesen, dass es einen Widerspruch zwischen der im Gesetz verankerten Religionsfreiheit und dem Verbot des Kopftuchs gibt. Die Interviewten stellen fest, dass die Ausübung ihres Glaubens in einer Demokratie möglich sei und sie hier prinzipiell hohe Rechte in Bezug auf die Religionsfreiheit genießen würden.

Aufgabe des Religionsunterrichtes sowie der islamischen Theolog:innen
Für diesen Typus hat der Religionsunterricht hauptsächlich das Ziel, Wissen über die Glaubensgrundlagen zu vermitteln. Die Interviewten betonen dabei, dass die Betrachtung ihrer eigenen Religion besonders wichtig sei, während interreligiöse und überreligiöse Aspekte eher weniger beleuchtet werden sollten. Bei der Vermittlung der Glaubensgrundlagen wollen sie sich später in erster Linie auf die Vermittlung der korrekten Durchführung von Ritualen und die Einhaltung der Gebote konzentrieren. Das Gelernte soll ohne Zweifel und ohne eine vertiefende Diskussion und Reflexion von den Schüler:innen akzeptiert und nicht hinterfragt werden. Sie sehen sich primär als Wissensvermittler:innen und als Repräsentant:innen ihrer Religion im Sinne einer Vorbildfunktion. Insbesondere die Studierenden der Islamischen Theologie ohne Lehramtsoption betonen, dass sie sich neben der Rolle als Wissensvermittler:innen als Repräsentant:innen ihrer Religion wahrnehmen. Die Aufgabe der Lehrkräfte wird auf das praktische Vorleben des Glaubens als Vorbild und auf das Ausfüllen der Rolle als Vermittler:in von Wissen reduziert. Das praktische Ausüben der Religion wird ebenfalls als sehr wichtig erachtet, jedoch nicht immer regelmäßig praktiziert. Einige Studierende der Katholischen Theologie betonen ebenfalls, dass diese Vorbildfunktion genauso bei Lehrkräften anderer Fächer einen hohen Stellenwert einnehmen sollte.

Die Interviewten, die diesem Typus zugeordnet werden, haben das Lehramtsstudium unter anderem aufgrund der beruflichen Sicherheit gewählt. Erst im späteren Verlauf des Studiums entdeckten sie die Religion jedoch für sich neu bzw. erlernen und erleben diese neu. Zu dem Zeitpunkt der Interviews sind die Studierenden dieses Typus dabei, Wissen über die vermeintlich bekannte Religion zu sammeln und für sich zu ordnen. Vor dem Studium wurden religiöse Praktiken zwar als wichtig angesehen, jedoch eher locker ausgeübt, häufig dem Alltag untergeordnet und aufgrund vieler alltäglicher Pflichten vernachlässigt. Durch die Auseinandersetzung mit der Religion im Studium berichten die Studierenden davon, dass sie religiöser werden und auch den Religionsunterricht in der Schule als hilfreich zur Vermittlung von grundlegendem Wissen über ihre Religion betrachten. Die eigene Religion wird als die „richtigere" Glaubensauffassung angesehen und sollte dementsprechend auch in der Schule vermittelt werden.

9.2 Wertevermittler:innen/Brückenbauer:innen

Religiöse Einstellungen
Bei den Wertevermittler:innen wird die religiöse Orientierung durch eine religiös geprägte Kindheit sowie eine vertiefte, eigenständig motivierte Auseinandersetzung mit der Religion in der Jugend geprägt. Diese Reflexion führt dazu, dass die religiösen Praktiken im Elternhaus kritisch betrachtet werden. Daher entscheidet sich dieser Typus bewusst für seine eigene Religion im Sinne einer selbständig erarbeiteten religiösen Identität nach Marcia (1993). Die Studierenden weisen ein klares Bewusstsein über ihre religiösen Praktiken auf, welche in ihren frühen Lebensjahren hauptsächlich auf einer automatischen Nachahmung beruhten, wie etwa dem Nachsprechen von ritualisierten Gebeten oder Suren oder anderen religiösen Gepflogenheiten aus der Kindheit. Trotz dieser anfänglichen Prägung betonen die Wertevermittler:innen die unerlässliche Bedeutung einer bewussten und selbstbestimmten Entscheidung für die Religion im Erwachsenenalter. Sie sehen einen essenziellen Unterschied zwischen einer lediglich automatischen Befolgung erlernter Praktiken und einer reflektierten, bewussten Entscheidung für die eigene religiöse Praxis. In diesem Sinne definieren sie ihre religiöse Identität im Erwachsenenalter nicht nur durch die Werte und Normen, die sie in ihrer Kindheit und Jugend internalisiert haben, sondern sie betonen auch das aktive und bewusste Engagement für die Religion, das durch eigene Entscheidungen und Reflexionen im Laufe ihres Lebens geformt wurde. Ausgehend vom Wertekonzept von Schwartz (1992) können die Wertevermittler:innen den Bereichen der Selbstentfaltung und Anregung, aber auch, da soziale Werte stark betont werden, dem Universalismus und der Mildtätigkeit zugeordnet werden. Diese Kategorisierung deutet auf ein ausgeprägtes Bedürfnis nach persönlicher Entwicklung und intellektueller Stimulation hin. Sie suchen aktiv nach Herausforderungen und Möglichkeiten, ihre eigene Perspektive und ihr Verständnis von Religion weiterzuentwickeln und zu vertiefen. Dabei betonen sie sowohl das Streben nach individueller Entfaltung als auch die Bereitschaft, bestehende Vorstellungen und Glaubenssätze kritisch zu hinterfragen und weiterzuentwickeln. Bei den sozialen Werten rücken die Sorge um die Nächsten, vor allem solche in Armutslagen oder im sozialen Abseits, ins Zentrum.

Die interviewten Personen bezeichnen sich als hochreligiös und führen dies auf die intensive Auseinandersetzung mit der Religion in der Pubertät zurück. Der Glaube wird als individuelles Gut betrachtet. Es wird betont, dass es falsch sei, sich über andere zu erheben, da niemand das Recht habe, über den Glauben oder die Lebensweise anderer zu urteilen. Die Wertevermittler:innen sind sich bewusst, dass religiöse Praktiken im Kindesalter auf automatischer Nachahmung basieren und betonen die eigenständige, bewusste Entscheidung für die Religion im Erwachsenenalter als wesentlich. Die Analyse der Religiosität der Studierenden dieses Typus vollzieht sich ebenfalls nach dem Konzept von Glock (1969, S. 151), welches auf sechs spezifisch definierten Dimensionen fußt. In der Dimension der religiösen Erfahrung wird Religion von den Interviewten als ein Raum für autonome, spirituelle Erlebnisse interpretiert. Im Kontext der Dimension des religiösen Glaubens wird der Glaube als Ideologie auf individueller Ebene wahrgenommen, wobei eine kritische Reflektion dessen ausdrücklich zugelassen und sogar stark präferiert wird. Die Dimension der rituellen Praxis bietet eine weitere bedeutsame Facette. Hierbei legen die Studierenden Wert auf die Durchführung von rituellen Praktiken, begrenzen jedoch die Bedeutung des Glaubens nicht ausschließlich darauf. Ebenfalls wird die Autonomie des Individuums in der Wahl und dem Ausmaß der Riten betont. In der Dimension des religiösen Wissens zeichnen sich die Interviewaussagen durch umfangreiche Kenntnisse in Bezug auf die Religion aus, welche dann während des Studiums zur weiteren Exploration und Vertiefung in ausgewählte Bereiche genutzt werden. Bei der Dimension der Konsequenzen religiöser Überzeugungen konstruieren die Interviewten Religion als einen Prozess persönlicher Entscheidungen. Diese Entscheidungen beinhalten ebenso die Konsequenzen religiöser Überzeugungen, welche im Alltag konsequent verfolgt werden sollten. Abschließend legt die Dimension der Bindung an religiöse Gemeinschaften den Fokus auf das hervorgehobene Bewusstsein der Studierenden über die Relevanz von Moscheen und Kirchen. Die befragten Studierenden der Islamischen Theologie weisen auf die enorme Bedeutung von Moscheen hin, betonen den Wert der Gemeinschaft, kritisieren jedoch gleichzeitig auch die Moschee als eine Institution, die aufgrund bestimmter religiöser oder ethnischer Zugehörigkeiten nicht für alle offen sei. Die Studierenden der Katholischen Theologie unterstreichen ebenfalls die Bedeutung der Kirchen als Orte der Gemeinschaft. Jedoch wird hierbei mehrfach hervorgehoben, dass Kirche nicht mit dem Glauben gleichzusetzen wäre und sie kritisieren stark, dass kirchliche Regeln die aktuelle gesellschaftliche Situation nicht entsprechend aufnehmen oder adressieren würden. Die Wertevermittler:innen besuchen oft die Moschee bzw. Kirche und sind ehrenamtlich sehr aktiv. Dabei suchen sie den Kontakt zur Gesellschaft und zu den jungen Menschen, um aufzuklären und religiöse Werte zu vermitteln.

Erziehungserfahrungen
Die befragten Personen beschreiben die erlebte Erziehung als liebevoll und eher mild. Die Studierenden der Islamischen Theologie gehen auf die verschiedenen Strömungen innerhalb des Islam ein und betonen, dass sie bei der Wahl der religiösen Schulen innerhalb des Islam frei waren, obwohl sie eine streng religiöse

muslimische Erziehung genossen hätten. Die Eltern übten keinen Zwang auf ihre Kinder aus und ließen ihnen innerhalb des Islam Freiheiten. Die Studierenden der Katholischen Theologie betonen ebenfalls, dass sie in der religiösen Erziehung keinen Zwang erlebt und selbst hätten entscheiden dürfen, ob sie bei der Kommunion bzw. Firmung teilnehmen oder nicht.

Die Religiosität der Eltern wird von den Befragten zwar als hoch eingestuft, jedoch wird in einigen Fällen innerhalb dieser Gruppe die unreflektierte Ausübung des Glaubens kritisiert. So seien den Kindern keine Erklärungen für bestimmte Praktiken gegeben worden. Beide Elternteile arbeiteten in der Erziehung gleichberechtigt zusammen. In den Familien erlebten die Befragten keine festgelegte Rollenverteilung. Die Entscheidungen wurden gemeinsam diskutiert und gemeinsam getroffen. Auch bei diesem Typus spielt die religiöse Erziehung in den Moscheen bzw. in den Kirchen eine wichtige Rolle. Die Wertevermittler:innen sind ehrenamtlich sehr aktiv.

Gendereinstellungen

Die Interviewten dieses Typus erlebten in ihren Familien keine starre Rollenverteilung, sondern diskutierten und trafen gemeinsame Entscheidungen. Sie betonen, dass sie sich des traditionellen Rollenbildes bewusst seien, aber dass die faktische Rollenverteilung in der Familie an die aktuelle und erlebte Gegenwart angepasst werden sollte. Traditionelle Rollenmuster werden dabei aufgebrochen. Die Wertevermittler:innen betonen, dass die Aufgabenverteilung innerhalb der Familie individuell an die Bedürfnisse jedes einzelnen Familienmitglieds angepasst werden sollte.

Kindererziehung sollte gleichberechtigt erfolgen, da die Bindung zu den Kindern eine bedeutende Rolle spiele und beide Elternteile gleichermaßen relevant für die kindliche Entwicklung seien. Trotz der grundsätzlichen Betonung der Wichtigkeit beider Elternteile wird der Mutter dennoch eine größere Rolle bei der Erziehung zugewiesen und dem Vater die finanzielle Absicherung der Familie als Rolle zugeordnet; die Geschlechter sollten gleichberechtigt und gleichwertig behandelt werden. Sowohl Frauen als auch Männer betonen, dass Entscheidungen innerhalb der Familie gemeinsam getroffen werden sollten. Die Frauen geben dabei an, dass sie ihre berufliche Tätigkeit wieder aufnehmen möchten, wenn die Kinder älter werden.

Einstellungen zu Demokratie und Rechtsstaat

Die Wertevermittler:innen betonen in Bezug auf die Religion und die Gesellschaft die immense Bedeutung des Grundgesetzes. Die Interviewten befinden sich in einem Prozess der Reflexion, in dem sie viele Fragen an sich selbst, die Religion und die Gesellschaft stellen. Sie unterscheiden außerdem zwischen dem individuellen Zusammenleben in Familie und Gemeinschaft sowie dem göttlichen Zusammensein, zu dem sich die Religion äußert, und dem öffentlichen gemeinschaftlichen Zusammenleben in der Gesellschaft und dem Staat, das durch Gesetze geregelt wird. Die katholischen Studierenden verwiesen hierbei auf die christlichen Werte als Grundlage des gesellschaftlichen Lebens in Deutschland und des Grundgesetzes.

Aufgabe des Religionsunterrichtes sowie der islamischen Theolog:innen
Die Wahl des Studiums stellt für den Typus der Wertevermittler:innen eine logische Konsequenz aus der eigenständig erarbeiteten Religiosität dar. Das Studium wird dazu genutzt, sich intensiver mit der Religion auseinanderzusetzen (vgl. Dreier und Wagner 2020). Im Religionsunterricht ist es diesem Typus besonders wichtig, nicht nur die Grundlagen der Religion zu vermitteln, sondern vielmehr die Auseinandersetzung mit ihr zu ermöglichen. Die enorme Bedeutung dieser Auseinandersetzung mit der Religion besteht vor allem darin, extremistischen und radikalen Sichtweisen auf die Religion vorzubeugen. Die Schülerinnen und Schüler sollen in der Lage sein, ihre Religion zu erklären und zu verteidigen, wobei dies weder gewalttätig noch missionierend gemeint ist.

Ein wichtiger Aspekt des Religionsunterrichts ist nach Meinung der Befragten die Vermittlung und Festigung der Werte der jeweiligen Religion bei den Schüler:innen sowie ihre Bereitschaft, sich aktiv und kritisch mit ihrer eigenen Religion auseinanderzusetzen. Die Lehrkraft soll nicht nur Wissen vermitteln, sondern auch als unabhängige Ansprechperson agieren, etwa als Präventionshelfer:in oder Wegweiser:in im persönlichen Glauben. Den Studierenden der Islamischen Theologie ohne Lehramtsoption werden ähnliche Aufgaben wie den Religionslehrkräften zugeschrieben, nämlich die Vermittlung der religiösen Werte sowie die Herstellung einer Verbindung zwischen der religiösen und nicht-religiösen Gemeinschaft. Die Studierenden betrachten sich als Brücke zwischen der eigenen Religion und Gesellschaft sowie zwischen den verschiedenen Religionen.

9.3 Reflektierer:innen/Universalist:innen

Religiöse Einstellungen
Ähnlich wie andere Gruppen von Studierenden haben die Studierenden dieses Typus der Reflektierer:innen ihre Kindheit und Jugend in einer religiös geprägten familiären Umgebung verbracht. Während der Jugendphase setzte eine intensive

Auseinandersetzung mit der eigenen Religion und den Praktiken ihrer Gemeinschaft ein. Für diese Gruppe steht eine intensive Beschäftigung mit dem eigenen religiösen Verhalten im Vordergrund. Die Studierenden zeichnen sich durch eine klare Unterscheidung zwischen Religion und Tradition aus und betonen die erzieherische Funktion von Religion. Dies führt zu einem Verständnis von Religion, das über bloße dogmatische Lehren hinausgeht – es erfordert stetige Selbstreflexion und Verbesserung, anstatt andere auf ihre Fehler hinzuweisen. Der Fokus liegt hierbei auf der konsequenten Praxis der Religion im eigenen Leben, wobei gleichzeitig der Glaube anderer respektiert und akzeptiert wird. Im Vordergrund dieser religiösen Praxis steht eine konsequente Umsetzung des Glaubens im eigenen Leben, wobei der Glauben anderer respektiert und akzeptiert wird. Die eigene Religion wird nicht länger als die absolute und einzig wahre Auffassung gesehen, sondern es wird jedem Individuum das Recht auf freie religiöse Wahl gewährt. Zweifel an der eigenen Religion werden als integraler Bestandteil des Reflexionsprozesses betrachtet, der als eine beständige Suche nach Antworten verstanden wird. Diese Gruppe lässt sich nach Shalom H. Schwartz' Wertekonzept (1992) bei den Werten Anregung, Selbstentfaltung und Universalismus positionieren. Mit Anregung wird die Offenheit für Veränderungen und die Bereitschaft zu neuen Erfahrungen assoziiert, Selbstentfaltung zielt im Kontext des Wertekonzepts von Schartz auf die Verwirklichung persönlicher Interessen und Fähigkeiten ab. Universalismus stellt zudem die Werte von sozialer Gerechtigkeit, Gleichheit, Respekt für alle Menschen und die Sorge um die Natur ins Zentrum.

Mit Bezug auf Glock (1969, S. 151) und Boos-Nünning (1972, S. 108) wird die Ausprägung der Religiosität bei Reflektierer:innen ebenfalls in sechs Dimensionen dargestellt. In der Dimension der religiösen Erfahrung reflektieren die Studierenden die Wahrnehmung der Religion als einen Weg zur Selbstverwirklichung. Hierbei sind vor allem die Aspekte Frieden, Zufriedenheit und innere Ruhe hervorzuheben. Sie betonten zum Beispiel die Rolle des Glaubens als Quelle der spirituellen Beruhigung und des Trostes in schwierigen Zeiten. Im Kontext des religiösen Glaubens wird der Glaube als Katalysator für die Entwicklung einer reflektierenden Persönlichkeit gesehen. Die Dimension der rituellen Praxis wird durch die Beteiligung an sowohl physischen bzw. auch mentalen Aktivitäten wie Gebet und Fasten als auch geistigen Übungen sowie die kritische Auseinandersetzung mit religiösen Lehren und Texten erfüllt. Unter dem Aspekt des religiösen Wissens wird von den Reflektierer:innen das Hinterfragen und Diskutieren von religiösen Inhalten und Praktiken gefordert. Es wird darauf hingewiesen, dass Gläubige ihren eigenen spirituellen Weg erkunden und ihre religiösen Überzeugungen kritisch hinterfragen sollten.

9.3 Reflektierer:innen/Universalist:innen 251

Im Hinblick auf die Konsequenzen religiöser Überzeugungen wird der Wert ethischer und moralischer Prinzipien ebenso wie die Einhaltung religiöser Gebote hervorgehoben. In Bezug auf die Bindung an religiöse Gemeinschaften unterstreichen die Interviewten den Stellenwert von Gemeinschaft und sozialer Unterstützung. Dabei betonen sie, wie wichtig es sei, besonders in schwierigen Zeiten jemanden zu haben, an den man sich wenden könne. Schließlich heben die Reflektierer:innen die Bedeutung einer individuellen und reflektierten Entscheidung in der Ausübung von Religion hervor. Dabei weisen sie darauf hin, dass es wichtig sei, die Religion objektiv darzustellen und durch intensive Meditation, Diskussionen und Interaktionen mit anderen ein tieferes Verständnis der eigenen religiösen Überzeugungen und Praktiken zu erreichen. Die Bedeutung des tatsächlichen Praktizierens der Religion wird ebenfalls stark betont.

Erziehungserfahrungen
Die Interviewten dieses Typus betrachten ihre elterliche Erziehung als liebevoll, auch wenn sie von strikten Regelstrukturen und hohen Anforderungen geprägt gewesen sei. Dennoch unterstreichen die Interviewten, dass die Entscheidungsfindungen überwiegend eigenständig durchgeführt worden seien und sie hierbei eine starke Unterstützung durch die Eltern erfahren hätten. Die Aussagen der Interviewten werfen zudem ein Licht auf die Ausgewogenheit der Aufgabenverteilung zwischen den Eltern, da sowohl der Vater als auch die Mutter berufstätig waren und die häuslichen Pflichten gerecht zwischen beiden aufgeteilt wurden. Wenn es vorkam, dass die Mutter keiner bezahlten Tätigkeit nachging, war diese dennoch häufig in ein starkes Engagement im Rahmen ehrenamtlicher Aktivitäten eingebunden. Die religiöse Erziehung fand sowohl in religiösen Einrichtungen wie Moscheen und Kirchen als auch im familiären Rahmen statt. Der Fokus der familiären religiösen Erziehung lag nicht nur auf der bloßen Nachahmung religiöser Praktiken. Vielmehr wurden den Kindern Kenntnisse über den Glauben vermittelt. Beispielsweise wurde durch das Vorlesen heiliger Texte und anschließende Diskussionen ein tieferes Verständnis und eine fundierte Auseinandersetzung mit dem Glauben gefördert.

Gendereinstellungen
In den Familien der Reflektierer:innen waren die Familien- und Berufsrollen zumeist sehr gerecht bzw. egalitär zwischen den Geschlechtern aufgeteilt. Sowohl Vater als auch Mutter waren beruflich tätig und beteiligten sich gleichermaßen an den Hausarbeiten. Wenn die Mutter nicht erwerbstätig war, war sie oft stark ehrenamtlich engagiert. Die religiöse Erziehung war sowohl eine Aufgabe der Moschee- bzw. Kirchengemeinde als auch der Familie. Letztere war nicht nur

auf die physische Nachahmung religiöser Praktiken fixiert, sondern auch darauf, tiefer gehendes Verständnis für den Glauben zu vermitteln. Dieses wurde durch Diskussionen über religiöse Geschichten oder religiöse Diskussionen und Fragestellungen erreicht. Obwohl die Rollenverteilung als ausgewogen beschrieben wurde, wurde hervorgehoben, dass die finanzielle Versorgung der Familie hauptsächlich von Männern wahrgenommen wurde. Diese Verantwortung wurde von den Studierenden der Islamischen Theologie mit und ohne Lehramtsoption als religiös begründete Pflicht betrachtet. Im Kontext von Familien mit islamischem Hintergrund wurde die traditionelle Rollenverteilung soziologisch erklärt, indem auf die Migrationssituation hingewiesen wurde. In dieser Situation verfügten Frauen aus der Mütter- und Großmüttergeneration oft nicht über die benötigten Ausbildungen oder Sprachkenntnisse. Dieses Muster verändere sich jedoch mit der jüngeren Generation. Reflektierer:innen betonen im Gegensatz zu anderen Gruppen, dass bei der Auswahl von Partner:innen nicht die Religionszugehörigkeit, sondern vielmehr die Übereinstimmung von Werten im Vordergrund stehen sollte, unabhängig vom kulturellen Hintergrund und der Religion. Schließlich wird die Auseinandersetzung und Diskussion um Geschlechterrollen als aktives Doing Gender, also als aktive Konstruktion von Geschlechtsidentitäten und -rollen angesehen.

Einstellungen zu Demokratie und Rechtsstaat
Diese Gruppe setzt sich intensiv mit Fragen der Identität auseinander und betont, dass ethnische Zugehörigkeit für sie nicht entscheidend sei. Die Studierenden sehen sich eher durch ihren Aufenthaltsort definiert und fühlen sich häufig von Menschen ohne Migrationshintergrund stereotypisiert. Sie lehnen den von außen aufgedrängten Nicht-Zugehörigkeitsstatus ab und bemühen sich, durch ihr persönliches Verhalten Stereotype zu widerlegen. Reflektierer:innen trennen streng zwischen Religion und Ethnie und sehen in Bezug auf ihre ethnische Zugehörigkeit verschiedene Interpretationsmöglichkeiten, z. B. Geburtsland, Sprache oder Herkunftsland der Eltern oder Großeltern. Gleichzeitig sprechen sie sich deutlich für eine respektvolle Haltung gegenüber den Gesetzen des Aufnahmelandes aus und sehen keinen Widerspruch zwischen staatlichen Gesetzen und ihren religiösen Überzeugungen. Die Einstellungen der Reflektierer:innen zu Demokratie und Rechtsstaat sind positiv. Sie betonen, dass alle, die in einem Land leben, sich an dessen Gesetze halten sollten, und sehen keine Unvereinbarkeit zwischen Staat und Religion. Sie gehen jedoch weiter und reflektieren kritisch, inwieweit Freiheit tatsächlich sowohl im Rahmen des Grundgesetzes gewährt wird.

Aufgabe des Religionsunterrichtes sowie der islamischen Theolog:innen
Reflektierer:innen betonen, dass die Kooperation und Auseinandersetzung mit anderen Religionen sowie das Streben nach einem aktiven und produktiven Zusammenleben als integrale Bestandteile des Unterrichts betrachtet werden sollten. Dabei liegt der Fokus neben der Vermittlung von Wissen auf der Stärkung des Selbstbewusstseins von Kindern und Jugendlichen und der Bereitstellung von Möglichkeiten für eine intensive Auseinandersetzung und Reflexion über die Religion. Für Reflektierer:innen ist die direkte Kommunikation und insbesondere die kritische Überprüfung des erlernten Stoffes durch die Schüler:innen von entscheidender Bedeutung. Diese Gruppe sieht die Lehrkraft in erster Linie als Unterstützerin für die eigenständige Auseinandersetzung mit der Religion. Interviewte betonen zudem, dass die wichtigste Aufgabe der Lehrkraft darin besteht, die Schüler:innen auf ihrem Weg zur Entwicklung von Werten und Religion zu begleiten. Die Studierenden der Islamischen Theologie ohne Lehramtsoption identifizieren ebenfalls wesentliche Aufgaben der islamischen Theolog:innen. Dabei spiele der gegenseitige Respekt eine zentrale Rolle. Das Hauptziel sei es laut den Befragten dieses Typus, die Gemeinsamkeiten und Unterschiede mit anderen Religionen zu erkennen und zu respektieren. Der Dialog und die Zusammenarbeit sind essenziell, jedoch nicht missionarischer Natur.

9.4 Gegenüberstellung der erarbeiteten Typen

Zusammenfassend kann festgehalten werden, dass die vorgestellten Typen sich in vielen weiteren Bereichen stark voneinander unterscheiden, wobei Wertevermittler:innen/Brückenbauer:innen sowie Reflektierer:innen/Universalist:innen in der Kindheit und Jugend mit der Religion oft ähnliche Erfahrungen gemacht haben. Im Folgenden werden die erarbeiteten Typen in unterschiedlichen Kategorien miteinander verglichen.

9.4.1 Eigene Religiosität sowie Religiosität der Eltern

Die Religiosität der Interviewten ist nach Glock (1969) und Boos-Nünning (1972) bei den Wissenvermittler:innen mittel bis hoch, jedoch eher in traditioneller Form einer religiösen Übernahme elterlicher oder von anderen Autoritäten vermittelter Glaubensinhalte ohne vertiefende Reflexion. Die religiöse Wissensaneignung findet in vertiefter Form erst im Studium statt. Bei den Wertevermittler:innen und den Reflektier:innen ist die Religiosität sehr hoch, wobei sie sich bereits in der

Pubertät intensiv mit der Religion auseinandersetzen. Heller (2009) betont bei der Erfassung und Darstellung von Religiosität bei Studierenden der Evangelischen und Katholischen Theologie (55 % im Lehramts- und 45 % im Pfarramtsstudium), dass Studierende im Pfarramt häufigeres Gebetsverhalten zeigen, über umfassenderes Wissen verfügen und sich stärker an der Bibel im Vergleich zu Lehramtsstudierenden orientieren. Heller (2009) identifiziert hierbei fünf unterschiedliche religiöse Typen: liberaler Typ (geringes Wissen über die eigene Religion, geringe rituelle Aktivität – vor allem unter Lehramtsstudierenden und Frauen), zwei „in Glaubensfragen unentschiedene" Typen (sehr rituell aktiv, überwiegend Studierende im Pfarramt mit hohem Wissen; überwiegend Lehramtsstudierende mit geringem Wissen) und zwei orthodoxe Typen (sehr rituell aktiv, überwiegend Studierende im Pfarramt mit hohem Wissen; überwiegend Lehramtsstudierende mit geringem Wissen).

Die Religiosität der Eltern reicht nach Glock (1969) und Boos-Nünning (1972) – bis auf wenige Ausnahmen in nichtreligiösen Elternhäusern – von mittel bis hoch, wobei die Einhaltung religiöser Vorschriften innerhalb der Familie bei den Wissenvermittler:innen eher locker und unreflektiert ist. Auch bei den Wertevermittler:innen erfolgt die religiöse Ausübung der Religion durch die Eltern ebenfalls eher tendenziell traditionell, oftmals mechanisch und kaum reflektiert. Bei den Reflektierer:innen ist die Religiosität der Eltern hoch, ebenfalls traditionell, wobei jedoch eine hohe Wichtigkeit auf Reflexion und auf allgemein gültige allgemein menschliche und damit interreligiös bedeutsame Werte gelegt wird.

In Bezug auf die Rollenverteilung der Eltern ist bei den Wissenvermittler:innen oft ein starkes Ausleben der Geschlechterrollen zu beobachten, wobei der Vater als Geldverdiener und die Mutter für den Haushalt und die Kindererziehung zuständig ist. Bei den Wertevermittler:innen gibt es keine starre Rollenverteilung, Entscheidungen werden gemeinsam getroffen. Bei den Reflektierer:innen variiert die Rollenverteilung zwischen beiden Elternteilen, wobei Entscheidungen verhandelt werden.

Der Erziehungsstil der Eltern variiert nach Liebenwein (2008) stark. Bei den Wissenvermittler:innen ist er eher locker, jedoch wird eine strenge Einhaltung muslimisch-traditioneller bzw. christlich-religiöser Werte praktiziert, wobei die Mutter oft strenger als der Vater erlebt wird. Bei den Wertevermittler:innen handelt es sich um einen autoritativen Erziehungsstil mit hoher Wärme, niedriger Kontrolle nach innen und hoher Kontrolle nach außen. Bei den Reflektierer:innen wurde weniger streng und liebevoller erzogen. Der religiöse Erziehungstyp der Eltern variiert nach Uygun-Altunbaş (2017) von einem ritualistischen Typ bei den Wissenvermittler:innen über einen idealistischen Erziehungstyp bei den Wertevermittler:innen bis hin zu einem ethischen Erziehungstyp bei den Reflektierer:innen.

9.4 Gegenüberstellung der erarbeiteten Typen

In der folgenden Tab. 9.1 wird überblicksartig die eigene Religiosität der Interviewten sowie die Religiosität der Eltern und das erlebte Erziehungsverhalten in allgemeiner wie auch in religiöser Hinsicht zusammengestellt.

Tab. 9.1 Religiosität der Interviewten sowie Religiosität der Eltern

	Wissensvermittler:innen	Wertevermittler:innen	Reflektierer:innen
Religiosität der Interviewten nach Glock (1969) und Boos-Nünning (1972)	Mittel bis hoch, jedoch traditionelle Übernahme; Religiöse Wissensaneignung erst im Studium	Hoch bis sehr hoch, nach der eigenen Auseinandersetzung mit der Religion in der Pubertät (noch vor dem Studium)	Sehr hoch, nach der eigenen Auseinandersetzung mit der Religion in der Pubertät (noch vor dem Studium)
Erziehungsstil der Eltern nach Liebenwein (2008)	Eher locker, jedoch Einhaltung religiöser Werte, liebevoll; Mutter oft strenger erlebt als Vater Autoritativer Erziehungsstil: hohe Wärme, niedrige Kontrolle, außer nach außen	Weniger streng, liebevoll Autoritativ-demokratischer Erziehungsstil: hohe Wärme, mittlere Kontrolle	Fürsorglich, streng, aber liebevoll, Eltern als Mentor:innen Autoritativer Erziehungsstil: hohe Wärme, hohe Kontrolle
Religiöser Erziehungstyp der Eltern nach Uygun-Altunbaş (2016)	Ritualistischer Typ Kein Zwang Religion zu Hause auszuüben, jedoch nach außen „Schein wahren"	Idealistischer Typ kein Zwang zur Ausübung	Ethischer Typ „Universelle Erziehung" Hohe Werteorientierung
Religiosität der Eltern nach Glock (1969) und Boos-Nünning (1972)	Mittel bis hoch, nach außen gerichtet, Einhaltung religiöser Vorschriften innerhalb der Familie eher locker, kaum Reflexion	Hoch, jedoch traditionelle Ausübung, kaum Reflexion	Hoch, jedoch traditionelle Ausübung, Reflexion von allgemein gültigen Werten
Rollenverteilung der Eltern	Starke Geschlechterrollen: Vater Geldverdiener, Mutter Haushalt und Kindererziehung	Keine starre Rollenverteilung Gemeinsame Entscheidungen	Keine starre Rollenverteilung; entweder beide berufstätig oder starkes Engagement

Zusammenfassend zeigen diese verschiedenen Typen unterschiedliche Herangehensweisen an die Religion, die von der Intensität der Religiosität, dem Erziehungsstil der Eltern, der religiösen Erziehung, den Erziehungsmethoden und der beruflichen Situation der Eltern geprägt sind. Die Rolle der eigenen Auseinandersetzung mit der Religion in der Pubertät und die Reflexion von religiösen Werten spielen ebenfalls eine wichtige Rolle in diesem Kontext.

9.4.2 Gendereinstellungen

Die Analyse der drei Gruppen – Wissensvermittler:innen, Wertevermittler:innen und Reflektierer:innen – legt bedeutsame Unterschiede in Bezug auf die als Ideal erachteten Familienstrukturen und die Rollenverteilungen zwischen Frauen und Männern in der Gesellschaft und im Familienkontext offen. Diese Unterschiede sind das Ergebnis von kulturellen und sozialen Einflüssen sowie individuellen Werthaltungen und auch religiösen Einstellungen.

Die Gruppe der Wissensvermittler:innen zeichnet sich durch eine ausgeprägtere Betonung traditioneller Geschlechterrollen aus. In dieser Gruppe liegt die Hauptverantwortung für die Kindererziehung idealerweise bei der Mutter, während der Vater die Rolle des Geldverdieners und Unterstützers in der Erziehung übernimmt. Dies weist auf eine Einstellung hin, die klare Rollen und Hierarchien innerhalb der Familie präferiert.

Im Gegensatz dazu streben die Wertevermittler:innen eine flexiblere Rollenverteilung an. Hier existieren keine starren Geschlechterrollen, und Entscheidungen sollen in der Familie gleichberechtigt getroffen werden. Dies spiegelt einen erwünschten autoritativ-demokratischeren Ansatz in der Erziehung wider, bei dem die Meinungen aller Familienmitglieder gleichermaßen berücksichtigt werden sollen. Diese Flexibilität könnte auf eine Offenheit gegenüber sozialen Veränderungen und eine Anpassung an neue Wertvorstellungen hinweisen.

Die Reflektierer:innen betonen ebenfalls die Notwendigkeit, sich an den individuellen Bedürfnissen jedes Familienmitglieds zu orientieren. Obwohl die traditionelle Rollenverteilung reflektiert wird, zeigt sich eine Bereitschaft zur Anpassung, um den individuellen Bedürfnissen gerecht zu werden. Dies zeugt von einer ausgeprägten Flexibilität und Offenheit in Bezug auf die Familienstruktur und die Rollenverteilung (Tab. 9.2).

9.4 Gegenüberstellung der erarbeiteten Typen

Tab. 9.2 Gendereinstellungen der Interviewten

	Wissensvermittler:innen	Wertevermittler:innen	Reflektierer:innen
Erlebte Rollenverteilung in der Familie	Erziehung der Kinder Aufgabe der Mutter, Vater als Geldverdiener und Unterstützer bei Erziehung	Keine starre Rollenverteilung; Diskussion von Entscheidungen in der Familie	Gleichberechtigung der Geschlechter bei Erziehung der Kinder, Haushalt und finanzieller Versorgung der Familie
Geplante Rollenverteilung	Traditionelle Rollen Erziehung der Kinder als Aufgabe der Frau, Mann als Unterstützer	Reflexion der traditionellen Rollen Entscheidung liegt jeweils bei der Familie	Gleichberechtigung bei der Aufgabenverteilung Aushandlung innerhalb der Partnerschaft

Zusammenfassend verdeutlichen diese Unterschiede die Vielfalt von Werthaltungen und Anpassungen in Bezug auf erlebte Geschlechterrollen und eine geplante Rollenverteilung in den Familien. Sie spiegeln auch wider, wie verschiedene Faktoren wie kulturelle Veränderungen, religiöse Überzeugungen und soziale Einflüsse der eigenen sozialisatorischen Bedingungen in den Familien, die durch die Befragten selbst gewünschten späteren Familienstrukturen und -praktiken beeinflussen können. Dies verdeutlicht, wie Familien in unterschiedlichen Kontexten auf diese Einflüsse reagieren und verschiedene Ansätze zur Gestaltung ihres Familienlebens verfolgen.

9.4.3 Politische Einstellungen

Die Wissensvermittler:innen sehen die Gebote und Verbote der Religion als wichtiger an als die Gesetze der staatlichen Institutionen in Deutschland, erkennen aber keinen grundsätzlichen Widerspruch zwischen dem Grundgesetz und der Religion. Sie verfügen nach Eigenaussage lediglich über begrenztes Wissen über rechtliche Angelegenheiten. Die Wertevermittler:innen legen einen starken Fokus auf das Grundgesetz und betonen die Notwendigkeit, sich an die Gesetze staatlicher Instanzen zu halten. Sie führen einen intensiven Reflexionsprozess bezüglich der Beziehung zwischen Religion und Demokratie und betrachten Religion als eine persönliche Angelegenheit. Die Reflektierer:innen erkennen die universale Bedeutung des Grundgesetzes und sehen keinen grundsätzlichen Widerspruch zwischen Staat und Religion. Sie setzen sich intensiv mit den Inhalten des Grundgesetzes und deren Umsetzung in der Realität auseinander. Ihre Haltung ist von einer tiefgehenden Reflexion über demokratische Werte und Prinzipien geprägt. In der Tab. 9.3 sind die politischen Einstellungen der vorgestellten Typen überblicksartig zusammengefasst. Sie präsentiert eine differenzierte Betrachtung der Einstellungen und Haltungen von drei unterschiedlichen Typen: den Wissensvermittler:innen, den Wertevermittler:innen und den Reflektierer:innen. Die Betrachtung erfolgt in verschiedenen Schlüsselbereichen, die tiefgehende Einblicke in die Denkweisen und Einstellungen dieser Gruppen ermöglichen.

Tab. 9.3 Politische Einstellungen nach vorgestellten Typen

	Wissensvermittler:innen	Wertevermittler:innen	Reflektierer:innen
Einstellung zur Integration und Identifikation mit Deutschland (nur für muslimische Studierende)	Starke Identifikation mit dem Herkunftsland der Eltern Enorme Rolle der kulturellen Zugehörigkeit Keine scharfe Trennlinie zwischen Religion und Herkunft Ethnische Zugehörigkeit stärker als Religionszugehörigkeit	Starke Identifikation mit Deutschland: „hier geprägt, hier geboren"	Intensive Auseinandersetzung mit Fragen der Identität, aber Frage nach der ethnischen und religiösen Zugehörigkeit persönlich ohne Bedeutung Starke Identifikation mit der Geburtsstadt: „dort geboren und dort aufgewachsen" Kritik an Zuweisung der Identität durch Andere Deutliche Trennung Religion vs. Herkunft
Einstellung zu Demokratie und Rechtsstaat	Kein Widerspruch zwischen Grundgesetz und der Religion Wenig Wissen über die Gesetze	Enorme Bedeutung des Grundgesetzes Notwendigkeit, sich an die Gesetze des Landes, in dem man lebt, zu halten Intensiver Reflexionsprozess Religion ist individuell	Universale Bedeutung des Grundgesetzes Keine Widersprüche im Verhältnis Staat und Religion Intensive Auseinandersetzung mit den Rechten des Grundgesetzes und deren Verwirklichung in der Realität

Zusammenfassend lässt sich feststellen, dass die **Wissensvermittler:innen** kaum über Wissen hinsichtlich der Gesetze verfügen, während die **Wertevermittler:innen** eine tiefere Reflexion über die Beziehung zwischen Religion und Demokratie aufweisen. Die **Reflektierer:innen** zeichnen sich durch eine starke Betonung individueller Entscheidungen und Reflexionen aus und heben die Bedeutung universaler Werte hervor. Die Unterschiede in diesen Haltungen spiegeln die Vielfalt der Ansichten und Überzeugungen innerhalb dieser Gruppen wider, wobei individuelle Erfahrungen und Reflexionen eine entscheidende Rolle spielen.

9.5 Zuordnung unterschiedlicher Studierendengruppen zu den vorgestellten Typen

Die Auswertung der Interviews sowie die Zuordnung der unterschiedlichen Studierendengruppen, nämlich der Studierenden der Islamischen Theologie mit und ohne Lehramtsoption sowie der Katholischen Theologie mit Lehramtsoption zu den drei Typen wird im Folgenden detaillierter dargestellt.

Durch die Berücksichtigung der Interviews mit den Studierenden der Islamischen Theologie ohne Lehramtsoption und den Studierenden der Katholischen Theologie mit Lehramtsoption bei der Auswertung und Typisierung ergeben sich einige Ergänzungen der in den früheren Publikationen vorgestellten Typen. Bisherige Untersuchungen basierten nur auf die Auswertung von Interviews mit Studierenden der Islamischen Theologie mit Lehramtsoption (Stein et al. 2017; Zimmer et al. 2017, 2019a; Ceylan et al. 2019, Stein und Zimmer 2023a). Eine Erweiterung des Typus zeigen insbesondere die Aufgaben einer Lehrkraft bzw. des Religionsunterrichts eine Erweiterung des Typus.

So wird die Wissensvermittlung beim ersten Typus, den Wissensvermittler:innen, durch die Studierenden der Katholischen Theologie um zwei Aspekte erweitert, nämlich einerseits um die Aufgabe der Wissensvermittlung mit Vorbildfunktion und andererseits um die Auffassung der Studierenden der Katholischen Theologie, dass der Religionsunterricht und die Religionslehrkraft sich bei der Wissensvermittlung von anderen Fächern nicht unterscheide, da wissenschaftlich abgestützte Wissensinhalte vermittelt würden und weniger eine glaubensbasierte Katechese betrieben würde. Zudem seien alle Lehrkräfte für die pädagogische Begleitung aller Schüler:innen zuständig oder sollten bei ethischen Fragestellungen Ansprechpartner:innen sein. Die Studierenden der Islamischen Theologie ohne Lehramtsoption erweitern diesen Typus durch die Betonung der Repräsentationsaufgabe eines islamischen Theologen bzw. einer islamischen Theologin in einer christlich oder säkular geprägten Gesellschaft.

Tab. 9.4 Zuordnung der Studierenden zu den erarbeiteten Typen[1]

	Studierende Islamischer Theologie mit Lehramtsoption (n = 32)	Studierende Islamischer Theologie ohne Lehramtsoption (n = 17)	Studierende Katholischer Theologie mit Lehramtsoption (n = 30)
Wissensvermittler:innen/ Repräsentant:innen (n = 36)	14	7	15
Wertevermittler:innen/ Brückenbauer:innen (n = 25)	9	10	6
Reflektierer:innen/ Universalist:innen/(n = 18)	9	Keine	9
Gesamt: n = 79	32	17	30

Auch beim zweiten Typus, den Wertevermittler:innen, erfolgt eine Erweiterung der Kategorie um die Wertevermittlung, die besonders von Lehramtsstudierenden der Katholischen und Islamischen Theologien hervorgehoben wird. Die Äußerungen der Studierenden der Islamischen Theologie mit Lehramtsoption zur Bedeutung der Verteidigung bzw. Erklärung der eigenen Religion gegenüber der Mehrheitsgesellschaft in Deutschland wird in der Bezeichnung „Brückenbauer:innen" der Studierenden der Islamischen Theologie ohne Lehramtsoption mitberücksichtigt.

Beim dritten Typus ist keine Erweiterung notwendig (Tab. 9.4).

Die Mehrheit der Studierenden ohne Lehramtsoption ist beim Typ Wertevermittler:innen zu verorten. Die Mehrheit der Studierenden mit Lehramtsoption beim Typ Wissensvermittler:innen. Zudem wird deutlich sichtbar, dass Typ 3 – Reflektierer:innen – zwar stark bei den Studierenden mit Lehramtsoption vertreten ist, jedoch deutlich weniger bei den Studierenden ohne Lehramtsoption.

Im Folgenden soll zunächst auf die Unterschiede und Gemeinsamkeiten der untersuchten Gruppen von Studierenden nach den erarbeiteten Kategorien eingegangen werden. Im Anschluss darauf wird die Zuordnung zu den herauskristallisierten Typen erläutert.

---

[1] Wie bereits beschrieben: Zur weiteren Auswertung werden bei den Studierenden der Islamischen Theologie mit Lehramtsoption 32 Interviewtranskripte und bei den Studierenden der Islamischen Theologie ohne Lehramtsoption 17 Interviewtranskripte genutzt. Jeweils zwei Interviews werden aufgrund der mangelnden Qualität des Datenmaterials nicht in die Auswertung einbezogen.

9.5 Zuordnung unterschiedlicher Studierendengruppen zu den ...

Erziehung

In Bezug auf die Erziehungserfahrungen der unterschiedlichen Gruppen von Studierenden – nämlich Studierende der Islamischen Theologie mit Lehramtsoption, Studierende der Islamischen Theologie ohne Lehramtsoption und Studierende der Katholischen Theologie auf Lehramt – zeigen sich bestimmte Muster und Unterschiede in Bezug auf die erlebte Erziehung und die religiöse Prägung in der Kindheit und Jugend durch die Erziehung und Sozialisation im Elternhaus, aber auch durch Moschee- und Kirchengemeinden sowie den Religionsunterricht.

Die *Studierenden der Islamischen Theologie mit Lehramtsoption* weisen Ähnlichkeiten mit den Aussagen der Studierenden der Islamischen Theologie ohne Lehramtsoption auf. In dieser Gruppe von Studierenden spielte die religiöse Erziehung eine wichtige Rolle; der Besuch der Moschee und das Auswendiglernen religiöser Texte waren gängige Praktiken seit der Kindheit. Die Eltern dieser Studierenden haben oft ein begrenztes Wissen über die Religion. Es wird betont, dass die Studierenden die Freiheit hatten, ihre religiöse Praxis selbst zu gestalten. Es wird auf die Vermittlung von universellen und humanistischen Werten hingewiesen, die nicht notwendigerweise religiös begründet wurden.

Die *Studierenden der Islamischen Theologie ohne Lehramtsoption* heben hervor, dass sie eine starke religiöse Erziehung erfahren hätten. Die religiöse Bildung begann bereits im Vorschulalter mit dem Besuch von Moscheen und dem Auswendiglernen religiöser Texte. Die Eltern spielten in dieser Erziehung eine weniger wichtige Rolle und verfügen oft nur über ein begrenztes religiöses Wissen.

Die *Studierenden der Katholischen Theologie auf Lehramt* berichten, dass sie überwiegend eine liebevolle und demokratische Erziehung erlebt hätten. Die Eltern dieser Studierenden haben ihren Kindern (religiöse) Lebenswege aufgezeigt, ohne Zwang auszuüben. Dabei wird nur selten eine ausdrückliche religiöse Erziehung oder der regelmäßige Besuch von religiösen Einrichtungen wie Kirchen erwähnt. Die Mütter werden als strenger in der Erziehung angesehen als die Väter. Insgesamt scheint die Erziehung dieser Gruppe von Studierenden von einem liebevollen und demokratischen Ansatz geprägt gewesen zu sein, wobei die religiöse Erziehung weniger im Vordergrund stand.

Zusammenfassend zeigen die Aussagen der Interviewten, dass die Studierenden der Islamischen Theologie ohne und mit Lehramtsoption ähnliche Erfahrungen in Bezug auf ihre religiöse Erziehung gemacht haben. Die Moscheebildung und das begrenzte religiöse Wissen der Eltern sind in beiden Gruppen gemeinsame Merkmale. Ein entscheidender Unterschied besteht jedoch darin, dass die Studierenden der Islamischen Theologie mit Lehramtsoption weniger Gewalt in der Erziehung erfahren haben und überwiegend betonen, dass sie die Freiheit hatten, ihre religiöse Praxis selbst zu gestalten. Im Gegensatz dazu gibt es in den Interviews mit den Studierenden der Katholischen Theologie auf Lehramt kaum Hinweise auf eine dezidierte oder intensive religiöse Erziehung.

Studienmotivation
Die Studierenden der Katholischen Theologie auf Lehramt sowie der Islamischen Theologie mit und ohne Lehramtsoption unterscheiden sich in ihren Beweggründen und Motivationen für das Studium deutlich voneinander.

Die *Studierenden der Islamischen Theologie mit Lehramtsoption* werden von dem Wunsch angetrieben, positive Veränderungen in Bezug auf die Vermittlung des Islam und religiöser Bildung herbeizuführen. Diese Studierenden legen besonderen Wert darauf, Religion in deutscher Sprache zu unterrichten und setzen sich entschieden gegen extremistische Ansichten und Fehlinformationen über den Islam ein. Sie sehen das Lehramtsstudium als eine Möglichkeit, gegen die Verbreitung von extremistischen Ansichten in der muslimischen Gemeinschaft vorzugehen und die Jugendlichen vor Radikalisierung zu schützen. Diese Gruppe ist besonders sensibel für die Art und Weise, wie der Islam in Deutschland unterrichtet wird, und sie möchten sicherstellen, dass dies auf eine Art und Weise geschieht, die den Prinzipien der Toleranz, Integration und kulturellen Vielfalt entspricht.

Die *Studierenden der Islamischen Theologie ohne Lehramtsoption* wählen das Studium der Islamischen Theologie bewusst, basierend auf dem Wunsch, sich mit der eigenen Religion weiterhin stark auseinandersetzen zu können. Zudem betonen die Studierenden ohne Lehramtsoption überwiegend, dass sie sich schon vor dem Studium kritisch mit der eigenen Religion auseinandergesetzt hätten. Die befragten Studierenden schätzen sich als stark religiös ein. Stark religiös zu sein bedeutet hier für die Studierenden, sich mit ihrer Religion auseinandersetzen zu können, in der Gemeinschaft aktiv zu sein sowie das tägliche Praktizieren der religiösen Rituale und Gebete. Dabei wird hier betont, dass vor allem das Praktizieren eine private Angelegenheit zwischen dem Gläubigen und Gott sei. Die Studierenden der Islamischen Theologie ohne Lehramtsoption verfügen bereits über erhebliche Vorkenntnisse über den Islam, oft aufgrund ihrer Herkunft oder ihres familiären Hintergrunds. Für sie dient das Studium der Islamischen Theologie dazu, ihr bereits vorhandenes Wissen zu formalisieren und zu vertiefen. Sie empfinden das Studium als weniger anspruchsvoll, da sie bereits über solide Grundkenntnisse verfügen. Das Studium der Islamischen Theologie wird einerseits als private Angelegenheit bezeichnet, da die Studierenden ein großes Interesse daran haben, sich mit der eigenen Religion kritisch auseinandersetzen zu können, andererseits wird stark kritisiert, dass der Studiengang der Islamischen Theologie – solange nicht mit der Lehramtsoption studiert wird – keine beruflichen Perspektiven einschließe bzw. keine berufliche Verwertung bestehe. Da viele Studierende das Studium bewusst ausgewählt haben, mit dem Ziel, tieferes Wissen über die eigene Religion zu erlangen, spielen die Inhalte des Studiums in den Interviews eine enorme Rolle. Die Interviewten betonen, dass das Studium ihnen die Möglichkeit gebe, die eigene Religion auch von einer anderen Seite kennenzulernen, da man sich im Studium nicht nur mit der Theologie, sondern auch mit Politik und Philosophie auseinandersetze. Kritisch angemerkt wird hierbei, dass sehr viele Aspekte in ein kurzes Studium inkludiert worden seien und man kaum Zeit für die Reflexion habe. Während in vielen Moscheen Türkisch gesprochen werde und die türkeistämmigen Muslim:innen zusammenkämen, biete das Studium die Möglichkeit des Zusammenkommens mit allen Muslim:innen, unabhängig von der gelesenen bzw. markierten ethnischen Zugehörigkeit. Es wird jedoch auch angemerkt, dass die kritische Auseinandersetzung mit der Religion im Studium dazu führen könne, am Glauben zu zweifeln und sogar zur Konsequenz des Studienabbruchs führen könne. Andererseits betont man auch, dass man vor allem durch dieses neu erworbene Wissen Gott näherkomme. Anders als bei den Studierenden mit Lehramtsoption nimmt das Thema Studium der Islamischen Theologie sehr viel Platz in den geführten Interviews ein, vor allem hinsichtlich der kritischen Stimmen zu den beruflichen Chancen der ausgebildeten Theolog:innen. Hier betonen die Studierenden, dass sie ein Zweitstudium benötigen, um überhaupt berufliche Chancen zu haben; es wird stark thematisiert, dass gut ausgebildete Theolog:innen auch vom Staat unterstützt werden sollten, vor allem wegen des positiven Beitrags für die Gesellschaft, da die Studierenden über inhaltliche und methodische Kompetenzen verfügen würden, um das Islamverständnis in der Gesellschaft in Deutschland zu vervollständigen bzw. an die aktuelle Situation anzupassen. Die Theolog:innen sehen sich als Brücke zwischen dem Islam und den Muslim:innen wie auch Nicht-Muslim:innen. Für sie ist es wichtig, etwas in der Gesellschaft zu bewegen und in einen Dialog zwischen den Religionen zu treten.

Die Studierenden der Islamischen Theologie mit und ohne Lehramtsoption berichten von vielen Diskriminierungen aufgrund der Religion bei der Einstellung. Vor allem für Trägerinnen der muslimischen Kopfbedeckung scheint der Weg in die Arbeitswelt erschwert zu sein. Die Kritik an gesellschaftlichen Diskriminierungen bzw. die Auseinandersetzung mit der sogenannten Kopftuchdebatte führt dazu, dass das Kopftuchtragen von den befragten Studierenden als mutig empfunden wird. Somit wird das Kopftuch zwar in der Gesellschaft häufig als ein Zeichen der Unterdrückung gedeutet, von den befragten Muslim:innen jedoch oftmals als Zeichen eines muslimischen Selbstbewusstseins. Die Kritik der Mehrheitsgesellschaft wird in mehreren Interviews zum Thema. Dabei betonen die Interviewten, dass das Gefühl „deutsch zu sein" ihnen von außen lange Zeit aberkannt wurde und weiterhin wird, sodass sie es sich auch selbst nicht vorstellen können, offen zu sagen, sie seien deutsch, obwohl sie das starke Gefühl haben, in Deutschland dazuzugehören.

Die *Studierenden der Katholischen Theologie mit Lehramtsoption* beabsichtigen, ihr Wissen über die Religion zu vertiefen und dieses Wissen dann an andere weiterzugeben, insbesondere an die jüngere Generation. Für sie ist die Religion von zentraler Bedeutung und sie möchten sicherstellen, dass die Prinzipien und Werte ihrer Religion authentisch und korrekt vermittelt werden. Sie sehen sich selbst als Botschafter:innen ihrer Religion und glauben an die Wichtigkeit der Vermittlung von religiösem Wissen an die kommenden Generationen. Die Motivation dieser Gruppe ist stark in der religiösen Überzeugung und der Verantwortung begründet, dieses Wissen an andere weiterzugeben. Die Studierenden der Katholischen Theologie kritisieren bei der Betrachtung der Gesellschaft und Religion insbesondere die Strukturen der Katholischen Kirche und weisen darauf hin, dass die Gleichberechtigung der Geschlechter nicht stattfindet.

Zusammenfassend ist diesen drei Gruppen trotz aller Unterschiede gemeinsam, dass sie die Rolle der Religionslehrkraft bzw. der Theolog:innen als eine Möglichkeit sehen, zur Weitergabe von religiösem Wissen und zur Förderung religiöser Werte beizutragen. Sie schätzen die Bedeutung der Lehrtätigkeit für die Identitätsbildung und religiöse Bildung der Schüler:innen, unabhängig von deren individuellen Beweggründen und Hintergründen.

Gendereinstellungen
Der Vergleich der Lehramtsstudierenden der Katholischen Theologie, der Islamischen Theologie und der Lehramtsstudierenden der Islamischen Theologie zeigt einige Gemeinsamkeiten und Unterschiede in ihren Ansichten und Einstellungen in Bezug auf das Frau-Mann-Verhältnis. Eine Gemeinsamkeit besteht darin, dass die Gleichberechtigung von Mann und Frau in allen drei Gruppen als wichtig erachtet wird. Die meisten Studierenden betonen die Gleichstellung der Geschlechter in verschiedenen Bereichen des Lebens. Sie heben hervor, dass es keine vorgegebene feste Lösung für die familiäre Aufgabenverteilung zwischen Mann und Frau geben sollte, sondern dass dies in der Partnerschaft ausgehandelt werden sollte. Eine weitere Gemeinsamkeit ist die Betonung einer partnerschaftlichen Aufgabenverteilung. Sowohl Lehramtsstudierende der Katholischen Theologie als auch Studierende der Islamischen Theologie sprechen sich für eine partnerschaftliche Aufgabenverteilung in der Familie aus. Sie vertreten

die Ansicht, dass sowohl Männer als auch Frauen Verantwortung für Haushalt und Kindererziehung tragen sollten.

In den Interviews der *Studierenden der Islamischen Theologie mit und ohne Lehramtsbezug* werden oft religiöse Bezüge hergestellt, um die Aufgabenverteilung zwischen Mann und Frau zu erklären. Hier wird betont, dass Männer deutlich mehr Pflichten hätten, wie z. B. die finanzielle Versorgung der Familie. Diese finanzielle Versorgung wird als religiöse Aufgabe der Männer im Islam gesehen.

In der Gruppe der *Lehramtsstudierenden der Katholischen Theologie* gibt es unterschiedliche Ansichten zur rollenbezogenen Aufgabenverteilung in der Familie. Einige Interviewten unterstreichen, dass beide Partner:innen zur finanziellen Sicherheit beitragen sollten. Hier wird auch kritisch auf die traditionellen Ansichten der katholischen Kirche zur Rolle der Frau eingegangen. Ein weiterer Unterschied besteht in der Betrachtung der Berufstätigkeit der Frau. Während in den Interviews der Lehramtsstudierenden der Katholischen Theologie die Berufstätigkeit der Frau als selbstverständlich angesehen wird, verweisen einige der Studierenden der Islamischen Theologie darauf, dass die Frau die Wahl habe zu arbeiten oder sich auf die Erziehung der Kinder zu konzentrieren.

Die Erziehung der Kinder wird in allen Gruppen als wichtige familiäre Aufgabe markiert, wobei die Studierenden der Katholischen Theologie die partnerschaftliche Erziehung der Kinder hervorheben. In der Gruppe der Studierenden der Islamischen Theologie findet sich in einigen Interviews demgegenüber eine stärkere Betonung der Mutterrolle in der Erziehung. Zudem wird auf Generationenunterschiede hingewiesen, insbesondere in den Interviews mit Studierenden der Islamischen Theologie. Die jüngere Generation habe häufig eine flexiblere Einstellung zur Geschlechterrollenverteilung und betone die Bedeutung der Gleichberechtigung von Mann und Frau in Deutschland.

Zusammenfassend zeigen diese Vergleiche, dass es Unterschiede und Gemeinsamkeiten in den Ansichten der Studierenden der drei Gruppen gibt, die auf religiöse Überzeugungen, kulturelle Hintergründe und persönliche Einstellungen zurückzuführen sind.

Politische Einstellungen

Die Interviews mit Lehramtsstudierenden der Islamischen Theologie und der Katholischen Theologie sowie mit Studierenden der Islamischen Theologie ohne Lehramtsoption zeigen deutliche Unterschiede in ihren Ansichten zur Verbindung von Religion und dem deutschen Rechtssystem.

In Bezug auf die deutsche Verfassung und die Rolle der Religion in der Gesellschaft zeigen die *islamischen Theologiestudierenden mit und ohne Lehramtsoption* eine große Heterogenität und Vielfalt der Ansichten. Einige, insbesondere Studierende auf Lehramt, äußern Vorbehalte gegenüber demokratischen Prinzipien und westlichen Werten und sehen diese im Konflikt mit dem Islam. Sie betonen die Priorität strenger islamischer Gebote und sehen die von ihnen so benannten westlichen Gesetze als weniger wichtig an. Andere hingegen beschreiben die Kompatibilität von Demokratie und Menschenrechten mit dem Islam und akzeptieren die deutschen Gesetze als mit ihrer Religion vereinbar.

Die *katholischen Theologiestudierenden* hingegen sehen die christlichen Werte als fundamentale Grundlage des deutschen Grundgesetzes an, erklären jedoch gleichzeitig, dass religiöse Gebote nicht über den Gesetzen in Deutschland stehen sollten.

Für einige Studierende aller drei Gruppen ist eine zeitgemäße Interpretation der religiösen Schriften unbedingt erforderlich.

Zusammenfassend zeigen die Interviews, dass die Islamischen Theologiestudierenden uneinheitlicher in ihren Ansichten über die deutsche Verfassung und den Konflikt zwischen Religion und Gesetz sind, während die katholischen Theologiestudierenden in Bezug auf die Prägung des Grundgesetzes durch christliche Werte und die Unvereinbarkeit einiger Bibelverse mit dem Grundgesetz einheitlicher in ihren Ansichten sind.

Religiosität und Rolle von Lehrkräften und Theolog:innen
Die Vergleiche zwischen den drei Gruppen – Lehramtsstudierende der Islamischen Theologie, Studierende der Islamischen Theologie und Lehramtsstudierende der Katholischen Theologie – zeigen unterschiedliche Schwerpunkte und Ansichten in Bezug auf den Religionsunterricht und die Rolle der Lehrkraft.

Die *Lehramtsstudierenden der Islamischen Theologie* betonen die Vermittlung spezifischer Aspekte und Werte des Islam als eine der größten Aufgaben von Religionslehrkräften. Sie legen großen Wert auf die Einhaltung von Ritualen und Geboten und sehen sich als potenzielle Ansprechpartner:innen, Vorbilder und Repräsentant:innen ihrer Religion für die Schüler:innen, aber auch die Mehrheitsgesellschaft. Insbesondere für die Kinder und Jugendlichen seien Lehrkräfte unabhängige Berater:innen und Vermittler:innen von Wissen und Werten. Als wichtig erachten sie den Unterricht in deutscher Sprache, um das Wissen über den Islam in der zumeist gängigen Alltagssprache der Kinder und Jugendlichen zu vermitteln. Als eine wichtige Aufgabe und Teil ihrer Rolles betrachten sie die Prävention von extremistischen Interpretationen des Islam.

Studierende der Islamischen Theologie ohne Lehramtsoption betonen die Vielfalt der möglichen Tätigkeiten für islamische Theolog:innen, nicht nur im islamischen Religionsunterricht, sondern auch in der Gemeindearbeit oder der

Sozialen Arbeit. Sie verstehen sich als Multiplikator:innen und Vermittler:innen zwischen verschiedenen Gemeinschaften und stellen ebenfalls die Bedeutung der Sozialen Arbeit und der Radikalisierungsprävention in den Vordergrund. Eines ihrer explizit benannten Ziele ist es, das Bild des Islam in den Medien zu verbessern und ein realistischeres Bild zu fördern. Sie interpretieren ihre Rolle als Förderung des interreligiösen Dialogs und der Toleranz.

Lehramtsstudierende der Katholischen Theologie haben vier hauptsächliche Ziele, die im Religionsunterricht verfolgt werden sollten, nämlich Wissensvermittlung, Informationsweitergabe, kritisches Hinterfragen und individuelle Glaubensentwicklung. Die Rolle der Lehrkraft reiche dabei von der reinen Wissensvermittlung bis hin zur Begleitung der Schüler:innen auf ihrem persönlichen Glaubensweg. Ethik und Toleranz seien wichtige Aspekte im katholischen Religionsunterricht. Die Studierenden halten die Vermittlung von grundlegendem Glaubenswissen, insbesondere im christlichen Kontext, für essentiell, sehen aber auch die Lehrkräfte als Informationsträger:innen und unabhängige Berater:innen. In starkem Maße fokussieren die Lehramtsstudierenden der Katholischen Theologie im Unterricht auf die ethische Urteilsbildung und die Vermittlung von Werten und Normen der sogenannten christlichen Gesellschaft. Als wichtig bewerten sie die kritische Auseinandersetzung und das Hinterfragen von Religionen. Die Rolle der Lehrkraft umfasse die Unterstützung der Schüler:innen bei der Entwicklung ihres eigenen Glaubens und die Förderung von Toleranz.

Zusammenfassend lässt sich sagen, dass die Lehramtsstudierenden der Islamischen Theologie den Schwerpunkt auf die Vielfalt der Aufgaben im Religionsunterricht und in der Gemeindearbeit legen, während die Studierenden der Islamischen Theologie die Bedeutung der Prävention von Radikalisierung und des interreligiösen Dialogs betonen. Lehramtsstudierende der Katholischen Theologie legen den Fokus auf die Vermittlung von Glaubensinhalten und die ethische Bildung. In allen drei Gruppen spielt die Rolle der Lehrkraft als Vermittler:in von Wissen und Werten eine wichtige Rolle, jedoch mit unterschiedlichen Schwerpunkten und Ansichten.

Trotz der einiger Unterschiede zwischen den untersuchten Studierendengruppen kann festgehalten werden, dass die Unterschiede innerhalb einzelner Studierendengruppen als zwischen den Studierendengruppen stärker ausgeprägt sind und somit die Typisierung nicht entlang der Religionszugehörigkeit bzw. des Studienganges möglich ist. Die Tab. 9.1 bietet eine umfassende Analyse der Studierenden der Islamischen Theologie mit und ohne Lehramtsoption sowie der Katholischen Theologie anhand detaillierter Kategorien. Die drei

Typen – Wissensvermittler:innen/Repräsentant:innen, Wertevermittler:innen/ Brückenbauer:innen und Reflektierer:innen/Universalist:innen – geben Einblicke in die vielschichtigen religiösen Orientierungen und Motivationen der Studierenden.

Der *erste Typ, die Wissensvermittler:innen*, repräsentiert die höchste Anzahl von Studierenden der Katholischen Theologie mit Lehramtsoption (15), gefolgt von den Studierenden der Islamischen Theologie mit Lehramtsoption (14) und denen ohne Lehramtsoption (7). Insgesamt gehören 36 Studierende diesem Typus an. Die Religiosität dieses Typs ist von einer starken Beeinflussung durch die Erziehung in der Kindheit und Jugend geprägt, wobei die traditionellen religiösen Einstellungen der Eltern unkritisch übernommen werden. Der Wertekonzept von Schwartz charakterisiert sie als traditionell und sicherheitsorientiert. Ihre Religiosität wird anhand der Glaubensdimensionen von Glock beschrieben, wobei Religion als geschützter Ort interpretiert wird. Die interviewten Personen betonen die Bedeutung von Moscheen oder Kirchen, besuchen diese jedoch nur sporadisch und sind nur wenig ehrenamtlich engagiert. Der Religionsunterricht hat für sie hauptsächlich das Ziel, Wissen über die Glaubensgrundlagen zu vermitteln, wobei die eigene Religion im Vordergrund steht und interreligiöse Aspekte weniger beleuchtet werden sollen.

Der *zweite Typ, Wertevermittler:innen/Brückenbauer:innen*, zeigt eine ausgeglichene Verteilung. Hier sind die Studierenden der Islamischen Theologie ohne Lehramtsoption mit 10 Vertretern am stärksten vertreten, gefolgt von denen mit Lehramtsoption in Islamischer Theologie (9) und Katholischer Theologie (6). Insgesamt sind es 25 Studierende, die diesem Typ zugeordnet sind. Die Religiosität dieser Gruppe zeichnet sich durch eine selbst erarbeitete und hochreflexive Natur aus. Die Auseinandersetzung mit der Religion erfolgt eigenständig und motiviert, was zu einer bewussten Entscheidung für die eigene Religion im Erwachsenenalter führt. Die Wertevermittler:innen betonen die unerlässliche Bedeutung einer bewussten und selbstbestimmten Entscheidung für die Religion im Erwachsenenalter. Ihre religiöse Identität wird durch aktives und bewusstes Engagement für die Religion geformt. Gemäß dem Wertekonzept von Schwartz können sie den Bereichen der Selbstentfaltung, Anregung, Universalismus und Mildtätigkeit zugeordnet werden. Diese Kategorisierung weist auf ein ausgeprägtes Bedürfnis nach persönlicher Entwicklung und intellektueller Stimulation hin, wobei soziale Werte stark betont werden. Die interviewten Personen dieser Gruppe bezeichnen sich als hochreligiös und betonen die intensive Auseinandersetzung mit der Religion in der Pubertät als prägend. Die eigene Religion wird nicht als die absolute und einzig wahre Auffassung betrachtet, sondern es wird jedem Individuum das Recht auf freie religiöse Wahl gewährt. Der Glaube wird als individuelles

9.5 Zuordnung unterschiedlicher Studierendengruppen zu den ...

Gut betrachtet, und es wird betont, dass es falsch sei, sich über andere zu erheben. Die Wertevermittler:innen engagieren sich oft ehrenamtlich und suchen den Kontakt zur Gesellschaft, um aufzuklären und religiöse Werte zu vermitteln. Die Wahl des Studiums stellt für den Typus der Wertevermittler:innen eine logische Konsequenz aus der eigenständig erarbeiteten Religiosität dar. Das Studium wird dazu genutzt, sich intensiver mit der Religion auseinanderzusetzen. Im Religionsunterricht legen sie besonderen Wert darauf, nicht nur die Grundlagen der Religion zu vermitteln, sondern auch die Auseinandersetzung mit ihr zu ermöglichen. Die enorme Bedeutung dieser Auseinandersetzung mit der Religion besteht vor allem darin, extremistischen und radikalen Sichtweisen vorzubeugen. Die Studierenden dieser Gruppe betonen, dass die Lehrkraft nicht nur Wissen vermitteln, sondern auch als unabhängige Ansprechperson agieren sollte, etwa als Präventionshelfer:in oder Wegweiser:in im persönlichen Glauben.

Der *dritte Typ, Reflektierer:innen/Universalist:innen*, zeigt eine deutliche Präsenz bei den Studierenden der Katholischen Theologie mit Lehramtsoption (9) sowie der Islamischen Theologie mit Lehramtsoption (9). Insgesamt gehören 18 Studierende diesem Typ an. Die Religiosität dieses Typus kann als hoch bezeichnet werden und wird permanent hinterfragt. Die Auseinandersetzung mit der eigenen Religion beginnt in der Jugend und konzentriert sich auf die Umsetzung des Glaubens im täglichen Leben. Diese Gruppe zeichnet sich durch eine klare Unterscheidung zwischen Religion und Tradition aus und betont die erzieherische Funktion von Religion. Dies führt zu einem Verständnis von Religion, das über bloße dogmatische Lehren hinausgeht – es erfordert stetige Selbstreflexion und Verbesserung, anstatt andere auf ihre Fehler hinzuweisen. Diese Gruppe lässt sich nach Shalom H. Schwartz' Wertekonzept (1992) bei den Werten Anregung, Selbstentfaltung und Universalismus positionieren. Mit Anregung wird die Offenheit für Veränderungen und die Bereitschaft zu neuen Erfahrungen assoziiert, Selbstentfaltung zielt im Kontext des Wertekonzepts von Schwartz auf die Verwirklichung persönlicher Interessen und Fähigkeiten ab. Universalismus stellt zudem die Werte von sozialer Gerechtigkeit, Gleichheit, Respekt für alle Menschen und die Sorge um die Natur ins Zentrum. Die Reflektierer:innen betonen, dass die Kooperation und Auseinandersetzung mit anderen Religionen sowie das Streben nach einem aktiven und produktiven Zusammenleben als integrale Bestandteile des Unterrichts betrachtet werden sollten. Neben der Vermittlung von Wissen liegt der Fokus auf der Stärkung des Selbstbewusstseins von Kindern und Jugendlichen sowie der Bereitstellung von Möglichkeiten für eine intensive Auseinandersetzung und Reflexion über die Religion. Die Lehrkraft wird in erster Linie als Unterstützerin für die eigenständige Auseinandersetzung mit der Religion gesehen. Die Studierenden dieser Gruppe betonen zudem, dass die wichtigste Aufgabe der Lehrkraft darin besteht, die Schüler:innen auf ihrem Weg zur Entwicklung von Werten und Religion zu begleiten. Die Studierenden der Islamischen Theologie ohne Lehramtsoption identifizieren ebenfalls wesentliche Aufgaben der islamischen Theolog:innen, wobei der gegenseitige Respekt eine zentrale Rolle spielt. Das Hauptziel besteht darin, die Gemeinsamkeiten und Unterschiede mit anderen Religionen zu erkennen und zu respektieren. Der Dialog und die Zusammenarbeit sind essenziell, jedoch nicht missionarischer Natur.

Insgesamt zeigen die Studienergebnisse, dass es interessante Unterschiede in den Motivationen und religiösen Haltungen der Studierenden gibt. Der Einfluss der Erziehung auf die Religiosität und die Bereitschaft zur Selbstreflexion sind entscheidende Faktoren für die Ausprägung dieser Typen. Es wird deutlich, dass die Studierenden nicht nur unterschiedliche religiöse Haltungen haben, sondern auch verschiedene Perspektiven auf ihre Rolle als zukünftige religiöse Lehrkräfte.

Fazit und Handlungsempfehlungen für das theologische Studium 10

Fazit

Die Studie gibt einen tiefen Einblick in die vielfältigen Perspektiven, Motivationen, Orientierungen und Einstellungen Studierender der Islamischen und Katholischen Theologie mit und ohne Lehramtsoption. Dabei spiegelt die Einteilung in die Typen Wissensvermittler:innen/Repräsentant:innen, Wertevermittler:innen/Brückenbauer:innen und Reflektierer:innen/Universalist:innen die unterschiedlichen Orientierungen und Einstellungen der Studierenden wider. Die Auswertung der Interviews und die anschließende Typisierung der Studierendengruppen zeigen, dass die Studierenden der Katholischen Theologie, der Islamischen Theologie mit Lehramtsoption sowie der Islamischen Theologie ohne Lehramtsoption sich in ihren Einstellungen nicht grundlegend unterscheiden. Die Unterschiede innerhalb der Gruppen sind somit stärker ausgeprägt als zwischen den Gruppen. Dieses Ergebnis führt bei der Auswertung der Interviews dazu, dass die Typisierung der Studierenden nicht anhand der Religionszugehörigkeit oder der Lehramtsoption, sondern viel mehr anhand der Kriterien wie Religiosität, Reflexion sowie die Bedeutung der eigenen Ausbildung erfolgt. Die Unterschiede zwischen den Studierendengruppen entlang der Religion und des Studienziels führen dennoch zu einer Anpassung der bisherigen Typen. Insbesondere die Erweiterungen tragen dazu bei, die Vielschichtigkeit der Gruppe besser zu verstehen. Die Auswertungsergebnisse zeigen, dass der Typ Wissensvermittler:innen/Repräsentant:innen bei Studierenden mit Lehramtsoption in Islamischer und Katholischer Theologie (Islamische Theologie mit Lehramtsoption: 14 von 32; Studierende der Islamischen Theologie ohne Lehramtsoption: 7 von 17;

Katholische Theologie mit Lehramtsoption 15 von 30) dominiert. Der Typ Wertevermittler:innen/Brückenbauer:innen zeigt eine relativ gleichmäßige Verteilung (Islamische Theologie mit Lehramtsoption: 9 von 32; Studierende der Islamischen Theologie ohne Lehramtsoption: 10 von 17; Katholische Theologie mit Lehramtsoption 6 von 30), während der Typ Reflektierer:innen/Universalist:innen stärker bei Studierenden mit Lehramtsoption vertreten ist, jedoch bei Studierenden der Islamischen Theologie ohne Lehramtsoption fehlt (Islamische Theologie mit Lehramtsoption: 9 von 32; Studierende der Islamischen Theologie ohne Lehramtsoption: 0 von 17; Katholische Theologie mit Lehramtsoption 9 von 30). Die Analyse verdeutlicht, dass 36 von 79 Studierenden beim ersten Typ zu verorten wären und somit am stärksten vertreten ist. Die Wissensvermittler:innen zeigen eine Religiosität, die stark von der Erziehung geprägt ist, wobei traditionelle religiöse Einstellungen der Eltern unkritisch übernommen werden. Der Fokus liegt auf der Vermittlung von Wissen über Glaubensgrundlagen im Religionsunterricht, wobei die eigene Religion im Vordergrund steht. Der zweite Typ, Wertevermittler:innen/Brückenbauer:innen, zeichnet sich durch eine ausgeglichene Verteilung aus. Diese Gruppe entwickelt eine selbst erarbeitete und hoch reflektive Religiosität, betont die Bedeutung einer bewussten Entscheidung für die Religion im Erwachsenenalter und engagiert sich aktiv für die Religion. Der dritte Typ, Reflektierer:innen/Universalist:innen, ist bei Studierenden mit Lehramtsoption präsent. Diese Gruppe zeichnet sich durch eine hochreflektierte Religiosität aus, die ständig hinterfragt wird. Die Reflektierer:innen setzen sich für soziale Gerechtigkeit, Gleichheit und Respekt für alle Menschen ein. Die beiden letzten Typen betonen zudem eine besondere Bedeutung der interreligiösen Dialoge innerhalb des Studiums sowie im späteren Berufsleben. Da jedoch, wie bereits bei der Stichprobenbeschreibung angemerkt, die Semesterzahl nicht abgefragt werden konnte, können keine Aussagen zu den Entwicklungen und Veränderungen der Einstellungen der Studierender im Rahmen des Studiums getroffen werden.

Handlungsempfehlungen für weitere Forschungen im Bereich des Studiums der Theologie
Stärkere Berücksichtigung der Verknüpfung unterschiedlicher Instanzen im Kontext religiöser Sozialisation: In der Studie wird immer wieder von den Studierenden die Bedeutung der reflexiven Bearbeitung der eigenen (familiären) religiösen Primärsozialisation betont; dieser Punkt wird bei der Auswertung der Interviews als entscheidenden Aspekt bei der Typisierung im Bereich der Reflexion berücksichtigt. Die Auswertungsergebnisse zeigen, dass insbesondere Wertevermittler:innen und Reflektierer:innen, sich stark mit der Religion in der Familie auseinandersetzen und diese kritisieren, was sich auch in anderen Studien zeigte. Der Bereich

10 Fazit und Handlungsempfehlungen für das theologische Studium

der familiären religiösen Sozialisation aus Sicht der Kinder und Jugendlichen bzw. jetzigen Studierenden stand jedoch nicht in gleichem Maße im Mittelpunkt der Interviews wie der Einfluss des Studiums. Daher ist es unerlässlich, diese familiäre Dimension in zukünftigen Studien noch stärker zu betonen, ebenso wie der Einfluss von Freund:innen und Partner:innen – was sich insbesondere bei den befragten Konvertit:innen im Kontext der Studierenden der Islamischen Theologie zeigte, um ein umfassenderes Verständnis religiöser Sozialisation zu erlangen.

Stärkere Binnendifferenzierung der Studierenden: Des Weiteren konnte aufgrund von Datenschutzbestimmungen (siehe Kapitel zur Stichprobe) keine genauere systematische Unterscheidung zwischen verschiedenen Gruppen von Studierenden umgesetzt werden, etwa nach weiteren Studienfächern, Bachelor- oder Masterstudium oder Semesteranzahl. Die Kohorte der Studierenden war zu klein, um bei einer solchen genauen Erfassung eine Anonymisierung gewährleisten zu können. Dies wäre jedoch u. U. möglich, wenn Studierende nicht nur an ausgewählten Standorten, sondern an unterschiedlichen Standorten in verschiedenen Semestern befragt bzw. interviewt werden könnten. Eine differenzierte Betrachtung nach Semesterzahl und anderen Studienfächern ermöglicht es, die Entwicklung im Kontext und im Verlauf des Studiums genauer zu erfassen. Hierbei wären zudem methodisch Längsschnittstudien besonders geeignet. Dies ist von entscheidender Bedeutung, um die spezifischen Herausforderungen und Entwicklungsprozesse der einzelnen Gruppen besser zu verstehen und entsprechende Maßnahmen ableiten zu können. Dies tangiert ebenfalls den Punkt, einen noch genaueren Blick darauf zu werfen, was genau in den Studiengängen für Islamische und Katholische und Evangelische Theologie geschieht.

Analyse der Studiengänge: Das Studium sollte forschungstechnisch verstärkt in den Mittelpunkt gerückt werden. Die ersten Anfänge wurden mit der Analyse von Modulhandbüchern der Studiengänge der Islamischen Theologie gemacht (Stein und Zimmer 2022, 2023b). Zusätzlich sollten die Modulhandbücher weiterer Fächer des Lehramtsstudiums – insbesondere der Katholischen und Evangelischen Theologie – sowie im Studium der Sozialen Arbeit auf ihre Vermittlung von Deutungs- und Reflexionskompetenzen hin untersucht und verglichen werden. Ein solcher Vergleich würde es ermöglichen, Schwachstellen in der universitären Ausbildung zu identifizieren und Lehrinhalte gezielter an den Bereich des interreligiösen und interethnischen Zusammenlebens anzupassen. Darüber hinaus wird die Notwendigkeit betont, eine breitere Perspektive durch die Einbeziehung von Studierenden anderer Religionen sowie anderer Schulfächer oder Studienfächer zu gewährleisten. Die Notwendigkeit von umfassenden Untersuchungen im Studium insgesamt und hier insbesondere im Lehramtsstudium ist besonders sichtbar. Lehrkräfte spielen eine entscheidende Rolle in der Vermittlung von Wissen und

Werten, die das Fundament einer pluralistischen und demokratischen Gesellschaft bilden. Daher ist es von großer Bedeutung, die Ausbildung angehender Lehrkräfte kritisch zu untersuchen, um sicherzustellen, dass sie auf die komplexen Anforderungen des modernen Schulsystems vorbereitet sind. Als Antwort auf diese Herausforderung wurde beispielsweise eine quantitative Untersuchung im Rahmen des Projektes UWIT (Stein, Zimmer, Schramm) durchgeführt. Diese Untersuchung richtet sich auf die Inhalte zu interreligiösen und demokratiefördernden Aspekten im Studium der Sozialwissenschaften. Die Ergebnisse dieser Untersuchung werden derzeit ausgewertet und sollen dazu beitragen, Einblicke in die Integration solcher Themen in das Lehramtsstudium sowie in weitere Fächer der Studiengänge der Sozialwissenschaften zu gewinnen. Auf deren Basis sollten die Empfehlungen für das Studium diskutiert werden bzw. Studienmodule bzw. Fortbildungsformate (weiter)entwickelt werden. Zum Thema im Bereich der Radikalisierung sind hierbei Lehrveranstaltungen, die in das Studium integriert sind, oder als Fortbildungsmaßnahmen angeboten werden, entwickelt und an der Universität Vechta sowie an der IU Internationalen Hochschule erprobt worden – hierzu erfolgen gerade die Verschriftlichungen und Veröffentlichungen (Bösing, Kart, Stein, von Lautz).

Handlungsempfehlungen für das theologische Studium
Die folgenden Empfehlungen für das Theologiestudium basieren auf den herausgearbeiteten Schwerpunkten und Erkenntnissen der Studie im Rahmen der Interviews mit den Befragten. Ein ganzheitlicher Ansatz sollte darauf abzielen, die Ausbildung der Studierenden zu optimieren und sie auf die Anforderungen einer vielschichtigen Gesellschaft vorzubereiten. Im Zentrum steht die Notwendigkeit einer interdisziplinären Ausbildung, die neben theologischen Inhalten auch politische, philosophische und ethische Aspekte einbezieht. Die Integration von Praxiserfahrungen, sei es durch Praktika, Gemeindearbeit oder soziale Projekte, ist entscheidend, um die Studierenden praxisnah auf ihre zukünftigen Aufgaben vorzubereiten. Ein weiterer Schwerpunkt liegt auf der Förderung von Reflexion und Selbstkritik. Module, die Raum für kritische Fragestellungen bieten, ermöglichen den Studierenden, ihre religiösen Überzeugungen zu hinterfragen und ihre Standpunkte zu reflektieren. Solche Module existieren vereinzelt z. B. im Studium der Islamischen Theologie (Stein und Zimmer 2022, 2023b). Die Vermittlung von Ethik und Menschenrechtsbildung ist von großer Bedeutung, um eine zeitgemäße Interpretation religiöser Schriften zu ermöglichen. Laut Pirner (2022) schätzen die evangelischen Religionslehrkräfte den Beitrag des Religionsunterrichtes zu den fächerübergreifenden Bildungs- und Erziehungszielen wie der Menschenrechtsbildung als besonders hoch ein. In der Umfrage unter

evangelischen und katholischen Religionslehrkräften sehen diese im Religionsunterricht ein Potenzial politische Bildung zu vermitteln und finden diese zwar nicht zentral, aber bedeutsam (Herbst 2023). Dabei fühlen sich etwa 42 % bzw. 24 % befragten Lehrkräfte sehr oder eher darauf vorbereitet, politische Bildung im Religionsunterricht zu vermitteln bzw. kontroverse Themen zu unterrichten (Herbst 2023, S. 13).

Zudem ist wichtig, Diversität und Inklusion in den Lehrinhalten zu berücksichtigen, um ein diskriminierungsfreies und inklusives Lernumfeld zu schaffen. Schließlich sollte das Theologiestudium den interreligiösen Dialog fördern, um das Verständnis zwischen verschiedenen religiösen Gruppen zu vertiefen und die Toleranz zu stärken. So erfolgt kaum Kooperationen in der Schulpraxis. Pirner (2022) stellt fest, dass 75 % der evangelischen Religionslehrkräften „sehr häufig" bzw. „häufig" bei der Gestaltung von Schulgottesdiensten mit katholischen Kolleg:innen zusammenarbeiten, jedoch nur bei 13 % erfolgt es bei den gemeinsamen Unterrichtsphasen. Kooperationen mit islamischen oder jüdischen Religionslehrkräften werden nur vereinzelt angegeben (Pirner 2022, S. 12). Bei der Erfassung der Zufriedenheit mit dem Studium zeigen sich die Studierenden sehr zufrieden, jedoch geben sie bestimmte Verbesserungsvorschläge ab. Es dominieren zwei Vorschläge, nämlich Forderungen nach mehr Praxiserfahrung (Quaing et al. 2003; Lück 2012; Riegel und Zimmermann 2022) sowie verstärkten Begegnungen mit anderen Konfessionen und Religionen (Baden 2021; Riegel und Zimmermann 2022). Vereinzelt finden Module mit interreligiösen Begegnungen im Studium der Islamischen Theologie statt (Stein und Zimmer 2022, 2023b). In den Studiengängen der Evangelischen Theologie haben interreligiöse Aspekte an vielen Standorten noch keinen Zugang in die Modulhandbücher gefunden (Zimmermann 2020).

Das Studium bietet den Studierenden nicht nur die Möglichkeit, ihr Verständnis der Religion zu vertiefen, sondern eröffnet eine breitere Perspektive auf die Welt der Religionen. Besonders interessant ist, dass die Auseinandersetzung mit der Religion für Studierende der Islamischen Theologie mit und ohne Lehramtsoption in deutscher Sprache als entscheidend und hilfreich hervorgehoben wird. Dies unterstreicht die Wichtigkeit, theologisches Wissen verständlich und zugänglich zu vermitteln, um die Kommunikation und den Dialog über religiöse Themen in unserer heutigen multikulturellen Gesellschaft zu fördern.

Die Auswertung der Interviews zeigt auch, dass das Studium einen bedeutenden Einfluss auf das persönliche Leben der Studierenden hat, indem es ihre Religiosität stärkt und religiös fundierte Praktiken im Alltag fördert. Dies wird nicht nur auf die vertiefte Auseinandersetzung mit der Religion im Studium zurückgeführt, sondern – nach Aussage der Studierenden – auch auf die Notwendigkeit, sich in der Gesellschaft zu rechtfertigen und zu erklären, insbesondere angesichts aktueller Ereignisse, Problemlagen sowie Herausforderungen wie etwa fundamentalistische oder radikalisierte Ansichten im Islam und in christlichen Gemeinschaften. Auch der Umgang mit Extremismusvorwürfen und -verdächtigungen und die damit verbundenen gesellschaftlichen Erwartungen tragen zu einer Stärkung der persönlichen Religiosität bei.

Vor dem Hintergrund dieser Interviewstudie werden im Folgenden Empfehlungen für ein theologisches Studium formuliert, die darauf abzielen, Studierende nicht nur in ihrer eigenen Religion zu schulen, sondern sie auch auf die aktive Teilnahme am interreligiösen Dialog und die Förderung des Verständnisses zwischen verschiedenen Glaubensrichtungen und gesellschaftlicher Gruppen vorzubereiten. Diese Empfehlungen dienen dazu, Theolog:innen auszubilden, die als Brückenbauer:innen und Vermittler:innen zwischen verschiedenen religiösen Gemeinschaften agieren können und gleichzeitig einen Beitrag dazu leisten, Missverständnisse und Konflikte aufgrund religiöser Differenzen zu überwinden.

Förderung eines breiteren Verständnisses von Religionen: Das theologische Studium sollte Studierende dazu ermutigen, nicht nur die eigene Religion intensiv zu erforschen, sondern auch ein tiefes Verständnis für andere Weltreligionen zu entwickeln. Dies bedeutet, nicht nur die theologischen Grundlagen und Texte der eigenen Religion zu studieren, sondern auch die Kulturen und Glaubensüberzeugungen anderer religiöser Gemeinschaften zu respektieren und zu verstehen. Ein solcher Ansatz fördert nicht nur die Akzeptanz und den Respekt gegenüber anderen Religionen, sondern ermöglicht auch eine umfassendere Perspektive auf die spirituelle Vielfalt in unserer globalisierten Welt. Insbesondere in den Evaluierungen zu den Modellversuchen des islamischen Religionsunterrichts hatten sich die Schüler:innen in starkem Maße dafür ausgesprochen, die Sichtweisen anderer Religionen stärker in den Unterricht einzubeziehen, um ein grundlegendes Verständnis hinsichtlich geteilter Werte und Haltungen aufzubauen.

Interreligiöses Begegnungslernen: Ein interreligiöses Begegnungslernen beinhaltet die aktive Beteiligung der Studierenden an Dialogen und Diskussionen mit Vertreter:innen anderer Religionen. Dies kann sowohl in akademischen Seminaren als auch in informellen Gesprächsrunden oder bei gemeinsamem (außer)universitärem Engagement, auch z. B. im Rahmen eines Service Learnings geschehen. Durch diese direkten Begegnungen lernen Studierende nicht nur die theologischen Unterschiede und Gemeinsamkeiten zwischen den Religionen kennen, sondern entwickeln auch zwischenmenschliche Fähigkeiten, um in interreligiösen Kontexten effektiv zu kommunizieren. Bereits Allport zeigte mit seiner Kontakthypothese, wie elementar es ist, dass sich Personen unterschiedlicher Gruppen auf Augenhöhe, im besten Falle bei der Bearbeitung einer gemeinsamen wichtigen Aufgabe, wie etwa eines Engagements begegnen. Im Religionsunterricht oder in den Studiengängen kann dies etwa die gemeinsame Aktion wie das Spendensammeln für eine Partnerschule sein oder aber die Vorbereitung eines gemeinsamen Sommerfestes oder einer gemeinsamen inter- und überreligiösen Veranstaltung, etwa zum Ramadan bzw. zur Fastenzeit.

Praktika mit interreligiösem Fokus: Praktika sind eine entscheidende Möglichkeit, das im Studium erworbene Wissen in die Praxis umzusetzen. Studierende sollten die Gelegenheit erhalten, in interreligiösen Gemeinschaften, Bildungseinrichtungen oder Organisationen zu arbeiten, etwa auch an der Schnittstelle zwischen Theologie und Sozialer Arbeit. Dies kann zum einen dazu dienen, den Blick für Personen in marginalisierten Lebenslagen zu schärfen, zum anderen neue berufliche Perspektiven für die Studienabsolvent:innen eröffnen. Theoretischen Kenntnisse sind also auf reale Situationen anzuwenden und interreligiöse Perspektiven der Zusammenarbeit zu fördern. Zum Beispiel könnten Studierende in interreligiösen Jugendgruppen oder in Bildungseinrichtungen, in denen verschiedene Religionen vertreten sind, arbeiten und Erfahrungen sammeln.

Stärkung kommunikativer Kompetenzen: Theolog:innen sind oft Vermittler:innen zwischen verschiedenen Glaubensrichtungen und haben die Verantwortung, theologische Konzepte verständlich und respektvoll zu erklären. Dazu gehören nicht nur das Wissen über die religiösen Texte, sondern auch die Fähigkeit, in einer Sprache zu sprechen, die für Menschen außerhalb der eigenen religiösen Gemeinschaft zugänglich ist. Studierende sollten in der Lage sein, schwierige theologische Konzepte so zu erklären, dass sie für ein breites Publikum verständlich werden.

Schaffung von Begegnungsmöglichkeiten: Die Hochschule sollte Umgebungen schaffen, in denen Studierende und Lehrende mit Vertreter:innen verschiedener Religionen in Kontakt treten können. Dies kann durch die Organisation von interreligiösen Veranstaltungen, Konferenzen, Seminaren und Workshops geschehen. Solche Gelegenheiten fördern den interreligiösen Austausch, schaffen Verständnis und respektvolle Beziehungen zwischen den Mitgliedern unterschiedlicher religiöser Gemeinschaften.

Stärkung der Ambiguitätstoleranz: In einer Welt, die von kultureller und religiöser Vielfalt geprägt ist, ist es entscheidend, die Fähigkeit zur Toleranz gegenüber Ambiguität und unterschiedlichen Weltanschauungen zu entwickeln. Studierende sollten in der Lage sein, unterschiedliche Perspektiven und Meinungen zu akzeptieren, ohne in einen Konflikt zu geraten. Dies fördert die Friedensbildung und den Dialog in pluralistischen Gesellschaften. Hierzu bieten sich auch Programme an, wie etwa Composito oder aber Betzavta, welche für unterschiedliche Altersgruppen Demokratiefähigkeit und Toleranz schulen.

Klärung der Erwartungen: Studierende sollten darauf vorbereitet werden, mit den Erwartungen und Vorurteilen von Außenstehenden umzugehen, insbesondere in Bezug auf aktuelle gesellschaftliche Entwicklungen und Ereignisse. Sie sollten in der Lage sein, ihre Position klar zu erklären und gleichzeitig ihre kritische Reflexion und ihr Engagement für die religiöse Bildung zu betonen.

Förderung psychologischer, medienbezogener und pädagogisch-sozialer Kompetenzen: Schließlich sollten die angehenden Lehrkräfte und Theolog:innen neben guten fachlichen und inhaltlichen sowie methodisch-didaktischen Kompetenzen, allgemeiner noch stärker als bisher im Bereich psychologischer, medienbezogener und pädagogisch-sozialer Kompetenzen geschult werden, da sie – wie auch die Interviews der Studierenden aufzeigen – von den Schüler:innen in starkem Maße auch als Lebensberater:innen angesehen werden und flexibel auf unterschiedlichste Belange und Anforderungen reagieren müssen.

Zusammenfassend sollte ein theologisches Studium Studierenden nicht nur die Möglichkeit bieten, ihre eigene Religion zu vertiefen, sondern auch interreligiöse Kompetenzen und die Fähigkeit zur Vermittlung von Toleranz zu fördern. Ein solcher Ansatz trägt dazu bei, Theolog:innen auszubilden, die in der Lage sind, den interreligiösen Dialog zu fördern und Brücken zwischen den Religionen zu bauen, um Missverständnisse und Konflikte aufgrund religiöser Differenzen zu überwinden. Die vorliegende Studie gewährt einen tiefen Einblick in die vielfältigen Perspektiven und Motivationen von Studierenden der Katholischen und Islamischen Theologie mit und ohne Lehramtsoption. Die Einteilung in die Typen Wissensvermittler:innen/Repräsentant:innen, Wertevermittler:innen/Brückenbauer:innen und Reflektierer:innen/Universalist:innen verdeutlicht die unterschiedlichen Herangehensweisen und Einstellungen dieser Studierendengruppen. Dabei zeigt sich, dass die Unterschiede innerhalb der Gruppen deutlich ausgeprägter sind als die Unterschiede zwischen den Gruppen, unabhängig von Religionszugehörigkeit oder Lehramtsoption. Die Auswertung der Interviews legt nahe, dass die Religiosität, die Reflexionsfähigkeit und die Bedeutung der eigenen Ausbildung entscheidende Kriterien für die Typisierung der Studierenden sind.

Die Empfehlungen für das Studium konzentrieren sich darauf, ein breiteres Verständnis von Religionen zu fördern. Das theologische Studium sollte nicht nur die eigene Religion intensiv erforschen, sondern auch ein tiefes Verständnis für andere Weltreligionen ermöglichen. Gleichzeitig wird betont, dass aktive Teilnahme an interreligiösem Begegnungslernen und die Integration von Praxiserfahrungen in interreligiösen Kontexten entscheidend sind. Darüber hinaus wird die Stärkung kommunikativer Kompetenzen als zentral angesehen. Theolog:innen sollten nicht nur über theologisches Wissen verfügen, sondern auch in der Lage sein, komplexe Konzepte verständlich und respektvoll für ein breites Publikum zu erklären. Die Schaffung von Begegnungsmöglichkeiten sowie die Förderung der Ambiguitätstoleranz sind weitere Schlüsselaspekte. Hierbei sollen Umgebungen geschaffen werden, in denen Studierende mit Vertreter:innen verschiedener Religionen in Kontakt treten können. Somit kann festgehalten werden, dass das theologische Studium um drei Module erweitert werden sollte, nämlich Interreligiöse Begegnungen, Praxiserfahrungen sowie Reflexion der eigenen Religion. Die Auswertungsergebnisse zeigen, dass die Förderung eines reflexiven Umgangs mit der Religion während des Studiums ein bedeutender Aspekt für die Studierenden darstellen. Um diesen reflexiven Umgang zu fördern, sollten im theologischen Curriculum Module integriert werden, die Raum für kritische Fragestellungen bieten. Solche Module ermöglichen es den Studierenden, ihre eigenen religiösen Überzeugungen zu hinterfragen und ihre Standpunkte zu reflektieren.

Die Förderung der Reflexionsfähigkeit dient nicht nur der persönlichen Entwicklung der Studierenden, sondern trägt auch dazu bei, zukünftige Theolog:innen darauf vorzubereiten, die Komplexität und Vielfalt von religiösen Überzeugungen in der Gesellschaft angemessen zu verstehen und zu vermitteln. Diese reflektierte Herangehensweise fördert die individuelle spirituelle Entwicklung und trägt zur Schaffung von Verständnis, Respekt und Toleranz in einer pluralistischen Welt bei.

Literatur

Abdel-Rahman, A. (2014). Worauf baut der islamische Religionsunterricht ab der ersten Klasse auf? Eine Bestandsaufnahme muslimischer Früherziehung. In K. Klausing & E. Zonne (Hrsg.), *Religiöse Früherziehung in Judentum, Islam und Christentum* (S. 99–113). Peter Lang GmbH, Internationaler Verlag der Wissenschaften.

Abdel-Rahman, A. (2021). *Kompetenzorientierung im Islamischen Religionsunterricht. Eine Analyse Ausgewählter Curricula als Beitrag zur Fachdidaktik des Islamischen Religionsunterrichtes.* unveröffentlichte Dissertation.

Abdel-Rahman, A. (2022). *Kompetenzorientierung im Islamischen Religionsunterricht. Eine Analyse Ausgewählter Curricula als Beitrag zur Fachdidaktik des Islamischen Religionsunterrichtes.* Dissertation. PETER LANG. https://doi.org/10.3726/b19805.

Aden, J. (2017). Islamischer Religionsunterricht stärkt die Integration. Pädagogische und verfassungsrechtliche Argumente gegen die Einführung eines neutralen Ethikfachs für alle. *Schulverwaltung. Niedersachsen*(28), 241–243.

Agentur der Europäischen Union für Grundrechte. (2009). *Bericht der Reihe „Daten kurz gefasst": Muslime. EU-MIDIS: Bd. 02.* FRA.

Agentur der Europäischen Union für Grundrechte. (2018). *Zweite Erhebung der Europäischen Union zu Minderheiten und Diskriminierung. Muslimas und Muslime – ausgewählte Ergebnisse. EU-MIDIS: Bd. 02.* FRA.

Ahrens, R. (2012). *Islamischer Religionsunterricht an öffentlichen Schulen als multifaktorielle Problematik und Chance: Islamic religious education at schools – both complex problem and opportunity* (Bd. 5). Haus Monsenstein und Vannerdat.

Akdemir, K., Kobeissi, B., Macgilchrist, F. & Spielhaus, R. (2023). Herausforderungen und Ziele des Islamischen Religionsunterrichts – eine Untersuchung von Bildungsmedien und deren Aneignung im Unterricht. In A. Körs (Hrsg.), *Islam in der Gesellschaft. Islamischer Religionsunterricht in Deutschland: Ein Kaleidoskop empirischer Forschung* (S. 141–162). Springer VS.

Albrecht, M., Nestler, E. & Ritter, W. H. (2008). Religionslehrer-Bilder. Die Sicht von Lehramtsstudierenden. In C. Gramzow, H. Liebold & M. Sander-Gaiser (Hrsg.), *Lernen wäre eine schöne Alternative: Religionsunterricht in theologischer und erziehungswissenschaftlicher Verantwortung; Festschrift für Helmut Hanisch zum 65. Geburtstag* (S. 169–193). Evangelische Verlagsanstalt.

Allen, C. (2010). *Islamophobia*. Ashgate Publishing Group.

Allen, C. & Nielsen, J. S. (2002). *Islamophobia in the EU after 11 September 2001: Summary report*. Office for Official Publications of the European Communities.
Allport, G. W. (1954). *The nature of prejudice* (25th anniversary ed., unabridged [Nachdr.]. Addison Wesley.
Arant, R., Dragolov, G. & Boehnke, K. (2017). *Radar gesellschaftlicher Zusammenhalt – messen was verbindet. Sozialer Zusammenhalt in Deutschland 2017*. Bertelsmann Stiftung. https://www.bertelsmann-stiftung.de/fileadmin/files/BSt/Publikationen/GraueP ublikationen/ST-LW_Studie_Zusammenhalt_in_Deutschland_2017.pdf.
Aronson, E., Wilson, T. D. & Akert, R. M. (2014). *Sozialpsychologie* (M. Reiss, Übers.) (8., aktualisierte Auflage). *ps Psychologie*. Pearson.
Aslan, E. (2014). Die christlichen Religionen im islamischen Religionsunterricht: eine fachdidaktische Herausforderung. *Zeitschrift für Pädagogik und Theologie, 66*(4), 329–338. https://doi.org/10.1515/zpt-2014-0405.
Ateş, G. (2014). Religiöse Praktiken bei muslimischen Familien: Kontinuität und Wandel in Österreich. In H. Weiss, P. Schnell & G. Ateş (Hrsg.), *Zwischen den Generationen: Transmissionsprozesse in Familien mit Migrationshintergrund* (S. 95–112). Springer VS.
Aygün, A. (2013). *Religiöse Sozialisation und Entwicklung bei islamischen Jugendlichen in Deutschland und in der Türkei: Empirische Analysen und religionspädagogische Herausforderungen. Religious diversity and education in Europe: Bd. 23*. Waxmann. https://eli brary.utb.de/doi/book/10.31244/9783830978220.
Aysel, A. (2020). Der Islamische Religionsunterricht an hessischen Grundschulen. Die Entfaltung einer religiösen Identität bei muslimischen Grundschulkindern und der Unterrichtsakzeptanz durch Eltern und Schülerschaft. In E. Şahin & K. Völker (Hrsg.), *Lebendiger Islam: Praxis- und Methoden-Reflexion der Islamisch-Theologischen Studien in Deutschland* (S. 69–83). PETER LANG.
Aysel, A. (2023). Islamischer Religionsunterricht und islamische Theologie als Integrationsmedien in einer pluralen Gesellschaft. In A. Körs (Hrsg.), *Islam in der Gesellschaft. Islamischer Religionsunterricht in Deutschland: Ein Kaleidoskop empirischer Forschung* (S. 163–180). Springer VS.
Badawia, T. (2005). „Am Anfang ist man auf jeden Fall zwischen zwei Kulturen" — Interkulturelle Bildung durch Identitätstransformation. In F. Hamburger, T. Badawia & M. Hummrich (Hrsg.), *Schule und Gesellschaft. Migration und Bildung: Über das Verhältnis von Anerkennung und Zumutung in der Einwanderungsgesellschaft* (S. 205–220). VS Verlag für Sozialwissenschaften.
Badawia, T. (2006). „Zweiheimisch", eine innovative Integrationsformel. In C. Spohn (Hrsg.), *Zweiheimisch: Bikulturell leben in Deutschland* (S. 181–191). Ed. Körber-Stiftung.
Badawia, T. (2012). Anforderungen an den Religionsunterricht im säkularen Staat – eine islamisch-religionspädagogische Perspektive. In F. Hafez & A. Shakir (Hrsg.), *Religionsunterricht und säkularer Staat* (S. 205–228). Frank & Timme.
Badawia, T. & Topalović, S. (2020). Möglichkeiten und Grenzen der Islamismusprävention durch die Institutionalisierung islamischer Bildung. In S. E. Hößl, L. Jamal & F. Schellenberg (Hrsg.), *Schriftenreihe der Bundeszentrale für politische Bildung: Band 10399. Politische Bildung im Kontext von Islam und Islamismus* (S. 246–262). Bundeszentrale für politische Bildung.

Badawia, T., Topalović, S. & Tuhčić, A. (2023). *Von einer Phantom-Lehrkraft zum Mister-Islam: Explorative Studie zur Professionalität von Islamlehrkräften an staatlichen Schulen* (1. Auflage). Juventa Verlag.
Baden, M. (2021). *Warum studierst Du Theologie? Eine Untersuchung zur Motivation von Erstsemestern* (1st ed.). Evangelische Verlagsanstalt. https://ebookcentral.proquest.com/lib/kxp/detail.action?docID=6451128.
Bağraç, M. (2015). Kompetenzorientierung des Islamunterrichts. *Hikma – Zeitschrift für islamische Theologie und Religionspädagogik*(6), 66–79.
Bağraç, M. (2018a). *Islamischer Religionsunterricht an allgemeinbildenden Schulen. Perspektiven für die Entwicklung einer kompetenzorientierten Fachdidaktik*. Universität Münster.
Bağraç, M. (2018b). Wie lässt sich die Urteilskompetenz für den Islamischen Religionsunterricht ‚islamisch' begründen? *Österreichisches Religionspädagogisches Forum, 26*(2), 104–138. https://doi.org/10.25364/10.26:2018.2.8.
Baier, D., Krieg, Y. & Kliem, S. (2021). Antisemitismus unter Jugendlichen in Deutschland und der Schweiz. Welche Rolle spielt die Religionszugehörigkeit? *Kriminologie – das Online-Journal, 3*(3), 250–269. https://digitalcollection.zhaw.ch/bitstream/11475/23242/2/2021_Baier_Antisemitismus_unter_Jugendlichen_Kriminologie.pdf.
Ballasch, H. (2005). „Islamischer Religionsunterricht" – Praxisbericht zum Schulversuch in Niedersachsen. In C. Langenfeld (Hrsg.), *Universitätsdrucke Göttingen. Islamische Religionsgemeinschaften und islamischer Religionsunterricht: Probleme und Perspektiven: Ergebnisse des Workshops an der Georg-August-Universität, 2. Juni 2005* (S. 73–78). Niedersächsische Staats- und Universitätsbibliothek.
Ballasch, H. (2007). Schulversuch „Islamischer Religionsunterricht" in Niedersachsen – Auf dem Weg zum Islamischen Religionsunterricht. In P. Graf & W. G. Gibowski (Hrsg.), *Islamische Religionspädagogik: Etablierung eines neuen Faches : bildungs- und kulturpolitische Initiativen des Landes Niedersachsen* (S. 127–135). V & R unipress.
Ballnus, J. (2019). Islamischer Religionsunterricht im 'Norden´ und 'Westen´. Niedersachsen und Nordrhein-Westfalen – ein Zwischenstand. *Religionspädagogische Beiträge*(80), 24–32.
Barton, A. H. (1955). The Concept of Property-Space in Social Research. In P. F. Lazarsfeld & M. Rosenberg (Hrsg.), *The Language of Social Research* (S. 40–53). Free Press.
Bartsch, D. (2009). *Konzepte und Modelle zur Vermittlung der Lehrinhalte im deutschsprachigen Islamkunde-Unterricht. Schriftenreihe Beiträge zur islamischen Religionspädagogik: Bd. 3*. Kovač.
Barz, S. (2013). Wie halten es angehende Religions- und Philosophielehrer mit Religion? In T. Heller & M. Wermke (Hrsg.), *Studien zur religiösen Bildung (StRB): Bd. 1. Universitäre Religionslehrerbildung zwischen Berufsfeld- und Wissenschaftsbezug* (S. 69–80). Evang. Verl.-Anst.
Bauer, J. & Wolff, J. (2023). Islamisch mitverantworteter Religionsunterricht in Hamburg: Projekt, Evaluation, Konzept, Realisierung. In A. Körs (Hrsg.), *Islam in der Gesellschaft. Islamischer Religionsunterricht in Deutschland: Ein Kaleidoskop empirischer Forschung* (S. 75–105). Springer VS.
Baumann, H. & Schulz, S. (2018). *Allbus – Kumulation 1980–2016. Variable Report*. Gesis-Leibniz Institute for Social Sciences.

Baumrind, D. (1966). Effects of Authoritative Parental Control on Child Behavior. *Child Development, 37*(4), 887–907. https://doi.org/10.2307/1126611.
Baumrind, D. (1971). Current patterns of parental authority. *Developmental Psychology, 4*(1, Pt.2), 1–103. https://doi.org/10.1037/h0030372.
Baumrind, D. (1973). The Development of Instrumental Competence through Socialization. *Minnesota Symposia on Child Psychology*(Volume 7), 3–46. https://doi.org/10.5749/j.ctt tsmk0.4.
Baumrind, D. (1975). Some thoughts about childrearing. In U. Bronfenbrenner & M. A. Mahoney (Hrsg.), *Influences on human development* (2. ed., S. 270–282). Dryden Press.
Baumrind, D. (1991). The Influence of Parenting Style on Adolescent Competence and Substance Use. *The Journal of Early Adolescence, 11*(1), 56–95. https://doi.org/10.1177/027 2431691111004.
Behr, H. H. (2005). *Curriculum Islamunterricht: Analyse von Lehrplanentwürfen für islamischen Religionsunterricht in der Grundschule; ein Beitrag zur Lehrplantheorie des Islamunterrichts im Kontext der praxeologischen Dimension islamisch-theologischen Denkens.* Universität Bayreuth, Kulturwissenschaftliche Fakultät.
Behr, H. H. (2009). Ursprung und Wandel des Lehrerbildes im Islam mit besonderem Blick auf die Situation in Deutschland. In B. Schröder, H. H. Behr & D. Krochmalnik (Hrsg.), *Religionspädagogische Gespräche zwischen Juden, Christen und Muslimen: Bd. 1. Was ist ein guter Religionslehrer? Antworten von Juden, Christen und Muslimen* (S. 149–187). Frank & Timme.
Behr, H. H. (2012). Islamische Religionspädagogik und Didaktik: Eine zwischenzeitliche Standort-Bestimmung. In M. Polat & C. Tosun (Hrsg.), *Islamische Theologie und Religionspädagogik: Islamische Bildung als Erziehung zur Entfaltung des Selbst* (S. 131–143). PETER LANG.
Bertelsmann Stiftung. (2016). *Factsheet „Einwanderungsland Deutschland." Religionsmonitor. Einwanderung und Vielfalt.* Bertelsmann Stiftung. https://www.bertelsmannstiftung.de/fileadmin/files/Projekte/51_Religionsmonitor/BST_Factsheet_Einwanderung sland_Deutschland.pdf.
Biehl, P. (1992). Symbole – ihre Bedeutung für menschliche Bildung. Überlegungen zu einer pädagogischen Symboltheorie im Anschluss an Paul Ricoer. *Zeitschrift für Pädagogik, 38*, 193–214. https://doi.org/10.25656/01:13958 (Zeitschrift für Pädagogik 38 (1992) 2, S. 193–214).
Bielefeldt, H. (2012). Muslimfeindlichkeit. Ausgrenzungsmuster und ihre Überwindung. In Deutsche Islam Konferenz (Hrsg.), *Tagungsband Muslimfeindlichkeit – Phänomen und Gegenstrategien: Beiträge der Fachtagung der Deutschen Islam-Konferenz am 4. und 5. Dezember 2012 in Berlin* (S. 23–34). Bundesministerium des Innern.
Boos-Nünning, U. (1972). *Dimensionen der Religiosität: Zur Operationalisierung und Messung religiöser Einstellungen. Gesellschaft und Theologie Abteilung Sozialwissenschaftliche Analysen: Nr. 7.* Matthias-Grünewald-Verlag.
Boos-Nünning, U. (2011). *Migrationsfamilien als Partner von Erziehung und Bildung. Expertise. Wiso-Diskurs.* Friedrich-Ebert-Stiftung.
Boos-Nünning, U. (2014). Religionszugehörigkeiten in Deutschland. In M. Rohe, M. Khorchide, H. Engin, Ö. Özsoy & H. Schmid (Hrsg.), *Handbuch Christentum und Islam in Deutschland: Grundlagen, Erfahrungen und Perspektiven des Zusammenlebens* (S. 21–46). Verlag Herder.

Literatur

Boos-Nünning, U. (2019). Über den Umgang mit der Einwanderung in Deutschland. In M. Stein, D. Steenkamp, S. Weingraber & V. Zimmer (Hrsg.), *Flucht. Migration. Pädagogik: Willkommen? Aktuelle Kontroversen und Vorhaben* (S. 19–40). Verlag Julius Klinkhardt.

Boos-Nünning, U. & Karakaşoğlu, Y. (2006). *Viele Welten leben: Zur Lebenssituation von Mädchen und jungen Frauen mit Migrationshintergrund* (2. Aufl.). *Waxmann-E-Books Soziologie*. Waxmann. https://elibrary.utb.de/doi/book/10.31244/9783830964964.

Bösing, E., Lautz, Y. von & Stein, M. (2023a). Herausforderungen und Bedarfe im Umgang mit religiöser Vielfalt und religiös begründeten Konflikten im Schulalltag. In S. Schuppener, N. Leonhardt & R. Kruschel (Hrsg.), *Inklusive Schule im Sozialraum: Entwicklungsprozesse durch Kooperation und Interprofessionalität in herausfordernder Lage* (S. 199–216). Springer Fachmedien Wiesbaden.

Bösing, E., Stein, M. & Zimmer, V. (2023b). Staatlich verantworteter islamischer Religionsunterricht und bekenntnisorientierte Moscheeunterweisung Zusammenarbeit von Schule und der universitären Islamischen Theologie mit den islamischen Verbänden. *Bundeszentrale für Politische Bildung*, Online-Portal. https://www.bpb.de/themen/infodi enst/517598/staatlich-verantworteter-islamischer-religionsunterricht-und-bekenntnisor ientierte-moscheeunterweisung/.

Brandner, V., Kolb, J. & Gelengec, A. (2022). Transdiziplinäre Grenzarbeit zwischen hochschulgebundener, schulischer und außerschulischer Bildung. Ein konzeptioneller Beitrag am Fallbeispiel der islamischen Bildung in Österreich. In J. Kolb, A.-K. Dittrich & N. Brocca (Hrsg.), *Grenzgänge und Grenzziehungen: Transdisziplinäre Ansätze in der Lehrer*innenbildung* (S. 173–200). Innsbruck university press.

Brieden, N. (2018). Studienmotivation und Studienerwartungen von StudienanfängerInnen im Fach Katholische Theologie. In N. Brieden & O. Reis (Hrsg.), *Theologie und Hochschuldidaktik: Band 8. Glaubensreflexion – Berufsorientierung – theologische Habitusbildung: Der Einstieg ins Theologiestudium als hochschuldidaktische Herausforderung* (S. 15–58). LIT.

Bühl, A. (2010). *Islamfeindlichkeit in Deutschland: Ursprünge, Akteure, Stereotypen*. VSA-Verl.

Bundesagentur für Arbeit, Statistik & Arbeitsmarktberichterstattung. (2020). *Arbeitsmarktintegration von schutzsuchenden Menschen. Berichte: Arbeitsmarkt kompakt*. Bundesagentur für Arbeit.

Bundesministerium des Innern und für Heimat. (2022). *Verfassungsschutzbericht 2021*. Bundesministerium des Innern und für Heimat. https://www.bmi.bund.de/SharedDocs/ downloads/DE/publikationen/themen/sicherheit/vsb-2021-gesamt.pdf?__blob=publicati onFile&v=8.

Bundesministerium für Bildung und Forschung. (2023, 2. März). *Islamische Theologie* [Pressemitteilung]. https://www.bmbf.de/bmbf/de/forschung/geistes-und-sozialwissen schaften/islamische-theologie/islamische-theologie_node.html.

Camus, J.-Y. (2017). Die Identitäre Bewegung oder die Konstruktion eines Mythos europäischer Ursprünge. In G. Hentges, K. Nottbohm & H.-W. Platzer (Hrsg.), *Europa – Politik – Gesellschaft. Europäische Identität in der Krise? Europäische Identitätsforschung und Rechtspopulismusforschung im Dialog* (S. 233–248). Springer VS.

Caruso, C. (2018). *Das Praxissemester von angehenden Lehrkräften. Dissertation. Springer eBook Collection* [1 Online-Ressource (XV, 335 S. 1 Abb)]. Springer Fachmedien Wiesbaden. https://doi.org/10.1007/978-3-658-26193-1.

Çelik, Ö. (2017). *Islamischer Religionsunterricht (IRU) in Deutschland: Erwartungen der Muslime – Konzepte der Kooperation zwischen den Glaubensgemeinschaften und dem Staat. Wissenschaftliche Schriften der WWU Münster / Reihe VII: Bd. 24*. Universitäts- und Landesbibliothek Münster.

Ceylan, R. (2006). *Ethnische Kolonien: Entstehung, Funktion und Wandel am Beispiel türkischer Moscheen und Cafés*. VS Verl. für Sozialwissenschaften. https://doi.org/10.1007/978-3-531-90484-9.

Ceylan, R. (2008a). *Islamische Religionspädagogik in Moscheen und Schulen: Ein sozialwissenschaftlicher Vergleich der Ausgangslage, Lehre und Ziele unter besonderer Berücksichtigung der Auswirkungen auf den Integrationsprozess der muslimischen Kinder und Jugendlichen in Deutschland. Schriftenreihe Beiträge zur islamischen Religionspädagogik: Band 2*. Kovač. https://epub.sub.uni-hamburg.de/epub/volltexte/einzelplatz/2023/162401/.

Ceylan, R. (2008b). Türkische Imame in Deutschland. Einstellungen und Orientierungen mit besonderer Berücksichtigung des islamischen Religionsunterrichtes und der Imamausbildungen. *Theo-Web. Zeitschrift für Religionspädagogik, 7*(2), 183–201. https://www.theo-web.de/zeitschrift/ausgabe-2008-02/19.pdf.

Ceylan, R. (2009). *Die Prediger des Islam: Imame – wer sie sind und was sie wirklich wollen*. Herder.

Ceylan, R. (Hrsg.). (2013). *Reihe für Osnabrücker Islamstudien: Band 8. Islam und Diaspora: Analysen zum muslimischen Leben in Deutschland aus historischer, rechtlicher sowie Migrations- und religionssoziologischer Perspektive*. Peter Lang GmbH Internationaler Verlag der Wissenschaften. https://ebookcentral.proquest.com/lib/kxp/detail.action?docID=1129238.

Ceylan, R. (2014). *Cultural Time Lag: Moscheekatechese und islamischer Religionsunterricht im Kontext von Säkularisierung*. Springer VS. http://www.lehmanns.de/midvox/bib/9783658060497.

Ceylan, R. (2021). *Imame in Deutschland: Wer sie sind, was sie tun und was sie wirklich wollen* (1. Auflage). Verlag Herder. http://nbn-resolving.org/urn:nbn:de:bsz:31-epflicht-1843464.

Ceylan, R. & Jacobs, A. (2018). Islam als Beruf. Analysen & Argumente. *Konrad Adenauer Stiftung*(320), 1–10. https://www.kas.de/documents/252038/253252/7_dokument_dok_pdf_53827_1.pdf/5b1aab30-1ccf-6677-b876-208b02e06a53?version=1.0&t=153965405 1952.

Ceylan, R. & Stein, M. (2016). Religiöse Erziehung in muslimischen Familien und Anforderungen an einen ‚guten Islamunterricht'. In S. Hadeler, K. Moegling & G. Hund-Göschel (Hrsg.), *prolog – Theorie und Praxis der Schulpädagogik: v.37. Was sind gute Schulen? Forschungsergebnisse* (1st ed., S. 211–225). Verlag Barbara Budrich.

Ceylan, R., Stein, M. & Zimmer, V. (2019). Genderbezogene Einstellungen angehender Lehrkräfte für den Islamischen Religionsunterricht, *10*(1), 5–25. https://hikma-online.com/wp-content/uploads/2021/05/5-Artikel-Ceylan-Stein-Zimmer.pdf.

Chbib, R. (2021). Angebote islamisch-religiöser Bildung in islamischen Organisationen und an staatlichen Bildungseinrichtungen in Deutschland. In E. Aslan (Hrsg.), *Handbuch islamische Religionspädagogik* (S. 293–313). V&R Unipress.

Ciornei, I., Euchner, E.-M. & Yeşil, I. (2021). Political parties and Muslims in Europe: the regulation of Islam in public education. *West European Politics, 45*(5), 1003–1032.

Cohen, J. (1992). A power primer. *Psychological bulletin, 112*(1), 155–159. https://doi.org/10.1037/0033-2909.112.1.155.

Commission on British Muslims and Islamophobia. (1997). *Islamophobia: A challenge for us all*. The Runnymede Trust.

Darwisch, K. (2014). *Islamischer Religionsunterricht in Deutschland: Darstellung und Analyse der islamischen Unterrichtsprojekte* (1. Aufl.). *Religionen aktuell: Bd. 11*. Tectum Wissenschaftsverlag.

Decker, O., Kiess, J. & Brähler, E. (2023). Autoritäre Dynamiken und die Unzufriedenheit mit der Demokratie. *Policy Paper Else-Frenkel-Brunswik-Institut der Universität Leipzig*(2), 1–44. https://efbi.de/files/efbi/pdfs/Policy%20Paper/2023_2_Policy%20Paper.pdf.

Diekmann, I. (2017). *Islamfeindlichkeit oder MuslimInnenfeindlichkeit? Empirische Datenanalyse zur Differenzierung zweier Phänomene. IKG Working Paper Nr. 12*. IKG. https://pub.uni-bielefeld.de/download/2916283/2916284/WP12_Diekmann.pdf.

Dietrich, N. & Frindte, W. (2017). Einstellung zu Muslimen und zum Islam II und der Terrorismus. In W. Frindte & N. Dietrich (Hrsg.), *Muslime, Flüchtlinge und Pegida. Sozialpsychologische und kommunikationswissenschaftliche Studien in Zeiten globaler Bedrohungen* (S. 89–137). Springer Fachmedien Wiesbaden.

Dreier, L. & Wagner, C. (2020). *Wer studiert Islamische Theologie? Ein Überblick über das Fach und seine Studierenden*. Akademie für Islam in Wissenschaft und Gesellschaft.

Elfeshawi, A. (2019). Dschihad. Eine salafistische und sufische Quaran-Auslegung als Gegenstand der religionspädagogischen Reflexion. *Österreichisches Religionspädagogisches Forum, 27*(1), 106–127. https://doi.org/10.25364/10.27:2019.1.8.

El-Mafaalani, A., Fathi, A., Mansour, A., Müller, J., Nordbruch, G. & Waleciak, J. (2016). *Ansätze und Erfahrungen der Präventions- und Deradikalisierungsarbeit. Reihe „Salafismus in Deutschland": Bd. 2016,6*. Leibniz-Institut Hessische Stiftung Friedens- und Konfliktforschung (HSFK). https://www.hsfk.de/fileadmin/HSFK/hsfk_publikationen/report_062016.pdf.

El-Menouar, Y. (2014). The Five Dimensions of Muslim Religiosity. Results of an Empirical Study. Methods, data, analyses. *A Journal for Quantitative Methods and Survey Methodology, 8*(1), 53–78.

El-Menouar, Y. (2017). Muslimische Religiosität: Problem oder Ressource? In P. Antes & R. Ceylan (Hrsg.), *Islam in der Gesellschaft. Muslime in Deutschland: Historische Bestandsaufnahme, aktuelle Entwicklungen und zukünftige Forschungsfragen* (S. 225–264). Springer VS.

El-Menouar, Y. & Unzicker, K. (2021). *Klimawandel, Vielfalt, Gerechtigkeit. Wie Werthaltungen unsere Einstellungen zu gesellschaftlichen Zukunftsfragen bestimmen*. Bertelsmann Stiftung. https://www.ssoar.info/ssoar/bitstream/handle/document/46683/report_062016.pdf?sequence=1&isAllowed=y&lnkname=report_062016.pdf https://doi.org/10.11586/2021062.

Elshahawy, A. (2021). *Islamischer Religionsunterricht: Beitrag zu einem friedlichen Zusammenleben. Workshop Religionspädagogik: Band 16*. LIT VERLAG. https://search.ebscohost.com/login.aspx?direct=true&scope=site&db=nlebk&db=nlabk&AN=2914221.

Emmelmann, M., Käbisch, D., Meyer, K. & Zimmermann, M. (2019). Politische Dimensionen religiöser Bildung – eine Hinführung. *Theo Web. Zeitschrift für Religionspädagogik, 18*(2), 2–5.

Engelhardt, J. F. (2017). *Islamische Theologie im deutschen Wissenschaftssystem: Ausdifferenzierung und Selbstkonzeption einer neuen Wissenschaftsdisziplin*. Springer VS research. Springer VS. https://doi.org/10.1007/978-3-658-18431-5.

Essabah, E. (2018). Menschenrechtsbildung und islamischer Religionsunterricht. *Katechetische Blätter, 43*(1), 44–46.

Euchner, E.-M. (2018). Regulating islamic religious education in German states. A question of deviating state-church relationships in education policy. *Zeitschrift für Vergleichende Politikwissenschaft, Vol. 12*(1), 93–109.

Feige, A., Dressler, B., Lukatis, W. & Schöll, A. (Hrsg.). (2001). *Libri scientiae: Bd. 1. „Religion" bei ReligionslehrerInnen: Religionspädagogische Zielvorstellungen und religiöses Selbstverständnis in empirisch-soziologischen Zugängen; berufsbiographische Fallanalysen und eine repräsentative Meinungserhebung unter evangelischen ReligionslehrerInnen in Niedersachsen*. LIT.

Feige, A., Friedrichs, N. & Köllmann, M. (2007). *Religionsunterricht von morgen? Studienmotivationen und Vorstellungen über die zukünftige Berufspraxis bei Studierenden der ev. und kath. Theologie/Religionspädagogik; eine empirische Studie an Baden-Württembergs Hochschulen*. Schwabenverl.

Feige, A. & Gennerich, C. (2008). *Lebensorientierungen Jugendlicher Alltagsethik, Moral und Religion in der Wahrnehmung von Berufsschülerinnen und -schülern in Deutschland*. Waxmann.

Feige, A. & Tzscheetzsch, W. (2005). *Christlicher Religionsunterricht im religionsneutralen Statt? Unterrichtliche Zielvorstellungen und religiöses Selbstverständnis von ev. und kath. Religionslehrerinnen und -lehren in Baden-Würtemberg: eine empirisch-repräsentative Befragung*. Schwabenverlag; Kohlhammer.

Fend, H. (2009). Was die Eltern ihren Kindern mitgeben – Generationen aus Sicht der Erziehungswissenschaft. In H. Künemund & M. Szydlik (Hrsg.), *Generationen: Multidisziplinäre Perspektiven* (1. Aufl., S. 81–104). VS Verl. für Sozialwiss.

Fend, H., Berger, F. & Grob, U. (2009). *Lebensverläufe, Lebensbewältigung, Lebensglück: Ergebnisse der LifE-Studie* (1. Aufl.). VS Verl. für Sozialwiss. https://doi.org/10.1007/978-3-531-91547-0.

Foroutan, N., Canan, C., Arnold, S., Schwarze, B., Beigang, S. & Kalkum, D. (2014). *Deutschland postmigrantisch: Erste Ergebnisse*. Berliner Institut für empirische Integrations- und Migrationsforschung der Humboldt-Universität zu Berlin. https://edoc.hu-berlin.de/bitstream/handle/18452/20573/Deutschland-postmigrantisch-1.pdf?sequence=3&isAllowed=y.

Foroutan, N., Canan, C., Schwarze, B., Beigang, S., Arnold, S. & Kalkum, D. (2014). *Hamburg postmigrantisch: Einstellungen der Hamburger Bevölkerung zu Musliminnen und Muslimen in Deutschland; Länderstudie Hamburg*. Berliner Institut für empirische Integrations- und Migrationsforschung der Humboldt-Universität zu Berlin.

Foroutan, N., Canan, C., Schwarze, B., Beigang, S. & Kalkum, D. (2015). *Deutschland postmigrantisch II* (Zweite aktualisierte Auflage). BIM Berliner Institut für Empirische Integrations- und Migrationsforschung. https://edoc.hu-berlin.de/bitstream/handle/18452/20574/Deutschland-postmigrantisch-2.pdf?sequence=3.

Frese, H.-L. (2002). *»Den Islam ausleben«: Konzepte authentischer Lebensführung junger türkischer Muslime in der Diaspora*. transcript Verlag. https://library.oapen.org/bitstream/id/6ad5d3d8-8f66-43c8-876b-224fb5114a9e/1006775.pdf.

Friedrichs, N. & Storz, N. (2022). *Antimuslimische und antisemitische Einstellungen im Einwanderungsland – (k)ein Einzelfall? SVR-Studie 2022–2.* Sachverständigenrat für Integration und Migration (SVR). https://www.svr-migration.de/wp-content/uploads/2023/01/SVR-Studie-2022-2_Antimuslimische-und-antisemitische-Einstellungen_barrierefrei-8.pdf.

Frindte, W., Boehnke, K., Kreikenbom, H. & Wagner, W. (Hrsg.). (2011). *Lebenswelten junger Muslime in Deutschland: Ein sozial- und medienwissenschaftliches System zur Analyse, Bewertung und Prävention islamistischer Radikalisierungsprozesse junger Menschen in Deutschland* (1. Aufl., Stand: November 2011). Bundesministerium des Innern.

Fuchs, M. E. & Wiedemann, F. (2022). *„Ich studiere Theologie, weil ...": Studienmotive, Lernausgangslagen und Konfessionsbezug von Lehramtsstudierenden* (1. Auflage). *Religionspädagogik innovativ: Band 48.* Verlag W. Kohlhammer. http://www.kohlhammer.de/wms/instances/KOB/appDE/nav_product.php?product=978-3-17-041976-6.

Fülling, H. (2020). Islam und Religionspolitik in Deutschland. In S. E. Hößl, L. Jamal & F. Schellenberg (Hrsg.), *Schriftenreihe der Bundeszentrale für politische Bildung: Band 10399. Politische Bildung im Kontext von Islam und Islamismus* (S. 54–73). Bundeszentrale für politische Bildung.

Fürst, W., Neubauer, W. & Feeser-Lichterfeld, U. (Hrsg.). (2001). *Empirische Theologie: Bd. 10. Theologiestudierende im Berufswahlprozess: Erträge eines interdisziplinären Forschungsprojektes in Kooperation von Pastoraltheologie und Berufspsychologie.* LIT.

Fürstenau, S. & Niedrig, H. (2007). Hybride Identitäten? Selbstverortungen jugendlicher TransmigrantInnen. *Diskurs Kindheits- und Jugendforschung, 2,* 247–262. https://doi.org/10.25656/01:1020.

Gebhardt, W. (2016). Believing without Belonging? Religiöse Individualisierung und neue Formen religiöser Vergemeinschaftung. In A. Kreutzer & F. Gruber (Hrsg.), *Quaestiones disputatae: Bd. 258. Im Dialog: Systematische Theologie und Religionssoziologie* (1. Auflage, S. 297–317). Verlag Herder.

Gennerich, C. (2007). Empirie und Ästhetik. Empirische Zugänge zum religionspädagogischen Ansatz Dietrich Zilleßens. *Magazin für Theologie und Ästhetik, 45,* https://www.theomag.de/45/cg1.htm.

Gennerich, C. (2009). Ein empirisch gestütztes Modell zur Reflexion der Beziehung von Erfahrung und religiösen Deutungsperspektiven als Grundlage der Unterrichtsplanung. *Theo Web. Zeitschrift für Religionspädagogik, 8*(1), 160–202.

Gennerich, C. (2010). *Empirische Dogmatik des Jugendalters: Werte und Einstellungen Heranwachsender als Bezugsgrößen für religionsdidaktische Reflexionen. Praktische Theologie heute: Band 108.* W. Kohlhammer Verlag. https://elibrary.kohlhammer.de/book/ https://elibrary.kohlhammer.de/book/10.17433/978-3-17-026941-5.

Gennerich, C. (2011). Gottesbilder Jugendlicher. In P. Freudenberger-Lötz & U. Riegel (Hrsg.), *Jahrbuch für Kindertheologie Sonderband. „Mir würde das auch gefallen, wenn er mir helfen würde": Baustelle Gottesbild im Kindes- und Jugendalter* (S. 176–192). Calwer Verlag.

Gennerich, C. (2016). Religiosität muslimischer Jugendlicher. Empirische Befunde und theologische Perspektiven. In C. Bakker & H.-G. Heimbrock (Hrsg.), *Religious diversity and education in Europe: Bd. 4. Islamische Religionspädagogik: RE teachers as researchers* (S. 199–219). Waxmann.

Gerhardt, U. (1986). Verstehende Strukturanalyse: Die Konstruktion von ¡dealtypen als Analyseschritt bei der Auswertung qualitativer Forschungsmaterialien. In H.-G. Soeffner (Hrsg.), *Campus Forschung: Bd. 465. Sozialstruktur und soziale Typik* (S. 31–38). Campus-Verl.
Glock, C. Y. (1969). Über die Dimensionen der Religiosität. In J. Matthes (Hrsg.), *Kirche und Gesellschaft* (S. 150–168). Rowohlt.
Graf, P. & Gibowski, W. G. (Hrsg.). (2007). *Islamische Religionspädagogik: Etablierung eines neuen Faches : bildungs- und kulturpolitische Initiativen des Landes Niedersachsen.* V & R unipress.
Güzel, S. (2022). *Potenziale des Islam-Unterrichts: Eine empirische Untersuchung zur Selbsteinschätzung muslimischer Kinder und Jugendlicher* (1. Auflage). *Pädagogik und Ethik: Bd. 13.* Ergon – ein Verlag in der Nomos Verlagsgesellschaft. http://nbn-resolving.org/urn:nbn:de:bsz:31-epflicht-2064366.
Hackner, K. (2019). *Islamischer Religionsunterricht in Deutschland.* Universitätsbibliothek der Ludwig-Maximilians-Universität München. https://epub.ub.uni-muenchen.de/69203/1/Band_Open%20Access_Kathrin%20Hackner.pdf https://doi.org/10.5282/UBM/EPUB.69203.
Hagemann, K. & Quataert, J. H. (Hrsg.). (2008). *Reihe „Geschichte und Geschlechter": Band 57. Geschichte und Geschlechter: Revisionen der neueren deutschen Geschichte.* Campus Verlag.
Hall, S. (1994). *Rassismus und kulturelle Identität. Argument classics: Bd. 2.* Argument Verlag.
Hall, S. (1999a). Ethnizität: Identität und Differenz. In J. Engelmann (Hrsg.), *Die kleinen Unterschiede: Der cultural studies-reader* (S. 83–98). Campus Verl.
Hall, S. (1999b). Kulturelle Identität und Globalisierung. In K. H. Hörning & R. Winter (Hrsg.), *Suhrkamp-Taschenbuch Wissenschaft: Bd. 1423. Widerspenstige Kulturen: Cultural Studies als Herausforderung* (Originalausg., 1. Aufl., S. 393–441). Suhrkamp.
Hamburger, F. (2009). *Abschied von der Interkulturellen Pädagogik: Plädoyer für einen Wandel sozialpädagogischer Konzepte. Edition Soziale Arbeit.* Beltz. http://nbn-resolving.org/urn:nbn:de:bsz:31-epflicht-1129129.
Hanifzadeh, M. (2010). *Islamischer Religionsunterricht in Deutschland: Möglichkeiten und Grenzen.* Tectum Verlag. http://gbv.eblib.com/patron/FullRecord.aspx?p=816239.
Harant, M. (2016). Der Inklusionsbegriff im Spannungsfeld pädagogischer 'Mindsets'. *Pädagogische Korrespondenz, 54,* 37–57. https://doi.org/10.25656/01:16622.
Hartup, W. W. (1993). Adolescents and their friends. *New directions for child development*(60), 3–22. https://doi.org/10.1002/cd.23219936003.
Haug, S. (2010). *Integrationsreport. Interethnische Kontakte, Freundschaften, Partnerschaften und Ehen von Migranten in Deutschland. Working Paper 33 der Forschungsgruppe des Bundesamtes aus der Reihe „Integrationsreport", Teil 7.* Bundesamt für Migration und Flüchtlinge.
Haug, S., Müssig, S. & Stichs, A. (2009). *Muslimisches Leben in Deutschland. Forschungsbericht / Bundesamt für Migration und Flüchtlinge: Bd. 6.* Bundesamt für Migration und Flüchtlinge. https://nbn-resolving.de/urn:nbn:de:gbv:3:5-49317.
Heitmeyer, W. (2002–2011). *Deutsche Zustände. Folge 1–10. edition suhrkamp: Bd. 2647.* Suhrkamp.

Helfferich, C. (2011). *Die Qualität qualitativer Daten: Manual für die Durchführung qualitativer Interviews.* VS Verlag für Sozialwissenschaften / Springer Fachmedien Wiesbaden GmbH Wiesbaden. https://doi.org/10.1007/978-3-531-92076-4.

Helfferich, C. (2019). Leitfaden- und Experteninterviews. In N. Baur & J. Blasius (Hrsg.), *Handbuch Methoden der empirischen Sozialforschung* (S. 669–686). Springer Fachmedien.

Helfferich, C. (2022). Leitfaden- und Experteninterviews. In N. Baur & J. Blasius (Hrsg.), *Handbuch. Handbuch Methoden der empirischen Sozialforschung* (S. 875–892). Springer VS.

Heller, T. (2009). *Zwischen Kirchbank und Hörsaal: Empirische Befunde zur Religiosität von Studienanfängern der Evangelischen Theologie (Pfarr-/Lehramtsstudiengänge). Religionspädagogik im Diskurs: Bd. 7.* IKS Garamond.

Heller, T. (2011). *Studienerfolg im Theologiestudium.* Dissertation. *Edition Paideia: Bd. 5* [287 Seiten]. Friedrich-Schiller-Universität Jena.

Hempel, C. G. & Oppenheim, P. (1936). *Der Typusbegriff im Lichte der neuen Logik.* A.W.Sijt Hoff's Uitgeversmaatschappij N. V.

Herbst, J.-H. (2023). Was denken christliche Religionslehrkräfte über Politik, politische Bildung und kontroverse Themen? *Religionspädagogische Beiträge,* 5–20. https://doi.org/10.20377/rpb-298.

Hirndorf, D. (2023). *Antisemitische Einstellungen in Deutschland. Repräsentative Umfrage zur Verbreitung von antisemitischen Einstellungen in der deutschen Bevölkerung. Monitor Wahl- und Sozialforschung.* Konrad Adenauer Stiftung. https://www.kas.de/documents/252038/22161843/Antisemitische+Einstellungen+in+Deutschland.pdf/cead70cb-a767-65f8-82a1-5f3537c409d1.

Hoffmann-Riem, C. Die Sozialforschung einer interpretativen Soziologie. Der Datengewinn. *Kölner Zeitschrift für Soziologie und Sozialpsychologie*(39), 339–372.

Holzberger, D. (2014). *Evaluation des Modellversuchs „Islamischer Unterricht" Bericht zur Datenerhebung im Schuljahr 2013/14.* Staatsinstitut für Schulqualität und Bildungsforschung. https://www.irp.dirs.phil.fau.de/files/2016/12/Evaluation-des-Modellversuchs-IslamU.-Schuljahr2013_2014.pdf.

Identitäre Bewegung. (2019). *Was ist der große Austausch?* https://www.identitaere-bewegung.de/blog/theorie/politikwissenschaftler-bestaetigt-in-den-tagesthemen-die-durchfuehrung-des-grossen-austauschs.

Imhof, K. (1994). Minderheitensoziologie. In H. Kerber & A. Schmieder (Hrsg.), *Rowohlts Enzyklopädie: Bd. 542. Spezielle Soziologien: Problemfelder, Forschungsbereiche, Anwendungsorientierungen* (S. 407–423). Rowohlt.

Imhoff, R. & Recker, J. (2012). Differentiating Islamophobia: Introducing a New Scale to Measure Islamoprejudice and Secular Islam Critique. *Political Psychology, 33*(6), 811–824. https://doi.org/10.1111/j.1467-9221.2012.00911.x.

IRU Beirat für Niedersachsen. (2024). *Der Beirat für den Islamischen Religionsunterricht in Niedersachsen.* IRU Beirat für Niedersachsen. https://www.beirat-iru-n.de/der-beirat/.

Işik, T. (2012). Konzeptionelle Überlegungen für die Islamische Religionspädagogik in Deutschland: Wie viel religiösen Ritus verträgt der islamische Religionsunterricht in Deutschland? In M. Khorchide & K. von Stosch (Hrsg.), *Herausforderungen an die islamische Theologie in Europa: = Challenges for Islamic theology in Europe* (Originalausg, S. 180–195). Herder.

Işik, T. (2015). *Die Bedeutung des Gesandten Muhammad Für Den Islamischen Religionsunterricht: Systematische und Historische Reflexionen in Religionspädagogischer Absicht. Beiträge Zur Komparativen Theologie Ser.* Verlag Ferdinand Schöningh GmbH. https://ebookcentral.proquest.com/lib/kxp/detail.action?docID=6513821.

Janzen, O., Diekmann, I., Tsolak, D. & Salentin, K. (2023). Do guided mosque tours alleviate the prejudice of non-Muslims against Islam and Muslims? Evidence from a quasi-experimental panel study from Germany. *Zeitschrift für Religion, Gesellschaft und Politik,* https://doi.org/10.1007/s41682-023-00161-4.

Jikeli, G. (2015). Antisemitic Attitudes among Muslims in Europe. *ISGAP*(1), Occasional Paper Series 1. https://isgap.org/wp-content/uploads/2015/05/Jikeli_Antisemitic_Attitudes_among_Muslims_in_Europe1.pdf.

Kaddor, L. (2007). Frieden und Friedenserziehung aus islamischer Sicht. In Internationale Friedensschule Köln (Hrsg.), *Internationale Friedenspädagogik: Bd. 1. Erziehung zum Frieden: Beiträge zum Dialog der Kulturen und Religionen in der Schule* (S. 129–143). LIT.

Kaddor, L., Karabulut, A. & Pfaff, N. (2018). *»...Man denkt immer sofort an Islamismus« Islamfeindlichkeit im Jugendalter.* Universität Duisburg-Essen.

Kamçılı-Yıldız, N. (2018). Kompetenzen islamischer Religionslehrkräfte – eine empirische Studie. *Zeitschrift für Pädagogik und Theologie, 70*(1), 21–36.

Kamçılı-Yıldız, N. (2020). „Andere Religionen" in den Curricula der islamischen Religionslehrerausbildung". *Theo-Web. Zeitschrift für Religionspädagogik, 19*(1), 215–229.

Kamçılı-Yıldız, N. (2021). *Zwischen Glaubensvermittlung und Reflexivität.* Dissertation. Internationale Hochschulschriften: Band 682. Waxmann.

Kamçılı-Yıldız, N. (2023). Glaubende Grundhaltung als Zugang zum Islam – Theologische Kompetenzen von islamischen Religionslehrkräften. In A. Körs (Hrsg.), *Islam in der Gesellschaft. Islamischer Religionsunterricht in Deutschland: Ein Kaleidoskop empirischer Forschung* (S. 33–52). Springer VS.

Karakaşoğlu, Y. & Klinkhammer, G. (2016). Religionsverhältnisse. In P. Mecheril, V. Kourabas & M. Rangger (Hrsg.), *Pädagogik. Handbuch Migrationspädagogik* (S. 294–310). Beltz.

Karakaşoğlu, Y., Wojciechowicz, A. & Gruhn, M. (2013). Zum Stellenwert von Lehrerinnen und Lehrern mit Migrationshintergrund im Rahmen interkultureller Schulentwicklungsprozesse. In K. Bräu, V. B. Georgi, Y. Karakaşoğlu & C. Rotter (Hrsg.), *Lehrerinnen und Lehrer mit Migrationshintergrund: Zur Relevanz eines Merkmals in Theorie, Empirie und Praxis* (S. 69–84). Waxmann.

Karakaşoğlu-Aydın, Y. (2000). *Muslimische Religiosität und Erziehungsvorstellungen: Eine empirische Untersuchung zu Orientierungen bei türkischen Lehramts- und Pädagogik-Studentinnen in Deutschland. Interdisziplinäre Studien zum Verhältnis von Migrationen, Ethnizität und gesellschaftlicher Multikulturalität: Bd. 12.* IKO – Verl. für Interkulturelle Kommunikation.

Kart, M. & Zimmer, V. (2023a). Antisemitische Einstellungen junger Menschen. Stärkung demokratischer Grundhaltungen durch Angebote Sozialer Arbeit. *Zeitschrift für praxisorientierte (De-)Radikalisierungsforschung ZepRa, 2*(1), 92–130.

Kart, M. & Zimmer, V. (2023b). *IU-Kompass Extremismus. Ausgewählte Ergebnisse.* 4. Virtuelle Fachtagung „Soziale Arbeit und gesellschaftliche Transformation" an der IU Internationalen Hochschule, IU Internationale Hochschule.

Kassem, A. (2021). Der Islamische Religionsunterricht als Ort (mehr-)sprachlicher Bildung. *Theo-Web. Zeitschrift für Religionspädagogik, 20*(2), 302–320. https://www.theo-web.de/fileadmin/user_upload/34_Kassem_et_al.pdf.

Kaupp, A. & Sejdini, Z. (2020). Mindsets von Lehrenden in der Islamischen Religionslehrer*innenausbildung. Überlegungen zum Workshop "Islam und religiöse Vielfalt" an der Universität Paderborn. *Theo Web. Zeitschrift für Religionspädagogik, 19*(1), 290–300. https://doi.org/10.23770/tw0135.

Kelle, U. (1997). *Empirisch begründete Theoriebildung: Zur Logik und Methodologie interpretativer Sozialforschung. Status passages and the life course: Bd. 6*. Dt. Studien-Verl.

Kelle, U. (2010). *Vom Einzelfall zum Typus: Fallvergleich und Fallkontrastierung in der qualitativen Sozialforschung. SpringerLink Bücher*. VS Verlag für Sozialwissenschaften. https://doi.org/10.1007/978-3-531-92366-6.

Kellermann, I. & Lorenz, D. (2016). Islamischer Religionsunterricht an einer urbanen Grundschule. Ethnografische Perspektiven auf Bedeutungsdimensionen der Anerkennung. In G. Blaschke-Nacak & S. E. Hößl (Hrsg.), *Springer eBook Collection. Islam und Sozialisation: Aktuelle Studien* (1. Aufl. 2016, S. 69–100). Springer VS.

Kemper, T. (2010). Migrationshintergrund – eine Frage der Definition! *Die deutsche Schule, 102*(4), 315–326. https://doi.org/10.25656/01:5151.

Kenar, B., Zimmer, V. & Stein, M. (2020). Religiosität und religiöse Erziehung muslimischer Jugendlicher – ein Literaturüberblick. *Theo Web. Zeitschrift für Religionspädagogik, 19*(1), 345–367. https://doi.org/10.23770/tw0138.

Khorchide, M. (2008). *Der islamische Religionsunterricht zwischen Integration und Parallelgesellschaft: Einstellungen der islamischen ReligionslehrerInnen an öffentlichen Schulen. SpringerLink Bücher*. VS Verlag für Sozialwissenschaften / GWV Fachverlage GmbH Wiesbaden. https://swbplus.bsz-bw.de/bsz309703530rez.htm https://doi.org/10.1007/978-3-531-91510-4.

Kiefer, M. (2009). Islamkunde in Nordrhein-Westfalen und der Schulversuch islamischer Religionsunterricht in Baden-Württemberg im Vergleich: Einblicke in die Rahmenbedingungen und die Praxis der Unterrichtsmodelle. In I.-C. Mohr & M. Kiefer (Hrsg.), *Global local Islam = Globaler lokaler Islam. Islamunterricht – islamischer Religionsunterricht – Islamkunde: Viele Titel – ein Fach?* (S. 97–115). Transcript-Verl.

Kiefer, M. (2011a). Aktuelle Entwicklungen in den Ländern: Art und Umfang der bestehenden Angebote, Unterschiede, Perspektiven. In Deutsche Islam Konferenz & Bundesamt für Migration und Flüchtlinge (Hrsg.), *Islamischer Religionsunterricht in Deutschland. Perspektiven und Herausforderungen* (S. 60–71). Bundesamt für Migration und Flüchtlinge.

Kiefer, M. (2011b). Der lange Weg zum islamischen Religionsunterricht – Zum Stand der Realisierungsbemühungen. In M. Krüger-Potratz & W. Schiffauer (Hrsg.), *Migrationsreport: Fakten – Analysen – Perspektiven* (S. 139–161). Campus Verl.

Kiefer, M. (2012). „Saphir 5 / 6" und „Ein Blick in den Islam 5 / 6" – kritische Anmerkungen aus islamwissenschaftlicher Perspektive. In K. Spenlen & S. Kröhnert-Othman (Hrsg.), *Eckert: Bd. 132. Integrationsmedium Schulbuch: Anforderungen an islamischen Religionsunterricht und seine Bildungsmaterialien* (S. 99–112). V & R unipress.

Kiefer, M. (2017). „Drei Schritte vor, einer zurück" – Islamischer Religionsunterricht. Ein Unterrichtsfach mit Hindernissen. *Hikma – Zeitschrift für islamische Theologie und Religionspädagogik, 8*(1), 83–98.

Kiefer, M. (2021). Konfrontative Religionsausübungen von muslimischen Schülerinnen und Schülern. *Analysen & Argumente. Konrad Adenauer Stiftung*, 425.
Kiefer, M., Gottwald, E. & Ucar, B. (Hrsg.). (2008). *Islam in der Lebenswelt Europa: Bd. 5. Auf dem Weg zum islamischen Religionsunterricht: Sachstand und Perspektiven in Nordrhein-Westfalen*. LIT-Verl.
Kiefer, M. & Malik, J. (2008). Der Islam in Deutschland im Prozess der Neuformierung. In Bertelsmann Stiftung (Hrsg.), *Religion und Bildung: Orte, Medien und Experten religiöser Bildung* (S. 98–103). Verlag Bertelsmann Stiftung.
Kirchenamt der Evangelischen Kirche in Deutschland (Hrsg.). (1999). *Religionsunterricht für muslimische Schülerinnen und Schüler. Eine Stellungnahme des Kirchenamts der Evangelischen Kirche in Deutschland*. Evangelische Kirche in Deutschland.
Kirchmayr, A. (1981). *Psychische Probleme von Theologiestudenten*. Dissertation Universität Wien.
Kisi, M. (2014). Geschlechtergerechtigkeit und religiöse Erziehung in muslimischen Gemeinden. In K. Klausing & E. Zonne (Hrsg.), *Religiöse Früherziehung in Judentum, Islam und Christentum* (S. 113–129). Peter Lang GmbH, Internationaler Verlag der Wissenschaften.
Klinkhammer, G. (2000). *Moderne Formen islamischer Lebensführung: Eine qualitativ-empirische Untersuchung zur Religiosität sunnitisch geprägter Türkinnen der zweiten Generation in Deutschland. Religionswissenschaftliche Reihe: Bd. 14*. Diagonal-Verl. http://hdl.handle.net/10900/111778 https://doi.org/10.15496/publikation-53154.
Kluge, S. (1999). *Empirisch begründete Typenbildung: Zur Konstruktion von Typen und Typologien in der qualitativen Sozialforschung*. Leske + Budrich.
Kluge, S. (2000). Empirisch begründete Typenbildung in der qualitativen Sozialforschung. *Forum Qualitative Sozialforschung / Forum: Qualitative Social Research*, *1*(1, Art 14), 1–20. https://www.qualitative-research.net/index.php/fqs/article/download/1124/2497?inline=1#gcit.
Knafo, A. & Schwartz, S. H. (2004). Identity formation and parent-child value congruence in adolescence. *British Journal of Developmental Psychology*, *22*(3), 439–458. https://doi.org/10.1348/0261510041552765.
Knieps, C. (1999). *Geschichte der Verschleierung der Frau im Islam*. Zugl. Kurzfassung von: Bonn, Univ., Diss., 1991 u.d.T.: @Knieps, Claudia: Ursprünge des Schleiers im Islam (2., unveränd. Aufl.). *Ethno-Islamica: Bd. 3*. Ergon-Verl.
Kolb, C. J [Christoph Jonas], Stein, M. & Zimmer, V. (2023). Welche Diskriminierungen erleben Jugendliche und junge Erwachsene und wie gehen sie selbst mit gesellschaftlicher Diversität um? In B. Friele, M. Kart, D. Kergel, J. Rieger, B. Schomers, K. Sen, M. Staats & P. Trotzke (Hrsg.), *Soziale Arbeit und gesellschaftliche Transformation zwischen Exklusion und Inklusion: Analysen und Perspektiven* (S. 185–199). Springer VS.
Kolb, C. J [Christoph Jonas], Stein, M. & Zimmer, V. (2024). Die demokratische Schule. Utopie oder Wirklichkeit? In B. Friele, M. Kart, D. Kergel, J. Rieger, B. Schomers, K. Sen, M. Staats & P. Trotzke (Hrsg.), *Utopien Sozialer Arbeit* (S. 375–391). Beltz Juventa.
Kolb, J. (2021). Modes of Interreligious Learning within Pedagogical Practice. An Analysis of Interreligious Approaches in Germany and Austria. *Religious Education*, *116*(2), 142–156. https://doi.org/10.1080/00344087.2020.1854416.

Körs, A. (2017). Die Pluralität der „zwei Pluralismen" in Deutschland – Konkretionen und Lokalisationen. In P. L. Berger, S. Steets & W. Weiße (Hrsg.), *Waxmann-E-Books Religion und Religionspädagogik: Band 12. Zwei Pluralismen: Positionen aus Sozialwissenschaft und Theologie zu religiöser Vielfalt und Säkularität* (S. 159–178). Waxmann.

Körs, A. (Hrsg.). (2023a). *Islam in der Gesellschaft. Islamischer Religionsunterricht in Deutschland: Ein Kaleidoskop empirischer Forschung.* Springer VS.

Körs, A. (2023b). Islamischer Religionsunterricht in Deutschland im Kaleidoskop empirischer Forschungen: Einleitung und Überblick. In A. Körs (Hrsg.), *Islam in der Gesellschaft. Islamischer Religionsunterricht in Deutschland: Ein Kaleidoskop empirischer Forschung* (S. 1–14). Springer VS.

Körs, A., Haddad, L., Wagner, C. & Akbaba, Y. (2022). Islamic Religious Education (IRE) in Germany between religion, education, politics and society. *Journal of Religion, Society and Politics*, 1–27. https://doi.org/10.1007/s41682-022-00120-5.

Körs, A., Haddad, L., Wagner, C. & Akbaba, Y. (2023). Islamischer Religionsunterricht (IRU) in Deutschland im Spannungsfeld von Religion, Bildung, Politik und Gesellschaft. *Zeitschrift für Religion, Gesellschaft und Politik*, 7(1), 367–393. https://doi.org/10.1007/s41682-022-00120-5.

Krainz, U. (2014). *Religion und Demokratie in der Schule: Analysen zu einem grundsätzlichen Spannungsfeld.* Springer Fachmedien. https://doi.org/10.1007/978-3-658-05922-4.

Kraml, M., Sejdini, Z., Bauer, N. & Kolb, J. (2020). *Konflikte und Konfliktpotentiale in interreligiösen Bildungsprozessen: Empirisch begleitete Grenzgänge zwischen Schule und Universität. Studien zur Interreligiösen Religionspädagogik: Bd. 3.* W. Kohlhammer Verlag. https://elibrary.kohlhammer.de/book/ https://doi.org/10.17433/978-3-17-035 491-3 https://doi.org/10.17433/978-3-17-035491-3.

Kuckartz, U. (1988). *Computer und verbale Daten: Chancen zur Innovation sozialwissenschaftlicher Forschungstechniken. Europäische Hochschulschriften Reihe 22, Soziologie = Sociologie = Sociology: Bd. 173.* Lang.

Küpper, B. & Zick, A. (2020). *Antisemitische Einstellungsmuster in der Mitte der Gesellschaft.* https://www.bpb.de/themen/antisemitismus/dossier-antisemitismus/322899/ant isemitische-einstellungsmuster-in-der-mitte-der-gesellschaft/.

Latzko, B. (2006). *Werteerziehung in der Schule: Regeln und Autorität Im Schulalltag.* Verlag Barbara Budrich. https://ebookcentral.proquest.com/lib/kxp/detail.action?docID=571 9428.

Lautz, Y. von, Bösing, E., Stein, M. & Kart, M. (2022). Die Bedeutung der Schule für die Prävention von islamistischer Radikalisierung und Deradikalisierung, Online-Portal Infodienst Radikalisierungsprävention der Bundeszentrale für politische Bildung BPB. https://www.bpb.de/themen/infodienst/515495/die-bedeutung-der-schule-fuer-die-praevention-von-islamischer-radikalisierung-und-deradikalisierung.

Lazarsfeld, P. F. (1937). Some Remarks on the Typological Procedures in Social Research. *Zeitschrift für Sozialforschung*, VI, 119–139.

Lenhart, V. (2016). Friedenserziehung im Hybridkrieg gegen den Terror. *ZEP: Zeitschrift für internationale Bildungsforschung und Entwicklungspädagogik*, 39(4), 16–19.

Liebenwein, S. (2008). *Erziehung und soziale Milieus: Elterliche Erziehungsstile in milieuspezifischer Differenzierung. SpringerLink Bücher.* VS Verlag für Sozialwissenschaften. https://doi.org/10.1007/978-3-531-90924-0.

Liebl, A. E. (2014). *Parteien und Religionspolitik im Kooperationsmodell der Bundesrepublik Deutschland. Beiträge zur Politikwissenschaft: Bd. 17.* Utz.

Liedhegener, A. & Pickel, G. (2016). Religionspolitik in Deutschland – ein Politikbereich gewinnt neue Konturen. Einleitung. In A. Liedhegener & G. Pickel (Hrsg.), *Politik und Religion. Religionspolitik und Politik der Religionen in Deutschland: Fallstudien und Vergleiche* (S. 3–21). Springer VS.

Lingen-Ali, U. (2012). ‚Islam' als Zuordnungs-und Differenzkategorie. *Sozial Extra, 36*(9–10), 24–27. https://doi.org/10.1007/s12054-012-1008-4.

Lingen-Ali, U. (2015). Die ‚andere' Religion: Muslimisierung und Selbstpositionierung – Wie der Islam (nicht nur) im Religionsunterricht als Differenzlinie fungiert. In R. Leiprecht & A. Steinbach (Hrsg.), *Schule in der Migrationsgesellschaft: Band 1. Grundlagen – Diversität – Fachdidaktiken* (S. 324–341). Debus Pädagogik.

Lingen-Ali, U. & Mecheril, P. (2016). Religion als soziale Deutungspraxis. *Österreichisches Religionspädagogisches Forum, 24*(2), 17–24. https://doi.org/10.25364/10.24:2016.2.3.

Lohse, J. M. (1967a). *Kirche ohne Kontakte? Beziehungsformen in einem Industrieraum.* Kreuz-Verlag.

Lohse, J. M. (1967b). Studienverlaufsanalyse für 420 Pfarramtskandidaten. In H.-E. Hess & H.-E. Tödt (Hrsg.), *Reform der theologischen Ausbildung. Untersuchungen, Berichte, Empfehlungen.* (S. 29–47). Kreuz-Verlag.

Lück, C. (2012). *Religion studieren: Eine bundesweite empirische Untersuchung zu der Studienzufriedenheit und den Studienmotiven und -belastungen angehender Religionslehrer/innen. Forum Theologie und Pädagogik: Bd. 22.* LIT Verl.

Lukatis, I. & Lukatis, W. (1985). Dogmatismus bei Theologiestudenten. In K.-F. Daiber & M. Josuttis (Hrsg.), *Kaiser-Wissenschaft Praktische Theologie. Dogmatismus: Studien über den Umgang des Theologen mit Theologie* (S. 119–184). Kaiser.

Marcia, J. E. (1993). The status of the statuses: Research review. In J. E. Marcia, A. S. Waterman, D. R. Matteson, S. L. Archer & J. L. Orlofsky (Hrsg.), *Ego Identity: A Handbook for Psychosocial Research* (S. 22–41). Springer New York.

Mauritz, G., Kamçılı-Yıldız, N. & Hillebrand, M. (2020). Mindsets religiöser Pluralität als Faktor in der (islamischen) Religionslehrer*innenbildung. *Theo Web. Zeitschrift für Religionspädagogik, 19*(1), 230. https://doi.org/10.23770/tw0131.

Mayring, P. (2010). *Qualitative Inhaltsanalyse: Grundlagen und Techniken. Beltz Pädagogik.* Beltz. http://nbn-resolving.org/urn:nbn:de:bsz:31-epflicht-1143991.

Mayring, P. (2019). Qualitative Inhaltsanalyse – Abgrenzungen, Spielarten, Weiterentwicklungen. *Forum Qualitative Sozialforschung / Forum: Qualitative Social Research, Vol 20*(3), Art. 16. https://doi.org/10.17169/FQS-20.3.3343.

Mecheril, P. (2019). Pädagogik der Migrationsgesellschaft. In M. Stein, D. Steenkamp, S. Weingraber & V. Zimmer (Hrsg.), *Flucht. Migration. Pädagogik: Willkommen? Aktuelle Kontroversen und Vorhaben* (S. 41–47). Verlag Julius Klinkhardt.

Mecheril, P., Kourabas, V. & Rangger, M. (Hrsg.). (2016). *Pädagogik. Handbuch Migrationspädagogik.* Beltz. https://www.researchgate.net/publication/342529534_Handbuch_Migrationspadagogik#fullTextFileContent.

Mediendienst Integration. (2020). *Religion an Schulen. Islamischer Religionsunterricht in Deutschland.* https://mediendienst-integrati-on.de/fileadmin/Dateien/MDI_Informationspapier_Islamischer_Religionsunterricht_Mai_2020.pdf.

Mendl, H. (2011). *Religionsdidaktik kompakt: Für Studium, Prüfung und Beruf.* Kösel.

Mernissi, F. (1996). *Der politische Harem: Mohammed und die Frauen* (V. Kabis-Alamba, Übers.) (2. Aufl.). *Herder-Spektrum: Bd. 4104.* Herder.

Mesanovic, M. (2022). *Entwicklung interreligiöser Kompetenzen bei islamischen Religionslehrkräften.* Kohlhammer Verlag. https://nbn-resolving.org/urn:nbn:de:bsz:24-epf licht-3048148.

Ministerium für Arbeit, Integration und Soziales. (2010). *Muslimisches Leben in Nordrhein-Westfalen.* https://www.phil-fak.uni-duessel-dorf.de/fileadmin/Redaktion/Institute/Sozial wissenschaften/BF/Lehre/SoSe_2015/Islam/Muslimisches_Leben_in_NRW.pdf.

Möbus, B. (2021). Politikdidaktische Herausforderungen im Umgang mit Populismus im Politikunterricht. Das Kontroversitätsgebot im Spiegel des diffusen Begriffes 'Populismus'. In W. Kürschner & H. von Laer (Hrsg.), *„Populismus" – zwischen Wissenschaft und Öffentlichkeit* (S. 137–164). LIT.

Möbus, B. (2023). „Würden wir die Rolle von Computerspielen nicht für wichtig erachten, würden wir nicht tun, was wir tun". – Die Identitäre Bewegung und das propagandistische Potential von Computerspielen am Beispiel von ‚Heimat Defender: Rebellion'. *Zeitschrift für praxisorientierte (De-)Radikalisierungsforschung ZepRa, 2*(1), 4–35.

Mohr, I.-C. (2009). Eine Didaktik für den islamischen Religionsunterricht in Berlin. Ergebnisse aus Unterrichtsbesuchen und Gesprächen mit Lehrerinnen und Lehrern. In I.-C. Mohr & M. Kiefer (Hrsg.), *Global local Islam = Globaler lokaler Islam. Islamunterricht – islamischer Religionsunterricht – Islamkunde: Viele Titel – ein Fach?* (S. 143–158). Transcript-Verl.

Mummendey, A., Kessler, T. & Otten, S. (2009). Sozialpsychologische Determinanten – Gruppenzugehörigkeit und soziale Kategorisierung. In A. Beelmann & K. J. Jonas (Hrsg.), *Diskriminierung und Toleranz: Psychologische Grundlagen und Anwendungsperspektiven* (S. 43–60). VS Verlag fur Sozialwissenschaften GmbH.

Naurath, E. (2019). Islamischer Religionsunterricht im 'Süden´. Bayern und Baden-Württemberg – zwischen Modellversuch und Ungewissheit. *Religionspädagogische Beiträge*(80), 15–83.

Nickel, L. & Woernle, S.-S. (2020). Theologie studieren zwischenuniversitärer Fachwissenschaft und individueller Religiosität. In N. Meister, U. Hericks, R. Kreyer & R. Laging (Hrsg.), *Edition Fachdidaktiken Ser. Zur Sache. Die Rolle des Faches in der Universitären Lehrerbildung: Das Fach Im Diskurs Zwischen Fachwissenschaft, Fachdidaktik und Bildungswissenschaft* (S. 191–212). Springer Fachmedien Wiesbaden GmbH.

Nökel, S. (2002). *Die Töchter der Gastarbeiter und der Islam: Zur Soziologie alltagsweltlicher Anerkennungspolitiken. Eine Fallstudie.* transcript Verlag. https://library.oapen.org/bitstream/id/5275cf81-9254-4ebb-aab3-c28fb1872d88/1006757.pdf.

Oebbecke, J. (o. J.). *Der Islam als Herausforderung für das deutsche Religionsrecht.* https://heimatkunde.boell.de/de/2010/12/01/der-islam-als-herausforderung-fuer-das-deutsche-religionsrecht.

Oebbecke, J. (2010). *Elemente des deutschen Religionsrechts.* https://heimatkunde.boell.de/de/2010/12/01/der-islam-als-herausforderung-fuer-das-deutsche-religionsrecht.

Ourghi, A.-H. (2017). *Einführung in die islamische Religionspädagogik.* Matthias Grünewald Verlag. http://www.gruenewaldverlag.de/pdf/978-3-7867-3102-3.pdf.

Öztürk, H. (2007). *Wege zur Integration: Lebenswelten muslimischer Jugendlicher in Deutschland. Kultur und soziale Praxis.* transcript. https://ebookcentral.proquest.com/lib/kxp/detail.action?docID=6955716.

Pemsel-Maier, S., Weinhardt, J. & Weinhardt, M. (2011). *Konfessionell-kooperativer Religionsunterricht als Herausforderung: Eine empirische Studie zu einem Pilotprojekt im Lehramtsstudium* (1. Auflage). Kohlhammer Verlag. http://nbn-resolving.org/urn:nbn:de: bsz:24-epflicht-1295277.

Petschel, A. (2022). Statistisches Bundesamt (Destatis). In Statistisches Bundesamt (Hrsg.), *Bevölkerung und Demografie. Auszug aus dem Datenreport 2021* (S. 30–44). Statistisches Bundesamt (Destatis).

Pfahl-Traughber, A. (2012). Die fehlende Trennschärfe des „Islamophobie"-Konzepts für die Vorurteilsforschung. Ein Plädoyer für das Alternativ-Konzept „Antimuslimismus" bzw. „Muslimenfeindlichkeit". In G. Botsch, O. Glöckner, C. Kopke & M. Spieker (Hrsg.), *Islamophobie und Antisemitismus* (S. 11–28). DE GRUYTER.

Pfündel, K., Stichs, A. & Tanis, K. (Hrsg.). (2021). *Forschungsbericht, Bundesamt für Migration und Flüchtlinge: Bd. 38. Muslimisches Leben in Deutschland 2020: Studie im Auftrag der Deutschen Islam Konferenz* (Stand: 04/2021). Bundesamt für Migration und Flüchtlinge. https://www.bamf.de/SharedDocs/Anlagen/DE/Forschung/Forsch ungsberichte/fb38-muslimisches-leben.html.

Pickel, G. (2013a). *Religionsmonitor – verstehen was verbindet. Religiosität im internationalen Vergleich*. Bertelsmann Stiftung.

Pickel, G. (2013b). Die Situation der Religion in Deutschland – Rückkehr des Religiösen oder voranschreitende Säkularisierung? In G. Pickel & O. Hidalgo (Hrsg.), *Politik und Religion. Religion und Politik im vereinigten Deutschland: Was bleibt von der Rückkehr des Religiösen?* (S. 65–101). Springer VS.

Pickel, G. (2019a). Flucht, Migration, Religion – Verhältnisbestimmungen am empirischen Beispiel. In M. Stein, D. Steenkamp, S. Weingraber & V. Zimmer (Hrsg.), *Flucht. Migration. Pädagogik: Willkommen? Aktuelle Kontroversen und Vorhaben* (S. 59–88). Verlag Julius Klinkhardt.

Pickel, G. (2019b). *Weltanschauliche Vielfalt und Demokratie*. Bertelsmann Stiftung. https://doi.org/10.11586/2019032.

Pickel, G. & Yendell, A. (2016). Islam als Bedrohung? Beschreibung und Erklärung von Einstellungen zum Islam im Ländervergleich. *Zeitschrift für Vergleichende Politikwissenschaft, 10*(3/4), 273-309.

Pietzonka, M. (2016a). Diversity-Kompetenz als Lernziel der Hochschulbildung? In M. Fuhrmann, J. Güdlen, J. Kohler, P. Pohlenz, U. Schmidt & Benz, WilfriedLandfried, Klaus (Hrsg.), *Handbuch Qualität in Studium und Lehre und Forschung (HQSLF). Band 58.* (S. 1–26). Raabe; DUZ Verlags- und Medienhaus GmbH.

Pietzonka, M. (2016b). Die Kompetenzorientierung in Studium und Lehre – Die Reform und ihre Umsetzung in den deutschen Hochschulen. In M. Fuhrmann, J. Güdlen, J. Kohler, P. Pohlenz, U. Schmidt & Benz, WilfriedLandfried, Klaus (Hrsg.), *Handbuch Qualität in Studium und Lehre und Forschung (HQSLF). Band 56.* (S. 21–48). Raabe; DUZ Verlags- und Medienhaus GmbH.

Pietzonka, M. (2019). Schlüsselkompetenzen zum Umgang mit sozialer Vielfalt für die Arbeitswelt 4.0 – Einordnung, Kennzeichnung und Messung. In B. Hermeier, T. Heupel & S. Fichtner-Rosada (Hrsg.), *FOM-Edition. Arbeitswelten der Zukunft: Wie die Digitalisierung unsere Arbeitsplätze und Arbeitsweisen verändert* (S. 477–496). Springer VS.

Pietzonka, M. & Kolb, C. J [Christoph J.] (2021). Diversity Acceptance as an Individual Ability: The New Rating Scale DWD-O5 for the Organizational Context. Testing, Psychometrics. *Methodology in Applied Psychology, 28*(4), 1–16.
Pille, I. (2009). *Gewalt und Gewaltfreiheit im Islam: Impulse für den Unterricht. Workshop Religionspädagogik: Bd. 10.* LIT-Verl.
Pirner, M. L. (2022). *Wie Religionslehrkräfte ticken.* W. Kohlhammer GmbH. https://doi.org/ 10.17433/978-3-17-039348-6.
Pollack, D. & Müller, O. (2013). *Religionsmonitor – verstehen was verbindet. Religiosität und Zusammenhalt in Deutschland.* Bertelsmann Stiftung. https://www.bertelsmann-sti ftung.de/fileadmin/files/BSt/Publikationen/GrauePublikationen/GP_Religionsmonitor_v erstehen_was_verbindet_Religioesitaet_und_Zusammenhalt_in_Deutschland.pdf.
Pollack, D., Müller, O., Rosta, G. & Dieler, A. (2016). *Integration und Religion aus der Sicht von Türkeistämmigen in Deutschland. Repräsentative Erhebung von TNS Emnid im Auftrag des Exzellenz-Clusters „Religion und Politik" der Universität Münster.* Universität Münster. https://www.uni-muenster.de/imperia/md/content/religion_und_pol itik/aktuelles/2016/06_2016/studie_integration_und_religion_aus_sicht_t__rkeist__mmi ger.pdf.
Pratt Ewing, K. (2008). Stigmatisierte Männlichkeit. Muslimische Geschlechterbeziehungen und kulturelle Staatsbürgerschaft in Europa. In L. Potts & J. Kühnemund (Hrsg.), *Studien interdisziplinäre Geschlechterforschung: Bd. 3. Mann wird man: Geschlechtliche Identitäten im Spannungsfeld von Migration und Islam* (S. 19–37). transcript Verlag.
Quaing, C., Schepers, C. & Kaiser, T. (2003). Wie Studierenden über ihr Studium denken. Zu den Ergebnissen einer Umfrage von Theologiestudierenden unter Theologiestudierenden an der Hochschule Vechta. In R. Lachner & E. Spiegel (Hrsg.), *Vechtaer Beiträge zur Theologie: Bd. 8. Qualitätsmanagement in der Theologie: Chancen und Grenzen einer Elementarisierung im Lehramtsstudium* (S. 81–102). Butzon & Bercker.
Rat der Evangelischen Kirche in Deutschland. (1987). *Zur Erziehung und Bildung muslimischer Kinder und Jugendlicher. Stellungnahme des Rates der Evangelischen Kirche in Deutschland.* Evangelische Kirche in Deutschland.
Reichmuth, S., Bodenstein, M., Kiefer, M. & Väth, B. (Hrsg.). (2006). *Islam in der Lebenswelt Europa: Bd. 1. Staatlicher Islamunterricht in Deutschland: Die Modelle in NRW und Niedersachsen im Vergleich.* LIT-Verl. http://www.socialnet.de/rezensionen/isbn. php?isbn=978-3-8258-8830-5.
Reimann, I. A. (2014). Glaubenserziehung in muslimischen Kitas durch Erzieherinnen und Erzieher. In K. Klausing & E. Zonne (Hrsg.), *Religiöse Früherziehung in Judentum, Islam und Christentum* (S. 157–171). Peter GmbH, Internationaler Verlag der Wissenschaften.
Reinders, H. (2004a). Entstehungskontexte interethnischer Freundschaften in der Adoleszenz. *Zeitschrift für Erziehungswissenschaft, 7*(1), 121–145. https://doi.org/10.1007/s11 618-004-0009-x.
Reinders, H. (2004b). Subjektive Statusgleichheit, interethnische Kontakte und Fremdenfeindlichkeit bei deutschen Jugendlichen. *ZSE : Zeitschrift für Soziologie der Erziehung und Sozialisation, 24*(2), 182–202. https://doi.org/10.25656/01:5689.
Reinders, H. (2010). Peers und Migration. Zur Bedeutung von inter- und intramonoethnischen Peerbeziehungen im Jugendalter. In M. Harring, O. Böhm-Kasper, C. Rohlfs & C.

Palentien (Hrsg.), *Freundschaften, Cliquen und Jugendkulturen: Peers als Bildungs- und Sozialisationsinstanzen* (1. Aufl., S. 123–140). VS Verl. für Sozialwissenschaften.

Reinders, H., Greb, K. & Grimm, C. (2006). Entstehung, Gestalt und Auswirkungen interethnischer Freundschaften im Jugendalter. Eine Längsschnittstudie. *Diskurs Kindheits- und Jugendforschung, 1*(1), 39–57. https://doi.org/10.25656/01:985.

Reis, O., Kamcili-Yildiz, N. & Hillebrand, M. (2020). „Dann mache ich einfach mal weiter." – Zur Lehrsteuerung der Studierenden in die Indifferenz. *Theo Web. Zeitschrift für Religionspädagogik, 19*(1), 267–281. https://doi.org/10.23770/tw0133.

Riegel, U. & Mendl, H. (2011). Studienmotive fürs Lehramt Religion. *Zeitschrift für Pädagogik und Theologie, 63*(4), 344–358. https://doi.org/10.1515/zpt-2011-0407.

Riegel, U. & Zimmermann, M. (2022). *Studium und Religionsunterricht: Eine bundesweite empirische Untersuchung unter Studierenden der Theologie. Religionspädagogik innovativ: Bd. 47.* Verlag W. Kohlhammer. https://elibrary.kohlhammer.de/book/ https://doi.org/10.17433/978-3-17-042105-9 https://doi.org/10.17433/978-3-17-042105-9.

Ross, E. & Fischer, C. (2008). Eigengruppe. In G. Vedder & J. Reuter (Hrsg.), *Trierer Beiträge zum Diversity Management: Bd. 9. Glossar: Diversity Management und Work-Life-Balance* (S. 61). Hampp.

Rothgangel, M. (2014). Empirische Befunde zu Religionslehrkräften. In P. Schreiner & F. Schweitzer (Hrsg.), *Eine Veröffentlichung des Comenius-Instituts. Religiöse Bildung erforschen: Empirische Befunde und Perspektiven : [Volker Elsenbast zum 60. Geburtstag in herzlicher Verbundenheit* (S. 165–176). Waxmann.

Rothgangel, M. (2015). ReligionslehrerInnen im Horizont jüngerer empirischer Studien(23), 101–109. https://doi.org/10.25364/10.23:2015.1.12 (Österreichisches Religionspädagogisches Forum).

Rotter, C. (2012). Lehrkräfte mit Migrationshintergrund. Individuelle Umgangsweisen mit bildungspolitischen Erwartungen. *Zeitschrift für Pädagogik, 58*, 204–222. https://doi.org/10.25656/01:10502 (Zeitschrift für Pädagogik 58 (2012) 2, S. 204–222).

Rumbaut, R. G. (1997). Paradoxes (and Orthodoxies) of Assimilation. *Sociological Perspectives, 40*(3), 483–511. https://doi.org/10.2307/1389453.

Rux, M. (2015). Islamischer Religionsunterricht oder Ethik für alle? Segregierende Konfessionalisierung oder integrierende Lern- und Lebenserfahrung in öffentlichen Schulen? *Lehren und Lernen, 41*(11), 8–10.

Sachverständigenrat deutscher Stiftungen für Integration und Migration. (2014). *Deutschlands Wandel zum modernen Einwanderungsland. Jahresgutachten 2014 mit Integrationsbarometer.* Sachverständigenrat für Integration und Migration.

Sachverständigenrat deutscher Stiftungen für Integration und Migration. (2016). *Viele Götter, ein Staat: Religiöse Vielfalt und Teilhabe im Einwanderungsland. Jahresgutachten 2016 mit Integrationsbarometer.* Sachverständigenrat für Integration und Migration. https://www.svr-migration.de/wp-content/uploads/2022/10/SVR_JG_2016-mit-Integrationsbarometer_WEB.pdf.

Salvatore, A. (2021). The Sociology of Islam: Beyond Orientalism, Toward Transculturality? In C. Gärtner & H. Winkel (Hrsg.), *Veröffentlichungen der Sektion Religionssoziologie der Deutschen Gesellschaft Für Soziologie Ser. Exploring Islam Beyond Orientalism and Occidentalism: Sociological Approaches* (S. 43–63). Springer Fachmedien Wiesbaden GmbH.

Sarıkaya, Y. (2010). Wege zu einer Islamischen Religionspädagogik in Deutschland. In Religionen in der Schule und die Bedeutung des Islamischen Religionsunterrichts. In B. Uçar, M. Blasberg-Kuhnke & A. von Scheliha (Hrsg.), *Veröffentlichungen des Zentrums für Interkulturelle Islamstudien der Universität Osnabrück: Band 1. Religionen in der Schule und die Bedeutung des Islamischen Religionsunterrichts* (S. 191–201). V & R Unipress Universitätsverlag Osnabrück.

Sarıkaya, Y., Ermert, D. & Öger-Tunc, E. (Hrsg.). (2019). *Studien zur Islamischen Theologie und Religionspädagogik: Band 4. Islamische Religionspädagogik: Didaktische Ansätze für die Praxis*. Waxmann. https://elibrary.utb.de/doi/book/10.31244/9783830989967.

Schiefer, D., van der Noll, J., Delhey, J. & Boehnke, K. (2012). *Kohäsionsradar: Zusammenhalt messen. Gesellschaftlicher Zusammenhalt in Deutschland – ein erster Überblick*. Bertelsmann Stiftung. https://www.bertelsmann-stiftung.de/fileadmin/files/BSt/Publikationen/GrauePublikationen/Studie_LW_Kohaesionsradar_2012.pdf.

Schiffauer, W. (1998). Ausbau von Partizipationschancen islamischer Minderheiten als Weg zur Überwindung des islamischen Fundamentalismus? In H. Bielefeldt & W. Heitmeyer (Hrsg.), *Politisierte Religion: Ursachen und Erscheinungsformen des modernen Fundamentalismus* (1st ed., S. 418–437). Suhrkamp Verlag.

Schmidt-Hertha, B. & Tippelt, R. (2011). Typologien. *REPORT Zeitschrift für Weiterbildungsforschung*(1), 23–35.

Schneider, V., Pickel, G. & Öztürk, C. (2021). Was bedeutet Religion für Rechtsextremismus? Empirische Befunde zu Verbindungen zwischen Religiosität, Vorurteilen und rechtsextremen Einstellungen. *Zeitschrift für Religion, Gesellschaft und Politik*, 5(2), 557–597. https://doi.org/10.1007/s41682-021-00073-1.

Schneiders, T. G. (2012). Einleitung. In T. G. Schneiders (Hrsg.), *Verhärtete Fronten: Der schwere Weg zu einer vernünftigen Islamkritik* (S. 7–14). Springer VS.

Schröter, J. I. (2015). Erfahrungen aus dem Modellprojekt „Islamischer Religionsunterricht" an öffentlichen Schulen in Baden-Württemberg. *Lehren und Lernen*, 41(11), 11–15.

Schröter, J. I. (2017). Aspekte religiöser Bildung in Deutschland: Die Einführung des Islamischen Religionsunterrichts und dessen interreligiösen Implikationen. In A. Ritter, J. I. Schröter & C. Tosun (Hrsg.), *Waxmann-E-Books Religion und Religionspädagogik: Band 12. Religiöse Bildung und interkulturelles Lernen: Ein ErasmusPlusProjekt mit Partnern aus Deutschland, Liechtenstein und der Türkei* (S. 127–137). Waxmann.

Schütz, A. (2016). *Der sinnhafte Aufbau der sozialen Welt: Eine Einleitung in die verstehende Soziologie. Suhrkamp-Taschenbuch Wissenschaft: Bd. 92*. Suhrkamp.

Schwartz, S. H. (1992). Universals in the Content and Structure of Values: Theoretical Advances and Empirical Tests in 20 Countries. *Advances in Experimental Psychology*, 25(1), 1–65. https://doi.org/10.1016/S0065-2601(08)60281-6.

Schwartz, S. H. (1996). Value Priorities and Behavior: Applying a Theory of Integrated Value Systems. In J. M. Olson, C. Seligman & M. P. Zanna (Hrsg.), *The Ontario Symposium on Personality and Social Psychology: v. 8. The psychology of values* (S. 1–24). L. Erlbaum Associates.

Schweitzer, F., Wissner, G., Bohner, A., Nowack, R., Gronover, M. & Boschki, R. (2018). *Jugend – Glaube – Religion. Glaube, Wertebildung, Interreligiosität: Bd. 13*. Waxmann.

Segeritz, M., Walter, O. & Stanat, P. (2010). Muster des schulischen Erfolgs von jugendlichen Migranten in Deutschland: Evidenz für segmentierte Assimilation? *KZfSS Kölner*

Zeitschrift für Soziologie und Sozialpsychologie, *62*(1), 113–138. https://doi.org/10.1007/s11577-010-0094-1.
Sejdini, Z., Kraml, M. & Scharer, M. (2017). *Mensch werden: Grundlagen einer interreligiösen Religionspädagogik und -didaktik aus muslimisch-christlicher Perspektive*. Kohlhammer Verlag. http://nbn-resolving.org/urn:nbn:de:bsz:24-epflicht-1293370.
Sekretariat der Deutschen Bischofskonferenz. (1999). *Islamischer Religionsunterricht. Stellungnahme des Sekretariats der Deutschen Bischofskonferenz*. https://www.dbk.de/presse/aktuelles/meldung/islamischer-religionsunterricht.
Sekretariat der Ständigen Konferenz der Kultusminister der Länder in der Bundesrepublik Deutschland. (1984). *Möglichkeiten religiöser Erziehung muslimischer Kinder in der Bundesrepublik Deutschland. Bericht der Kommission „Islamischer Religionsunterricht"*. Sekretariat der Ständigen Konferenz der Kultusminister der Länder in der Bundesrepublik Deutschland.
Şenel, A. & Demmrich, S. (2024). Prospective Islamic Theologians and Islamic religious teachers in Germany: between fundamentalism and reform orientation. *British Journal of Religious Education*, 1–19. https://doi.org/10.1080/01416200.2024.2330908.
Shulman, L. S. (1986). Those who understand: Knowledge growth in teaching. *Educational Researcher*, *15*(2), 4–14.
Solgun-Kaps, G. (Hrsg.). (2014). *Didaktik für die Grundschule. Islam – Didaktik für die Grundschule*. Cornelsen. http://www.cornelsen.de/bgd/97/83/58/91/63/95/3/9783589163953_x1LIAB/index.html.
Speer, S. W. (2017). Deutsche Religionspolitik im Kontext des Islam. In P. Antes & R. Ceylan (Hrsg.), *Islam in der Gesellschaft. Muslime in Deutschland: Historische Bestandsaufnahme, aktuelle Entwicklungen und zukünftige Forschungsfragen* (S. 115–147). Springer VS.
Spenlen, K. & Kröhnert-Othman, S. (Hrsg.). (2012). *Eckert: Bd. 132. Integrationsmedium Schulbuch: Anforderungen an islamischen Religionsunterricht und seine Bildungsmaterialien*. V & R unipress. http://repository.gei.de/handle/11428/119.
Spielhaus, R. (2018). Der Umgang mit innerreligiöser Vielfalt im Islamischen Religionsunterricht in Deutschland und seinen Schulbüchern: Interdisziplinäre Perspektiven. In R. Spielhaus & Z. Štimac (Hrsg.), *Eckert: Band 143. Schulbuch und religiöse Vielfalt: Interdisziplinäre Perspektiven* (S. 93–116). V&R Unipress.
Stanat, P. & Segeritz, M. (2009). Migrationsbezogene Indikatoren für eine Bildungsberichterstattung. In R. Tippelt (Hrsg.), *Vorstandsreihe der Deutschen Gesellschaft Für Erziehungswissenschaft (DGfE) Ser. Steuerung Durch Indikatoren: Methodologische und Theoretische Reflektionen Zur Deutschen und Internationalen Bildungsberichterstattung* (S. 141–156). Verlag Barbara Budrich.
Statistisches Bundesamt. (2020). *Religion in Deutschland und weltweit. Dossier*. Statistisches Bundesamt.
Statistisches Bundesamt. (2022). *Bevölkerung und Erwerbstätigkeit. Bevölkerung mit Migrationshintergrund – Ergebnisse des Mikrozensus 2021*. Statistisches Bundesamt.
Steenkamp, D. (2019). Wie die Identitäre Bewegung die Themen „Flucht.Migration" konstruiert. In M. Stein, D. Steenkamp, S. Weingraber & V. Zimmer (Hrsg.), *Flucht. Migration. Pädagogik: Willkommen? Aktuelle Kontroversen und Vorhaben* (S. 484–493). Verlag Julius Klinkhardt.

Stein, M. (2008a). *Ergebnisbericht des Lehrforschungsprojekts „Werte und Engagement von Studierenden in Abhängigkeit von Erziehung und Bindungserfahrungen"*. Umveröffentliches Manuskript.

Stein, M. (2008b). Werteerziehungsansätze an weiterführenden Schulen in Bayern. In Bayerisches Staatsministerium für Unterricht und Kultus (Hrsg.), *Werte machen stark. Praxishandbuch zur Werteerziehung* (S. 54–67). Brigg Pädagogik Verlag.

Stein, M. (2008c). Die Werteprojekte der Besuchsschulen aus Sicht der Schülerinnen und Schüler. In Bayerisches Staatsministerium für Unterricht und Kultus (Hrsg.), *Werte machen stark. Praxishandbuch zur Werteerziehung* (S. 68–81). Brigg Pädagogik Verlag.

Stein, M., Ceylan, R. & Zimmer, V. (2017). Einstellungen zum Islamischen Religionsunterricht von muslimischen ReligionslehrerInnen und LehramtsanwärterInnen in Deutschland. *Hikma – Zeitschrift für islamische Theologie und Religionspädagogik(8)*, 48–63.

Stein, M. & Zimmer, V. (2019). Interreligiöse Freundschaftsbeziehungen christlicher und muslimischer junger Menschen mit und ohne Migrationshintergrund – ein Vergleich auf Basis einer qualitativen Interviewstudie. *Theo Web. Zeitschrift für Religionspädagogik, 18*(1), 200–224. https://doi.org/10.23770/TW0095.

Stein, M. & Zimmer, V. (2021). Werte junger Christ*innen und Muslim*innen im Vergleich in Abhängigkeit der Stärke der Religiosität und interreligiöser Freundschaften. *THEO WEB Zeitschrift für Religionspädagogik, 20*(1), 256–284. https://doi.org/10.23770/tw0190.

Stein, M. & Zimmer, V. (2022). Die Kompetenzorientierung im Studium der Islamischen Theologie – Dokumentenanalyse der Modulbeschreibungen der Bachelorstudiengänge der Islamischen Theologie mit Lehramtsoption. *Zeitschrift für praxisorientierte (De-)Radikalisierungsforschung ZepRa, 1*(1), 35–73. https://doi.org/10.23770/TW0095.

Stein, M. & Zimmer, V. (2023a). Einstellungen angehender muslimischer Religionslehrkräfte zur Religion und zum Religionsunterricht. In A. Körs (Hrsg.), *Islam in der Gesellschaft. Islamischer Religionsunterricht in Deutschland: Ein Kaleidoskop empirischer Forschung* (S. 15–32). Springer VS.

Stein, M. & Zimmer, V. (2023b). Die Kompetenzorientierung im Studium der Islamischen Theologie. Dokumentenanalyse der Modulbeschreibungen der Masterstudiengänge der Islamischen Theologie mit Lehramtsoption. *Zeitschrift für praxisorientierte (De-)Radikalisierungsforschung ZepRa, 2*(1), 131–159.

Stein, M. & Zimmer, V. (2023c). Vorbereitung angehender islamischer Religionslehrkräfte auf den Umgang mit und die Prävention islamistischer Radikalisierung in Unterricht und Schule – eine Interviewstudie mit Dozierenden der Studiengänge der Islamischen Theologie in Deutschland, *22*(1), 100–126. https://www.theo-web.de/fileadmin/user_u pload/theo-web/pdfs/22-jahrgang-2023-heft-1/vorbereitung-angehender-islamischer-rel igionslehrkraefte-auf-den-umgang-mit-und-die-praevention-islamistischer-radikalisier ung-in-unterricht-und-schule-eine-interviewstudie-mit-dozierenden-der-studiengaenge-der-islamischen-theologie-in-deutschland.pdf.

Stein, M. & Zimmer, V. (2024). Wie kann der islamische Religionsunterricht islamistische Radikalisierung verhindern? Eine Interviewstudie mit Dozierenden der Studiengänge der Islamischen Theologie in Deutschland. In T. Nili-Freudenschuß & E. Aslan (Hrsg.), *40 Jahre Islamischer Religionsunterricht in Österreich* (im Erscheinen). Springer VS.

Stein, M., Zimmer, V. & Ceylan, R. (2021). Islamische Erziehung und Säkularisierung: Herausforderungen für muslimische Familien und den islamischen Religionsunterricht in

Deutschland. In E. Aslan (Hrsg.), *Handbuch islamische Religionspädagogik* (S. 241–263). V&R Unipress.
Stein, M., Zimmer, V. & Kart, M. (2023). Islamischer Religionsunterricht als Mittel der Radikalisierungsprävention? Eine Interviewstudie mit Dozierenden im Studienfach Islamische Theologie. In E. Arslan, B. Bongartz, K. Bozay, B. Çopur, M. Kart, Y. von Lautz, J. Ostwaldt & V. Zimmer (Hrsg.), *Radikalisierung und Prävention im Fokus der Sozialen Arbeit* (1. Auflage, S. 136–147). Juventa Verlag.
Stein, M., Zimmer, V., Kart, M., Rother, P., Lautz, Y. von, Bösing, E. & Ayyildiz, C. (2021). Der islamische Religionsunterricht als Mittel der Radikalisierungsprävention. *IUBH Discussion Papers Sozialwissenschaften*(5), 1–20. https://www.econstor.eu/bitstream/10419/235880/1/1764135288.pdf.
Stephan, W. G. & Stephan, C. W. (1996). Predicting prejudice. *International Journal of Intercultural Relations, 20*(3-4), 409–426. https://doi.org/10.1016/0147-1767(96)00026-0
Stošić, P. & Rensch, B. (2020). „Ja, (…) wären Sie denn nicht bereit, den Lehrerberuf aufzugeben?". In I. van Ackeren, H. Bremer, F. Kessl, H.-C. Koller, N. Pfaff, C. Rotter, E. D. Klein & U. Salaschek (Hrsg.), *Schriften der Deutschen Gesellschaft für Erziehungswissenschaft (DGfE). Bewegungen: Beiträge zum 26. Kongress der Deutschen Gesellschaft für Erziehungswissenschaft* (S. 147–160). Verlag Barbara Budrich.
Strauss, A. L. (1998). *Grundlagen qualitativer Sozialforschung: Datenanalyse und Theoriebildung in der empirischen soziologischen Forschung. UTB für Wissenschaft Uni-Taschenbücher Soziologie: Bd. 1776*. Fink.
Strauss, A. L. & Corbin, J. M. (2003). *Basics of qualitative research: Techniques and procedures for developing grounded theory*. Sage Publ.
Ströbele, C. (2021). *Der Islamische Religionsunterricht in Deutschland: Entwicklungen und Wirkungen*. https://doi.org/10.13140/RG.2.2.33609.21606 https://doi.org/10.13140/RG.2.2.33609.21606.
Tajfel, H. (1981). *Human groups and social categories: Studies in social psychology*. Cambridge University Press.
Tillmanns, R. (2013). Rechtliche Voraussetzungen für die Einführung eines islamischen Religionsunterrichts an öffentlichen Schulen. In R. Ceylan (Hrsg.), *Reihe für Osnabrücker Islamstudien: Band 8. Islam und Diaspora: Analysen zum muslimischen Leben in Deutschland aus historischer, rechtlicher sowie Migrations- und religionssoziologischer Perspektive* (S. 161–190). Peter Lang GmbH Internationaler Verlag der Wissenschaften.
Tippelt, R. (2009). Idealtypen konstruieren und Realtypen verstehen – Merkmale der Typenbildung. In J. Ecarius & B. Schäffer (Hrsg.), *Typenbildung und Theoriegenerierung: Methoden und Methodologien qualitativer Bildungs- und Biographieforschung* (S. 115–126). Verlag Barbara Budrich.
Topalović, S. (2019). Hatties „Visible Learning" im islamischen Religionsunterricht. Was wirkt wie stark? *Österreichisches Religionspädagogisches Forum, 27*(1), 245–260.
Triadafilopoulos, T. & Rahmann, J. (2016). Making Room for Islam in Germany's Public Schools: The Role of the Länder. In U. Hunger & N. J. Schröder (Hrsg.), *Islam und Politik. Staat und Islam: Interdisziplinäre Perspektiven* (S. 131–158). Springer VS.
Tuhčić, A. & Topalović, S. (2020). „Digital lehren und lernen". Studie zur Nutzung digitaler Medien im islamischen Religionsunterricht, *28*(1), 197–211.

Tuna, M. H. (2019). *Islamische ReligionslehrerInnen auf dem Weg zur Professionalisierung. Studien zur Islamischen Theologie und Religionspädagogik: Band 5* [315 Seiten]. Waxmann.

Tuna, M. H. (2020). Islamic Religious Education in Contemporary Austrian Society: Muslim Teachers Dealing with Controversial Contemporary Topics. *Religions, 11*(8), 392. https://doi.org/10.3390/rel11080392.

Tuna, M. H. (2022). The Professionalization of Islamic Religious Education Teachers. *British Journal of Religious Education (BRJE), 44*(2), 188–199. https://doi.org/10.3390/rel11080392.

Twardella, J. (2012). *Der Koran in der Schule: Studien zum islamischen Religionsunterricht. Forschungsbeiträge aus der objektiven Hermeneutik: Bd. 11.* Humanities Online.

Twardella, J. (2023). *Islam und Pädagogik: Studien zur Position des Lehrers im Islam.* Verlag Barbara Budrich. https://doi.org/10.3224/84742728.

Uçar, B. (2011). Zur Beheimatung des Islam, der Islamischen Theologie und des Islamischen Religionsunterrichts in Deutschland. *Denkströme. Journal der Sächsischen Akademie der Wissenschaften*(7), 195–206. http://repo.saw-leipzig.de:80/pubman/item/escidoc:19042/component/escidoc:20013/denkstroeme-heft7_195-206_ucar.pdf.

Uçar, B. (Hrsg.). (2012). *Reihe für Osnabrücker Islamstudien: Band 3. Islamische Religionspädagogik zwischen authentischer Selbstverortung und dialogischer Öffnung: Perspektiven aus der Wissenschaft und dem Schulalltag der Lehrkräfte.* Peter Lang Internationaler Verlag der Wissenschaften. https://swbplus.bsz-bw.de/bsz34031706Xrez.htm.

Uçar, B. & Sarıkaya, Y. (2009). Der islamische Religionsunterricht in Deutschland. Aktuelle Debatten, Projekte und Reaktionen. In E. Aslan (Hrsg.), *Wiener islamisch-religionspädagogische Studien: Bd. 1. Islamische Erziehung in Europa: = Islamic education in Europe* (S. 87–108). Böhlau.

Ulfat, F. (2017). *Die Selbstrelationierung muslimischer Kinder zu Gott.* Dissertation. *Religionspädagogik in pluraler Gesellschaft: Band 23* [338 Seiten]. Verlag Ferdinand Schöningh.

Ulfat, F. (2020). Mit der Kraft der Narrationen in den islamischen Religionsunterricht – Auf dem Weg zu einer narrativen Kompetenz. In F. Ulfat & A. Ghandour (Hrsg.), *Edition Fachdidaktiken. Islamische Bildungsarbeit in der Schule: Theologische und didaktische Überlegungen zum Umgang mit ausgewählten Themen im islamischen Religionsunterricht* (S. 49–64). Springer VS.

Ulfat, F. (2021). Religiöse Bildung in einer globalisierten Welt in postkolonialer Perspektive – Herausforderungen für die Islamische Religionspädagogik. *ZEP: Zeitschrift für internationale Bildungsforschung und Entwicklungspädagogik, 44*(1), 22–25. https://www.pedocs.de/volltexte/2022/23793/pdf/ZEP_1_2021_Ulfat_Religioese_Bildung.pdf.

Ulfat, F., Engelhardt, J. F. & Yavuz, E. (2020). *Islamischer Religionsunterricht in Deutschland. Qualität, Rahmenbedingungen und Umsetzungen. AIWG-Expertise.* Akademie für Islam in Wissenschaft und Gesellschaft (AIWG). https://aiwg.de/wp-content/uploads/2020/12/AIWG-Expertise-Isamischer-Religionsunterricht-in-Deutschland_Onlinepublikation.pdf.

Ulfat, F. & Ghandour, A. (Hrsg.). (2020). *Edition Fachdidaktiken. Islamische Bildungsarbeit in der Schule: Theologische und didaktische Überlegungen zum Umgang mit ausgewählten Themen im islamischen Religionsunterricht.* Springer VS. https://doi.org/10.1007/978-3-658-26720-9.

Ulfat, F., Kuhn, D., Balaban, C. & Binici, E. (2023a). *JuGI – Jugend, Glaube, Islam: Glaubensvorstellungen von muslimischen Jugendlichen.* https://uni-tuebingen.de/fakultaeten/zentrum-fuer-islamische-theologie/professuren/professur-fuer-islamische-religionspaedagogik/forschung/jugi/.

Ulfat, F., Kuhn, D., Balaban, C. & Binici, E. (2023b). *QuPIRU – Qualität und Professionalität der Lehrkräfte des islamischen Religionsunterrichts.*

Unabhängiger Expertenkreis Muslimfeindlichkeit. (2023). *Muslimfeindlichkeit – Eine deutsche Bilanz. Bericht des Unabhängigen Expertenkreises Muslimfeindlichkeit.* Bundesministerium des Innern und für Heimat. https://www.bmi.bund.de/SharedDocs/downloads/DE/publikationen/themen/heimat-integration/BMI23006-muslimfeindlichkeit.pdf?__blob=publicationFile&v=18.

Ünalan, A. (2016). Islamischer Religionsunterricht. Eine Antwort auf die religiöse Vielfalt. *Schule NRW*(9), 14–17.

Ungern-Sternberg, A. (2016). Islamischer Religionsunterricht und islamische Theologie – die Suche nach verfassungskonformen Lösungen. *Recht der Jugend und des Bildungswesens, 64*(1), 30–42. https://doi.org/10.5771/0034-1312-2016-1.

UNHCR. (2022). *Global Trends – Forced Displacement in 2021.* https://www.unhcr.org/62a9d1494/global-trends-report-2021.

Uslucan, H.-H. (2007). Zwischen Allah und Alltag. Islamische Religiosität als Integrationshemmnis oder -chance? *Archiv für Wissenschaft und Praxis der sozialen Arbeit, 38*(3), 58–69.

Uslucan, H.-H. (2008). *Religiöse Werteerziehung in islamischen Familien.* Bundesministerium für Familien, Senioren, Frauen und Jugend. https://www.bmfsfj.de/resource/blob/76348/87ca4069e35c50778880146191295373/expertise-religioese-werteerziehung-data.pdf.

Uslucan, H.-H. (2010). Integration durch Religion? – Ein Beitrag zum Modell des islamischen Religionsunterrichts in Niedersachsen. In B. Uçar, M. Blasberg-Kuhnke & A. von Scheliha (Hrsg.), *Veröffentlichungen des Zentrums für Interkulturelle Islamstudien der Universität Osnabrück: Band 1. Religionen in der Schule und die Bedeutung des Islamischen Religionsunterrichts* (S. 219–232). V&R Unipress; Universitätsverlag Osnabrück.

Uslucan, H.-H. (2011a). Integration durch Islamischen Religionsunterricht? In H. Meyer & K. Schubert (Hrsg.), *Politik und Islam* (S. 145–167). VS Verlag für Sozialwissenschaften.

Uslucan, H.-H. (2011b). Islamischer Religionsunterricht in Deutschland – Erwartungen und Vorbehalte. In Deutsche Islam Konferenz & Bundesamt für Migration und Flüchtlinge (Hrsg.), *Islamischer Religionsunterricht in Deutschland. Perspektiven und Herausforderungen* (S. 26–49). Bundesamt für Migration und Flüchtlinge.

Uslucan, H.-H. (2012). Islam in der Schule: Ängste, Erwartungen und Effekte. In M. Matzner (Hrsg.), *Pädagogik. Handbuch Migration und Bildung* (S. 315–329). Beltz.

Uslucan, H.-H. (2017). Islamischer Religionsunterricht. Eine Antwort auf die religiöse Diversität an Grundschulen. *Die Grundschulzeitschrift*(31), 28–31.

Uslucan, H.-H. (2023). Der islamische Religionsunterricht in Nordrhein-Westfalen: Erwartungen, empirische Erkenntnisse und Perspektiven. In A. Körs (Hrsg.), *Islam in der Gesellschaft. Islamischer Religionsunterricht in Deutschland: Ein Kaleidoskop empirischer Forschung* (S. 53–74). Springer VS.

Uslucan, H.-H. & Yalçın, C. S. (2018). *Abschlussbericht zur wissenschaftlichen Begleitung der Einführung des islamischen Religionsunterrichts (IRU) im Land Nordrhein-Westfalen.* Stiftung Zentrum für Türkeistudien und Integrationsforschung. https://www.landtag.nrw. de/portal/WWW/dokumentenarchiv/Dokument/MMV17-1035.pdf.

Uygun-Altunbaş, A. (2017). *Religiöse Sozialisation in muslimischen Familien – Eine vergleichende Studie.* transcript Verlag. https://library.oapen.org/bitstream/id/7326a00d-d519-47c2-a2c1-88490829dff4/645221.pdf.

Väth, B. (2010). Welche Lehrziele verfolgen die Lehrpläne? In B. Uçar & D. Bergmann (Hrsg.), *Veröffentlichungen des Zentrums für Interkulturelle Islamstudien der Universität Osnabrück: Band 2. Islamischer Religionsunterricht in Deutschland: Fachdidaktische Konzeptionen: Ausgangslage, Erwartungen und Ziele* (S. 125–137). V&R Unipress; Universitätsverlag Osnabrück.

Wagner, C. (2018). Islambezogene Identitätskonstruktionen in deutschen Schulbüchern. In M. Dominguez (Hrsg.), *Kodex: Bd. 8. Book studies and Islamic studies in conversation* (S. 121–140). Harrassowitz Verlag.

Wagner, J. (2019). Das wachsende Unbehagen am islamischen Religionsunterricht. In C. Linnemann & W. Bausback (Hrsg.), *Der politische Islam gehört nicht zu Deutschland: Wie wir unsere freie Gesellschaft verteidigen* (S. 106–122). Herder.

Wall, H. de. (2011). Mitwirkung von Muslimen in den Ländern: Religionsverfassungsrecht und muslimische Ansprechpartner. In Deutsche Islam Konferenz (Hrsg.), *Islamischer Religionsunterricht in Deutschland. Perspektiven und Herausforderungen, Dokumentation der Tagung der Deutschen Islamkonferenz* (S. 90–101). Geschäftsstelle der Deutschen Islamkonferenz, Bundesamt für Migration und Flüchtlinge.

Weber, M. (1976). *Wirtschaft und Gesellschaft.* Mohr.

Weber, M. (1988). Die „Objektivität" sozialwissenschaftlicher und sozialpolitischer Erkenntnis. In J. Winkelmann (Hrsg.), *Max Weber. Gesammelte Aufsätze zur Wissenschaftslehre* (S. 146–214). Mohr.

Wegenast, K. (1968). Die empirische Wendung in der Religionspädagogik. *Der evangelische Erzieher: Zeitschrift für Pädagogik und Theologie*(20), 111–125.

Weinert, F. E. (2001). *Leistungsmessungen in Schulen. Pädagogik.* Beltz Verlag.

Weiss, H. (2014). Der Wandel religiöser Glaubensgrundsätze in muslimischen Familien – Säkularisierungstendenzen bei der 2. Generation. In H. Weiss, P. Schnell & G. Ateş (Hrsg.), *Zwischen den Generationen: Transmissionsprozesse in Familien mit Migrationshintergrund* (S. 71–93). Springer VS.

Wensierski, H.-J. & Lübcke, C. (2012),*„Als Moslem Fühlt Man Sich Hier Auch Zu Hause". Biographien und Alltagskulturen Junger Muslime in Deutschland.* Barbara Budrich-Esser.

Wiedenroth-Gabler, I. (2012). Islamische Religionslehrkräfte zwischen theologischem Anspruch, gesellschaftlichen Anforderungen und schulischem Alltag. In B. Uçar (Hrsg.), *Reihe für Osnabrücker Islamstudien: Band 3. Islamische Religionspädagogik zwischen authentischer Selbstverortung und dialogischer Öffnung: Perspektiven aus der Wissenschaft und dem Schulalltag der Lehrkräfte* (S. 301–317). Peter Lang Internationaler Verlag der Wissenschaften.

Wissenschaftliche Dienste des Deutschen Bundestags. (2021). *Islamischer Religionsunterricht an Schulen. Verfassungsrechtliche Rahmenbedingungen und Umsetzung in den Bundesländern. WD 8 - 3000 - 065/21.* Deutscher Bundestag.

Wissenschaftsrat. (2010). *Empfehlungen zur Weiterentwicklung von Theologien und religionsbezogenen Wissenschaften an deutschen Hochschulen.* https://www.wissenschaftsrat.de/download/archiv/9678-10.pdf?__blob=publicationFile&v=1.

Wissner, G. (2023). Einstellungen muslimischer Jugendlicher zu Religion, Glaube und Religionsunterricht. In A. Körs (Hrsg.), *Islam in der Gesellschaft. Islamischer Religionsunterricht in Deutschland: Ein Kaleidoskop empirischer Forschung* (S. 127–140). Springer VS.

Wolff, J. (2018). *Weiterentwicklung des Religionsunterrichts für alle. Evaluation.* Freie und Hansestadt Hamburg. Behörde für Schule und Berufsbildung. Institut für Bildungsmonitoring und Qualitätsentwicklung. https://www.hamburg.de/contentblob/11228470/a9828c1f5defe932d0c85401ef5c39a4/data/gesamtbericht-religionsunterricht-fuer-alle.pdf.

Worresch, V. (2011). *Interethnische Freundschaften als Ressource: Die Rolle des kulturellen Austauschs in interethnischen Freundschaften. Schriftenreihe Empirische Bildungsforschung: Bd. 16.* Univ. Lehrstuhl Empirische Bildungsforschung. http://nbn-resolving.de/urn:nbn:de:bvb:20-opus-55071.

Yağdı, Ş. (2018a). Integration durch interreligiöse Bildung. Ein religionspädagogischer Diskurs in der Migrationsgesellschaft. *Österreichisches Religionspädagogisches Forum, 26*(2), 69–80.

Yağdı, Ş. (2018b). Pluralitätsfähige Habitusbildung in der islamischen Religionspädagogik. Eine kritische religionspädagogische Diskussion. *Österreichisches Religionspädagogisches Forum, 26*(1), 62–69.

Yalçın, C. S. (2020). *Islamischer Religionsunterricht in NRW.* Verband muslimischer Lehrkräfte e. V. https://vml-deutschland.de/wp-content/uploads/2021/04/INFORMATIONSBLATT_VML.pdf.

Yavuzcan, I. H. (2017). Stand und Entwicklung des Islamischen Religionsunterrichtes und Religionspädagogik in Deutschland. In P. Antes & R. Ceylan (Hrsg.), *Islam in der Gesellschaft. Muslime in Deutschland: Historische Bestandsaufnahme, aktuelle Entwicklungen und zukünftige Forschungsfragen* (S. 171–186). Springer VS.

Yölek-Cantay, H. (2010). *Islamische Bildung im säkularen Staat: Religionskenntnisse als Basis erfolgreicher Integration.* Tectum Verlag. http://gbv.eblib.com/patron/FullRecord.aspx?p=816241.

Zerssen, D. von. (1973). Methoden der Konstitutions- und Typenforschung. In M. Thiel (Hrsg.), *Enzyklopädie der geisteswissenschaftlichen Arbeitsmethoden. 9. Lieferung: Methoden der Anthropologie, Anthropogeographie, Völkerkunde und Religionswissenschaft* (S. 35–143). Oldenbourg.

Zimmer, V., Ceylan, R. & Stein, M. (2017). Religiosität und religiöse Selbstverortung muslimischer Religionslehrer/innen sowie Lehramtsanwärter/innen in Deutschland. *Theo-Web, 16*(2), 347–367. https://doi.org/10.23770/tw0041.

Zimmer, V., Ceylan, R. & Stein, M. (2019). Lehrkräfte als Mediatoren von Bildungs- und Erziehungsprozessen – die Rolle der politisch-religiösen Einstellungen (angehender) Lehrkräfte für den Islamischen Religionsunterricht. *Bildung und Erziehung, 72*(1), 60–78. https://doi.org/10.13109/buer.2019.72.1.60.

Zimmer, V. & Stein, M. (2019). Ethnische Heterogenität in Schulklassen – mono- und interethnische Freundschaftsbeziehungen von Schülerinnen und Schülern. In M. Stein, D. Steenkamp, S. Weingraber & V. Zimmer (Hrsg.), *Flucht. Migration. Pädagogik: Willkommen? Aktuelle Kontroversen und Vorhaben* (S. 226–244). Verlag Julius Klinkhardt.

Zimmer, V. & Stein, M. (2021). Identitätskonstruktionen junger Christ*innen und Muslim*innen in Deutschland. *Theo-Web. Zeitschrift für Religionspädagogik*(20), 280–301. https://doi.org/10.23770/tw0224.

Zimmer, V. & Stein, M. (2022a). Akzeptanz gesellschaftlicher Diversität durch junge Muslim:innen und Christ:innen in Abhängigkeit der Stärke der Religiosität und interreligiöser Kontakte. *Zeitschrift für Religion, Gesellschaft und Politik, 6*(2), 399–429. https://doi.org/10.1007/s41682-022-00111-6.

Zimmer, V. & Stein, M. (2022b). Einstellungen junger Erwachsener gegenüber Familien anderer ethnischer Herkunft – Zusammenhänge mit interethnischen Kontakten und Freundschaften. *Zeitschrift für Migrationsforschung ZMF, 2*(2), 31–59. https://doi.org/10.48439/ZMF.164.

Zimmer, V., Stein, M. & Ceylan, R. (2019). Erziehungserfahrungen in den Herkunftsfamilien und deren Einflüsse auf die Religiosität angehender Lehrkräfte für den Islamischen Religionsunterricht. *ZSE Zeitschrift für Soziologie der Erziehung und Sozialisation, 39*(1), 57–75.

Zimmer, V., Stein, M., Kart, M., Bösing, E., Lautz, Y. von & Ayyildiz, C. (2022). Islamistische Radikalisierung Gesellschaftliche Ursachen des radikalen Islam. *IU Discussion Papers Sozialwissenschaften, 2*(1), 1–24. https://res.cloudinary.com/iubh/image/upload/v1644222630/Presse%20und%20Forschung/Discussi-on%20Papers/Sozialwissensch aften/DP_Sozialwissenschaften_2022_1_Zimmer_et_al_Islamistische_Radikalisierung_mbq27l.pdf.

Zimmer, V., Stein, M., Kart, M. & Bozay, K. (2023). Islamistische Radikalisierung – Ein Überblick über Erklärungsansätze auf Mikro-, Meso- und Makroebene. In E. Arslan, B. Bongartz, K. Bozay, B. Çopur, M. Kart, Y. von Lautz, J. Ostwaldt & V. Zimmer (Hrsg.), *Radikalisierung und Prävention im Fokus der Sozialen Arbeit* (1. Auflage, S. 58–70). Juventa Verlag.

Zimmermann, M. (2020). Zur Situation der Lehramts(aus-)bildung Evangelische Theologie/ Religionspädagogik an deutschen Fakultäten und Instituten – Ergebnisse einer Befragung, *Theo Web. Zeitschrift für Religionspädagogik, 19*(1), 301–333.

If you have any concerns about our products,
you can contact us on
ProductSafety@springernature.com

In case Publisher is established outside the EU,
the EU authorized representative is:
**Springer Nature Customer Service Center GmbH
Europaplatz 3, 69115 Heidelberg, Germany**

Printed by Libri Plureos GmbH
in Hamburg, Germany